"十三五"国家重点出版物出版规划项目

卓越工程能力培养与工程教育专业认证系列规划教材（电气工程及其自动化、自动化专业）

普通高等教育"十一五"国家级规划教材

普通高等教育电气工程与自动化类系列教材

电力拖动自动控制系统
——运动控制系统

第5版

阮 毅 杨 影 陈伯时 编著

杨 耕 主审

机械工业出版社

本书是在第4版的基础上修订而成的，内容的主线仍然是电力拖动控制系统的原理、分析和设计。编写本书的主要思路是：理论与实际相结合，应用自动控制理论解决运动控制系统的分析和设计等实际问题。以转速、转矩（电流）和磁链（磁通）控制规律为主线，由简入繁、由低及高地循序渐进，按照从开环到闭环、从直流到交流、从调速到伺服的层次论述运动控制系统的静、动态性能和设计方法。

本书适用于高等院校电气、自动化类专业本科"运动控制系统"或"电力拖动自动控制系统"课程教学，其深入部分也可作为电力电子与电力传动、工业自动化等相关学科研究生用书，还可供从事电力拖动控制系统的工程技术人员参考。

本书配有免费电子课件、习题答案、仿真文件，欢迎选用本书作教材的教师发邮件到 jinacmp@ 163. com 索取，或登录 www.cmpedu.com 注册下载。

图书在版编目（CIP）数据

电力拖动自动控制系统：运动控制系统/阮毅，杨影，陈伯时编著. —5 版. —北京：机械工业出版社，2016.8（2025.1 重印）
普通高等教育"十一五"国家级规划教材 普通高等教育电气工程与自动化类系列教材
ISBN 978-7-111-54419-7

Ⅰ.①电… Ⅱ.①阮…②杨…③陈… Ⅲ.①电力传动–自动控制系统–高等学校–教材 Ⅳ.①TM921.5

中国版本图书馆 CIP 数据核字（2016）第 174531 号

机械工业出版社（北京市百万庄大街22号 邮政编码100037）
策划编辑：吉 玲 责任编辑：吉 玲 王 康 于苏华
责任校对：刘怡丹 责任印制：李 昂
河北宝昌佳彩印刷有限公司印刷
2025 年 1 月第 5 版第 21 次印刷
184mm×260mm · 17.75 印张 · 435 千字
标准书号：ISBN 978-7-111-54419-7
定价：45.00 元

电话服务　　　　　　　　　网络服务
客服电话：010-88361066　　机 工 官 网：www.cmpbook.com
　　　　　010-88379833　　机 工 官 博：weibo.com/cmp1952
　　　　　010-68326294　　金 书 网：www.golden-book.com
封底无防伪标均为盗版　机工教育服务网：www.cmpedu.com

前　言

　　本书适用于高等院校电气工程及其自动化、自动化专业本科"运动控制系统"或"电力拖动自动控制系统"课程教学，其深入部分也可作为电力电子与电力传动、工业自动化等相关学科研究生用书，还可供从事电力拖动控制系统的工程技术人员参考。

　　本书第 1 版的书名是《自动控制系统》，于 1981 年出版，第 2 版改名为《电力拖动自动控制系统》，于 1992 年出版，并荣获第三届机械部优秀教材一等奖。作为普通高等教育"九五"国家级重点教材的第 3 版改名为《电力拖动自动控制系统——运动控制系统》，于 2003 年出版。2009 年修订出版第 4 版，2011 年，本书获上海市普通高校优秀教材奖一等奖和中国机械工业科学技术奖二等奖。本书自第 1 版出版以来，社会反响良好，获得相关课程授课教师的广泛选用及好评。为了进一步促进和提高相关课程的教学质量，为教师、学生提供更好的教材，机械工业出版社将本书第 5 版再次列入了重点教材精品化建设计划，以期继续完善、提高教材的质量。

　　本书第 5 版的主线仍然是电力拖动控制系统的原理、分析和设计。主要思路是：理论与实际相结合，应用自动控制理论解决运动控制系统的分析和设计等实际问题。以转速、转矩（电流）和磁链（磁通）控制规律为主线，由简入繁、由低及高地循序渐进，按照从开环到闭环、从直流到交流、从调速到伺服的层次论述运动控制系统的静、动态性能和设计方法。

　　交流调速系统是现代实际应用的主流，但直流调速系统仍是其理论基础，所以本书仍从直流系统入门，在建立了扎实的控制系统分析与设计的概念和能力以后，再进入交流调速系统的学习，最后在掌握了调速系统的基本规律和设计方法的基础上，进一步学习伺服系统的分析与设计。根据编著者的教学经验，交流电动机的动态模型、矢量控制系统与直接转矩控制系统在本科教学中难度较大，应该让学生掌握其基本概念和分析方法，授课教师可在实际教学中灵活处理其深度。

　　直流调速系统部分在沿承第 3 版的经典结构和内容、吸收第 4 版数字控制精华的基础上，主要做了如下改动：

　　1）考虑到中小功率直流调速系统中已用 PWM 变换器取代了晶闸管整流器，因此删减了 V-M 可逆直流调速系统部分，以 PWM 变换器为主要供电方式，并在第 4 章中先后分析了起动过程和转速反向过渡过程。

　　2）更加强调运动控制系统概念。在第 2 章阐述电力电子变换器和电动机机械特性时，结合 PWM 脉冲产生原理，推导控制电压对电枢电压和电动机机械特性的控制调节作用。在分析起动过程和制动过程时，结合控制电压变化分析了各阶段转速、电流变化规律。

　　3）第 4 章补充了按照典型 Ⅱ 型系统进行电流调节器设计。

　　4）第 5 章结合运动控制系统讨论电流环和转速环采样频率确定方法；将转速调节器输出与控制对象之间的零阶保持器用一阶惯性环节来近似，再按照模拟系统设计方法设计数字调节器，保留原工程设计方法简单明了的优势，又兼顾系统动态性能。

　　交流调速系统基本保留了第 4 版的内容和风格。第 6 章包括异步电动机稳态模型、

PWM 技术、调压调速、转速开环变压变频调速和转速闭环转差控制系统。第 7 章包括异步电动机动态模型、矢量控制系统与直接转矩控制系统，对直接转矩控制系统做了较大的改动，以切合实际工程应用。第 8 章的标题改为"绕线转子异步电机转子变频控制系统"，以强调重点是"转子变频控制"，内容包括串级调速系统、双馈调速系统和双馈风力发电系统。第 9 章为同步电动机调速系统，对同步电动机的稳定运行、矢量控制和直接转矩控制做了分析与讨论。

第 10 章为伺服系统，包括直流和交流伺服系统，建立直流和交流伺服系统的统一模型，讨论系统结构，并分析系统的设计方法及稳定性。

本书按 64 学时编写，根据编著者的教学经验，在 64 学时内，难以全部完成 10 章内容的教学。考虑到各校相应专业对课程的要求不同，在实际教学中可选用部分内容，以第 2~7 章为重点，带 * 部分可作为选讲内容。本书给出一定数量的习题和思考题，以供任课教师选用。

本课是一门实践性很强的课程，实验是学好本课程必不可少的重要环节，可以随课堂教学过程进行，也可以开设单独的实验课，其目的在于培养学生掌握实验方法和运用理论分析解决实际问题的能力。

本书第 5 版由上海大学阮毅教授、杨影副教授和陈伯时教授修改编写，其中直流调速系统部分（第 2~5 章）由杨影副教授修改编写，陈伯时教授协助讨论；交流调速系统部分第 8 章由陈伯时教授修改编写；其余各章均由阮毅教授修改编写。

本书由清华大学杨耕教授主审，杨耕教授认真审阅了全部书稿，提出了许多宝贵而中肯的修改意见，在此谨致衷心的感谢。

我们在修改编写过程中虽然花了不少精力，但仍难免有错误与不足之处，殷切期望广大读者批评指正。

编著者

目　录

前言

常用符号表

第1章　绪论 …………………………………………………………………………… 1

1.1　运动控制系统及其组成 ……………………………………………………… 1

1.1.1　电动机 ………………………………………………………………… 2

1.1.2　功率放大与变换装置 ………………………………………………… 2

1.1.3　控制器 ………………………………………………………………… 2

1.1.4　信号检测与处理 ……………………………………………………… 3

1.2　运动控制系统的历史与发展 ………………………………………………… 3

1.3　运动控制系统的转矩控制规律 ……………………………………………… 4

1.4　生产机械的负载转矩特性 …………………………………………………… 5

1.4.1　恒转矩负载特性 ……………………………………………………… 5

1.4.2　恒功率负载特性 ……………………………………………………… 5

1.4.3　风机、泵类负载特性 ………………………………………………… 5

第1篇　直流调速系统

第2章　转速开环控制的直流调速系统 …………………………………………… 9

2.1　晶闸管整流器-直流电动机系统的工作原理及调速特性 ………………… 9

2.1.1　触发脉冲相位控制 …………………………………………………… 9

2.1.2　电流脉动及波形断续问题 …………………………………………… 11

2.1.3　晶闸管整流器-直流电动机系统的机械特性 ……………………… 12

2.1.4　晶闸管触发和整流装置的传递函数 ……………………………… 13

2.1.5　晶闸管整流器-直流电动机系统的可逆运行 ……………………… 15

2.2　PWM变换器-电动机系统的工作原理及调速特性 ………………………… 16

2.2.1　不可逆PWM变换器-电动机系统 …………………………………… 16

2.2.2　可逆PWM变换器-电动机系统 ……………………………………… 19

2.2.3　直流PWM调速系统的机械特性 …………………………………… 21

2.2.4　PWM控制器与变换器的动态数学模型 …………………………… 22

2.2.5　直流PWM调速系统的电能回馈和泵升电压 ……………………… 23

2.3　稳态调速性能指标和开环系统存在的问题 ………………………………… 24

2.3.1　转速控制的要求和稳态调速性能指标 …………………………… 24

2.3.2　开环直流调速系统的性能和存在的问题 ………………………… 26

思考题 ··· 26

习题 ··· 27

第3章 转速闭环控制的直流调速系统 ································ 28

3.1 有静差的转速闭环直流调速系统 ································ 28

3.1.1 比例控制转速闭环直流调速系统的结构与静特性 ············ 28

3.1.2 开环系统机械特性和比例控制闭环系统静特性的对比分析 ······ 29

3.1.3 闭环直流调速系统的反馈控制规律 ······················· 32

3.1.4 比例控制转速闭环系统的稳定性 ························· 33

3.2 无静差的转速闭环直流调速系统 ································ 38

3.2.1 积分调节器和积分控制规律 ····························· 38

3.2.2 比例积分控制规律 ··································· 39

3.2.3 无静差的转速闭环直流调速系统稳态参数计算 ············· 41

3.3 转速闭环直流调速系统的限流保护 ···························· 42

3.3.1 转速闭环直流调速系统的限流问题 ····················· 42

3.3.2 带电流截止负反馈环节的直流调速系统 ··················· 42

3.4 转速闭环控制直流调速系统的仿真 ···························· 45

3.4.1 转速闭环直流调速系统仿真平台 ······················· 45

3.4.2 仿真模型的建立 ····································· 46

3.4.3 仿真模型的运行 ····································· 49

3.4.4 调节器参数的调整 ··································· 50

思考题 ··· 51

习题 ··· 52

第4章 转速、电流双闭环控制的直流调速系统 ······················ 53

4.1 转速、电流双闭环控制直流调速系统的组成及其静特性 ··········· 53

4.1.1 转速、电流双闭环控制直流调速系统的组成 ··············· 53

4.1.2 稳态结构图与参数计算 ································ 55

4.2 转速、电流双闭环控制直流调速系统的数学模型与动态过程分析 ······ 57

4.2.1 转速、电流双闭环控制直流调速系统的动态数学模型 ········· 57

4.2.2 转速、电流双闭环控制直流调速系统的动态过程分析 ········· 57

4.2.3 转速、电流调节器在双闭环直流调速系统中的作用 ··········· 61

4.3 转速、电流双闭环控制直流调速系统的设计 ····················· 61

4.3.1 控制系统的动态性能指标 ······························ 61

4.3.2 调节器的工程设计方法 ································ 64

4.3.3 控制对象的工程近似处理方法 ·························· 74

4.3.4 按工程设计方法设计转速、电流双闭环控制直流调速系统的调节器 ·· 77

4.4 双闭环直流调速系统的弱磁控制 ······························ 91

4.4.1 弱磁与调压的配合控制 ································ 91

4.4.2 励磁电流的闭环控制 ································· 92

4.5 转速、电流双闭环控制直流调速系统的仿真 ····················· 94

思考题 ……………………………………………………………………………………… 99

习题 ………………………………………………………………………………………… 100

第5章　直流调速系统的数字控制 …………………………………………………… 102

5.1　采样频率的选择 ……………………………………………………………………… 103

5.2　转速检测的数字化 …………………………………………………………………… 103

5.2.1　旋转编码器 …………………………………………………………………… 103

5.2.2　数字测速方法的精度指标 …………………………………………………… 104

5.2.3　M法测速 ……………………………………………………………………… 105

5.2.4　T法测速 ……………………………………………………………………… 106

5.2.5　M/T法测速 …………………………………………………………………… 106

5.3　数字PI调节器 ………………………………………………………………………… 108

5.4　数字控制器的设计 …………………………………………………………………… 109

5.5　数字控制的PWM可逆直流调速系统 ……………………………………………… 110

习题 ………………………………………………………………………………………… 111

第2篇　交流调速系统

第6章　基于稳态模型的异步电动机调速系统 ……………………………………… 116

6.1　异步电动机的稳态数学模型和调速方法 …………………………………………… 116

6.1.1　异步电动机的稳态数学模型 ………………………………………………… 116

6.1.2　异步电动机的调速方法与气隙磁通 ………………………………………… 118

6.2　异步电动机的调压调速 ……………………………………………………………… 119

6.2.1　异步电动机调压调速的主电路 ……………………………………………… 119

6.2.2　异步电动机调压调速的机械特性 …………………………………………… 119

6.2.3　闭环控制的调压调速系统 …………………………………………………… 120

*6.2.4　降压控制在软起动器和轻载降压节能运行中的应用 ……………………… 121

6.3　异步电动机的变压变频调速 ………………………………………………………… 123

6.3.1　变压变频调速的基本原理 …………………………………………………… 123

6.3.2　变压变频调速时的机械特性 ………………………………………………… 124

6.3.3　基频以下的电压补偿控制 …………………………………………………… 126

6.4　电力电子变压变频器 ………………………………………………………………… 128

6.4.1　交-直-交PWM变频器主回路 ……………………………………………… 129

6.4.2　正弦波脉宽调制（SPWM）技术 …………………………………………… 129

*6.4.3　消除指定次数谐波的PWM（SHEPWM）控制技术 ……………………… 131

6.4.4　电流跟踪PWM（CFPWM）控制技术 …………………………………… 132

6.4.5　电压空间矢量PWM（SVPWM）控制技术（磁链跟踪控制技术） ……… 133

*6.4.6　交流PWM变频器-异步电动机系统的特殊问题 ………………………… 143

6.5　转速开环变压变频调速系统 ………………………………………………………… 146

6.5.1　转速开环变压变频调速系统的结构 ………………………………………… 146

6.5.2　系统实现 ·· 147

6.6　转速闭环转差频率控制的变压变频调速系统 ······················ 148

6.6.1　转差频率控制的基本概念及特点 ································ 148

6.6.2　转差频率控制系统结构及性能分析 ···························· 150

6.6.3　最大转差频率 ω_{smax} 的计算 ···································· 152

6.6.4　转差频率控制系统的特点 ·· 152

思考题 ··· 152

习题 ··· 153

第7章　基于动态模型的异步电动机调速系统 ···························· 155

7.1　异步电动机动态数学模型的性质 ····································· 155

7.2　异步电动机的三相数学模型 ·· 156

7.2.1　异步电动机三相动态模型的数学表达式 ······················ 157

7.2.2　异步电动机三相原始模型的性质 ······························· 160

7.3　坐标变换 ··· 161

7.3.1　坐标变换的基本思路 ··· 161

7.3.2　三相-两相变换（3/2变换） ······································ 163

7.3.3　静止两相-旋转正交变换（2s/2r变换） ························· 165

7.4　异步电动机在正交坐标系上的动态数学模型 ······················ 165

7.4.1　静止两相正交坐标系中的动态数学模型 ······················ 166

7.4.2　旋转正交坐标系中的动态数学模型 ···························· 167

7.5　异步电动机在正交坐标系上的状态方程 ···························· 169

7.5.1　状态变量的选取 ·· 169

7.5.2　以 ω-i_s-ψ_r 为状态变量的状态方程 ·························· 169

7.5.3　以 ω-i_s-ψ_s 为状态变量的状态方程 ························ 172

7.6　异步电动机按转子磁链定向的矢量控制系统 ······················ 175

7.6.1　按转子磁链定向的同步旋转正交坐标系状态方程 ············ 175

7.6.2　按转子磁链定向矢量控制的基本思想 ························· 176

7.6.3　按转子磁链定向矢量控制系统的电流闭环控制方式 ·········· 178

7.6.4　按转子磁链定向矢量控制系统的转矩控制方式 ·············· 179

7.6.5　转子磁链计算 ·· 180

7.6.6　磁链开环转差型矢量控制系统——间接定向 ················· 183

7.6.7　矢量控制系统的特点与存在的问题 ···························· 184

7.7　异步电动机按定子磁链控制的直接转矩控制系统 ················· 185

7.7.1　定子电压矢量对定子磁链与电磁转矩的控制作用 ············ 185

7.7.2　基于定子磁链控制的直接转矩控制系统 ······················ 188

7.7.3　定子磁链和转矩计算模型 ·· 189

7.7.4　直接转矩控制系统的特点与存在的问题 ······················ 190

7.8　直接转矩控制系统与矢量控制系统的比较 ························· 191

*7.9　异步电动机无速度传感器调速系统 ································· 191

*7.10　异步电动机和交流调速系统仿真 ································· 193

7.10.1　异步电动机的仿真 ································· 194

7.10.2　矢量控制系统仿真 ································· 196

7.10.3　直接转矩控制系统仿真 ································· 198

思考题 ································· 200

习题 ································· 201

第8章　绕线转子异步电机转子变频控制系统 203

8.1　绕线转子异步电机转子变频控制原理 203

8.1.1　异步电机转子附加电动势的作用 203

8.1.2　转子电路变频器 204

8.2　绕线转子异步电机转子变频控制的四种基本工况 205

8.3　绕线转子异步电机转子变频串级调速系统 207

8.3.1　电气串级调速系统的组成 208

8.3.2　异步电动机串级调速机械特性的特征 209

8.3.3　转子变频器的电压和容量与串级调速系统的效率 210

8.3.4　串级调速系统的双闭环控制 212

8.4　绕线转子异步电机转子变频双馈控制系统 215

8.4.1　双馈控制变频调速系统 215

8.4.2　双馈控制风力发电系统 216

*第9章　同步电动机变压变频调速系统 218

9.1　同步电动机的稳态模型与调速方法 218

9.1.1　同步电动机的特点 218

9.1.2　同步电动机的分类 219

9.1.3　同步电动机的转矩角特性 219

9.1.4　同步电动机的稳定运行 221

9.1.5　同步电动机的起动 222

9.1.6　同步电动机的调速 222

9.2　他控变频同步电动机调速系统 223

9.2.1　转速开环恒压频比控制的同步电动机群调速系统 223

9.2.2　大功率同步电动机调速系统 223

9.3　自控变频同步电动机调速系统 ································· 224

9.3.1　自控变频同步电动机 224

9.3.2　梯形波永磁同步电动机（无刷直流电动机）的自控变频调速系统 ·········· 225

*9.4　同步电动机矢量控制系统 229

9.4.1　基于转子旋转正交坐标系的可控励磁同步电动机动态数学模型 ·········· 229

9.4.2　可控励磁同步电动机按气隙磁链定向矢量控制系统 232

9.4.3　正弦波永磁同步电动机矢量控制系统 236

*9.5　同步电动机直接转矩控制系统 239

9.5.1　可控励磁同步电动机直接转矩控制系统 ································· 240

9.5.2 永磁同步电动机直接转矩控制系统 ………………………………………… 241

思考题 ……………………………………………………………………………………… 242

习题 ………………………………………………………………………………………… 243

第3篇 伺 服 系 统

*第10章 伺服系统 ……………………………………………………………………… 246

10.1 伺服系统的特征及组成 ………………………………………………………… 246

10.1.1 伺服系统的基本要求及特征 ……………………………………………… 246

10.1.2 伺服系统的组成 …………………………………………………………… 246

10.1.3 伺服系统的性能指标 ……………………………………………………… 250

10.2 伺服系统控制对象的数学模型 ………………………………………………… 254

10.2.1 直流伺服系统控制对象的数学模型 ……………………………………… 254

10.2.2 交流伺服系统控制对象的数学模型 ……………………………………… 256

10.3 伺服系统的设计 ………………………………………………………………… 256

10.3.1 调节器校正及其传递函数 ………………………………………………… 257

10.3.2 单环位置伺服系统 ………………………………………………………… 257

10.3.3 双环位置伺服系统 ………………………………………………………… 259

10.3.4 三环位置伺服系统 ………………………………………………………… 261

10.3.5 复合控制的伺服系统 ……………………………………………………… 264

思考题 ……………………………………………………………………………………… 265

习题 ………………………………………………………………………………………… 265

参考文献 …………………………………………………………………………………… 266

常用符号表

一、元件和装置用的文字符号

A	放大器；调节器；电枢绕组；A 相绕组	M	电动机（总称）
ACR	电流调节器	MA	异步电动机
AE	电动势运算器	MD	直流电动机
AER	电动势调节器	MS	同步电动机
AFR	励磁电流调节器；磁链调节器	R	电阻器、变阻器
APR	位置调节器	RP	电位器
AR	反号器	SA	控制开关，选择开关
ASR	转速调节器	SAF	正组电子模拟开关
ATR	转矩调节器	SAR	反组电子模拟开关
AVR	电压调节器	SM	伺服电动机
B	非电量-电量变换器	T	变压器
BQ	位置传感器；转子位置检测器	TA	电流互感器；霍耳电流传感器
C	电容器	TAF	励磁电流互感器
CD	电流微分环节	TG	测速发电机
CU	功率变换单元	TI	逆变变压器
D	数字集成电路和器件	TVC	双向晶闸管交流调压器
DLC	逻辑控制环节	TVD	直流电压隔离变换器
DSP	数字转速信号形成环节	U	变换器；调制器
F	励磁绕组	UCR	可控整流器
FA	具有瞬时动作的限流保护	UI	逆变器
FBC	电流反馈环节	UPE	电力电子变换器
FBS	测速反馈环节	UPEM	桥式可逆电力电子变换器
GD	驱动电路	UPW	PWM 波生成环节
GE	励磁发电机	UR	整流器
GT	触发装置	URP	相敏整流器
GTF	正组触发装置	VD	二极管
GTR	反组触发装置	VF	正组晶闸管整流装置
HBC	滞环控制器	VR	反组晶闸管整流装置
K	继电器；接触器	VS	稳压管
L	电感；电抗器	VT	晶体管；晶闸管；功率开关器件

二、常用缩写符号

CFPWM	电流跟踪 PWM（Current Follow PWM）

CHBPWM	电流滞环跟踪 PWM（Current Hysteresis Band PWM）		
CVCF	恒压恒频（Constant Voltage Constant Frequency）		
IGBT	绝缘栅双极晶体管（Insulated Gate Bipolar Transistor）		
PD	比例微分（Proportion，Differentiation）		
PI	比例积分（Proportion，Integration）		
PID	比例积分微分（Proportion，Integration，Differentiation）		
P-MOSFET	场效应晶闸管（Power Mos Field Effect Transistor）		
PWM	脉宽调制（Pulse Width Modulation）		
SHEPWM	消除指定次数谐波的 PWM（Selected Harmonics Elimination PWM）		
SPWM	正弦波脉宽调制（Sinusoidal PWM）		
SVPWM	电压空间矢量 PWM（Space Vector PWM）		
VR	矢量旋转变换器（Vector Rotator）		
VVVF	变压变频（Variable Voltage Variable Frequency）		

三、参数和物理量文字符号

A_d	动能	I_d, i_d	整流电流；直流平均电流
a	线加速度；特征方程系数	I_{dL}	负载电流
B	磁通密度	I_f, i_f	励磁电流
C	电容；输出被控变量	J	转动惯量
C_e	直流电机在额定磁通下的电动势系数	K	控制系统各环节的放大系数（以环节
C_m	直流电机在额定磁通下的转矩系数		符号为下角标）；闭环系统的开环放
D	调速范围；摩擦转矩阻尼系数		大系数；扭转弹性转矩系数
E, e	反电动势，感应电动势（大写为平均	K_e	直流电机电动势的结构常数
	值或有效值，小写为瞬时值，下同）；	K_m	直流电机转矩的结构常数
	误差	K_p	比例放大系数
e_d	检测误差	K_s	电力电子变换器放大系数
e_s	系统误差	k	谐波次数；振荡次数
e_{sf}	扰动误差	k_N	绕组系数
e_{sr}	给定误差	L	电感，自感；对数幅值
F	磁动势；扰动量	L_l	漏感
f	频率	L_m	互感
f_t	开关频率	M	闭环系统频率特性幅值；调制度
G	重力	M_r	闭环系统频率特性峰值
$G(s)$	传递函数	m	整流电压（流）一周内的脉冲数；典
g	重力加速度		型 I 型系统两个时间常数之比
GD^2	飞轮惯量	N	匝数；载波比；传递函数分子
GM	增益裕度	n	转速
h	开环对数频率特性中频宽	n_0	理想空载转速
I, i	电流；电枢电流	n_1	同步转速
I_a, i_a	电枢电流	n_p	极对数

P, p	功率		替代）
$p = \dfrac{\mathrm{d}}{\mathrm{d}t}$	微分算子	v	速度；线速度
		$W(s)$	传递函数；开环传递函数
P_m	电磁功率	$W_\mathrm{cl}(s)$	闭环传递函数
P_s	转差功率	$W_\mathrm{obj}(s)$	控制对象传递函数
Q	无功功率	W_m	磁场储能
R	电阻；电枢回路总电阻	$W_\mathrm{x}(s)$	环节 x 的传递函数
R_a	直流电机电枢电阻	X	电抗
R_L	电抗器电阻	Z	电阻抗
R_pc	电力电子变换器内阻	z	负载系数
R_rec	整流装置内阻	α	转速反馈系数；可控整流器的触发延
R_0	限流电阻		迟角
S	视在功率	α_m	机械角加速度
s	静差率；转差率	β	电流反馈系数；可控整流器的逆变角
$s = \sigma + \mathrm{j}\omega$	拉普拉斯变量	γ	电压反馈系数；相角裕度；PWM 电
T	时间常数；开关周期		压系数
t	时间	δ	转速微分时间常数相对值；脉冲宽度
T_e	电磁转矩	Δn	转速降落
T_l	电枢回路电磁时间常数	ΔU	偏差电压
T_L	负载转矩	$\Delta\theta_\mathrm{m}$	角差
T_m	机电时间常数	ξ	阻尼比
t_m	最大动态降落时间	η	效率；减速比
T_o	滤波时间常数	θ	电角位移；可控整流器的导通角
t_on	开通时间	θ_m	机械角位移
t_off	关断时间	λ	电机允许过载倍数
t_p	峰值时间	ρ	占空比；电位器的分压系数
t_r	上升时间	σ	漏磁系数；转差功率损耗系数，超
T_s	电力电子变换器平均失控时间；电力		调量
	电子变换器滞后时间常数	τ	时间常数；积分时间常数；微分时间
t_s	调节时间		常数
t_v	恢复时间	Φ	磁通
U, u	电压；电枢供电电压	Φ_m	每极气隙磁通量
U_2	变压器二次侧（额定）相电压	φ	相位角；阻抗角；相频
U_c	控制电压	Ψ, ψ	磁链
U_d, u_d	整流电压；直流平均电压	ω	角转速；角频率
U_d0, u_d0	理想空载整流电压	ω_b	闭环频率特性带宽
U_f, u_f	励磁电压	ω_c	开环频率特性截止频率
U_g	栅极驱动电压	ω_m	机械角转速
U_m	峰值电压	ω_n	二阶系统的自然振荡频率
U_s	电源电压	ω_s	转差角转速
U_x	变量 x 的反馈电压（x 可用变量符号	ω_1	同步角转速；同步角频率
	替代）		
U_x^*	变量 x 的给定电压（x 可用变量符号		

XIII

四、常见下角标

add	附加（additional）	m	极限值，峰值；励磁（magnetizing）
av	平均值（average）	max	最大值（maximum）
b	偏压（bias）；基准（basic）；镇流（ballast）	min	最小值（minimum）
b, bal	平衡（balance）	N	额定值，标称值（nominal）
bl	堵转；封锁（block）	obj	控制对象（object）
c	环流（circulating current）；控制（control）	off	断开（off）
		on	闭合（on）
cl	闭环（closed loop）	op	开环（open loop）
com	比较（compare）；复合（combination）	p	脉动（pulse）
cr	临界（critical）	R	合成（resultant）
d	延时，延滞（delay）；驱动（drive）	r	转子（rotator）；上升（rise）；反向（reverse）
er	偏差（error）	r, ref	参考（reference）
ex	输出；出口（exit）	rec	整流器（rectifier）
f	正向（forward）；磁场（field）；反馈（feedback）	s	定子（stator）；电源（source）
		s, ser	串联（series）
g	气隙（gap）；栅极（gate）	sam	采样（sampling）
in	输入；入口（input）	syn	同步（synchronous）
i, inv	逆变器（inverter）	t	力矩（torque）；触发（trigger）；三角波（triangular wave）
k	短路		
L	负载（load）	∞	稳态值；无穷大处（infinity）
l	线值（line）；漏磁（leakage）	Σ	和（sum）
lim	极限，限制（limit）		

第1章
绪 论

电力拖动实现了电能与机械能之间的能量变换，而电力拖动自动控制系统——运动控制系统（以下简称运动控制系统）的任务是通过控制电动机电压、电流、频率等输入量，来改变工作机械的转矩、速度、位移等机械量，使各种工作机械按人们期望的要求运行，以满足生产工艺及其他应用的需要。工业生产和科学的发展，对运动控制系统提出新的更为复杂的要求，同时也为研制和生产各类新型控制系统提供了可能。

现代运动控制技术以各类电动机为控制对象，以计算机和其他电子装置为控制手段，以电力电子装置为弱电控制强电的纽带，以自动控制理论和信息处理理论为理论基础，以计算机数字仿真和计算机辅助设计（CAD）为研究和开发的工具。由此可见，现代运动控制技术已成为电机学、电力电子技术、微电子技术、计算机控制技术、控制理论、信号检测与处理技术等多门学科相互交叉的综合性学科，如图1-1所示。

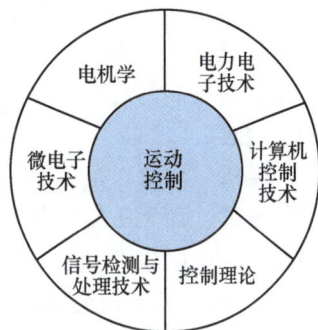

图 1-1　运动控制及其相关学科

1.1　运动控制系统及其组成

运动控制系统由电动机、功率放大与变换装置、控制器及相应的传感器等构成，其结构如图1-2所示，下面分别介绍各组成部分。

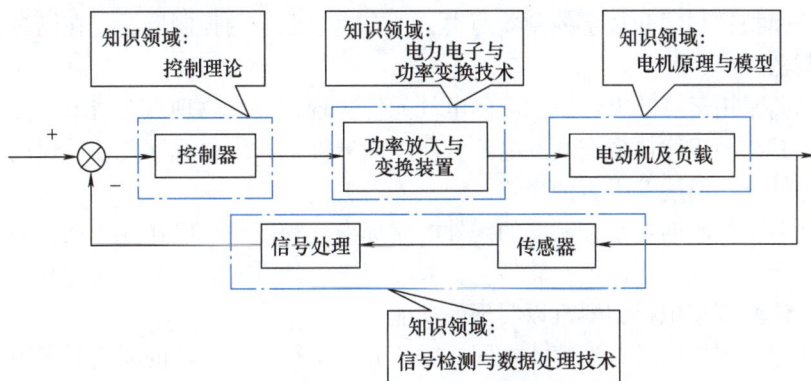

图 1-2　运动控制系统及其组成

1.1.1 电动机

运动控制系统的控制对象为电动机，电动机根据工作原理可分为直流电动机、交流感应电动机（又称做交流异步电动机）和交流同步电动机等，根据用途可分为用于调速系统的拖动电动机和用于伺服系统的伺服电动机。

直流电动机结构复杂，制造成本高，电刷和换向器限制了它的转速与容量。交流电动机（尤其是笼型感应电动机）结构简单、制造容易，无须机械换向器，因此其允许转速与容量均大于直流电动机。同步电动机的转速等于同步转速，机械特性硬，功率因数可调。但在恒频电源供电时调速较为困难。变频器的诞生不仅解决了同步电动机的调速，还解决了其起动和失步问题，有效地促进了同步电动机在运动控制中的应用。

1.1.2 功率放大与变换装置

功率放大与变换装置有电机型、电磁型、电力电子型等，现在多用电力电子型的。电力电子器件经历了由半控型向全控型、由低频开关向高频开关、由分立的器件向具有复合功能的功率模块发展的过程。电力电子技术的发展，使功率放大与变换装置的结构趋于简单、性能趋于完善。

晶闸管（SCR）是第一代电力电子器件的典型代表，属于半控型器件，通过门极只能使晶闸管开通，而无法使它关断。该类器件可方便地应用于相控整流器（AC→DC）和有源逆变器（DC→AC），但用于无源逆变（DC→AC）或直流PWM（脉宽调制）方式调压（DC→DC）时，必须增加强迫换流回路，使电路结构复杂。

第二代电力电子器件是全控型器件，通过门极既可以使器件开通，也可以使它关断，例如MOSFET、IGBT、GTO等。此类器件用于无源逆变（DC→AC）和直流调压（DC→DC）时，无须强迫换流回路，主回路结构简单。第二代电力电子器件的另一个特点是可以大大提高开关频率，用PWM技术控制功率器件的开通与关断，可大大提高可控电源的质量。

第三代电力电子器件的特点是由单一的器件发展为具有驱动、保护等功能的复合功率模块，提高了使用的安全性和可靠性。

1.1.3 控制器

控制器分模拟控制器和数字控制器两类，也有模数混合的控制器，现在已越来越多地采用全数字控制器。

模拟控制器常用运算放大器及相应的电气元件实现，具有物理概念清晰、控制信号流向直观等优点，其控制规律体现在硬件电路和所用的器件上，因而线路复杂、通用性差，控制效果受到器件性能、温度等因素的影响。

以微处理器为核心的数字控制器的硬件电路标准化程度高、制作成本低，而且没有器件温度漂移的问题。控制规律体现在软件上，修改起来灵活方便。此外，还拥有信息存储、数据通信和故障诊断等模拟控制器难以实现的功能。

然而，模拟控制器的所有运算能在同一时刻并行运行，控制器的滞后时间很小，可以忽略不计；而一般的微处理器在任何时刻只能执行一条指令，属串行运行方式，其滞后时间比模拟控制器大得多，在设计系统时应予以考虑。

1.1.4 信号检测与处理

运动控制系统中常需要电压、电流、转速和位置的反馈信号，为了真实可靠地得到这些信号，并实现功率电路（强电）和控制器（弱电）之间的电气隔离，需要相应的传感器。电压、电流传感器的输出信号多为连续的模拟量，而转速和位置传感器的输出信号因传感器的类型而异，可以是连续的模拟量，也可以是离散的数字量。由于控制系统对反馈通道上的扰动无抑制能力，所以，信号传感器必须有足够高的精度，才能保证控制系统的准确性。

信号转换和处理包括电压匹配、极性转换、脉冲整形等，对于计算机数字控制系统而言，必须将传感器输出的模拟或数字信号变换为可用于计算机运算的数字量。数据处理的另一个重要作用是去伪存真，即从带有随机扰动的信号中筛选出反映被测量的真实信号，去掉随机扰动信号，以满足控制系统的需要。常用的数据处理方法是信号滤波，模拟控制系统常采用模拟器件构成的滤波电路，而计算机数字控制系统往往采用模拟滤波电路和计算机软件数字滤波相结合的方法。

1.2 运动控制系统的历史与发展

直流电动机电力拖动与交流电动机电力拖动在 19 世纪中叶先后诞生，在 20 世纪前半叶，约占整个电力拖动容量 80% 的不可调速拖动系统采用交流电动机，只有 20% 的高性能可调速拖动系统采用直流电动机。20 世纪后半叶，电力电子技术和微电子技术带动了新一代交流调速系统的兴起与发展，逐步打破了直流调速系统一统高性能拖动天下的格局。进入21 世纪后，用交流调速系统取代直流调速系统已成为不争的事实。

直流电动机的数学模型简单，转矩易于控制。其换向器与电刷的位置保证了电枢电流与励磁电流的解耦。1960 年以来，晶闸管整流器的应用，使得直流拖动控制技术得到了飞速的发展，对直流拖动控制系统调节器的设计也有了一套实用的工程设计方法[2,3]。

交流电动机（尤其是笼型感应电动机）具有结构简单等诸多优点，但其动态数学模型具有非线性多变量强耦合的性质，比直流电动机复杂得多。早期交流调速系统的控制方法是基于交流电动机稳态数学模型的，其动态性能无法与直流调速系统相比。20 世纪 70 年代，德国工程师 F. Blaschke 提出"感应电机磁场定向控制原理"[25]，美国 P. C. Custman 和 A. A. Clark 提出"定子电压坐标变换控制"，这都是矢量控制的基本设想。1980 年日本难波江章教授等人提出转差型矢量控制，进一步简化了系统结构[26]。1980 年，德国 W. Leonhard 教授等用微机实现矢量控制系统的数字化，大大简化了系统的硬件结构[27,28,29]，经过不断的改进和完善，形成现在通用的高性能矢量控制系统。1985 年，德国鲁尔大学 Depenbrock 教授提出直接转矩控制[30]，1987 年把它推广到弱磁调速范围[31]，其控制结构简单，是一种高动态响应的交流调速系统。

同步电动机的转速与电源频率严格保持同步，机械特性硬。电励磁同步电动机还有一个突出的优点，就是可以控制励磁来调节它的功率因数，使功率因数达到 1.0，甚至产生超前的功率因数角。但同步电动机由电网直接供电时，存在起动困难与失步问题。电力电子变频技术的发展，成功地解决了阻碍同步电动机调速发展的这两大问题，而永磁同步电动机和直流无刷电动机等新型同步电动机的问世，犹如猛虎添翼，使同步电动机调速得到飞速的发展。

高性能的运动控制系统需要转速闭环控制，但速度传感器的机械安装要求高，调试工作量大，有时由于场地及空间的限制，根本不允许安装速度传感器，无速度传感器控制的调速系统正能弥补这些不足。无速度传感器控制的基本方法是实时检测定子电压和电流，再依据电动机模型或合适的算法对转速进行估算，用估算的值进行反馈控制[32,33]。但这种方法受电动机参数影响大，对测量噪声敏感。如何提高转速估算精度，是进一步发展无速度传感器控制系统的关键问题。

近年来，模糊控制、专家系统和神经网络的应用，使运动控制系统向智能化的方向发展。在现代运动控制系统中，常使智能控制与传统 PI 控制互相结合[34]，取长补短，既保证了系统的控制精度，又增加了系统的自学习、自调整及决策能力，提高了系统的鲁棒性。

1.3　运动控制系统的转矩控制规律

运动控制系统的基本运动方程式

$$\mathrm{d}\frac{(J\omega_{\mathrm{m}})}{\mathrm{d}t} = T_{\mathrm{e}} - T_{\mathrm{L}} - D\omega_{\mathrm{m}} - K\theta_{\mathrm{m}}$$

$$\frac{\mathrm{d}\theta_{\mathrm{m}}}{\mathrm{d}t} = \omega_{\mathrm{m}} \tag{1-1}$$

式中　J——机械转动惯量（kg·m²）；

ω_{m}——转子的机械角速度（rad/s）；

θ_{m}——转子的机械转角（rad）；

T_{e}——电磁转矩（N·m）；

T_{L}——负载转矩（N·m）；

D——阻转矩阻尼系数；

K——扭转弹性转矩系数。

当 J 为常数时，式（1-1）可写成

$$J\frac{\mathrm{d}\omega_{\mathrm{m}}}{\mathrm{d}t} = T_{\mathrm{e}} - T_{\mathrm{L}} - D\omega_{\mathrm{m}} - K\theta_{\mathrm{m}}$$

$$\frac{\mathrm{d}\theta_{\mathrm{m}}}{\mathrm{d}t} = \omega_{\mathrm{m}} \tag{1-2}$$

若忽略阻尼转矩和扭转弹性转矩，则运动控制系统的基本运动方程式可简化为

$$J\frac{\mathrm{d}\omega_{\mathrm{m}}}{\mathrm{d}t} = T_{\mathrm{e}} - T_{\mathrm{L}}$$

$$\frac{\mathrm{d}\theta_{\mathrm{m}}}{\mathrm{d}t} = \omega_{\mathrm{m}} \tag{1-3}$$

若采用工程单位制，则式（1-3）的第 1 行应改写为

$$\frac{GD^2}{375}\frac{\mathrm{d}n}{\mathrm{d}t} = T_{\mathrm{e}} - T_{\mathrm{L}} \tag{1-4}$$

式中　GD^2——转动惯量，习惯称飞轮力矩（N·m²），$GD^2 = 4gJ$；

n——转子的机械转速（r/min），$n = \dfrac{60\omega_{\mathrm{m}}}{2\pi}$。

运动控制系统的任务就是控制电动机的转速和转角，对于直线电动机来说是控制速度和

位移。由式（1-2）和式（1-3）可知，要控制转速和转角，唯一的途径就是控制电动机的电磁转矩 T_e，使转速变化率按人们期望的规律变化。因此，转矩控制是运动控制的根本问题[18]。

为了有效地控制电磁转矩，充分利用电机铁心，在一定的电流作用下尽可能产生最大的电磁转矩，以加快系统的过渡过程，必须在控制转矩的同时也控制磁通（或磁链）。因为当磁通（或磁链）很小时，即使电枢电流（或交流电机定子电流的转矩分量）很大，实际转矩仍然很小。何况由于物理条件限制，电枢电流（或定子电流）总是有限的。因此，磁链控制与转矩控制同样重要，不可偏废[18,35]。通常在基速（额定转速）以下采用恒磁通（或磁链）控制，而在基速以上采用弱磁控制。

1.4 生产机械的负载转矩特性

对运动控制系统而言，生产机械的负载转矩是一个必然存在的不可控扰动输入，生产机械的负载转矩特性直接影响运动控制系统控制方案的选择和系统的动态性能。为了对运动控制系统做全面的了解，便于系统设计和调试，常归纳出几种典型的生产机械负载转矩特性。

1.4.1 恒转矩负载特性

负载转矩 T_L 的大小恒定，与 ω_m 或 n 无关，称作恒转矩负载，

$$T_L = 常数 \qquad (1-5)$$

恒转矩负载有位能性和反抗性两种。位能性恒转矩负载由重力产生，具有固定的大小和方向，如图 1-3a 所示。反抗性恒转矩负载的大小不变，方向则始终与转速反向，如图 1-3b 所示。

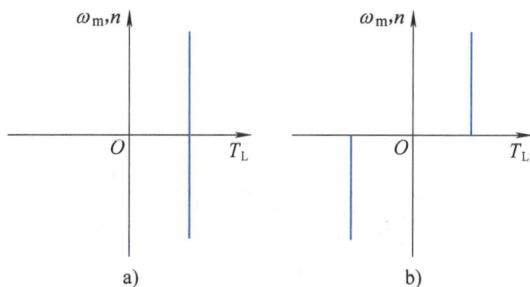

图 1-3 恒转矩负载特性
a) 位能性恒转矩负载　b) 反抗性恒转矩负载

1.4.2 恒功率负载特性

恒功率负载的特征是负载转矩与转速成反比，而功率为常数，即

$$T_L = \frac{P_L}{\omega_m} = \frac{常数}{\omega_m} \qquad (1-6)$$

或

$$T_L = \frac{60 P_L}{2\pi n} = \frac{常数}{n} \qquad (1-7)$$

式中　P_L——机械功率。

恒功率负载的特性如图 1-4 所示。

1.4.3 风机、泵类负载特性

风机、泵类负载的转矩与转速的二次方成正比，即

$$T_L \propto \omega_m^2 \propto n^2 \qquad (1-8)$$

风机、泵类负载特性如图 1-5 所示。

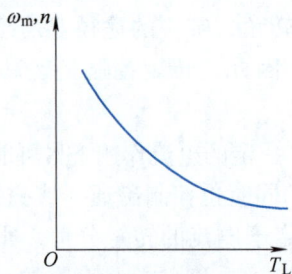

图 1-4　恒功率负载特性　　　　　图 1-5　风机、泵类负载特性

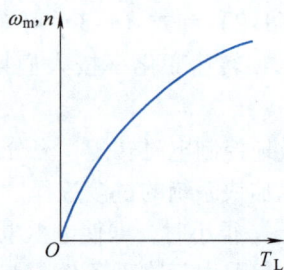

　　以上所述的各类负载是从各种实际负载中概括出来的典型负载形式，实际负载可能是多个典型负载的组合，应根据实际负载的具体情况加以分析。

第 1 篇

直流调速系统

根据生产机械的要求，电力拖动自动控制系统有调速系统、伺服系统、张力控制系统、多电动机同步控制系统等多种类型，实际上各种系统都是通过控制电动机的转速来实现的，因此调速系统是电力拖动控制系统中最基本的系统。

按照所用电动机种类的不同，调速系统可分为直流调速系统和交流调速系统两类。直流电动机具有良好的控制性能，起动、制动方便，宜于在宽范围内平滑调速，因此在 20 世纪 70 年代以前，许多需要调速和（或）快速正反向的电力拖动设备都广泛采用直流调速系统。自从电力电子器件在电力拖动的动力电源中获得应用以后，相继开发出各种交流调速系统。现在高性能的交流调速技术已经发展成熟，大部分原来采用直流调速系统的电力拖动设备已被交流调速系统取代。但是，直流调速系统的分析与控制理论仍是控制规律的基础，许多高性能交流调速技术都是在直流调速理论的基础上发展起来的，而且有些小容量的直流调速系统现在还在应用，因此掌握直流调速系统的基本规律和控制方法是非常必要的。本书第 1 篇首先介绍直流调速系统。

直流电动机的稳态转速可表示为

$$n = \frac{U - IR}{K_e \Phi}$$

式中　n——转速（r/min）；

U——电枢电压（V）；

I——电枢电流（A）；

R——电枢回路总电阻（Ω）；

Φ——励磁磁通（Wb）；

K_e——由电机结构决定的电动势常数。

由上式可以看出，有三种调节电动机转速的方法：

1）调节电枢供电电压 U；

2）减弱励磁磁通 Φ；

3）改变电枢回路电阻 R。

对于要求在一定范围内无级平滑调速的系统来说，以调节电枢供电电压的方式为最好。改变电阻只能有级调速；减弱磁通虽然能够平滑调速，但调速范围不大，往往只是配合调压方案在基速（额定转速）以上做小范围的弱磁升速。因此，自动控制的直流调速系统往往以变压调速为主。

第 2 章
转速开环控制的直流调速系统

内容提要

变压调速是直流调速系统的主要调速方法。由可控电压的直流电源给直流电动机供电，改变直流电枢电压来调节电动机的转速，就构成转速开环的直流调速系统。采用电力电子技术的可控直流电源主要有两大类：第一类是晶闸管相控整流器，它把交流电源直接转换成可控的直流电源；第二类是直流脉宽调制（PWM）变换器，它先用不可控整流器把交流电变换成直流电，然后用改变直流脉冲电压的宽度来调节输出的直流电压。本章第 2.1 节描述晶闸管整流器-直流电动机系统的工作原理及调速特性，第 2.2 节描述 PWM 变换器-电动机系统的工作原理及调速特性，第 2.3 节介绍稳态调速性能指标和开环系统存在的问题。

2.1 晶闸管整流器-直流电动机系统的工作原理及调速特性

直流电动机应用调压调速可以获得良好的调速性能，调节电枢供电电压首先要解决的是可控直流电源。随着电力电子技术的发展，近代直流调速系统常使用以电力电子器件组成的静止式可控直流电源作为电动机的供电电源装置。采用相控晶闸管组成可控整流器，给直流电动机供电，就构成晶闸管整流器-电动机系统，它们从 20 世纪 60 年代起得到了广泛的应用。

图 2-1 绘出了晶闸管整流器-直流电动机调速系统（简称 V-M 系统）的原理图，图中 VT 是晶闸管整流器，通过调节触发装置 GT 的控制电压 U_c 来移动触发脉冲的相位，改变可控整流器平均输出直流电压 U_d，从而实现直流电动机的平滑调速。晶闸管可控整流器的功率放大倍数在 10^4 以上；门极电流可以直接用电子控制，响应时间是毫秒级，具有快速的控制作用；运行损耗小，效率高。这些优点使 V-M 系统获得了优越的性能。

在晶闸管整流器-电动机系统中，需注意下述对系统的分析、设计和实际应用都十分重要的问题。

2.1.1 触发脉冲相位控制

在图 2-1 的 V-M 系统中，调节控制电压 U_c，可以移动触发装置 GT 输出脉冲的相位，即可方便地改变可控整流器 VT 输出瞬时电压 u_d 的波形，以及输出平均电压 U_d 的数值。在分析 V-M 系统的主电路时，如果把整流装置内阻 R_{rec} 移到装置外，看成是其负载电路电阻的一部分，那么整流电压便可以用其理想空载瞬时值 u_{d0} 和平均值 U_{d0} 来表示。这时，瞬时电压平衡方程式可写作

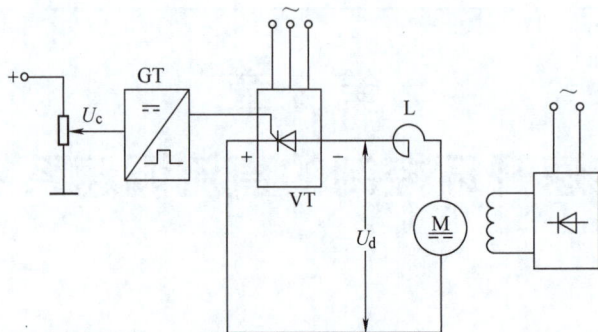

图 2-1 晶闸管整流器-直流电动机调速系统（V-M 系统）原理图

$$u_{d0} = E + i_d R + L \frac{\mathrm{d}i_d}{\mathrm{d}t} \tag{2-1}$$

式中　E——电动机反电动势（V）；

　　　i_d——电动机电流瞬时值（A）；

　　　L——主电路总电感（H）；

　　　R——主电路总电阻（Ω），$R = R_{rec} + R_a + R_L$；

　　R_{rec}——整流装置内阻（Ω），包括整流器内部的电阻、整流器件正向压降所对应的电阻、整流变压器漏抗换相压降相应的电阻；

　　　R_a——电动机电枢电阻（Ω）；

　　　R_L——平波电抗器电阻（Ω）。

这样，图 2-1 的 V-M 系统主电路可以用图 2-2 的等效电路来替代。从整流电压波形的自然换相点到下一个自然换相点为一个周期，对 u_{d0}、i_d 在一个周期内进行积分后取平均值，即得理想空载整流电压的平均值 U_{d0} 和电动机电流平均值 I_d，稳态电流平均值由负载决定。

用触发脉冲的相位角 α 控制整流电压的平均值 U_{d0} 是晶闸管整流器的特点。U_{d0} 与触发脉冲相位角 α 的关系因整流电路的形式而异，对于一般的全控整流电路，当电流波形连续时，$U_{d0} = f(\alpha)$ 可用下式表示：

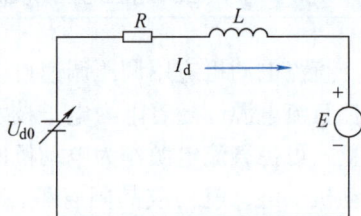

图 2-2 V-M 系统主电路的等效电路图

$$U_{d0} = \frac{m}{\pi} U_m \sin \frac{\pi}{m} \cos\alpha \tag{2-2}$$

式中　α——从自然换相点算起的触发脉冲控制角；

　　　U_m——$\alpha = 0$ 时的整流电压波形峰值（V）；

　　　m——交流电源一周内的整流电压脉波数。

当电流波形连续时，不同整流电路的平均整流电压如表 2-1 所示。

表 2-1 不同整流电路的整流电压波形峰值、脉冲数及平均整流电压

整 流 电 路	单 相 全 波	三 相 半 波	三相桥式（全波）
U_m	$\sqrt{2}U_2$	$\sqrt{2}U_2$	$\sqrt{6}U_2$
m	2	3	6
U_{d0}	$0.9U_2\cos\alpha$	$1.17U_2\cos\alpha$	$2.34U_2\cos\alpha$

注：U_2 为整流变压器二次侧额定相电压的有效值。

由式（2-2）可知，当 $0 < \alpha < \dfrac{\pi}{2}$ 时，$U_{d0} > 0$，晶闸管装置处于整流状态，电功率从交流侧输送到直流侧；当 $\dfrac{\pi}{2} < \alpha < \alpha_{\max}$ 时，$U_{d0} < 0$，装置处于有源逆变状态，电功率反向传送。其中有源逆变状态最多只能控制到某一个最大的移相角 $\alpha_{\max}$，而不能调到 π，以避免逆变颠覆。图 2-1 中触发装置 GT 的作用就是把控制电压 U_c 转换成触发脉冲的相位角 α，用以控制整流电压，达到变压调速的目的。

2.1.2 电流脉动及波形断续问题

图 2-2 所示的 V-M 系统是一个带 R-L-E 负载的可控整流系统，以单相全控桥式主电路为例，其输出电压和电流波形如图 2-3 所示。只有在整流变压器二次侧额定相电压的瞬时值 u_2 大于反电动势 E 时，晶闸管才可能被触发导通。导通后如果 u_2 降低到 E 以下，靠电感作用可以维持电流 i_d 继续流通。由于电压波形的脉动，造成了电流波形的脉动。

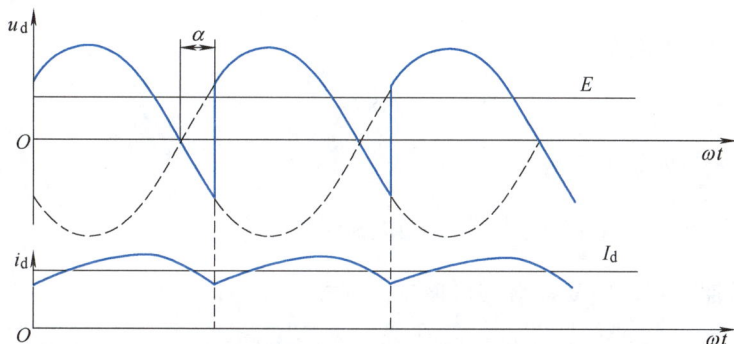

图 2-3　带 R-L-E 负载单相全控桥式整流电路的输出电压和电流波形

脉动的电流波形使 V-M 系统主电路可能出现电流连续和断续两种情况。当 V-M 系统主电路有足够大的电感量，而且电动机的负载也足够大时，整流电流便具有连续的脉动波形，如图 2-4a 所示。当电感较小或电动机的负载较轻时，在瞬时电流 i_d 上升阶段，电感储能，但所存储的能量不够大；等到 i_d 下降时，电感中的能量释放出来维持电流导通，由于储能较少，在下一相尚未被触发之前，i_d 已衰减到零，于是造成电流波形断续的情况，如图 2-4b 所示。

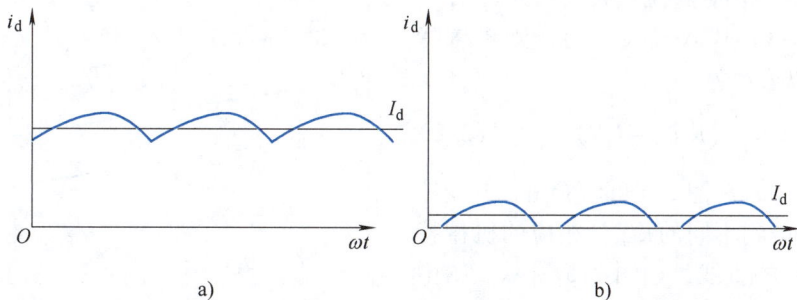

a)　　　　　　　　　　　　　　　　b)

图 2-4　V-M 系统的电流波形
a）电流连续　b）电流断续

在 V-M 系统中,脉动电流会增加电动机的发热,同时也产生脉动转矩,对生产机械不利。此外,电波波形的断续给用平均值描述的系统带来一种非线性的因素,也引起机械特性的非线性,影响系统的运行性能。因此,实际应用中希望尽量避免发生电流断续。

为了避免或减轻电流脉动的影响,需采用抑制电流脉动的措施,主要是:

1)增加整流电路相数,或采用多重化技术;

2)设置电感量足够大的平波电抗器。

平波电抗器的电感量一般按低速轻载时保证电流连续的条件来选择,通常首先给定最小电流 I_{dmin}(以 A 为单位),再利用它计算所需的总电感量(以 mH 为单位),减去电枢电感,即得平波电抗应有的电感值。对于三相桥式整流电路,总电感量的计算公式为

$$L = 0.693 \frac{U_2}{I_{dmin}} \tag{2-3}$$

对于三相半波整流电路

$$L = 1.46 \frac{U_2}{I_{dmin}} \tag{2-4}$$

对于单相桥式全控整流电路

$$L = 2.87 \frac{U_2}{I_{dmin}} \tag{2-5}$$

一般取 I_{dmin} 为电动机额定电流的 5% ~ 10%。

2.1.3 晶闸管整流器-直流电动机系统的机械特性

当电流波形连续时,V-M 系统的机械特性方程式为

$$n = \frac{1}{C_e}(U_{d0} - I_d R) \tag{2-6}$$

式中 C_e——电动机在额定磁通下的电动势系数,$C_e = K_e \Phi_N$。

在分析该开环系统机械特性时,需要分析控制电压变化时机械特性的变化规律。在进行调速系统的分析和设计时,把晶闸管触发和整流装置当作系统中的一个环节来看待。在一定的工作范围内近似看成线性环节,即稳态时 U_c 和 U_{d0} 之间呈线性关系:

$$U_{d0} = K_s U_c \tag{2-7}$$

式中 U_{d0}——平均整流电压;

U_c——控制电压;

K_s——晶闸管整流器放大系数。

把式(2-7)代入式(2-6),则机械特性表达式可以表示为

$$n = \frac{1}{C_e}(K_s U_c - I_d R) \tag{2-8}$$

由式(2-8)和图 2-5 可以看出,改变控制电压 U_c 可得到不同的 U_{d0},相应的机械特性为一族平行的直线,如图 2-5 所示。图中电流较小的部分画成虚线,表明此时电流波形可能断续,式(2-6)已经不适用了。

当电流断续时,由于非线性因素,机械

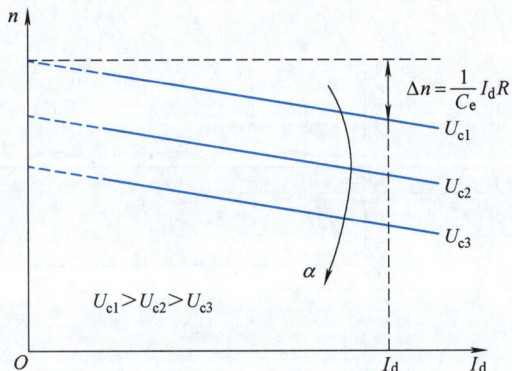

图 2-5 电流连续时 V-M 系统的机械特性

特性方程要复杂得多。以三相半波整流电路构成的 V-M 系统为例，电流断续时的机械特性可用下列方程组表示

$$n = \frac{\sqrt{2}U_2\cos\varphi\left[\sin\left(\frac{\pi}{6} + \alpha + \theta - \varphi\right) - \sin\left(\frac{\pi}{6} + \alpha - \varphi\right)e^{-\theta\cot\varphi}\right]}{C_e(1 - e^{-\theta\cot\varphi})} \qquad (2-9)$$

$$I_d = \frac{3\sqrt{2}U_2}{2\pi R}\left[\cos\left(\frac{\pi}{6} + \alpha\right) - \cos\left(\frac{\pi}{6} + \alpha + \theta\right) - \frac{C_e}{\sqrt{2}U_2}\theta n\right] \qquad (2-10)$$

式中　　$\varphi = \arctan\dfrac{\omega L}{R}$——阻抗角；

θ——一个电流脉波的导通角。

当阻抗角 φ 值已知时，对于不同的控制角 α，可用数值解法求出一族电流断续时的机械特性（应注意：当 $\alpha < \dfrac{\pi}{3}$ 时，特性略有差异，详见文献 [1，9]）。对于每一条特性，求解过程都计算到 $\theta = \dfrac{2\pi}{3}$ 为止，因为 θ 角再大时，电流便连续了。对应于 $\theta = \dfrac{2\pi}{3}$ 的曲线是电流断续区与连续区的分界线。

图 2-6 绘出了完整的 V-M 系统机械特性，其中包含整流状态（$\alpha < \dfrac{\pi}{2}$）和逆变状态（$\alpha > \dfrac{\pi}{2}$），电流连续区和电流断续区。由图可见，当电流连续时，特性还比较硬；断续段特性则很软，而且呈显著的非线性上翘，使电动机的理想空载转速很高；连续区和断续区的分界线对应于 $\theta = \dfrac{2\pi}{3}$ 的曲线。只要电流连续，晶闸管可控整流器就可以看成是一个线性的可控电压源。

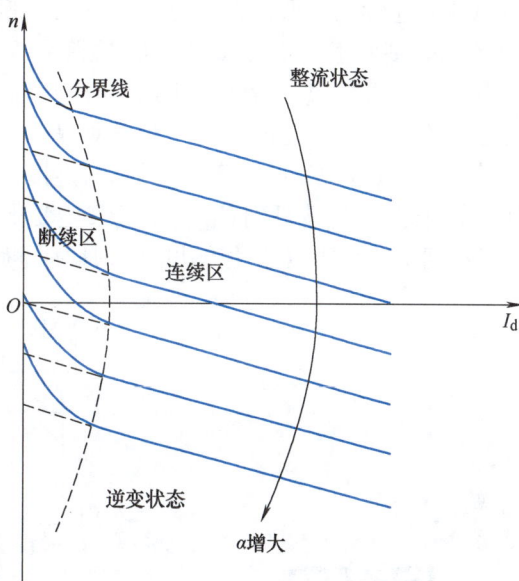

图 2-6　V-M 系统机械特性

2.1.4　晶闸管触发和整流装置的传递函数

在进行调速系统的分析和设计时，可以把晶闸管触发和整流装置当作系统中的一个环节来看待。应用线性控制理论时，需求出这个环节的放大系数和传递函数。

实际的触发电路和整流电路都是非线性的，只能在一定的工作范围内近似看成线性环节。如有可能，最好先用实验方法测出该环节的输入-输出特性，即 $U_d = f(U_c)$ 曲线，图 2-7 是采用锯齿波触发器移相时的 $U_d = f(U_c)$ 特性。设计时，希望整个调速范围的工作点都落在特性的近似线性范围之中，并有一定的调节余量。这

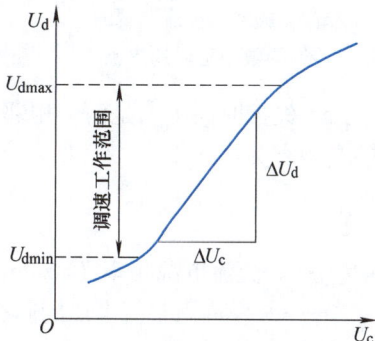

图 2-7　晶闸管触发与整流装置的
输入-输出特性和 K_s 的测定

13

时，晶闸管触发和整流装置的放大系数 K_s 可由工作范围内的特性斜率决定，计算公式为

$$K_s = \frac{\Delta U_d}{\Delta U_c} \tag{2-11}$$

如果没有得到实测特性，也可以根据装置的参数估算。例如，当触发电路控制电压 U_c 的调节范围是 $0 \sim 10\text{V}$，对应的整流电压 U_d 的变化范围是 $0 \sim 220\text{V}$ 时，可取 $K_s = 220/10 = 22$。

动态过程中，可把晶闸管触发与整流装置看成是一个纯滞后环节，其滞后效应是由晶闸管的失控时间引起的。晶闸管的特点决定了它一旦导通后控制电压的变化在该器件关断以前就不再起作用，要等到下一个自然换相点以后，当控制电压 U_c 所对应的下一相触发脉冲来到时才能使输出整流电压 U_{d0} 发生变化，这就造成整流电压滞后于控制电压的状况。

下面以单相桥式全控整流电路（见图 2-8）为例来讨论上述滞后作用以及滞后时间的大小。整流装置是带反电动势负载并且串接平波电抗器的，当电感和负载都足够大时，整流电流是连续的。假设在 t_1 时刻某一对晶闸管被触发导通，控制角为 α_1，如果控制电压 U_c 在 t_2 时刻发生变化（如图由 U_{c1} 突降到 U_{c2}），但由于晶闸管已经导通，U_c 的变化对它已不起作用。要等过了自然换相点 t_3 时刻以后，U_{c2} 才能把正在承受正电压的另一对晶闸管导通，在图 2-8 中是时刻 t_4。在该对晶闸管导通后，原先导通的晶闸管会受到反压而关断。由于平均整流电压的计算周期是从自然换相点开始到下一个自然换相点结束，则平均整流电压在 t_3 时刻从 U_{d01} 降低到 U_{d02}，从 U_c 发生变化的 t_2 时刻到 U_{d0} 响应变化的 t_3 时刻之间，便有一段失控时间 T_s。由于 U_c 发生变化的时刻具有不确定性，故失控时间 T_s 是个随机值。

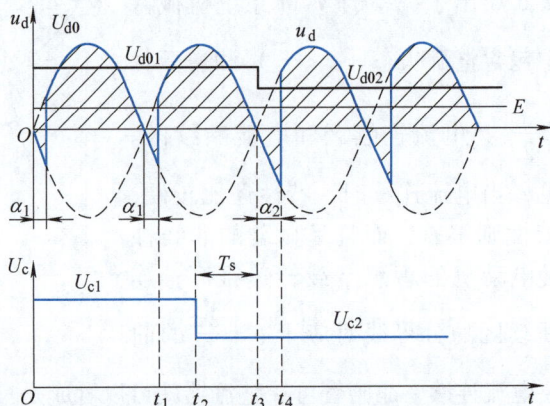

14

晶闸管触发和整流装置的
传递函数中延时的来源

图 2-8　晶闸管触发与整流装置的失控时间

最大失控时间 T_{smax} 是两个相邻自然换相点之间的时间，它与交流电源频率和晶闸管整流器的类型有关：

$$T_{smax} = \frac{1}{mf} \tag{2-12}$$

式中　f——交流电源频率（Hz）；

　　　m—— 一周内整流电压的脉波数。

在实际计算中一般采用平均失控时间 $T_s = \frac{1}{2} T_{smax}$。如果按最严重情况考虑，则取 $T_s = T_{smax}$。表 2-2 列出了不同整流电路的失控时间。

表2-2 晶闸管整流器的失控时间 （$f = 50\text{Hz}$）

整流电路形式	最大失控时间 T_{smax}/ms	平均失控时间 T_s/ms
单相半波	20	10
单相桥式（全波）	10	5
三相半波	6.67	3.33
三相桥式	3.33	1.67

用单位阶跃函数 $1(t)$ 表示滞后，则晶闸管触发与整流装置的输入-输出关系为

$$U_{d0} = K_s U_c \times 1(t - T_s)$$

利用拉普拉斯变换的位移定理，则晶闸管装置的传递函数为

$$W_s(s) = \frac{U_{d0}(s)}{U_c(s)} = K_s \, e^{-T_s s} \tag{2-13}$$

将式（2-13）按泰勒级数展开，可得

$$W_s(s) = K_s \, e^{-T_s s} = \frac{K_s}{e^{T_s s}} = \frac{K_s}{1 + T_s s + \frac{1}{2!} T_s^2 s^2 + \frac{1}{3!} T_s^3 s^3 + \cdots} \tag{2-14}$$

考虑到 T_s 很小，依据工程近似处理的原则（见第 4.3 节），可忽略高次项，把整流装置近似看作一阶惯性环节，则传递函数可表示为

$$W_s(s) \approx \frac{K_s}{1 + T_s s} \tag{2-15}$$

其动态结构框图如图 2-9 所示。

由此可见，在电流连续的条件下，可以把晶闸管触发和整流装置当作一阶惯性环节来处理，从而能应用线性控制理论来分析和设计系统，实现简便实用的调速系统的工程设计（见第 4.3 节）。分析和设计系统时参考表 2-2 按照平均失控时间确定 T_s 是过于保守的。结合图 2-8 可以看出，控制电压变化的本周期内，相控整流器输出的直流平均电压已经有所下降，因此控制电压已经起作用了，这里不予赘述，可见参考文献 [17]。

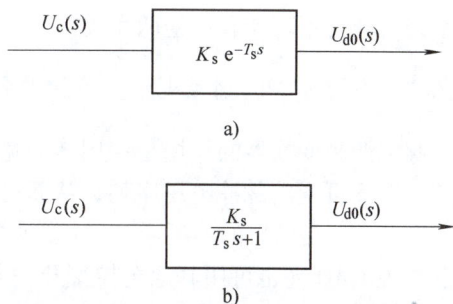

图2-9 晶闸管触发与整流装置动态结构框图
a）准确的时滞环节 b）近似的一阶惯性环节

2.1.5 晶闸管整流器-直流电动机系统的可逆运行

晶闸管是单向导电的，不允许电流反向，因此给电动机的可逆运行带来困难。对于需要电流正反向的直流电动机可逆调速系统，必须使用两组晶闸管整流装置反并联线路来实现可逆调速，如图 2-10 所示。电动机正转时，由正组晶闸管装置 VF 供电；反转时，由反组晶闸管装置 VR 供电。两组晶闸管分别由

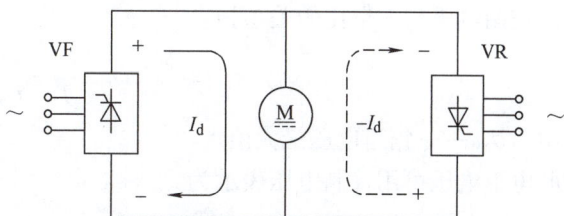

图2-10 两组晶闸管可控整流装置反并联可逆线路

两套触发装置控制，都能灵活地控制电动机的起动、制动和升速、降速。即使不是可逆的调速系统，只要是需要快速的回馈制动，常常也采用两组反并联的晶闸管装置，由正组提供电动机运行所需的整流供电，反组只提供逆变制动。

在晶闸管-电动机系统中一般不允许两组晶闸管同时处于整流状态，否则将造成电源短路。因此对控制电路提出了严格的要求，这里不予赘述，可见参考文献［3］。

2.2 PWM 变换器-电动机系统的工作原理及调速特性

自从全控型电力电子器件问世以后，就出现了采用脉冲宽度调制的高频开关控制方式，形成了脉宽调制变换器-直流电动机调速系统，简称直流脉宽调速系统，或直流 PWM 调速系统。与 V-M 系统相比，PWM 调速系统在很多方面都有较大的优越性：

1）主电路简单，需要的电力电子器件少；

2）开关频率高，电流容易连续，谐波少，电动机损耗及发热都较小；

3）低速性能好，稳速精度高，调速范围宽；

4）若与快速响应的电动机配合，则系统频带宽，动态响应快，动态抗扰能力强；

5）电力电子开关器件工作在开关状态，导通损耗小，当开关频率适当时，开关损耗也不大，因而装置效率较高；

6）直流电源采用不控整流时，电网功率因数比相控整流器高。

由于有上述优点，直流 PWM 调速系统的应用日益广泛，特别在中、小容量的高动态性能系统中，已经完全取代了 V-M 系统。根据 PWM 变换器主电路的不同形式，直流 PWM 调速系统可分为不可逆和可逆两大类。

2.2.1 不可逆 PWM 变换器-电动机系统

脉宽调制变换器的作用是：用脉冲宽度调制的方法，把恒定的直流电源电压调制成频率一定、宽度可变的脉冲电压序列，从而可以改变平均输出电压的大小，以调节电动机转速。

图 2-11a 是简单的不可逆 PWM 变换器-直流电动机系统主电路原理图，其中电力电子开关器件为 IGBT（也可用其他全控型开关器件），这样的电路又称直流降压斩波器。

VT 的控制门极由脉宽可调的脉冲电压 U_g 驱动，脉冲电压宽度由控制电压 U_c 加以调节。在一个开关周期 T 内，当 $0 \leqslant t < t_{on}$ 时，U_g 为正，VT 饱和导通，电源电压 U_s 通过 VT 加到直流电动机电枢两端。当 $t_{on} \leqslant t < T$ 时，U_g 为负，VT 关断，电枢电路中的电流通过续流二极管 VD 续流，直流电动机电枢电压近似等于零。因此，直流电动机电枢两端的平均电压为

$$U_d = \frac{t_{on}}{T} U_s = \rho U_s \tag{2-16}$$

控制电压与占空比的关系为

$$\rho = \frac{t_{on}}{T} = \frac{U_c}{U_{TM}} \tag{2-17}$$

式中　U_{TM}——锯齿电压最大值。

因此电枢电压可用控制电压表示为

$$U_d = \frac{U_c}{U_{TM}} U_s = K_s U_c \tag{2-18}$$

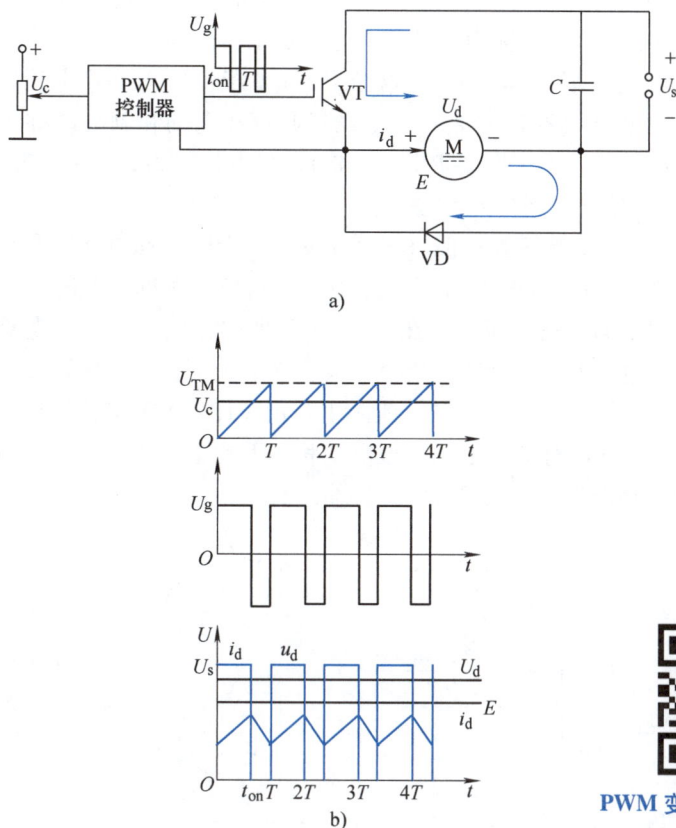

图2-11 简单的不可逆 PWM 变换器-直流电动机系统

a）电路原理图 b）电压和电流波形

U_s—直流电源电压 C—滤波电容 VT—电力电子开关器件

VD—续流二极管 M—直流电动机

其中

$$K_s = \frac{U_s}{U_{TM}} \tag{2-19}$$

改变控制电压 U_c 即可改变占空比 $\rho(0 \leqslant \rho \leqslant 1)$，从而改变直流电动机电枢平均电压，实现直流电动机的调压调速。若令 $\gamma = \dfrac{U_d}{U_s}$ 为 PWM 电压系数，则在不可逆 PWM 变换器中

$$\gamma = \rho \tag{2-20}$$

图2-11b 绘出了稳态时电枢两端的电压波形 $u_d = f(t)$ 和平均电压 U_d。由于电磁惯性，电枢电流 $i_d = f(t)$ 的变化幅值比电压波形小，但仍旧是脉动的，其平均值等于负载电流。图中还绘出了电动机的反电动势 E，由于 PWM 变换器的开关频率高，电流的脉动幅值不大，再影响到转速和反电动势，其波动就更小，一般可以忽略不计。

图2-11 所示的简单的不可逆 PWM 变换器-直流电动机系统不允许电流反向，续流二极管 VD 的作用只是为电流 i_d 提供一个续流的通道，因而没有制动能力。需要电动机制动时，必须为反向电流提供通路。如图2-12a 所示的是有制动电流通路的不可逆 PWM 变换器-直流电动机系统，将图2-11 中的 VT 和 VD 改为图2-12a 中的 VT_1 和 VD_2，再增加 VT_2 和 VD_1 即

为有制动电流通路的不可逆 PWM 变换器，VT_2 和 VD_1 的功能是提供反向电枢电流通路，因此 VT_2 被称为辅助管，而 VT_1 被称为主管。不考虑功率器件的开关时间时，VT_1 和 VT_2 的驱动电压大小相等极性相反，即 $U_{g1} = -U_{g2}$。这个 PWM 变换器输出平均电压极性没有改变，其大小仍用式（2-16）和式（2-18）表示。电动机则存在电动和制动两种工况，电压和电流波形有三种不同情况，分别示于图 2-12b、c 和 d，其中，图 2-12b 是一般电动状态的波形，图 2-12c 是制动状态的波形，图 2-12d 是轻载电动状态的波形。

在一般电动状态中，i_d 始终为正值（其正方向示于图 2-12a 中）。设 t_{on} 为 VT_1 的导通时间，则在 $0 \leqslant t < t_{on}$ 期间，U_{g1} 为正，VT_1 导通；U_{g2} 为负，VT_2 关断。此时，电源电压 U_s 加到电枢两端，电流 i_d 沿图中的回路 1 流通。在 $t_{on} \leqslant t < T$ 期间，U_{g1} 和 U_{g2} 都改变极性，VT_1 关断，但 VT_2 却不能立即导通，因为 i_d 沿回路 2 经二极管 VD_2 续流，在 VD_2 两端产生的压降给 VT_2 施加反压，使它失去导通的可能。因此，实际上是由 VT_1 和 VD_2 交替导通。虽然电路中多了一个开关器件 VT_2，但并没有被用上。一般电动状态下的电压和电流波形（见图 2-12b）也就和简单的不可逆电路波形（见图 2-11b）完全一样。

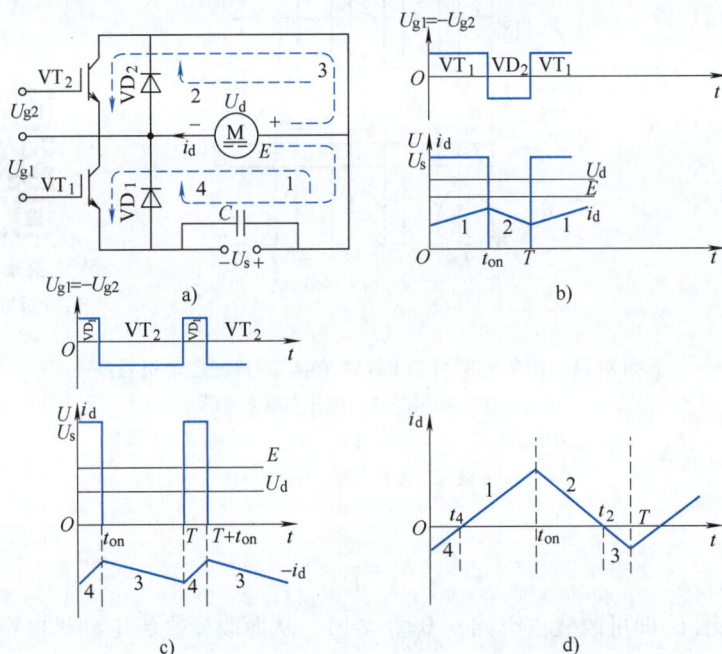

图 2-12　有制动电流通路的不可逆 PWM 变换器-直流电动机系统
a）电路原理图　b）一般电动状态的电压、电流波形
c）制动状态的电压、电流波形　d）轻载电动状态的电流波形

在制动状态时，i_d 为负值，VT_2 就发挥作用了。这种情况发生在电动运行过程中需要降速的时候。这时，先减小控制电压，使 U_{g1} 的正脉冲变窄，负脉冲变宽，从而使平均电枢电压 U_d 降低。但是，由于机电惯性，转速和反电动势还来不及变化，因而造成 $E > U_d$ 的局面，很快使电流 i_d 反向，VD_2 截止。在 $t_{on} \leqslant t < T$ 期间，U_{g2} 为正，于是 VT_2 导通，反向电流沿回路 3 流通，产生能耗制动作用。在 $T \leqslant t < T + t_{on}$（即下一周期的 $0 \leqslant t < t_{on}$）期间，VT_2 关断，$-i_d$ 沿回路 4 经 VD_1 续流，向电源回馈能量。与此同时，VD_1 两端压降钳住 VT_1 使它不能

导通。在制动状态中，VT$_2$和VD$_1$轮流导通，而VT$_1$始终是关断的，此时的电压和电流波形如图2-12c所示。表2-3归纳了不同工作状态下导通器件和电流i_d的回路与方向。

表2-3　二象限不可逆PWM变换器在不同工作状态下导通器件和电流回路与方向

工作状态 ＼ 期间		0 ~ t_{on}		t_{on} ~ T	
		0 ~ t_4	t_4 ~ t_{on}	t_{on} ~ t_2	t_2 ~ T
一般电动状态	导通器件	VT$_1$		VD$_2$	
	电流回路	1		2	
	电流方向	+		+	
制动状态	导通器件	VD$_1$		VT$_2$	
	电流回路	4		3	
	电流方向	—		—	
轻载电动状态	导通器件	VD$_1$	VT$_1$	VD$_2$	VT$_2$
	电流回路	4	1	2	3
	电流方向	—	+	+	—

有一种特殊情况，即轻载电动状态，这时平均电流较小，以致在VT$_1$关断后i_d经VD$_2$续流时，还没有到达周期T，电流已经衰减到零，如图2-12d中t_{on} ~ T期间的$t=t_2$时刻，这时VD$_2$两端电压也降为零，VT$_2$便提前导通了，使电流反向，产生局部时间的制动作用。这样，轻载时，电流可在正负方向之间脉动，平均电流等于负载电流，一个周期分成四个阶段，如图2-12d和表2-3所示。

图2-11、图2-12a所示电路之所以为不可逆，是因为平均电压U_d始终大于零，虽然图2-12中电流能够反向，但电压和转速仍不能反向。

2.2.2　可逆PWM变换器-电动机系统

如果要求转速反向，需要能够改变PWM变换器输出电压的极性，使直流电动机可以在四个象限中运行，为此，需组成可逆的PWM变换器-直流电动机系统。

可逆PWM变换器主电路有多种型式，最常用的是桥式（亦称H型）电路，如图2-13所示，电动机M两端电压U_{AB}的极性随全控型器件的开关状态而改变。可逆PWM变换器的控制方式有双极式、单极式、受限单极式等多种，这里仅分析双极式控制的可逆PWM变换器工作原理。

双极式控制可逆PWM变换器的4个驱动电压波形如图2-14所示，它们的关系是：$U_{g1}=U_{g4}=-U_{g2}=-U_{g3}$。在一个开关周期内，当$0\leq t<t_{on}$时，$U_{AB}=U_s$，电枢电流$i_d$沿回路1流通；当$t_{on}\leq t<T$时，驱动电压反号，$i_d$沿回路2经二极管续流，

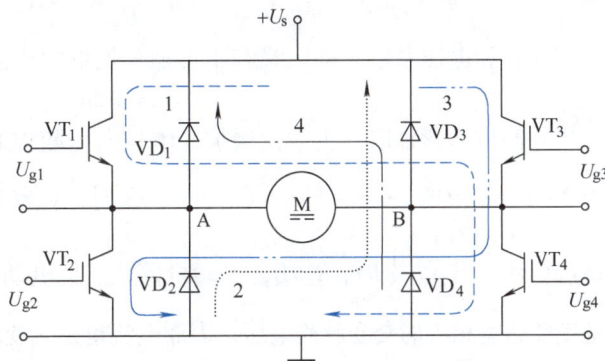

图2-13　桥式可逆PWM变换器电路

19

$U_{AB} = -U_s$。因此，U_{AB} 在一个周期内具有正负相间的脉冲波形，这是双极式名称的由来。

图 2-14 绘出了双极式控制时的电压和电流波形。电动机电枢电压的平均值则体现在驱动电压正、负脉冲的宽窄上，而正负脉冲的宽窄也是通过控制电压 U_c 调节的，当增加控制电压时，正脉冲变宽，负脉冲变窄。

当正脉冲较宽时，$t_{on} > \dfrac{T}{2}$，则 U_{AB} 的平均值为正，电动机正转；反之则反转。如果正、负脉冲相等，$t_{on} = \dfrac{T}{2}$，平均输出电压为零，则电动机停止。图 2-14 所示的波形是电动机工作在正向电动时的情况。

直流电动机的电枢电压 U_{AB} 的正、负变化，使电流波形随之波动。电流波形存在两种情况，如图 2-14 中的 i_{d1} 和 i_{d2}。i_{d1} 相当于电动机负载较重的情况，这时平均电流大，在续流阶段电流仍维持正方向，电动机始终工作在第 I 象限的电动状态。i_{d2} 相当于负载很轻的情况，平均电流小，在续流阶段电流很快衰减到零，于是二极管终止续流，而反向开关器件导通，电枢电流反向，电动机处于制动状态。i_{d2} 波形中的线段 3 和 4 是工作在第 II 象限的制动状态。电枢电流的方向决定了电流是经过续流二极管 VD 还是经过开关器件 VT 流动。

双极式控制可逆 PWM 变换器的输出平均电压为

$$U_d = \frac{t_{on}}{T}U_s - \frac{T - t_{on}}{T}U_s = \left(\frac{2t_{on}}{T} - 1 \right)U_s = (2\rho - 1)U_s$$

$$(2\text{-}21)$$

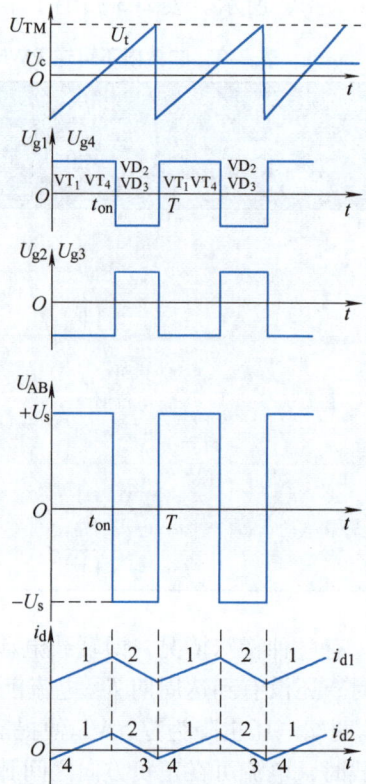

图 2-14 双极式控制可逆 PWM 变换器的驱动电压、输出电压和电流波形

控制电压与占空比的关系为

$$\rho = \frac{t_{on}}{T} = \frac{U_c + U_{TM}}{2U_{TM}}$$

因此与不可逆变换器相同，电枢电压仍可用控制电压表示为

$$U_d = \frac{U_c}{U_{TM}}U_s = K_s U_c \qquad\qquad (2\text{-}22)$$

若占空比 ρ 和电压系数 γ 的定义与不可逆变换器中相同，则在双极式控制的可逆变换器中

$$\gamma = 2\rho - 1$$

当控制电压增加时，占空比增加，电枢电压随控制电压线性增大。调速时，ρ 的可调范围为 $0 \sim 1$，相应地，$\gamma = -1 \sim +1$。当 $\rho > \dfrac{1}{2}$ 时，γ 为正，电动机正转；当 $\rho < \dfrac{1}{2}$ 时，γ 为负，电动机反转；当 $\rho = \dfrac{1}{2}$ 时，$\gamma = 0$，电动机停止。但电动机停止时电枢电压瞬时值并不等于零，而是正负脉宽相等的交变脉冲电压，因而电流也是交变的。这个交变电流的平均值为零，不产生平均转矩，徒然增大电动机的损耗，这是双极式控制的缺点。但它也有好处，在电动机停止时仍有高频微振电流，从而消除了正、反向时的静摩擦死区，起着所谓"动力润滑"的作用。

双极式控制的桥式可逆 PWM 变换器有下列优点：

1）电流一定连续；

2）可使电动机在四象限运行；

3）电动机停止时有微振电流，能消除静摩擦死区；

4）低速平稳性好，系统的调速范围大；

5）低速时，每个开关器件的驱动脉冲仍较宽，有利于保证器件的可靠导通。

双极式控制方式的不足之处是：在工作过程中，四个开关器件可能都处于开关状态，开关损耗大，而且在切换时可能发生上、下桥臂直通的事故。为了防止直通，在上、下桥臂的驱动脉冲之间，应设置死区时间。为了克服上述缺点，可采用单极式控制，使部分器件处于常通或常断状态，以减少开关次数和开关损耗，提高可靠性，但系统的静、动态性能会略有降低。关于单极式控制，可参看参考文献［2］。

2.2.3 直流 PWM 调速系统的机械特性

由于采用了脉宽调制，严格地说，即使在稳态情况下，直流 PWM 调速系统的转矩和转速也都是脉动的。所谓稳态，是指电动机的平均电磁转矩与负载转矩相平衡的状态，机械特性是平均转速与平均转矩（电流）的关系。在中、小容量的直流 PWM 调速系统中，IGBT 已经得到普遍的应用，其开关频率一般在 10kHz 以上，这时，最大电流脉动量在额定电流的5%以下，转速脉动量不到额定空载转速的万分之一，可以忽略不计。

直流 PWM 调速系统的机械特性

采用不同形式的 PWM 变换器，系统的机械特性也不一样，关键在于电流波形是否连续。对于带制动电流通路的不可逆电路，电流方向可逆，无论是重载还是轻载，电流波形都是连续的，因而机械特性关系式比较简单，现在就分析这种情况。

对于带制动电流通路的不可逆电路（见图 2-12），电压平衡方程式分两个阶段：

$$U_s = Ri_d + L\frac{di_d}{dt} + E \quad (0 \leqslant t < t_{on}) \tag{2-23}$$

$$0 = Ri_d + L\frac{di_d}{dt} + E \quad (t_{on} \leqslant t < T) \tag{2-24}$$

式中 R，L——电枢电路的电阻和电感。

按电压方程求一个周期内的平均值，即可导出机械特性方程式。电枢两端在一个周期内的平均电压是 $U_d = \gamma U_s$。平均电流和转矩分别用 I_d 和 T_e 表示，平均转速 $n = \dfrac{E}{C_e}$，而电枢电感压降 $L\dfrac{di_d}{dt}$ 的平均值在稳态时应为零。于是，平均值方程可写成

$$\gamma U_s = RI_d + E = RI_d + C_e n \tag{2-25}$$

结合式（2-18），得机械特性方程式为

$$n = \frac{\gamma U_s}{C_e} - \frac{R}{C_e}I_d = \frac{K_s U_c}{C_e} - \frac{R}{C_e}I_d = n_0 - \frac{R}{C_e}I_d \tag{2-26}$$

或根据 $T_e = C_m I_d$ 用转矩表示

$$n = \frac{\gamma U_s}{C_e} - \frac{R}{C_e C_m}T_e = \frac{K_s U_c}{C_e} - \frac{R}{C_e C_m}T_e = n_0 - \frac{R}{C_e C_m}T_e \tag{2-27}$$

式中 C_m——电动机在额定磁通下的转矩系数，$C_m = K_m \Phi_N$；

n_0——理想空载转速，与电压系数 γ 成正比，$n_0 = \dfrac{\gamma U_s}{C_e}$。

对于带制动作用的不可逆电路，$0 \leqslant \gamma \leqslant 1$，可以得到图 2-15 所示的机械特性，位于第 I、II 象限。采用双极式控制可逆直流电源供电时，直流电动机的机械特性与图 2-15 类似，也是一族平行直线，只是机械特性扩展到了四个象限。

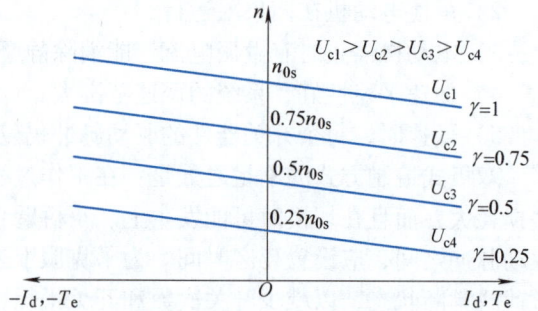

图 2-15 直流 PWM 调速系统
（电流连续）的机械特性

2.2.4 PWM 控制器与变换器的动态数学模型

无论哪一种 PWM 变换器电路，其驱动电压都由 PWM 控制器发出，PWM 控制器可以是模拟式的，也可以是数字式的。图 2-16 绘出了 PWM 控制器和变换器的框图，采用模拟方式时，图中开关是常闭的；采用数字方式时只在开关周期开始或者中间时刻闭合开关。分析时常把 PWM 控制器与变换器当作系统中的一个环节来看待，为此需要求出这个环节的放大系数和传递函数。

PWM 控制器与变换器
的动态数学模型

PWM 控制与变换器的动态数学模型和晶闸管触发与整流装置基本一致。根据式（2-18）和式（2-22）不难看出 PWM 变换器输出电压与控制电压的关系，当控制电压 U_c 改变时，PWM 变换器输出平均电压 U_d 按线性规律变化，但其响应会有延迟，最大的时延是一个开关周期 T。因此，PWM 控制器与变换器（简称 PWM 装置）也可以看成是一个滞后环节，其传递函数可以写成

$$W_s(s) = \frac{U_d(s)}{U_c(s)} = K_s e^{-T_s s} \tag{2-28}$$

式中 K_s——PWM 装置的放大系数；

T_s——PWM 装置的延迟时间，$T_s \leqslant T$。

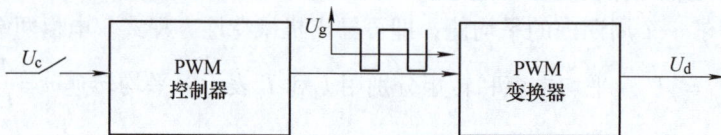

图 2-16 PWM 控制器与变换器框图

系统分析设计时按最大延时考虑，取 $T_s = T$。当开关频率为 10kHz 时，$T_s = 0.1\text{ms}$，在一般的电力拖动自动控制系统中，时间常数这么小的滞后环节可以近似看成是一个一阶惯性环节，K_s 可利用式（2-19）计算。

$$W_s(s) \approx \frac{K_s}{T_s s + 1} \tag{2-29}$$

因此与晶闸管装置传递函数完全一致。但需注意，式（2-29）是近似的传递函数，实际上 PWM 变换器不是一个线性环节，而是具有继电特性的非线性环节。

2.2.5 直流 PWM 调速系统的电能回馈和泵升电压

中、小功率的可逆直流调速系统多采用桥式可逆 PWM 变换器，图 2-17 绘制了桥式可逆直流脉宽调速系统主电路的原理图（略去吸收电路）。图中左侧是由六个二极管组成的不可控整流器，把电网提供的交流电整流成直流电；中间是大电容滤波；右侧是 H 型桥式 PWM 变换器。

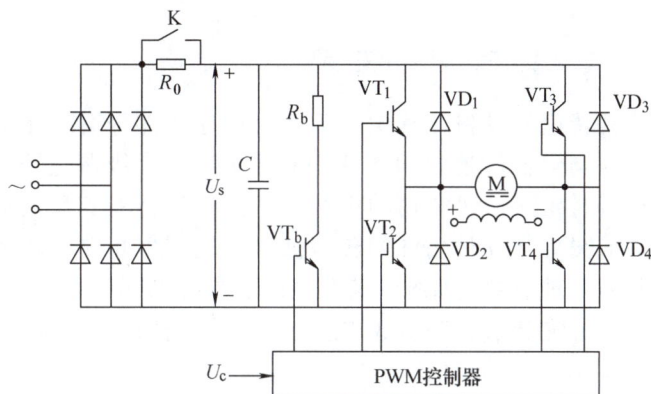

图 2-17　桥式可逆直流脉宽调速系统主电路的原理图

当可逆系统进入制动状态时，直流 PWM 功率变换器把机械能变为电能回馈到直流侧，但由于二极管整流器导电的单向性，电能不可能通过整流器送回交流电网，只能向滤波电容充电，使电容两端电压升高，称作"泵升电压"，所以能量回馈问题在可逆 PWM 调速系统中更为突出。系统在制动时释放的动能将表现为电容储能的增加，所以要适当地选择电容的电容量，或采取其他措施，以保护电力电子开关器件不被泵升电压击穿。假设电压由 U_s 提高到 U_{sm}，则电容储能由 $\frac{1}{2}CU_s^2$ 增加到 $\frac{1}{2}CU_{sm}^2$，储能的增量应该等于运动系统在制动时释放的全部动能 A_d，于是

$$\frac{1}{2}CU_{sm}^2 - \frac{1}{2}CU_s^2 = A_d$$

按制动储能要求选择的电容量应为

$$C = \frac{2A_d}{U_{sm}^2 - U_s^2} \tag{2-30}$$

过高的泵升电压将超过电力电子器件的耐压限制值，因此电容量不能太小，一般几千瓦的调速系统就需要几千微法的电容。在大容量或负载有较大惯量的系统中，不可能只靠电容器来限制泵升电压，可采用图 2-17 中间部分由开关器件 VT_b 控制的能量释放回路。能量释放回路受到 PWM 控制器的控制，当 PWM 控制器检测到泵升电压高于规定值时，开关器件 VT_b 导通，使制动过程中多余的动能以铜损耗的形式消耗在放电电阻 R_b 中。此时，PWM 可逆调速系统的制动过程实际上是能耗制动过程。

如果在大容量的调速系统中希望实现电能回馈到交流电网，以取得更好的制动效果并且节能，可以在二极管整流器输出端并接逆变器，把多余的电能逆变后回馈电网。

当 PWM 调速系统处于休止状态需要起动时，将电源合闸突加交流电源，这时大容量

的滤波电容 C 相当于短路，会产生很大的充电电流，容易损坏整流二极管。为了限制充电电流，在图 2-17 的二极管整流器和滤波电容之间串入限流电阻 R_0。合上电源后，经过延时或当直流电压达到一定值时，闭合接触器触点 K 把电阻 R_0 短路，以免在运行中造成附加损耗。

2.3　稳态调速性能指标和开环系统存在的问题

2.3.1　转速控制的要求和稳态调速性能指标

　　任何一台需要控制转速的设备，其生产工艺对调速性能都有一定的要求。例如：最高转速与最低转速之间的范围有多大，是有级调速还是无级调速，在稳态运行时允许转速波动的大小，从正转运行变到反转运行的时间间隔，突加或突减负载时允许的转速波动，运行停止时要求的定位精度等。归纳起来，对于调速系统转速控制的要求有以下三个方面：

稳态调速
性能指标

　　1）调速——在一定的最高转速和最低转速范围内，分档地（有级）或平滑地（无级）调节转速；

　　2）稳速——以一定的精度在所需转速上稳定运行，在各种干扰下不允许有过大的转速波动，以确保产品质量；

　　3）加、减速——频繁起动、制动的设备要求加、减速尽量快，以提高生产率；不宜经受剧烈速度变化的机械则要求起动、制动尽量平稳。

　　为了进行定量的分析，可以针对前两项要求定义两个调速指标，称为"调速范围"和"静差率"。这两个指标合称调速系统的稳态性能指标。

1. 调速范围

　　生产机械要求电动机提供的同向最高转速 n_{max} 和最低转速 n_{min} 之比称为调速范围，用字母 D 表示，即

$$D = \frac{n_{max}}{n_{min}} \tag{2-31}$$

式中　n_{max}、n_{min}——一般都指电动机在额定负载稳定运行时的最高和最低转速，因此 n_{min} 不能为零，对于少数负载很轻的机械，例如精密磨床，也可用实际负载时的最高和最低转速。

2. 静差率

　　当系统在某一转速下运行时，负载由理想空载增加到额定值所对应的转速降落 Δn_N 与理想空载转速 n_0 之比，称为静差率 s，即

$$s = \frac{\Delta n_N}{n_0} \tag{2-32}$$

或用百分数表示

$$s = \frac{\Delta n_N}{n_0} \times 100\% \tag{2-33}$$

　　显然，静差率是用来衡量调速系统在负载变化下转速的稳定度的。它和机械特性的硬度有关，特性越硬，静差率越小，转速的稳定度就越高。

然而静差率与机械特性硬度又是有区别的。硬度是指机械特性的斜率，一般变压调速系统在不同转速下的机械特性是互相平行的，如图2-18中的特性 a 和 b，两者的硬度相同，额定速降 $\Delta n_{Na} = \Delta n_{Nb}$，但它们的静差率却不同，因为理想空载转速不一样。根据式（2-32）的定义，由于 $n_{0a} > n_{0b}$，所以 $s_a < s_b$。这就是说，对于同样硬度的特性，理想空载转速越低时，静差率越大，转速的相对稳定度也就越差。例如，在 n_0 为 1000r/min 时降落 10r/min，只占 1%；在 n_0 为 100r/min 时同样降落 10r/min，就占 10%；如果 n_0 只有 10r/min，再降落 10r/min，就占 100%，这时电动机已经停止转动了。

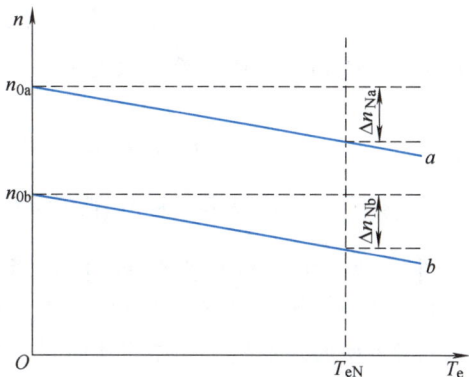

图2-18 不同转速下的静差率

由此可见，调速范围和静差率这两项指标并不是彼此孤立的，必须同时提才有意义。在调速过程中，若额定速降相同，则转速越低时，静差率越大。如果低速时的静差率能满足设计要求，则高速时的静差率就更满足要求了。因此，调速系统的静差率指标应以最低速时所能达到的数值为准。

3. 调速范围、静差率和额定速降之间的关系

一般以电动机的额定转速 n_N 作为最高转速，若额定负载下的转速降落为 Δn_N，则按照上面分析的结果，该系统的静差率应该是最低速时的静差率，即

$$s = \frac{\Delta n_N}{n_{0min}} = \frac{\Delta n_N}{n_{min} + \Delta n_N}$$

于是，最低转速为

$$n_{min} = \frac{\Delta n_N}{s} - \Delta n_N = \frac{(1-s)\Delta n_N}{s}$$

而调速范围为

$$D = \frac{n_{max}}{n_{min}} = \frac{n_N}{n_{min}}$$

将上面的 n_{min} 式代入，得

$$D = \frac{n_N s}{\Delta n_N (1-s)} \tag{2-34}$$

式（2-34）表示调速系统的调速范围、静差率和额定速降之间所应满足的关系。对于同一个调速系统，Δn_N 值一定，由式（2-34）可见，如果对静差率要求越严，即要求 s 值越小时，系统能够允许的调速范围也越小。一个调速系统的调速范围，是指在最低速时还能满足所需静差率的转速可调范围。

例题2-1 某直流调速系统电动机额定转速为 $n_N = 1430$r/min，额定速降 $\Delta n_N = 115$r/min，当要求静差率 $s \leqslant 30\%$ 时，允许多大的调速范围？如果要求静差率 $s \leqslant 20\%$，则调速范围是多少？如果希望调速范围达到10，所能满足的静差率是多少？

解 在要求 $s \leqslant 30\%$ 时，允许的调速范围为

$$D = \frac{n_N s}{\Delta n_N (1-s)} = \frac{1430 \times 0.3}{115 \times (1-0.3)} = 5.3$$

25

若要求 $s \leqslant 20\%$，则允许的调速范围只有

$$D = \frac{1430 \times 0.2}{115 \times (1 - 0.2)} = 3.1$$

若调速范围达到 10，则静差率只能是

$$s = \frac{D \Delta n_N}{n_N + D \Delta n_N} = \frac{10 \times 115}{1430 + 10 \times 115} = 0.446 = 44.6\%$$

2.3.2　开环直流调速系统的性能和存在的问题

图 2-1 所示的晶闸管整流器-电动机系统和图 2-13 所示的可逆 PWM 变换器-电动机系统都是开环调速系统，调节控制电压 U_c 就可以改变电动机的转速。如果负载的生产工艺对运行时的静差率要求不高，这样的开环调速系统都能实现一定范围内的无级调速，可以找到一些用途。但是，许多需要调速的生产机械常常对静差率有一定的要求。例如，龙门刨床由于毛坯表面粗糙不平，加工时负载大小常有波动。但是，为了保证工件的加工精度和加工后的表面光洁度，加工过程中的速度却必须基本稳定，也就是说，静差率不能太大，一般要求调速范围 $D = 20 \sim 40$，静差率 $s \leqslant 5\%$。又如热连轧机，各种架轧辊分别由单独的电动机拖动，钢材在几个机架内连续轧制，要求各机架出口线速度保持严格的比例关系，使被轧金属的每秒流量相等，才不致造成钢材拱起或拉断。根据工艺要求，须使调速范围 $D = 3 \sim 10$ 时，保证静差率 $s \leqslant 0.2\% \sim 0.5\%$。但是开环控制系统对负载变化引起的转速波动没有抑制能力，因此往往不能满足要求。

例题 2-2　某龙门刨床工作台拖动采用直流电动机，其额定数据为：60kW，220V，305A，1000r/min，采用 V-M 系统，主电路总电阻 $R = 0.18\Omega$，电动机电动势系数 $C_e = 0.2$Vmin/r。如果要求调速范围 $D = 20$，静差率 $s \leqslant 5\%$，采用开环调速能否满足？若要满足这个要求，系统的额定速降 Δn_N 最多能有多少？

解　当电流连续时，V-M 系统的额定速降为

$$\Delta n_N = \frac{I_{dN} R}{C_e} = \frac{305 \times 0.18}{0.2} \text{r/min} = 275 \text{r/min}$$

开环系统在额定转速时的静差率为

$$s_N = \frac{\Delta n_N}{n_N + \Delta n_N} = \frac{275}{1000 + 275} = 0.216 = 21.6\%$$

可见在额定转速时已不能满足 $s \leqslant 5\%$ 的要求，更不要说最低速了。

如要求 $D = 20$，$s \leqslant 5\%$，即要求

$$\Delta n_N = \frac{n_N s}{D(1 - s)} \leqslant \frac{1000 \times 0.05}{20 \times (1 - 0.05)} \text{r/min} = 2.63 \text{r/min}$$

按照上面的计算，开环调速系统的额定速降是 275r/min，而生产工艺的要求却只有 2.63r/min，相差几乎百倍。开环调速系统已无能为力，采用转速反馈控制的闭环直流调速系统能否解决这个问题呢？我们将在第 3 章中进行研究。

思考题

2-1　直流电动机有哪几种调速方法？各有哪些特点？

2-2　简述直流 PWM 变换器电路的基本结构。

2-3 直流 PWM 变换器驱动电路的特点是什么？

2-4 为什么直流 PWM 变换器-电动机系统比晶闸管整流器-电动机系统能够获得更好的动态性能？

2-5 在直流脉宽调速系统中，当电动机停止不动时，电枢两端是否还有电压？电路中是否还有电流？为什么？

2-6 直流 PWM 变换器主电路中反并联二极管有何作用？如果二极管断路会产生什么后果？

2-7 直流 PWM 变换器的开关频率是否越高越好？为什么？

2-8 泵升电压是怎样产生的？对系统有何影响？如何抑制？

2-9 在 V-M 开环调速系统中，为什么转速随负载增加而降低？

2-10 静差率与调速范围有什么关系？静差率与机械特性硬度是一回事吗？

2-11 调速范围与静态速降和最小静差率之间有什么关系？为什么说"脱离了调速范围，要满足给定的静差率也就容易得多了"？

习 题

2-1 试分析有制动通路的不可逆 PWM 变换器进行制动时，两个 VT 是如何工作的？

2-2 调速系统的调速范围是 1000 ~ 100r/min，要求静差率 $s = 2\%$，那么系统允许的稳态转速降是多少？

2-3 某一调速系统，在额定负载下，最高转速为 $n_{0\max} = 1500$r/min，最低转速为 $n_{0\min} = 150$r/min，带额定负载时的速度降落 $\Delta n_N = 15$r/min，且在不同转速下额定速降 Δn_N 不变，试问系统调速范围有多大？系统的静差率是多少？

2-4 某直流电动机 $P_N = 74$kW，$U_N = 220$V，$I_N = 378$A，$n_N = 1430$r/min，$R_a = 0.023\Omega$，晶闸管整流器内阻 $R_s = 0.022\Omega$。采用降压调速，当生产机械要求 $s = 20\%$ 时，求系统的调速范围。如果 $s = 30\%$ 时，则系统的调速范围又为多少？

2-5 某龙门刨床工作台采用可逆 PWM 变换器供电直流调速系统。已知直流电动机 $P_N = 60$kW，$U_N = 220$V，$I_N = 305$A，$n_N = 1000$r/min，主电路总电阻 $R = 0.1\Omega$，$C_e = 0.2$V·min/r，试求：

(1) 当电流连续时，在额定负载下的转速降落 Δn_N 是多少？

(2) 开环系统机械特性连续段在额定转速时的静差率 s_N 是多少？

(3) 额定负载下的转速降落 Δn_N 有多少才能满足 $D = 20$，$s \leqslant 5\%$ 的要求？

第 3 章
转速闭环控制的直流调速系统

内容提要

开环直流调速系统的性能指标和人们的期望值是有差距的，解决此问题的方法是采用转速闭环控制的直流调速系统。第 3.1 节论述有静差转速闭环直流调速系统的控制规律，分析了比例控制系统的稳态性能。第 3.2 节论述无静差转速闭环直流调速系统的控制规律，介绍了积分调节器和 PI 调节器的控制作用。只带转速反馈的控制系统控制对象是转速，没有控制电流，需要实施限流保护，第 3.3 节分析了限流的方法。控制系统的 MATLAB 仿真设计是工程设计的常用方法，在第 3.4 节中介绍了 MATLAB/Simulink 在直流调速系统设计中的基本应用方法，为以后各章节中的电力拖动自动控制系统仿真设计打下了基础。

3.1 有静差的转速闭环直流调速系统

调速范围和静差率是一对互相制约的性能指标，由式（2-34）可见，如果既要提高调速范围，又要降低静差率，唯一的办法是减少额定负载所引起的转速降落 Δn_N。在转速开环的直流调速系统中，虽然能够通过控制电压来调节电动机转速，但这种系统对负载扰动没有任何抑制作用，也就是说，额定负载时的转速降落 $\Delta n_N = \dfrac{RI_{dN}}{C_e}$ 是由直流电动机的参数决定的，无法改变。解决矛盾的有效途径是采用反馈控制技术，构成转速闭环的控制系统。

根据自动控制原理，将系统的被调节量作为反馈量引入系统，与给定量进行比较，取其偏差值对系统进行控制，可以有效地抑制甚至消除扰动造成的影响，而维持被调节量很少变化或不变，这就是反馈控制的基本作用。在直流调速系统中，被调节量是转速，转速降落正是由负载引起的转速偏差，显然，闭环调速系统应该能够大大减少转速降落，从而降低静差率、扩大调速范围。

3.1.1 比例控制转速闭环直流调速系统的结构与静特性

图 3-1 所示是具有转速负反馈的直流调速系统，被调量是转速 n，给定量是转速给定电压 U_n^*，在电动机轴上安装测速发电机 TG（Tachometer Generator）用以得到与被测转速成正比的反馈电压 U_n。U_n^* 与 U_n 相比较后，得到转速偏差电压 ΔU_n，经过比例放大器 A，产生电力电子变换器 UPE 所需的控制电压 U_c，UPE 是第 2 章所述的相控整流器或者 PWM 变换器。在调速系统中，比例放大器又称作比例（P）调节器。从 U_c 开始一直到直流电动机，系统的结构与开环调速系统相同，而闭环控制系统和开环控制系统的主要差别就在于转速 n 经过测

量反馈到输入端参与控制。

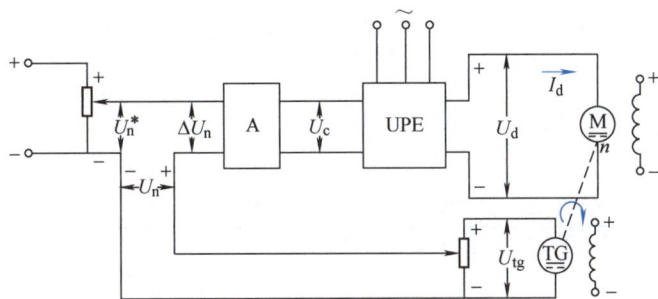

图 3-1 带转速负反馈的闭环直流调速系统原理框图

下面分析闭环调速系统的稳态特性，以确定它如何能够减少转速降落。为了突出主要矛盾，先做如下的假定：

1）忽略各种非线性因素，假定系统中各环节的输入输出关系都是线性的，或者只取其线性工作段。

2）忽略控制电源和电位器的内阻。

这样，图 3-1 所示的转速负反馈闭环直流调速系统中各环节的稳态关系如下：

电压比较环节 $\qquad\qquad\qquad\qquad \Delta U_n = U_n^* - U_n$

比例调节器 $\qquad\qquad\qquad\qquad U_c = K_p \Delta U_n$

电力电子变换器 $\qquad\qquad\qquad\quad U_{d0} = K_s U_c$

直流电动机 $\qquad\qquad\qquad\qquad n = \dfrac{U_{d0} - I_d R}{C_e}$

测速反馈环节 $\qquad\qquad\qquad\qquad U_n = \alpha n$

式中 K_p——比例调节器的比例系数；

$\qquad \alpha$——转速反馈系数（V·min/r）。

根据各环节的稳态关系式可以画出闭环系统的稳态结构框图，如图 3-2a 所示，图中各方块内的文字符号代表该环节的放大系数。

运用结构框图运算法可以推出该闭环直流调速系统的静特性方程，如式（3-1）所示。方法如下：将给定量 U_n^* 和扰动量 $-I_d R$ 看成是两个独立的输入量，先按它们分别作用下的系统（见图 3-2b、c）求出各自的输出与输入关系式，由于已认为系统是线性的，可以把二者叠加起来，即得闭环调速系统的静特性方程式。

$$n = \frac{K_p K_s U_n^* - I_d R}{C_e(1 + K_p K_s \alpha / C_e)} = \frac{K_p K_s U_n^*}{C_e(1 + K)} - \frac{R I_d}{C_e(1 + K)} \qquad (3\text{-}1)$$

式中 K——闭环系统的开环放大系数，$K = \dfrac{K_p K_s \alpha}{C_e}$。

闭环调速系统的静特性表示闭环系统稳态时电动机转速与负载电流（或转矩）间的稳态关系，它在形式上与开环机械特性相似，但本质上却有很大不同，故定名为"静特性"，以示区别。

3.1.2 开环系统机械特性和比例控制闭环系统静特性的对比分析

比较一下开环系统的机械特性和闭环系统的静特性，就能清楚

有静差的转速闭环直流调速系统的系统结构、静特性及分析

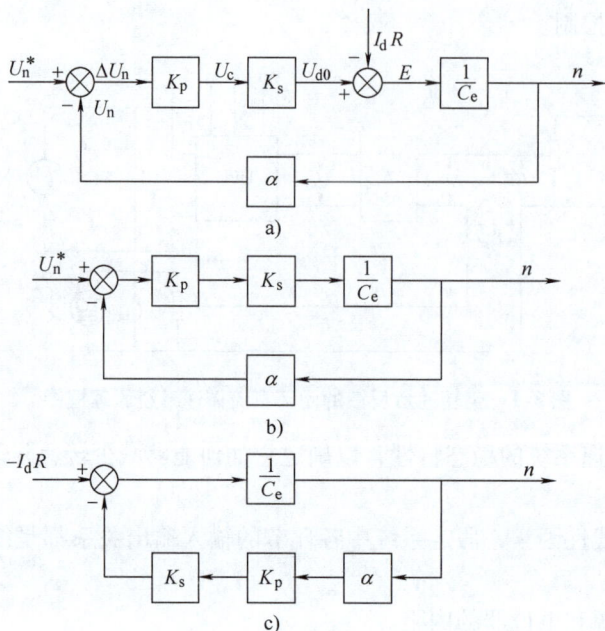

图3-2 转速负反馈闭环直流调速系统稳态结构框图

a）闭环调速系统 b）只考虑给定作用 U_n^* 时的闭环系统 c）只考虑扰动作用 $-I_dR$ 时的闭环系统

地看出反馈控制系统的优越性。

如果断开图 3-1 中的反馈回路即为开环系统，则该系统的开环机械特性为

$$n = \frac{U_{d0} - I_dR}{C_e} = \frac{K_pK_sU_n^*}{C_e} - \frac{RI_d}{C_e} = n_{0op} - \Delta n_{op} \tag{3-2}$$

式中 n_{0op}——开环系统的理想空载转速；

Δn_{op}——开环系统的稳态速降。

而闭环时的静特性可写成

$$n = \frac{K_pK_sU_n^*}{C_e(1+K)} - \frac{RI_d}{C_e(1+K)} = n_{0cl} - \Delta n_{cl} \tag{3-3}$$

式中 n_{0cl}——闭环系统的理想空载转速；

Δn_{cl}——闭环系统的稳态速降。

比较式（3-2）和式（3-3）不难得出以下的论断。

（1）闭环系统静特性可以比开环系统机械特性硬得多

在同样的负载扰动下，开环系统和闭环系统的转速降落分别为

$$\Delta n_{op} = \frac{RI_d}{C_e} \quad \text{和} \quad \Delta n_{cl} = \frac{RI_d}{C_e(1+K)}$$

它们的关系是

$$\Delta n_{cl} = \frac{\Delta n_{op}}{1+K} \tag{3-4}$$

显然，当 K 值较大时，Δn_{cl} 比 Δn_{op} 小得多，也就是说，闭环系统的特性要硬得多。

（2）闭环系统的静差率要比开环系统小得多

闭环系统和开环系统的静差率分别为

$$s_{cl} = \frac{\Delta n_{cl}}{n_{0cl}} \qquad 和 \qquad s_{op} = \frac{\Delta n_{op}}{n_{0op}}$$

按理想空载转速相同的情况比较，当 $n_{0op} = n_{0cl}$ 时，

$$s_{cl} = \frac{s_{op}}{1 + K} \tag{3-5}$$

(3) 如果所要求的静差率一定，则闭环系统可以大大提高调速范围

如果电动机的最高转速都是 n_N，而对最低速静差率的要求相同，那么，由表示调速范围、静差率和额定速降关系的式（2-34）可得

开环时，
$$D_{op} = \frac{n_N s}{\Delta n_{op}(1 - s)}$$

闭环时，
$$D_{cl} = \frac{n_N s}{\Delta n_{cl}(1 - s)}$$

再考虑式（3-5），得

$$D_{cl} = (1 + K)D_{op} \tag{3-6}$$

需要指出的是，式（3-6）的条件是开环和闭环系统的 n_N 相同，而式（3-5）的条件是二者的 n_0 相同，两式的条件不一样。若在同一条件下计算，其结果在数值上会略有差别，但第（2）、（3）两点论断仍是正确的。

把以上三点概括起来，可得下述结论：比例控制的直流调速系统可以获得比开环调速系统硬得多的稳态特性，从而在保证一定静差率的要求下，能够提高调速范围，为此，需设置电压放大器以及转速检测装置。

在闭环系统中，直流电动机的额定速降仍旧是 $\Delta n_N = \frac{RI_N}{C_e}$，与开环调速系统相比，电枢回路电阻 R、额定负载电流 I_N 和电动机的电动势系数 C_e 并没有发生变化，那么，闭环系统稳态速降减少的实质是什么呢？

在开环系统中，当负载电流增大时，电枢压降也增大，转速只能老老实实地降下来。闭环系统设有反馈装置，转速稍有降落，反馈电压就感觉出来，通过比较和放大，提高电力电子装置的输出电压 U_{d0}，以补偿电阻降落部分的影响，使系统工作在新的机械特性上，因而转速又有所回升。在图 3-3 中，设原始工作点为 A，负载电流为 I_{d1}；当负载增大到 I_{d2} 时，开环系统的转速必然降到 A' 点所对应的数值。闭环后，由于反馈调节作用，电压可升高到 U_{d02}，使工作点变成 B，稳态速降比开环系统要小得多。这样，在闭环系统中，每增加（或减少）一点负载，就相应地提高（或降低）一点电枢电压，使电动机在新的机械特性下工作。闭环系统的静特性就是这样在许多开环机械特性上各取一个相应的工作点，如图 3-3 中的 A、B、C、D……，再由这些工作点连接而成的。

根据图 3-2 所示稳态结构框图对系统进行稳态工作点计算，不难发现，系统的控制电压 U_c 可用式（3-7）表示，也就是说，稳态时控制电压由系统给定和负载共同决定。

负载变化时闭环系统减小转速降落的本质

$$U_c = \frac{K_p U_n^*}{1 + K} + \frac{K_p \alpha R I_{dL}}{C_e(1 + K)} \tag{3-7}$$

综上所述，比例控制直流调速系统能够减少稳态速降的实质在于它的自动调节作用，也

即它能随着负载的变化而相应地改变电枢电压，以补偿电枢回路电阻压降的变化。

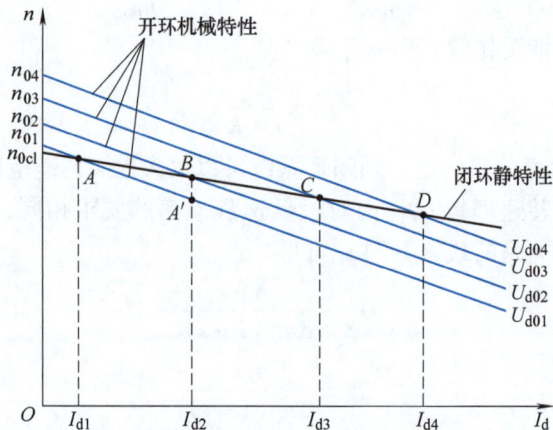

图 3-3　闭环系统静特性和开环系统机械特性的关系

例题 3-1　在例题 2-2 中，龙门刨床要求 $D = 20$，$s \leqslant 5\%$，已知 $K_s = 30$，$\alpha = 0.015 \text{Vmin/r}$，$C_e = 0.2 \text{Vmin/r}$，采用比例控制闭环调速系统满足上述要求时，比例放大器的放大系数应该是多少？

解　在上例中已经求得，开环系统额定速降为 $\Delta n_{op} = 275 \text{r/min}$，但为了满足调速要求，闭环系统额定速降需为 $\Delta n_{cl} \leqslant 2.63 \text{r/min}$，由式（3-4）可得

$$K = \frac{\Delta n_{op}}{\Delta n_{cl}} - 1 \geqslant \frac{275}{2.63} - 1 = 103.6$$

代入已知参数，则得

$$K_p = \frac{K}{K_s \alpha / C_e} \geqslant \frac{103.6}{30 \times 0.015 / 0.2} = 46$$

即只要放大器的放大系数等于或大于46，闭环系统就能够满足所需的稳态性能指标。

3.1.3　闭环直流调速系统的反馈控制规律

比例控制的闭环直流调速系统是一种基本的反馈控制系统，它具有以下三个基本特征，也就是反馈控制的基本规律，各种不另加其他调节器的反馈控制系统都服从这些规律。

（1）只有比例控制的反馈控制系统，其被调量有静差

从静特性分析中可以看出，比例控制反馈控制系统的开环放大系数 K 值越大，系统的稳态性能越好。但只要比例放大系数 $K_p =$ 常数，开环放大系数 $K \neq \infty$，反馈控制就只能减小稳态误差，而不能消除它，因此，这样的控制系统叫作有静差控制系统。实际上，从稳态结构图上可以看到，此类系统正是依靠被调量的偏差进行控制的。

（2）反馈控制系统的作用是抵抗扰动，服从给定

反馈控制系统具有良好的抗扰性能，它能有效地抑制一切被负反馈环所包围的前向通道上的扰动作用，但对于给定作用的变化则唯命是从。

除给定信号外，作用在控制系统各环节上的一切会引起输出量变化的因素都叫作"扰动作用"。在分析静特性时，只讨论了负载变化这一种扰动作用，除此以外，交流电源电压的波动（使 K_s 变化）、电动机励磁的变化（造成 C_e 变化）、放大器输出电压的漂移（使 K_p 变

利用反馈控制规律分析转速闭环控制系统

化）、由温升引起主电路电阻 R 的增大等，所有这些因素都和负载变化一样，都要影响到转速，都会被测速装置检测出来，再通过反馈控制的作用，减小它们对稳态转速的影响。在图 3-4 中，各种扰动作用在稳态结构图上表示出来，反馈控制系统对它们都有抑制功能。但是，有一种扰动除外，如果在反馈通道上的测速反馈系数 α 受到某种影响而发生变化，它非但不能得到反馈控制系统的抑制，反而会造成被调量的误差。反馈控制系统所能抑制的只是被反馈环所包围的前向通道上的扰动。

抗扰性能是反馈控制系统最突出的特征之一。正因为有这一特征，在设计闭环系统时，可以只考虑一种主要扰动作用，例如在调速系统中只考虑负载扰动。按照克服负载扰动的要求进行设计，则其他扰动也就自然都受到抑制了。

与扰动作用不同的是在反馈环外的给定作用，如图 3-4 中的转速给定信号 U_n^*，它的微小变化都会使被调量随之变化，丝毫不受反馈作用的抑制。因此，全面地看，反馈控制系统的规律是：一方面能够有效地抑制一切被包在负反馈环内前向通道上的扰动作用；另一方面，则紧紧地跟随着给定作用，对给定信号的任何变化都是唯命是从的。

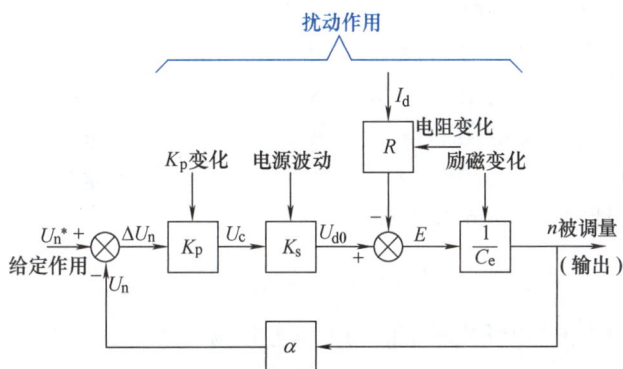

图 3-4　闭环调速系统的给定作用和扰动作用

（3）系统的精度依赖于给定和反馈检测的精度

如果产生给定电压的电源发生波动，反馈控制系统无法鉴别是对给定电压的正常调节还是不应有的电压波动。因此，高精度的调速系统必须有更高精度的给定稳压电源。

反馈检测装置的误差也是反馈控制系统无法克服的。对于上述调速系统来说，测速发电机励磁发生变化时，会使检测到的转速反馈信号偏离应有的数值，而测速发电机电压中的换向纹波、制造或安装不良造成转子的偏心等，都会给系统带来周期性的干扰。所以反馈检测装置的精度也是保证控制系统精度的重要因素。现代高性能调速系统采用数字给定和数字测速来提高调速系统的精度，详见第 5 章。

3.1.4　比例控制转速闭环系统的稳定性

从式（3-1）的静特性方程式可以看出，比例系数越大，负载引起的转速降落越小，稳态性能越好。比例系数是否可以无限增大呢？不行！它受到动态稳定性的制约。为此，必须进一步分析系统的稳定性。

1. 转速反馈控制直流调速系统的动态数学模型

为了分析调速系统的稳定性和动态品质，必须首先建立描述系统动态物理规律的数学模型。对于连续的线性定常系统，其数学模型是常微分方程，经过拉普拉斯变换，可用传递函数和动态结构图表示。建立系统动态数学模型的基本步骤如下：

1）根据系统各环节的物理规律，列出描述该环节动态过程的微分方程。

2）求出各环节的传递函数。

3）组成系统的动态结构框图，并求出系统的传递函数。

以图 3-1 所示的转速闭环控制直流调速系统为例，构成该系统的主要环节是电力电子变换器和直流电动机。第 2.1.4 节和 2.2.4 节已经给出两种电力电子变换器的传递函数，式（2-15）表示晶闸管触发与整流装置的近似传递函数，式（2-29）表示 PWM 控制器与变换器的近似传递函数，它们的表达式是相同的，都是

$$W_s(s) \approx \frac{K_s}{T_s s + 1} \tag{3-8}$$

只是在不同场合下，参数 K_s 和 T_s 的数值不同而已。

他励直流电动机以磁场为媒介，实现电能到机械能的转换，其动态数学模型包括电压平衡方程和机械运动方程。其在额定励磁下的等效电路如图 3-5 所示，其中电枢回路总电阻 R 和电感 L 包含电力电子变换器内阻、电枢电阻和电感以及可能在主电路中接入的其他电阻和电感，规定的正方向如图 3-5 所示。

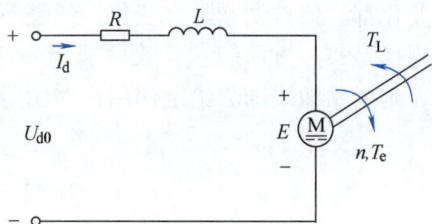

图 3-5 他励直流电动机在额定励磁下的等效电路

假定主电路电流连续，动态电压方程为

$$U_{d0} = RI_d + L\frac{dI_d}{dt} + E \tag{3-9}$$

忽略粘性摩擦及弹性转矩，电动机轴上的动力学方程为

$$T_e - T_L = \frac{GD^2}{375}\frac{dn}{dt} \tag{3-10}$$

额定励磁下的感应电动势和电磁转矩分别为

$$E = C_e n \tag{3-11}$$

$$T_e = C_m I_d \tag{3-12}$$

式中　　T_L——包括电动机空载转矩在内的负载转矩（N·m）；

GD^2——电力拖动装置折算到电动机轴上的飞轮惯量（N·m²）；

C_m——电动机额定励磁下的转矩系数（N·m/A），$C_m = \frac{30}{\pi}C_e$。

再定义时间常数：T_l 为电枢回路电磁时间常数（s），$T_l = \frac{L}{R}$；T_m 为电力拖动系统机电时间常数（s），$T_m = \frac{GD^2 R}{375 C_e C_m}$。代入式（3-9）和式（3-10），并考虑式（3-11）和式（3-12），整理后得

$$U_{d0} - E = R\left(I_d + T_l\frac{dI_d}{dt}\right) \tag{3-13}$$

$$I_d - I_{dL} = \frac{T_m}{R}\frac{dE}{dt} \tag{3-14}$$

式中　　I_{dL}——负载电流（A），$I_{dL} = \frac{T_L}{C_m}$。

在零初始条件下，取等式两侧的拉普拉斯变换，得电压与电流间的传递函数

$$\frac{I_d(s)}{U_{d0}(s) - E(s)} = \frac{1/R}{T_l s + 1} \tag{3-15}$$

电流与电动势间的传递函数

$$\frac{E(s)}{I_d(s) - I_{dL}(s)} = \frac{R}{T_m s} \tag{3-16}$$

式（3-15）和式（3-16）的动态结构图分别画在图 3-6a、b 中。将两图合并，并考虑到 $n = \dfrac{E}{C_e}$，即得额定励磁下直流电动机的动态结构图，如图 3-6c 所示。

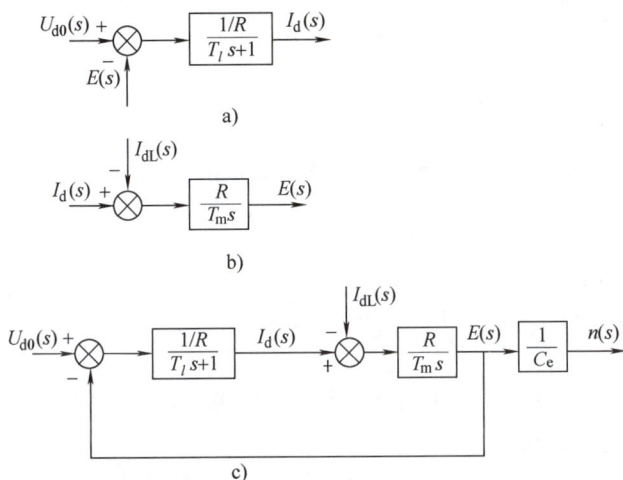

图 3-6　额定励磁下直流电动机的动态结构框图
a）电压电流间的结构框图　　b）电流电动势间的结构框图
c）直流电动机的动态结构框图

**直流电动机
动态数学模型**

由图 3-6c 可以看出，直流电动机有两个输入量，一个是施加在电枢上的理想空载电压 U_{d0}，另一个是负载电流 I_{dL}。前者是控制输入量，后者是扰动输入量。如果不需要在结构图中显现出电流 I_d，可将扰动量 I_{dL} 的综合点移前，再进行等效变换，得到图 3-7。

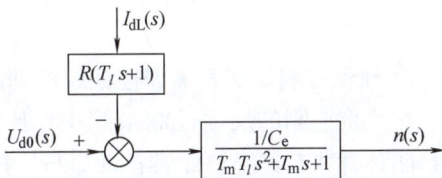

由图 3-7 可以看出，额定励磁下的直流电动

图 3-7　直流电动机动态结构框图的变换

机是一个二阶线性环节，T_m 和 T_l 两个时间常数分别表示机电惯性和电磁惯性。若 $T_m > 4T_l$，则 $U_{d0} \sim n$ 间的传递函数可以分解成两个惯性环节，突加给定时，转速呈单调变化；若 $T_m < 4T_l$，则直流电动机是一个二阶振荡环节，机械和电磁能量互相转换，使电动机的运动过程带有振荡的性质。

在图 3-1 的转速反馈控制直流调速系统中还有比例放大器和测速反馈环节，它们的响应都可以认为是瞬时的，因此它们的传递函数就是它们的放大系数，即

放大器　　　　　　　　　　$$W_a(s) = \frac{U_c(s)}{\Delta U_n(s)} = K_p \tag{3-17}$$

测速反馈
$$W_{\text{fn}}(s) = \frac{U_{\text{n}}(s)}{n(s)} = \alpha \tag{3-18}$$

知道了各环节的传递函数后，把它们按在系统中的相互关系组合起来，就可以画出闭环直流调速系统的动态结构框图，如图 3-8 所示。由图可见，将电力电子变换器按一阶惯性环节处理后，带比例放大器的转速反馈控制直流调速系统可以近似看作是一个三阶线性系统。

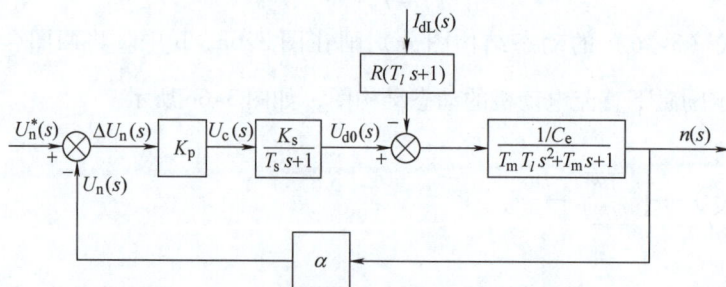

图 3-8 转速反馈控制直流调速系统的动态结构框图

由图可见，转速反馈控制的直流调速系统的开环传递函数是
$$W(s) = \frac{U_{\text{n}}(s)}{\Delta U_{\text{n}}(s)} = \frac{K}{(T_s s + 1)(T_m T_l s^2 + T_m s + 1)} \tag{3-19}$$
式中 $K = K_{\text{p}} K_{\text{s}} \alpha / C_{\text{e}}$。

设 $I_{\text{dL}} = 0$，从给定输入作用上看，转速反馈控制直流调速系统的闭环传递函数是

$$W_{\text{cl}}(s) = \frac{n(s)}{U_{\text{n}}^*(s)} = \frac{\dfrac{K_{\text{p}} K_{\text{s}} / C_{\text{e}}}{(T_s s + 1)(T_m T_l s^2 + T_m s + 1)}}{1 + \dfrac{K_{\text{p}} K_{\text{s}} \alpha / C_{\text{e}}}{(T_s s + 1)(T_m T_l s^2 + T_m s + 1)}} = \frac{K_{\text{p}} K_{\text{s}} / C_{\text{e}}}{(T_s s + 1)(T_m T_l s^2 + T_m s + 1) + K}$$

$$= \frac{\dfrac{K_{\text{p}} K_{\text{s}}}{C_{\text{e}}(1 + K)}}{\dfrac{T_m T_l T_s}{1 + K} s^3 + \dfrac{T_m(T_l + T_s)}{1 + K} s^2 + \dfrac{T_m + T_s}{1 + K} s + 1} \tag{3-20}$$

2. 比例控制闭环直流调速系统的动态稳定性

在比例控制的反馈控制系统中，比例系数 K_{p} 越大，稳态误差越小，稳态性能就越好。但是闭环调速系统是否能够正常运行，还要看系统的动态稳定性。

由转速反馈直流调速系统的闭环传递函数式（3-20）可知，比例控制闭环系统的特征方程为
$$\frac{T_m T_l T_s}{1 + K} s^3 + \frac{T_m(T_l + T_s)}{1 + K} s^2 + \frac{T_m + T_s}{1 + K} s + 1 = 0 \tag{3-21}$$
它的一般表达式为
$$a_0 s^3 + a_1 s^2 + a_2 s + a_3 = 0$$
根据三阶系统的劳斯-古尔维茨判据，系统稳定的充分必要条件是
$$a_0 > 0, \ a_1 > 0, \ a_2 > 0, \ a_3 > 0, \ a_1 a_2 - a_0 a_3 > 0$$
式（3-21）的各项系数显然都是大于零的，因此稳定条件就只有
$$\frac{T_m(T_l + T_s)}{1 + K} \frac{T_m + T_s}{1 + K} - \frac{T_m T_l T_s}{1 + K} > 0$$

或 $(T_l + T_s)(T_m + T_s) > (1 + K)T_l T_s$

整理后得

$$K < \frac{T_m}{T_s} + \frac{T_m}{T_l} + \frac{T_s}{T_l} \qquad (3\text{-}22)$$

式（3-22）右边称作系统的临界放大系数 K_{cr}，$K \geqslant K_{cr}$ 时，系统将不稳定。

以上分析表明，比例控制的闭环直流调速系统的稳态误差要小与稳定性要好是矛盾的。对于自动控制系统来说，稳定性是它能否正常工作的首要条件，是必须保证的。

例题 3-2 在例题 3-1 中，系统采用的是三相桥式可控整流电路，已知电枢回路总电阻 $R = 0.18\Omega$，电感 $L = 3\text{mH}$，系统运动部分的飞轮惯量 $GD^2 = 60\text{N} \cdot \text{m}^2$，试判别系统的稳定性。

解 计算系统中各环节的时间常数：

电磁时间常数 $\qquad T_l = \frac{L}{R} = \frac{0.003}{0.18}\text{s} = 0.0167\text{s}$

机电时间常数 $\qquad T_m = \frac{GD^2 R}{375 C_e C_m} = \frac{60 \times 0.18}{375 \times 0.2 \times \frac{30}{\pi} \times 0.2}\text{s} = 0.075\text{s}$

对于三相桥式整流电路，晶闸管装置的滞后时间常数为

$$T_s = 0.00167\text{s}$$

为保证系统稳定，开环放大系数应满足式（3-22）的稳定条件：

$$K < \frac{T_m}{T_s} + \frac{T_m}{T_l} + \frac{T_s}{T_l} = \frac{0.075}{0.00167} + \frac{0.075}{0.0167} + \frac{0.00167}{0.0167} = 44.91 + 4.49 + 0.1 = 49.5$$

按动态稳定性要求 $K \leqslant 49.5$。但在例题 3-1 中，按稳态性能指标要求，应有 $K \geqslant 103.6$，因此，这样的比例控制闭环系统的动态稳定性和稳态性能要求是矛盾的。

例题 3-3 在上题的闭环直流调速系统中，若改用全控型器件的 PWM 调速系统，电动机不变，电枢回路参数为：$R = 0.1\Omega$，$L = 1\text{mH}$，$K_s = 44$，PWM 开关频率为 8kHz。按同样的稳态性能指标 $D = 20$，$s \leqslant 5\%$，该系统能否稳定？如果对静差率的要求不变，在保证稳定时，系统能够达到的最大调速范围是多少？

解 采用 PWM 调速系统时，各环节时间常数为

$$T_l = \frac{L}{R} = \frac{0.001}{0.1}\text{s} = 0.01\text{s}$$

$$T_m = \frac{GD^2 R}{375 C_e C_m} = \frac{60 \times 0.1}{375 \times 0.2 \times \frac{30}{\pi} \times 0.2}\text{s} = 0.0417\text{s}$$

$$T_s = \frac{1}{8000}\text{s} = 0.000125\text{s}$$

按照式（3-22）的稳定条件，应有

$$K < \frac{T_m}{T_s} + \frac{T_m}{T_l} + \frac{T_s}{T_l} = \frac{0.0417}{0.000125} + \frac{0.0417}{0.01} + \frac{0.000125}{0.01} = 337.8$$

按照稳态性能指标要求，额定负载时闭环系统稳态速降应为 $\Delta n_{cl} \leqslant 2.63\text{r/min}$（见例题2-2），而 PWM 调速系统的开环额定速降为

$$\Delta n_{op} = \frac{I_N R}{C_e} = \frac{305 \times 0.1}{0.2}\text{r/min} = 152.5\text{r/min}$$

因此，闭环系统的开环放大系数应满足

$$K = \frac{\Delta n_{\mathrm{op}}}{\Delta n_{\mathrm{cl}}} - 1 \geqslant \frac{152.5}{2.63} - 1 = 57$$

显然，PWM 调速系统能够在满足稳态性能指标要求下稳定运行。

若系统处于临界稳定状况，$K = 337.8$，这时闭环系统的稳态速降最低为

$$\Delta n_{\mathrm{cl}} = \frac{\Delta n_{\mathrm{op}}}{1 + K} = \frac{152.5}{1 + 337.8}\mathrm{r/min} = 0.45\mathrm{r/min}$$

则闭环系统调速范围最多可达

$$D_{\mathrm{cl}} = \frac{n_{\mathrm{N}}s}{\Delta n_{\mathrm{cl}}(1 - s)} = \frac{1000 \times 0.05}{0.45(1 - 0.05)} = 117$$

可见，PWM 调速系统的稳态性能指标可以比 V-M 系统大大提高。

3.2 无静差的转速闭环直流调速系统

在第 3.1 小节的比例控制直流调速系统中，通过静特性的分析可以看出，这种系统仍旧是有转速降落的，能否通过改进调节器实现转速无静差控制呢？下面就来讨论把比例调节器换成 PID 调节器之后能否解决这个问题。PID 调节器包括比例（P）控制、积分（I）控制和微分（D）控制，现在先讨论积分控制的作用。

转速闭环直流
调速系统加载
过程分析

3.2.1 积分调节器和积分控制规律

积分调节器的作用是输出量为输入量的积分。当输入量为转速误差信号 ΔU_{n} 时，积分调节器的输入输出关系为

$$U_{\mathrm{c}} = \frac{1}{\tau}\int_0^t \Delta U_{\mathrm{n}}\mathrm{d}t \qquad (3\text{-}23)$$

其传递函数是

$$W_{\mathrm{I}}(s) = \frac{1}{\tau s} \qquad (3\text{-}24)$$

式中　τ——积分时间常数。

在采用比例调节器的调速系统中，调节器的输出是电力电子变换器的控制电压 U_{c}，输入输出关系是：$U_{\mathrm{c}} = K_{\mathrm{p}}\Delta U_{\mathrm{n}}$。只要电动机在运行，就必须有控制电压 U_{c}，因而也必须有转速偏差电压 ΔU_{n}，这是此类调速系统有静差的根本原因。当负载转矩由 T_{L1} 突增到 T_{L2} 时，有静差调速系统的转速 n、偏差电压 ΔU_{n} 和控制电压 U_{c} 的变化过程如图 3-9 所示。

如果采用积分调节器，则控制电压 U_{c} 是转速偏差电压 ΔU_{n} 的积分：$U_{\mathrm{c}} = \frac{1}{\tau}\int_0^t \Delta U_{\mathrm{n}}\mathrm{d}t$。当 ΔU_{n} 是阶跃函数时，U_{c} 按线性规律增长，每一时刻 U_{c} 的大小和 ΔU_{n} 与横轴所包围的面积成正比，如图 3-10a 所示，图中 U_{cm} 是积分调节器的输出限幅值。对于闭环系统中的积分调节器，ΔU_{n} 不是

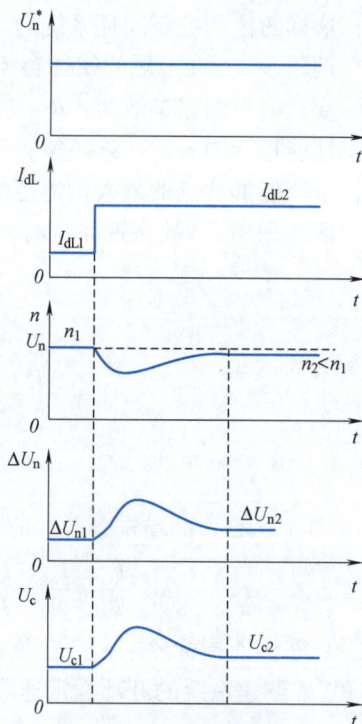

图 3-9　有静差调速系统突加负载时的动态过程

阶跃函数，而是随着转速不断变化的。当电动机起动后，随着转速的升高，ΔU_n不断减少，但积分作用使U_c仍继续增长，只不过U_c的增长不再是线性的了，每一时刻U_c的大小仍和ΔU_n与横轴所包围的面积成正比，如图3-10b所示。在动态过程中，当ΔU_n变化时，只要其极性不变，即只要仍是$U_n^* > U_n$，积分调节器的输出U_c便一直增长；只有达到$U_n^* = U_n$，$\Delta U_n = 0$时，U_c才停止上升，而达到其终值U_{cf}。在这里，值得特别强调的是，当$\Delta U_n = 0$时，U_c并不是零，而是一个终值U_{cf}，如果ΔU_n不再变化，这个终值便保持恒定而不再变化，这是积分控制不同于比例控制的特点。正因为如此，积分控制可以使系统在无静差的情况下保持恒速运行，实现无静差调速。

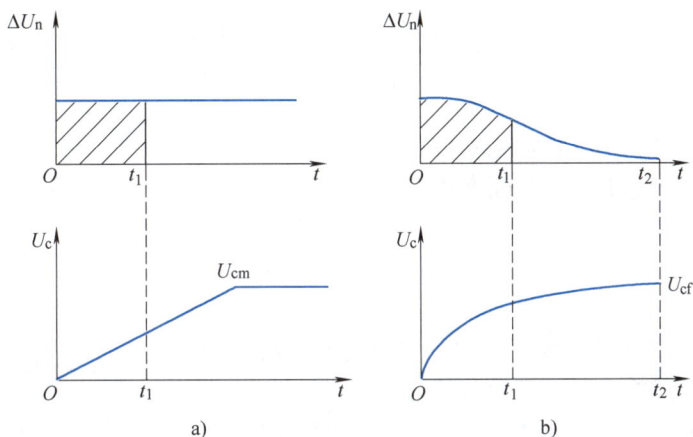

图3-10　积分调节器的输入和输出动态过程

　　当负载突增时，积分控制的无静差调速系统的动态过程曲线如图3-11所示。系统稳定运行时，$U_n = U_n^*$，$\Delta U_n = 0$，$I_d = I_{dL1}$，$U_c = U_{c1}$。突加负载引起动态速降时，产生ΔU_n，U_c从U_{c1}不断上升，使电枢电压也由U_{d1}不断上升，从而使转速n在下降到一定程度后又回升。达到新的稳态时，ΔU_n又恢复为零，但U_c已从U_{c1}上升到U_{c2}，使电枢电压由U_{d1}上升到U_{d2}，以克服负载电流增加的压降。在这里，U_c的改变并非仅仅依靠ΔU_n本身，而是依靠ΔU_n在一段时间内的积累。

　　将以上的分析归纳起来，可得下述论断：比例调节器的输出只取决于输入偏差量的现状，而积分调节器的输出则包含了输入偏差量的全部历史。虽然到稳态时$\Delta U_n = 0$，只要历史上有过ΔU_n，其积分就有一定数值，足以产生稳态运行所需要的控制电压U_c。这就是积分控制规律和比例控制规律的根本区别。

3.2.2　比例积分控制规律

　　上一小节从无静差的角度突出地表明了积分控制优于比例控制的地方，但是从另一方面看，在控制的快速

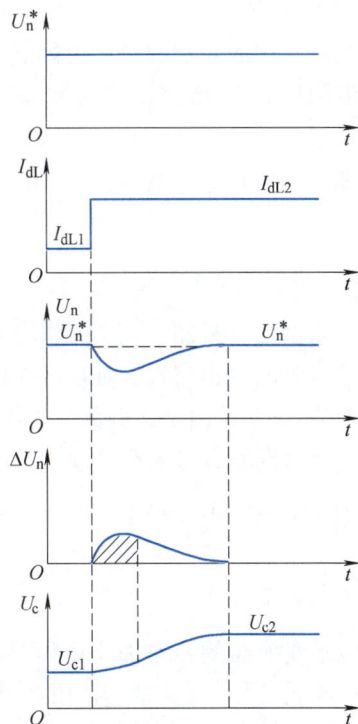

图3-11　积分控制无静差调速系统突加负载时的动态过程

性上，积分控制却又不如比例控制。同样在阶跃输入作用之下，比例调节器的输出可以立即响应，而积分调节器的输出却只能逐渐地变化（见图 3-10 和图 3-11）。那么，如果既要稳态精度高，又要动态响应快，该怎么办呢？只要把比例和积分两种控制结合起来就行了，这便是比例积分（PI）控制。

为了使比例积分调节器（PI 调节器）的表达式更具有通用性，用 U_{in} 表示 PI 调节器的输入，U_{ex} 表示其输出，此输出量由比例和积分两部分叠加而成，输入输出关系为

$$U_{ex} = K_p U_{in} + \frac{1}{\tau} \int_0^t U_{in} dt \tag{3-25}$$

其传递函数为

$$W_{PI}(s) = K_p + \frac{1}{\tau s} = \frac{K_p \tau s + 1}{\tau s} \tag{3-26}$$

式中　K_p——PI 调节器的比例放大系数；

　　　τ——PI 调节器的积分时间常数。

令 $\tau_1 = K_p \tau$，则 PI 调节器的传递函数也可写成如下形式

$$W_{PI}(s) = K_p \frac{\tau_1 s + 1}{\tau_1 s} \tag{3-27}$$

式（3-27）表明，PI 调节器也可用积分和比例微分两个环节表示，其中 τ_1 是微分项的超前时间常数。

采用模拟控制时，可用运算放大器来实现 PI 调节器，其电路图如图 3-12 所示。图中所示的极性表明调节器输入 U_{in} 的极性和输出 U_{ex} 的极性是反相的；R_{bal} 为运算放大器同相输入端的平衡电阻，一般取反相输入端各电路电阻的并联值，按照运算放大器的输入输出关系，可得

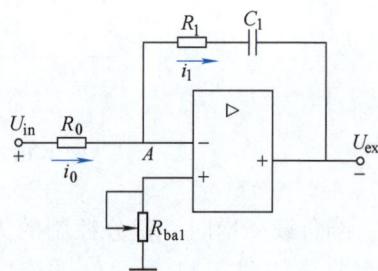

图 3-12　PI 调节器电路图

$$U_{ex} = \frac{R_1}{R_0} U_{in} + \frac{1}{R_0 C_1} \int U_{in} dt = K_p U_{in} + \frac{1}{\tau} \int U_{in} dt \tag{3-28}$$

式中　$K_p = \frac{R_1}{R_0}$；$\tau = R_0 C_1$。

依据式（3-25）可以画出 PI 调节器在 U_{in} 为方波输入时的输出特性，如图 3-13 所示。当 $t = 0$ 时，突加输入 U_{in}，由于比例部分的作用，输出量立即响应，突跳到 $U_{ex}(t) = K_p U_{in}$，实现了快速响应；随后 $U_{ex}(t)$ 按积分规律增长，$U_{ex}(t) = K_p U_{in} + \frac{t}{\tau} U_{in}$。在 $t = t_1$ 时，输入突降到零，$U_{in} = 0$，$U_{ex} = \frac{t_1}{\tau} U_{in}$，使电力电子变换器的稳态输出电压足以克服负载电流压降，实现稳态转速无静差。由此可见，比例积分控制综合了比例控制和积分控制两种规律的优点，又克服了各自的缺点，扬长避短，互相补充。比例部分能迅速响应控制作用，积分部分则最终消除稳态偏差。

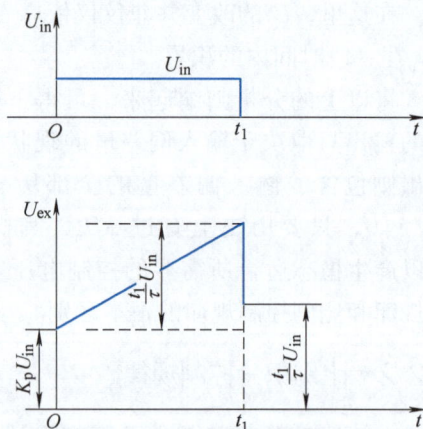

图 3-13　PI 调节器的输入输出特性

在闭环调速系统中，负载扰动同样引起 ΔU_n 的变化，图 3-14 绘出了负载扰动时闭环系统比例积分调节器的输入和输出动态过程。假设输入偏差电压 ΔU_n 的波形如图 3-14 所示，则输出波形中比例部分①和 ΔU_n 成正比，积分部分②是 ΔU_n 的积分曲线，而 PI 调节器的输出电压 U_c 是这两部分之和，即①+②。可见，U_c 既具有快速响应性能，又足以消除调速系统的静差。除此以外，比例积分调节器还是提高系统稳定性的校正装置，因此，它在调速系统和其他控制系统中获得了广泛的应用。

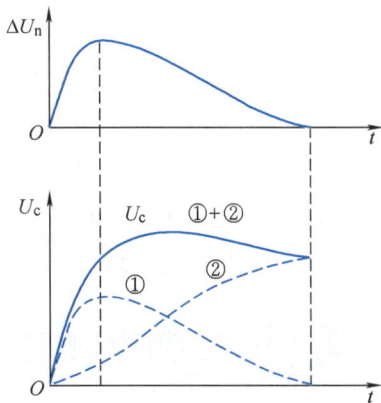

在设计 PI 调节器时，如何选择参数 K_p 和 τ_1 成为一个新的问题。在自动控制理论中，提出了很多 PI 调节器的设计方法，例如根轨迹法、频率法等。其中频率法中的伯德图是用得较多的方法，在参考文献［2］中详

图 3-14　闭环系统中 PI 调节器的输入和输出动态过程

述了伯德图的设计原则和例子。其关键之处是：既要求 PI 控制调速系统的稳定性好，又要求系统的快速性好，同时还要求稳态精度高和抗干扰性能好。但是这些指标是互相矛盾的，设计时往往需采用多种手段，反复试凑。在稳、准、快和抗干扰这四个矛盾之间取得折中，才能获得比较满意的结果。在第 4 章中要进行深入讨论的工程设计法是设计直流调速系统的一种好方法，在此基础上利用 MATLAB 计算机软件进行系统仿真，会得到更满意的结果。

3.2.3　无静差的转速闭环直流调速系统稳态参数计算

无静差直流调速系统的稳态结构如图 3-15 所示，图中的转速调节器（Automatic Speed Regulator，ASR）采用比例积分调节器，用象征性的比例积分特性来表示。

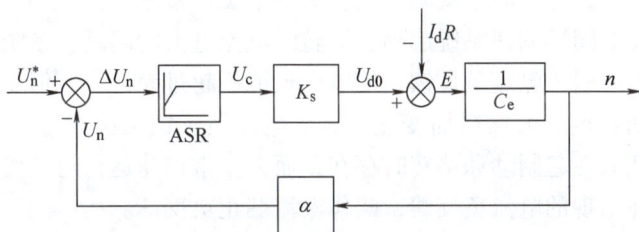

PI 调节器能够实现无静差控制的原因分析及无静差系统稳态参数计算

图 3-15　无静差直流调速系统稳态结构框图

由图 3-15 可以看出，无静差直流调速系统稳态工作时，各变量之间有下列关系：

$$U_n^* = U_n = \alpha n = \alpha n^* \tag{3-29}$$

$$U_c = \frac{U_{d0}}{K_s} = \frac{C_e n^* + I_d R}{K_s} = \frac{C_e U_n^*/\alpha + I_{dL} R}{K_s} \tag{3-30}$$

上述关系表明，在稳态工作点上，转速 n 是由给定电压 U_n^* 决定的，ASR 的输出量为控制电压 U_c，其大小同时取决于 n 和 I_d；或者说，同时取决于 U_n^* 和 I_{dL}。这些关系反映了 PI 调节器不同于 P 调节器的特点。P 调节器的输出量总是正比于其输入量的，而 PI 调节器则不然，其输出量在动态过程中决定于输入量的积分，而到达稳态时，输入为零，输出的稳态值与输入无关，而是由它后面环节为了保证输入为零的需要决定的。后面需要 PI 调节器提

供多大的输出值，它都能实现，直到饱和为止。

无静差调速系统的稳态参数计算很简单，在理想情况下，稳态时 $\Delta U_n = 0$，因而 $U_n = U_n^*$，可以按式（3-31）直接计算转速反馈系数

$$\alpha = \frac{U_{nmax}^*}{n_{max}} \tag{3-31}$$

式中　n_{max}——电动机调压时的最高转速；

　　　U_{nmax}^*——相应的最高给定电压。

3.3　转速闭环直流调速系统的限流保护

3.3.1　转速闭环直流调速系统的限流问题

转速反馈控制直流调速系统把转速作为系统的被调节量，检测转速误差，纠正转速误差，有效地解决了调速范围和静差率的矛盾，抑制直至消除扰动对转速的影响。在采用了比例积分调节器后，又能实现无静差。然而转速反馈控制的直流调速系统还存在一个问题，没有对电流进行控制。而在电动机的起动、制动过程中和堵转状态时，必须限制电枢电流。

在转速反馈控制直流调速系统中突加给定电压时，由于惯性的作用，转速不可能立即建立起来，反馈电压为零，相当于偏差电压 $\Delta U_n = U_n^*$，调节器的输出是 $K_p U_n^*$。这时，由于放大器和变换器的惯性都很小，电枢电压 U_d 立即达到它的最高值，对电动机来说，相当于全压起动，会造成电动机过电流，当然是不允许的。

当直流电动机被堵转时，也会遇到过电流问题。由于机械故障或挖土机运行时碰到坚硬的石块，电动机会被堵转。根据系统的静特性，电流将远远超过允许值。如果只依靠过电流继电器或熔断器来保护，过载时就跳闸，也会给正常工作带来不便。

为了解决转速反馈闭环调速系统起动和堵转时电流过大的问题，系统中必须有自动限制电枢电流的环节。可以引入电流负反馈，使电枢电流不超过允许值。但是，在正常稳速运行时，又需要让电流随着负载的增减而变化，有了电流负反馈会抑制电动机的带载能力。因此，需要电流负反馈只在起制动和堵转时存在，而在正常稳速运行时又要取消。这样，当电流大到一定程度时才出现的电流负反馈，叫作电流截止负反馈。

3.3.2　带电流截止负反馈环节的直流调速系统

1. 电流截止负反馈环节

直流调速系统中的电流截止负反馈环节如图 3-16 所示，电流反馈信号取自串入电动机电枢回路中的小阻值电阻 R_s，$I_d R_s$ 正比于电流。设 I_{dcr} 为临界的截止电流，当电流大于 I_{dcr} 时，将电流负反馈信号加到放大器的输入端；当电流小于 I_{dcr} 时，将电流反馈切断。为了实现这一作用，需引入比较电压 U_{com}。图 3-16a 中用独立的直流电源作为比较电压，其大小可用电位器调节，相当于调节截止电流。在 $I_d R_s$ 与 U_{com} 之间串接一个二极管 VD，当 $I_d R_s > U_{com}$ 时，二极管导通，电流负反馈信号 U_i 即可加到放大器上去；当 $I_d R_s \le U_{com}$ 时，二极管截止，U_i 即消失。显然，在这一线路中，截止电流 $I_{dcr} = U_{com}/R_s$。图 3-16b 中利用稳压管 VST 的击穿电压 U_{br} 作为比较电压 U_{com}，线路要简单得多，但不能平滑调节截止电流值。用微机软件

实现电流截止时，只要采用条件语句即可，显然要比模拟控制简单得多。

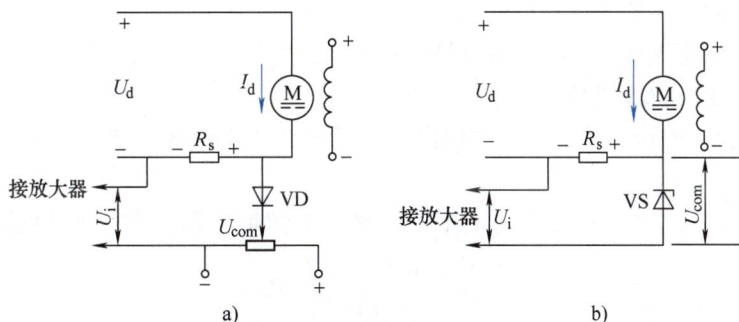

图 3-16 电流截止负反馈环节

a）利用独立直流电源作比较电压 b）利用稳压管产生比较电压

电流截止负反馈环节的输入-输出特性如图 3-17 所示，当输入信号 $I_d R_s - U_{com} > 0$ 时，输出 $U_i = I_d R_s - U_{com}$；当 $I_d R_s - U_{com} \leq 0$ 时，输出 $U_i = 0$。这是一个两段线性环节，将它画在方框中，再和系统其他部分的框图连接起来，即得带电流截止负反馈的闭环直流调速系统稳态结构框图，如图 3-18 所示，图中 U_i 表示电流负反馈，U_n 表示转速负反馈。

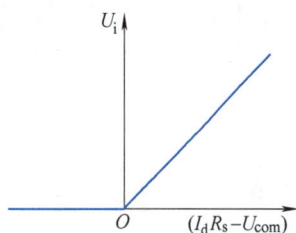

图 3-17 电流截止负反馈环节的输入输出特性

2. 带电流截止负反馈比例控制闭环直流调速系统的稳态结构框图和静特性

带电流截止负反馈的闭环直流调速系统稳态结构图如图 3-18 所示，当 $I_d \leq I_{dcr}$ 时，电流负反馈被截止，静特性与只有转速负反馈调速系统的静特性相同，现重写如下：

$$n = \frac{K_p K_s U_n^*}{C_e(1+K)} - \frac{R I_d}{C_e(1+K)} \tag{3-32}$$

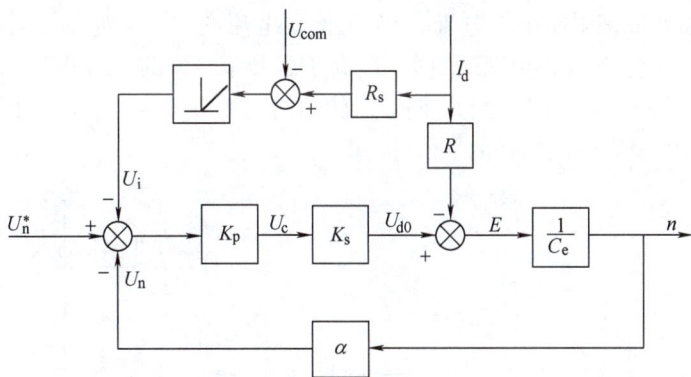

图 3-18 带电流截止负反馈的闭环直流调速系统稳态结构框图

当 $I_d > I_{dcr}$ 后，引入了电流负反馈，静特性变成

$$n = \frac{K_p K_s U_n^*}{C_e(1+K)} - \frac{K_p K_s}{C_e(1+K)}(R_s I_d - U_{com}) - \frac{R I_d}{C_e(1+K)}$$

$$= \frac{K_p K_s(U_n^* + U_{com})}{C_e(1+K)} - \frac{(R + K_p K_s R_s) I_d}{C_e(1+K)} \tag{3-33}$$

43

对应式（3-32）和式（3-33）的静特性如图 3-19 所示。

电流负反馈被截止的式（3-32）对应于图 3-19 中的 CA 段，它就是闭环调速系统本身的静特性，显然是比较硬的。电流负反馈起作用后，对应于图中的 AB 段。从式（3-32）可以看出，AB 段特性和 CA 段相比有两个特点：

1）电流负反馈的作用相当于在主电路中串入一个大电阻 $K_p K_s R_s$，因而稳态速降极大，使特性急剧下垂。

2）比较电压 U_{com} 与给定电压 U_n^* 的作用一致，好像把理想空载转速提高到

$$n_0' = \frac{K_p K_s (U_n^* + U_{com})}{C_e (1 + K)} \qquad (3-34)$$

即把 n_0' 提高到图 3-19 中的 D 点。当然，图 3-19 中用虚线画出的 DA 段实际上是不起作用的。

这样的两段式静特性常称作下垂特性或挖土机特性。当挖土机遇到坚硬的石块而过载时，即使电动机停转，电流也不过是堵转电流 I_{dbl}，在式（3-33）中，令 $n = 0$，得

$$I_{dbl} = \frac{K_p K_s (U_n^* + U_{com})}{R + K_p K_s R_s} \qquad (3-35)$$

一般 $K_p K_s R_s \gg R$，因此

$$I_{dbl} \approx \frac{U_n^* + U_{com}}{R_s} \qquad (3-36)$$

I_{dbl} 应小于电动机允许的最大电流，一般为 $(1.5 \sim 2) I_N$。另一方面，从调速系统的稳态性能上看，希望 CA 段的运行范围足够大，截止电流 I_{dcr} 应大于电动机的额定电流，例如，取 $I_{dcr} \geq (1.1 \sim 1.2) I_N$。这些就是设计电流截止负反馈环节参数的依据。

3. 带电流截止负反馈的无静差直流调速系统

图 3-20 是带电流截止负反馈的无静差直流调速系统，采用 PI 调节器以实现无静差，采用电流截止负反馈环节来限制电枢电流。TA 为检测电流的交流互感器，经整流后得到电流反馈信号 U_i。当电流达到截止电流 I_{dcr} 时，U_i 高于稳压管 VS 的击穿电压，使晶体管 VT 导通，忽略晶体管 VT 的导通压降，则 PI 调节器的输出电压 $U_c = 0$，电力电子变换器 UPE 的输出电压 $U_d = 0$，达到限制电流的目的。

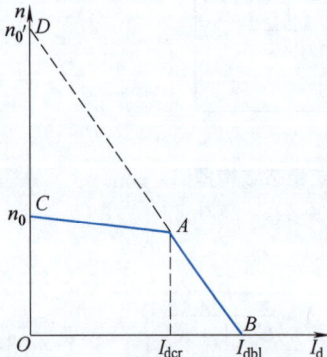

图 3-19　带电流截止负反馈比例控制闭环直流调速系统的静特性

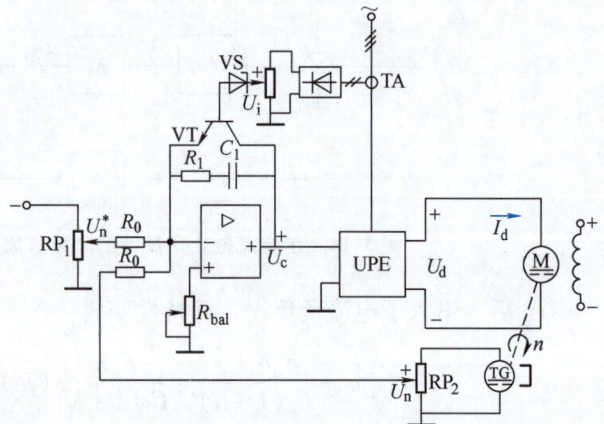

图 3-20　无静差直流调速系统

⚙ **3. 4** 转速闭环控制直流调速系统的仿真

计算机数字仿真作为调速系统研究和开发的重要辅助手段得到了广泛应用，数字仿真常利用 MATLAB 等仿真软件进行。关于 MATLAB 仿真软件介绍可以参看相关文献［15］，这里重点介绍如何在 MATLAB/Simulink 仿真平台下构建转速闭环控制的调速系统仿真平台，并简单介绍借助仿真分析系统工作的过程。

下面就以 3.2 节所述的比例积分控制的无静差直流调速系统为例，学习利用 MATLAB/Simulink 软件构建系统仿真平台的方法，读者可将这种方法推广到其他控制系统的仿真中。

3.4.1 转速闭环直流调速系统仿真平台

构建调速系统仿真平台的基本思路是得到系统各环节的传递函数，在 MATLAB/Simulink 中利用相关模块或者组合加以实现，对于电力电子变换器主电路或者电动机也可直接利用 Simulink 中 Powersystem 工具包中的封装模块加以实现。图 3-21 为参考图 3-8 搭建的转速闭环调速系统仿真平台，其中转速调节器采用 PI 调节器，电动机采用 PWM 变换器供电。按照功能把仿真平台分为转速给定、ASR 调节器、PWM 模块、H 桥、电动机五个部分。

转速单闭环调速系统各环节参数如下：

直流电动机：型号为 Z4-132-1，额定电压 $U_N = 400V$，额定电流 $I_{dN} = 52.2A$，额定转速为 2610r/min，反电动势系数 $C_e = 0.1459V \cdot min/r$，允许过载倍数 $\lambda = 1.5$；PWM 变换器开关频率：8kHz，放大系数 $K_s = 538/5 = 107.6$；电枢回路总电阻 $R = 0.368\Omega$；时间常数：电枢回路电磁时间常数 $T_l = 0.0144s$，电力拖动系统机电时间常数 $T_m = 0.18s$；转速反馈系数 $\alpha = 0.00383V \cdot min/r(\approx 10V/n_N)$；对应额定转速时的给定电压 $U_n^* = 10V$。

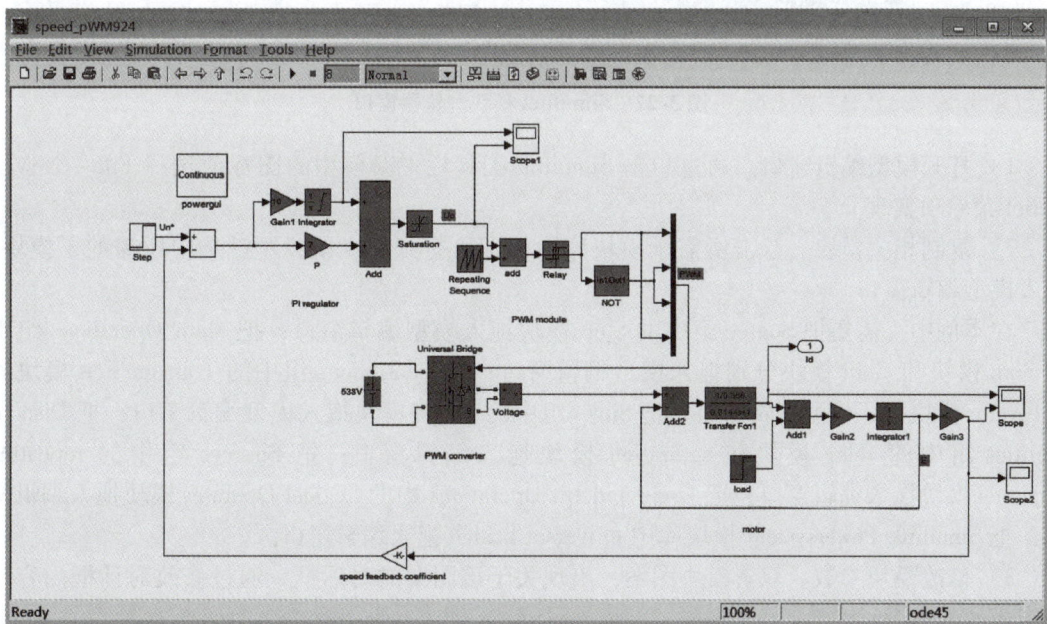

图 3-21 比例积分控制的直流调速系统的仿真框图

3.4.2 仿真模型的建立

进入 MATLAB 仿真系统，单击 MATLAB 命令窗口工具栏中的 Simulink 图标█，或直接键入 Simulink 命令，打开 Simulink 模块浏览器窗口，如图 3-22 所示。由于版本的不同，各个版本的模块浏览器的表示形式略有不同，但不影响基本功能的使用。

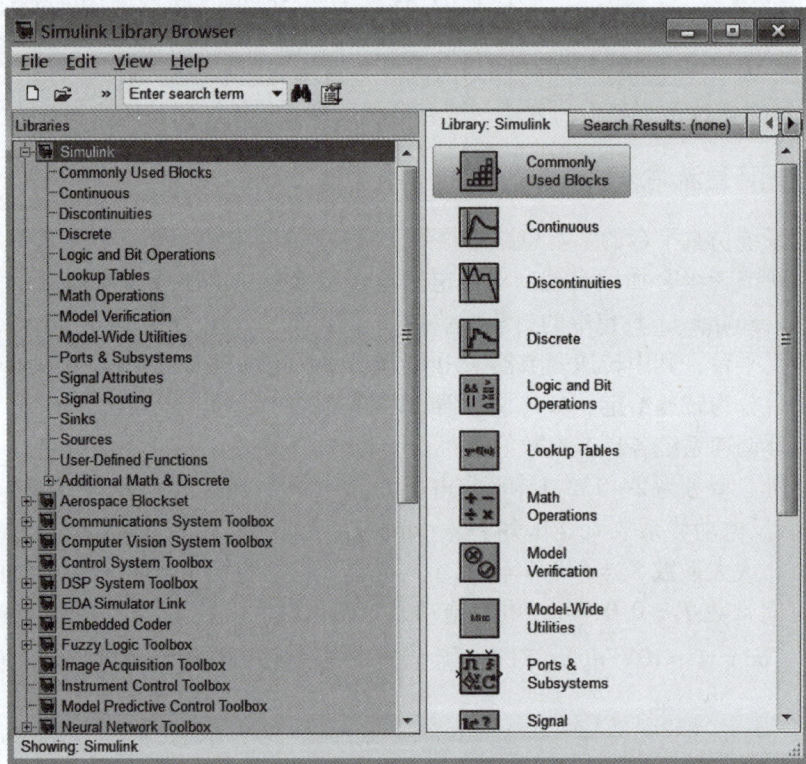

图 3-22　Simulink 模块浏览器窗口

1）打开模型编辑窗口。通过单击 Simulink 工具栏中新模型的图标或选择 File→New→Model 菜单项实现。

2）复制相关模块。双击所需子模块库图标即可打开，以鼠标左键选中所需的子模块，拖入模型编辑窗口。

在本例中，需要把 Source 组中的 Step 模块拖入模型编辑窗口；把 Math Operations 组中的 Sum 模块和 Gain 模块分别拖入模型编辑窗口；把 Continuous 组中的 Transfer Fcn 模块和 Integrator 模块拖入模型编辑窗口；把 Sinks 组中的 Scope 模块拖入模型编辑窗口；把 Discontinuities 组中的 relay 模块和 saturation 模块拖入编辑窗口；把 Sources 组中的 repeating sequence 模块拖入编辑窗口；把 Logic and Bit Operations 中的 Logical Operator 模块拖入编辑窗口；把 Simulink Powersystem 模块库中 universal bridge 拖入编辑窗口。

3）修改模块参数。双击模块图案，出现关于该图案的对话框，通过修改对话框内容来设定模块的参数。

在本例中，双击加法器模块 add，打开如图 3-23 所示的对话框，在 List of signs 栏目描述加或者减输入信号；这里是三角波减控制电压，所以在这一栏输入 – ＋。

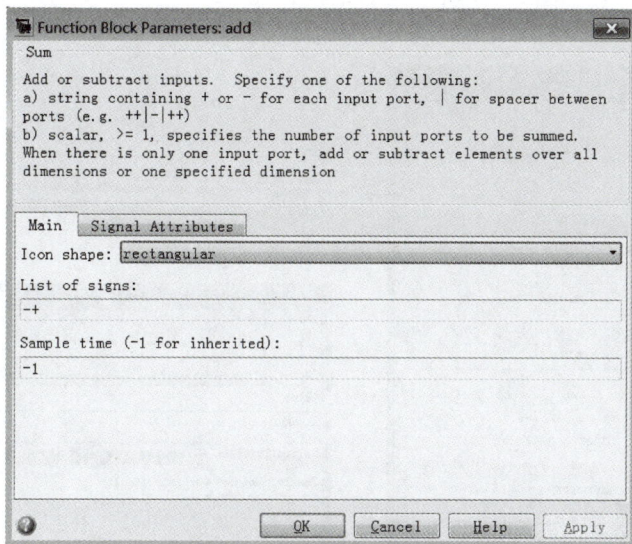

图3-23 加法器模块对话框

双击 Transfer Fcn 模块，则将打开如图 3-24 所示的对话框，只需在其分子 Numerator 和分母 Denominator 栏目分别填写系统的分子多项式和分母多项式系数，例如分母中 $0.0144s + 1$ 是用向量 $[0.0144\ 1]$ 来表示的。

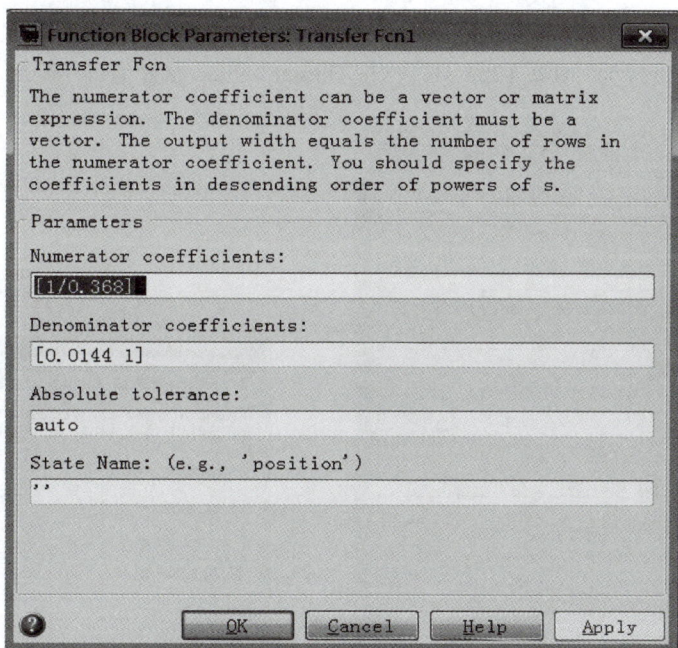

图3-24 传递函数模块对话框

双击阶跃输入模块，则将打开如图 3-25 所示对话框，可以把阶跃时刻（Step time）参数从默认的 1 改到 0。在本例中，额定转速的给定值是 10V，可以把阶跃值（Final value）从默认的 1 改到 10。

双击 Gain 模块打开如图 3-26 所示的对话框，在 Gain 栏目中填写所需要的放大系数。

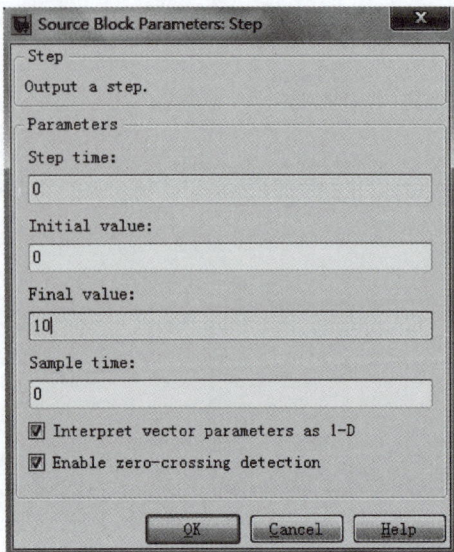

图 3-25 阶跃输入模块对话框

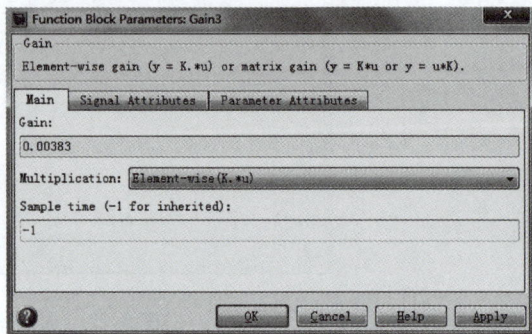

图 3-26 增益模块对话框

双击 Integrator 模块，打开图 3-27 所示对话框，选择 Limit output 框，在 Upper saturation limit 和 Lower saturation limit 栏目中填写本例的积分饱和值 5 和 -5。

双击 repeating sequence 模块，打开图 3-28 所示对话框，为了得到周期为 8kHz 的锯齿波，把 Time value 设置为 [0 0.125e-3]，把 Output values 设置为 [-5 5]。

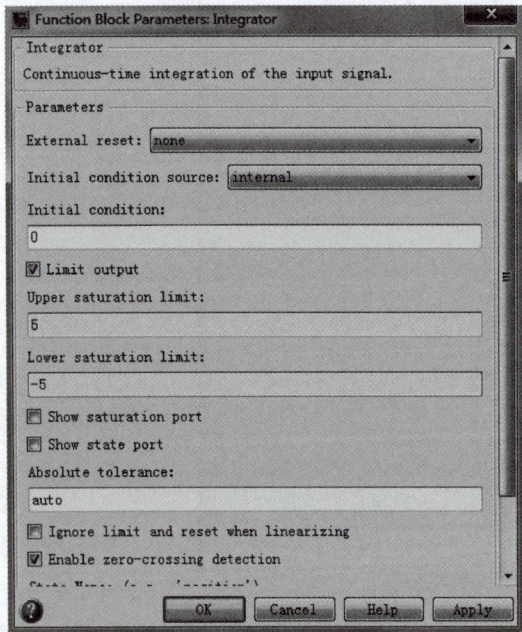

图 3-27 Integrator 模块对话框

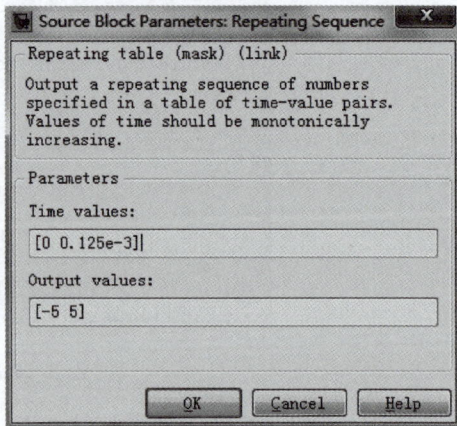

图 3-28 Repeating Sequence 模块对话框

双击示波器模块，打开示波器波形显示窗口，单击窗口第二个按钮 parameters 打开图 3-29 所示对话框，设置坐标轴数为 2，单击 history 按钮，取消对数据点的限制。

4）模块连接。以鼠标左键单击起点模块输出端，拖动鼠标至终点模块输入端处，则在两模块间产生"→"线。

当一个信号要分送到不同模块的多个输入端时，需要绘制分支线，通常可把鼠标移到期望的分支线的起点处，按下鼠标的右键，看到光标变为十字后，拖动鼠标直至分支线的终点处，释放鼠标按钮，就完成了分支线的绘制。

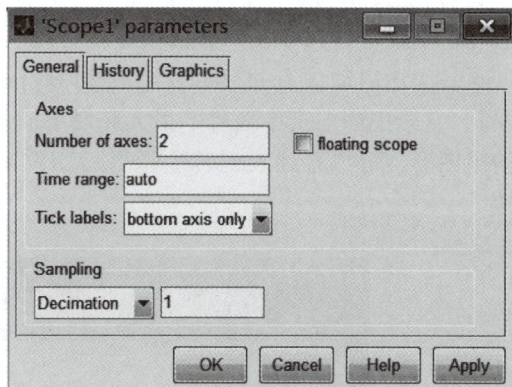

图 3-29　scope 模块参数设置对话框

把相应的数据送入模型编辑窗口，其中 PI 调节器的参数值暂定为 $K_p = 7$，$\dfrac{1}{\tau} = \dfrac{10}{7}$。最终生成图 3-21 所示的比例积分控制的无静差直流调速系统的仿真模型。

3.4.3　仿真模型的运行

1）仿真参数的设置。选中 Simulink 模型窗口的 Simulation→Configuration Parameters 菜单项，打开如图 3-30 所示的对话框，按照图中所示设置仿真时间和数值求解器参数。其中的 Start time 和 Stop time 栏目分别允许填写仿真的起始时间和结束时间，把默认的结束时间从 0.0 修改为 8；采用变步长仿真，需要注意的是：为了在一个 PWM 周期里进行几次数值求解，最大仿真步长不宜过大，这里设置为 1e−5。

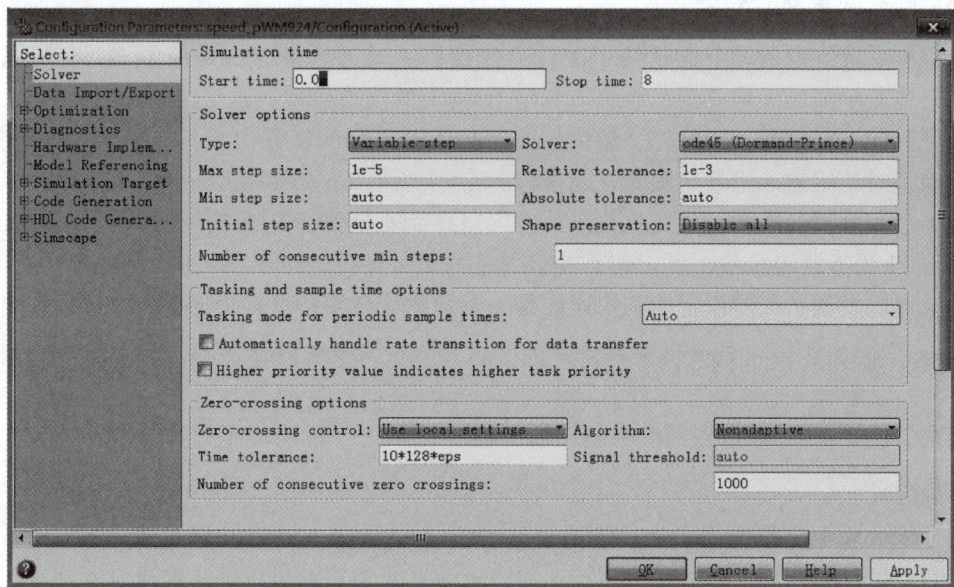

图 3-30　Simulink 仿真控制参数对话框

2）**仿真过程的启动**。单击启动仿真工具条的按钮▶或选择 Simulation→Start 菜单项，则可启动仿真过程，再双击示波器模块就可以显示仿真结果。

再一次地启动仿真过程，然后启动 Scope 工具条中的第 6 个按钮 🔍 自动刻度（Auto-scale），它会把当前窗中信号的最大和最小值设为纵坐标的上下限，从而得到了图 3-31 所示的清晰图形。可以看到收到转速指令后，电流快速增加，转速上升，最后转速稳定在给定转速。

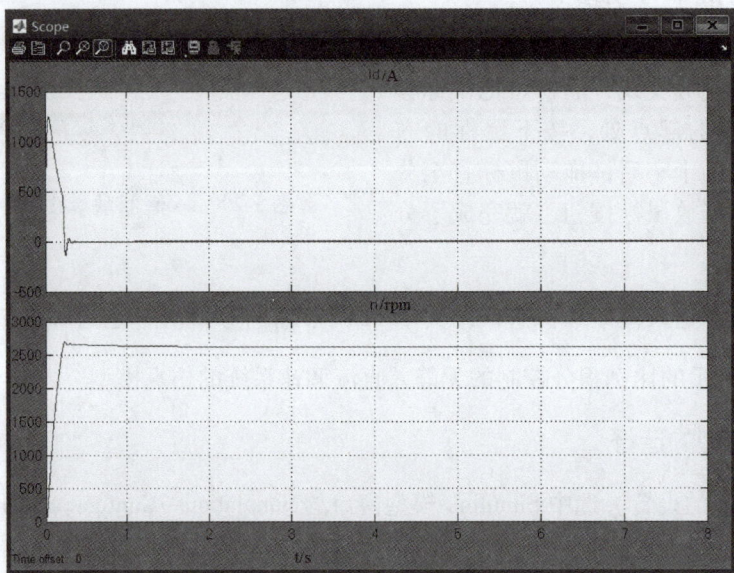

图 3-31　仿真结果

3.4.4　调节器参数的调整

在控制系统中设置调节器是为了改善系统的静、动态性能。在采用了 PI 调节器以后，构成的是转速单闭环无静差调速系统。利用图 3-21 的仿真模型，改变比例系数和积分系数，可以得到振荡、有静差、无静差、超调大或启动快等不同的转速曲线。在图 3-31 的仿真曲线中反映了对给定输入信号的跟随性能指标。

如果把积分部分取消，改变比例系数，可以得到不同静差率的响应曲线直至振荡曲线；如果改变 PI 调节器的参数，可以得到超调量不一样、调节时间也不一样的转速响应曲线。经过比较可以发现系统的稳定性和快速性是一对矛盾，必须根据工程的要求，选择一个合适的 PI 参数。如图 3-32 的调节器参数是：$K_p = 3$，$\dfrac{1}{\tau} = 1$，系统转速的响应是无超调、但调节时间很长；图 3-33 的调节器的参数是：$K_p = 14$，$\dfrac{1}{\tau} = \dfrac{20}{7}$，系统转速的响应的超调较大、但快速性较好。

由于未采用电流截止负反馈，在图 3-31 的仿真结果中，电流的最大值达 1200A，明显超过了直流电动机能够允许的最大电流，引入电流截止负反馈可以解决电流过流问题，具有电流截止负反馈直流电动机调速系统的仿真留作读者自行研究，在转速闭环基础上增加电流闭环控制也可有效解决电流过流问题，详见第 4 章，关于直流电动机调速系统的 PI 设计，也将在第 4 章中做详细的论述。

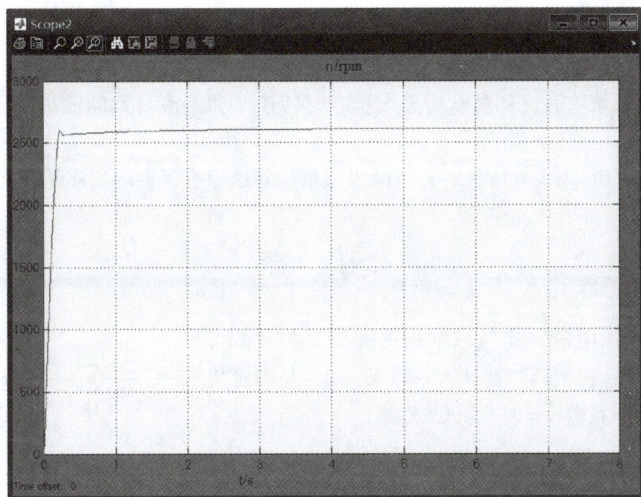

图 3-32 无超调的仿真结果

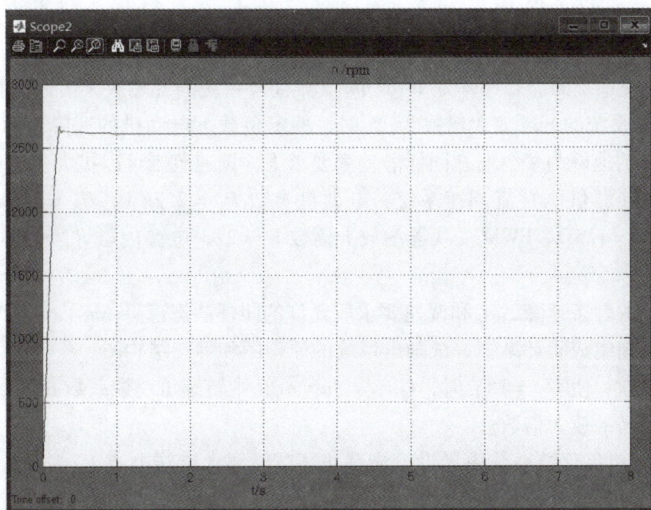

图 3-33 超调量较大的仿真结果

思考题

3-1 转速单闭环调速系统有哪些特点？改变给定电压能否改变电动机的转速？为什么？如果给定电压不变，调节转速反馈系数是否能够改变转速？为什么？如果测速发电机的励磁发生了变化，系统有无克服这种干扰的能力？

3-2 为什么用积分控制的调速系统是无静差的？在转速单闭环调速系统中，当积分调节器的输入偏差电压 $\Delta U_n = 0$ 时，调节器的输出电压是多少？它取决于哪些因素？

3-3 在无静差转速单闭环调速系统中，转速的稳态精度是否还受给定电源和测速发电机精度的影响？试说明理由。

3-4 在转速负反馈单闭环有静差调速系统中，当下列参数变化时系统是否有调节作用？为什么？①放

大器的放大系数 K_p；②供电电网电压 U_s；③电枢电阻 R_a；④电动机励磁电流 I_f；⑤转速反馈系数 α。

3-5 试回答下列问题：

(1) 在转速负反馈单闭环有静差调速系统中，突减负载后又进入稳定运行状态，此时晶闸管整流装置的输出电压 U_d 较之负载变化前是增加、减少还是不变？

(2) 在无静差调速系统中，突加负载后进入稳态时转速 n 和整流装置的输出电压 U_d 是增加、减少还是不变？

3-6 闭环调速系统有哪些基本特征？它能减少或消除转速稳态误差的实质是什么？

习　题

3-1 有一晶闸管稳压电源，其稳态结构图如图 3-34 所示，已知给定电压 $U_u^* = 8.8\text{V}$，比例调节器放大系数 $K_p = 2$，晶闸管装置放大系数 $K_s = 15$，反馈系数 $\gamma = 0.7$。试求：

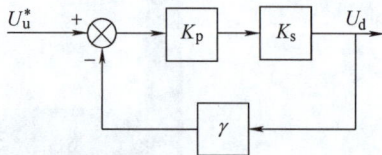

(1) 输出电压 U_d；

(2) 若把反馈线断开，U_d 为何值？开环时的输出电压是闭环时的多少倍？

(3) 若把反馈系数减至 0.35，当保持同样的输出电压时，给定电压 U_u^* 应为多少？

图 3-34　题 3-1 图

3-2 转速闭环调速系统的调速范围是 1500～150r/min，要求系统的静差率 $s \leqslant 5\%$，那么系统允许的静态速降是多少？如果开环系统的静态速降是 100r/min，则闭环系统的开环放大倍数应有多大？

3-3 转速闭环调速系统的开环放大倍数为 15 时，额定负载下电动机的速度为 80 r/min，如果将开环放大倍数提高到 30，它的速降为多少？在同样静差率要求下，调速范围可以扩大多少倍？

3-4 有一 PWM 变换器供电直流调速系统：电动机参数 $P_N = 2.2\text{kW}$，$U_N = 220\text{V}$，$I_N = 12.5\text{A}$，$n_N = 1500\text{r/min}$，电枢电阻 $R_a = 1.5\Omega$，PWM 变换器的放大倍数 $K_s = 22$，电源内阻 $R_{rec} = 0.1\Omega$。要求系统满足调速范围 $D = 20$，静差率 $s \leqslant 5\%$。

(1) 计算开环系统的静态速降 Δn_{op} 和调速要求所允许的闭环静态速降 Δn_{cl}。

(2) 采用转速负反馈组成闭环系统，试画出系统的原理图和静态结构图。

(3) 调整该系统参数，使 $U_n^* = 15\text{V}$ 时，$I_d = I_N$，$n = n_N$，则转速负反馈系数 α 应该是多少？

(4) 计算放大器所需的放大倍数。

3-5 在题 3-4 的转速负反馈系统中增设电流截止环节，要求堵转电流 $I_{dbl} \leqslant 2I_N$，临界截止电流 $I_{dcr} \geqslant 1.2I_N$，应该选用多大的比较电压和电流反馈采样电阻？要求电流反馈采样电阻不超过主电路总电阻的 $1/3$，如果做不到，需要增加电流反馈放大器，试画出系统的原理图和静态结构图，并计算电流反馈放大系数。这时电流反馈采样电阻和比较电压各为多少？

3-6 在题 3-4 的系统中，若开关频率为 8kHz，主电路电感 $L = 15\text{mH}$，系统运动部分的飞轮惯量 $\text{GD}^2 = 0.16\text{Nm}^2$，试判断按题 3.5 要求设计的转速负反馈系统能否稳定运行？如要保证系统稳定运行，允许的最大开环放大系数 K 是多少？

3-7 有一个 PWM 变换器供电的直流调速系统，已知电动机：$P_N = 2.8\text{kW}$，$U_N = 220\text{V}$，$I_N = 15.6\text{A}$，$n_N = 1500\text{r/min}$，$R_a = 1.5\Omega$，整流装置内阻 $R_{rec} = 0.2\Omega$，PWM 变换器的放大倍数 $K_s = 31$。

(1) 系统开环工作时，试计算调速范围 $D = 100$ 时的静差率 s 值。

(2) 当 $D = 100$，$s = 5\%$ 时，计算系统允许的稳态速降。

(3) 如组成转速负反馈有静差调速系统，要求 $D = 100$，$s = 5\%$，在 $U_n^* = 10\text{V}$ 时 $I_d = I_N$，$n = n_N$，计算转速负反馈系数 α 和放大器放大系数 K_p。

第4章
转速、电流双闭环控制的直流调速系统

内容提要

转速、电流双闭环控制的直流调速系统是静、动态性能优良、应用最广的直流调速系统，本章着重阐明其控制规律、性能特点和设计方法。第4.1节介绍转速、电流双闭环控制直流调速系统的组成及其静特性。第4.2节阐述系统的动态数学模型，并从跟随和抗扰两个方面分析其性能和转速与电流两个调节器的控制作用。第4.3节介绍调节器的工程设计方法，和经典控制理论的动态校正方法相比，这种设计方法计算简单，应用方便，容易掌握。应用工程设计方法能很好地解决双闭环控制调速系统两个调节器的设计问题。第4.4节讨论弱磁控制的直流调速系统，在转速、电流双闭环调速系统的基础上增设电励磁电流控制环，可以控制直流电动机的气隙磁通，实现弱磁调速。最后，在第4.5节中用MATLAB仿真软件对转速、电流双闭环控制的直流调速系统进行仿真。

4.1 转速、电流双闭环控制直流调速系统的组成及其静特性

4.1.1 转速、电流双闭环控制直流调速系统的组成

第3章讨论的转速闭环控制直流调速系统（以下简称单闭环系统）用 PI 调节器实现转速稳态无静差，消除负载转矩扰动对稳态转速的影响，并用电流截止负反馈限制电枢电流的冲击，避免出现过电流现象。但转速单闭环系统并不能按照要求充分控制电流（或电磁转矩）的动态过程。

对于经常正、反转运行的调速系统，例如龙门刨床、可逆轧钢机等，缩短起动、制动过程的时间是提高生产率的重要因素。为此，在起动（或制动）过渡过程中，希望始终保持电流（电磁转矩）为允许的最大值，使调速系统以最大的加（减）速度运行。当到达稳态转速时，最好使电流立即降下来，使电磁转矩与负载转矩相平衡，从而迅速转入稳态运行。这类理想的起动（制动）过程示于图 4-1，起动电流呈矩形波，转速按线性增长。这是在最大电流（转矩）受限制时调速系统所能获得的最快的起动（制动）过程。

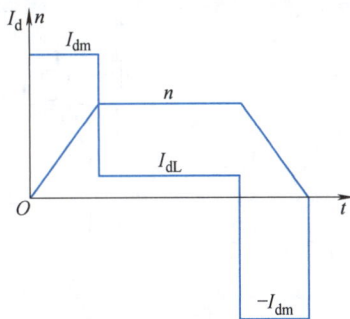

图 4-1 时间最优的理想过渡过程

实际上，由于主电路电感的作用，电流不可能突跳，为了实现在允许条件下的最快起动，关键是要获得一段使电流保持为最大值 I_{dm} 的恒流过程。按照反馈控制规律，采用某个物理量的负反馈就可以保持该量基本不变，那么，采用电流负反

馈应该能够得到近似的恒流过程。问题是，应该在起动过程中只有电流负反馈，没有转速负反馈，在达到稳态转速后，又希望转速负反馈发挥主要作用，使转速跟随给定，而电流负反馈不要起阻碍作用。怎样才能做到这种既存在转速和电流两种负反馈，又使它们在不同的阶段里采用不同配合方式起作用呢？只用一个调节器显然是不可能的，采用转速和电流两个调节器应该可行，问题是在系统中如何连接。

为了使转速和电流两种负反馈分别起作用，可在系统中设置两个调节器，分别引入转速负反馈和电流负反馈以调节转速和电流，二者之间实行嵌套（或称串级）连接如图 4-2a 所示。把转速调节器 ASR 的输出当作电流调节器的输入，再用电流调节器 ACR（Automatic Current Regulator）的输出去控制电力电子变换器 UPE。从闭环结构上看，电流环在里面，称作内环；转速环在外边，称作外环。这就形成了转速、电流双闭环控制直流调速系统（以下简称双闭环系统）。为了获得良好的静、动态性能，转速和电流两个调节器一般都采用 PI 调节器，这样构成的双闭环直流调速系统的电路原理图如图 4-2b 所示。图中标出了两个调节器输入输出电压的实际极性，它们是按照电力电子变换器的控制电压 U_c 为正电压的情况标出的，并考虑到运算放大器的倒相作用。图中还表示了两个调节器的输出都是带限幅作用的，其限幅值选取参见下节。

转速、电流双闭环直流调速系统结构

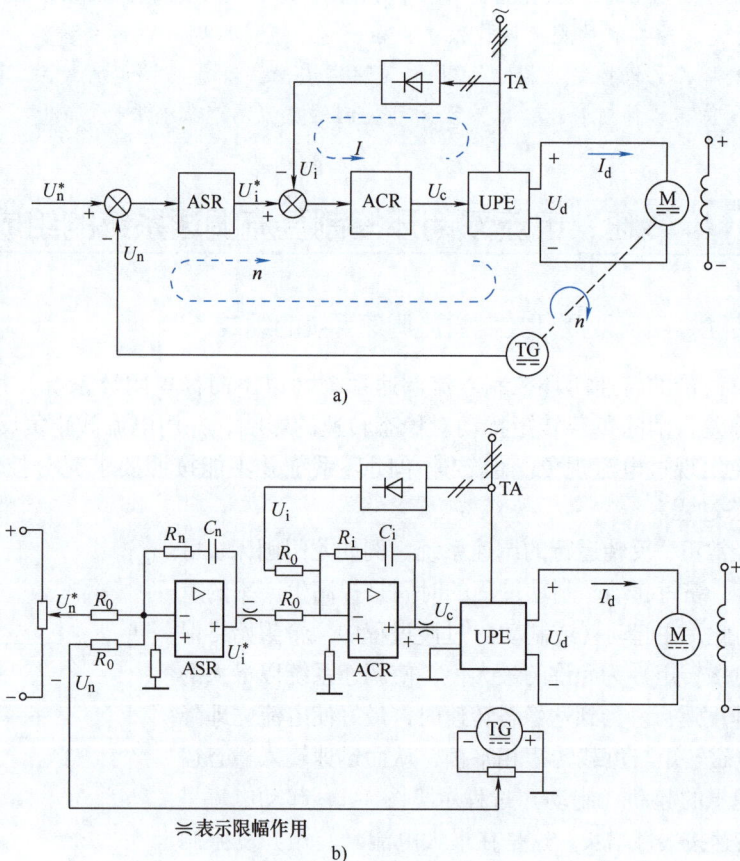

a)

b)

≒表示限幅作用

图 4-2 转速、电流双闭环直流调速系统

a）转速、电流反馈控制直流调速系统原理图 b）双闭环直流调速系统电路原理图

ASR—转速调节器 ACR—电流调节器 TG—测速发电机 TA—电流互感器 UPE—电力电子变换器

U_n^*—转速给定电压 U_n—转速反馈电压 U_i^*—电流给定电压 U_i—电流反馈电压

4.1.2 稳态结构图与参数计算

1. 稳态结构图和静特性

为了分析双闭环调速系统的静特性，必须先得到它的稳态结构框图，如图4-3所示。它可以很方便地根据原理图4-2b画出来，要注意两个调节器均采用带限幅作用的PI调节器。当调节器饱和时，输出达到限幅值，输入量的变化不再影响输出，除非有反向的输入信号使调节器退出饱和；换句话说，饱和的调节器暂时隔断了输入和输出之间的联系，相当于使该调节环开环。当调节器不饱和时，PI调节器工作在线性调节状态，其作用是使输入偏差电压 ΔU 在稳态时为零。

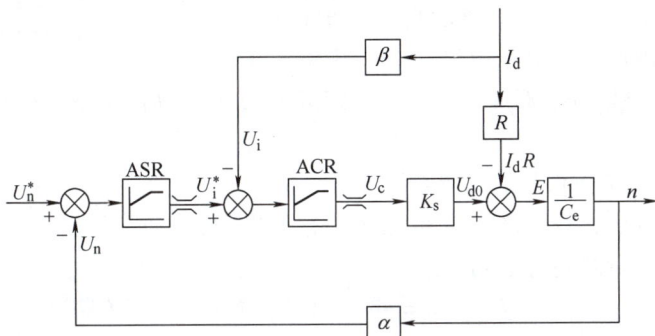

图4-3 双闭环直流调速系统的稳态结构框图

α—转速反馈系数 β—电流反馈系数

为了实现电流的实时控制和快速跟随，希望电流调节器不要进入饱和状态，因此，对于静特性来说，只有转速调节器饱和与不饱和两种情况。

（1）转速调节器不饱和

这时，两个调节器都不饱和，稳态时，它们的输入偏差电压都是零。因此

$$U_n^* = U_n = \alpha n = \alpha n^*$$

$$U_i^* = U_i = \beta I_d = \beta I_{dL}$$

式中　α, β——转速和电流反馈系数。

由第一个关系式可得

$$n = \frac{U_n^*}{\alpha} = n^* \tag{4-1}$$

从而得到图4-4所示静特性的 AB 段。

与此同时，由于ASR不饱和，$U_i^* < U_{im}^*$，从上述第二个关系式可知：$I_d < I_{dm}$。这就是说，AB 段静特性从理想空载状态的 $I_d = 0$ 一直延续到 $I_d = I_{dm}$，而 I_{dm} 一定是大于负载电流 I_{dL} 的。这就是静特性的运行段，它是水平的特性。

（2）转速调节器饱和

ASR输出达到限幅值 U_{im}^* 时，转速外环呈开环状态，转速的变化对转速环不再产生影响。双闭环系统变成一个电流无静差的单电流闭环调节系统。稳态时

$$I_d = \frac{U_{im}^*}{\beta} = I_{dm} \tag{4-2}$$

55

因此转速调节器 ASR 的输出限幅电压 U_{im}^* 取决于最大电流 I_{dm}。I_{dm} 值是由设计者选定的，取决于电动机的容许过载能力和系统要求的最大加速度。式（4-2）所描述的静特性是图 4-4 中的 BC 段，它是垂直的特性。

双闭环调速系统的静特性在负载电流小于 I_{dm} 时表现为转速无静差，这时，转速负反馈起主要调节作用。当负载电流达到 I_{dm} 时，对应于转速调节器为饱和输出 U_{im}^*，这时，电流调节器起主要调节作用，系统表现为电流无静差，起到过电流的自动保护作用，电动机在一段时间内以最大电枢电流加速或减速。这

图 4-4   双闭环直流调速
系统的静特性

就是采用两个 PI 调节器分别形成内、外两个闭环的效果，也正是采用转速、电流双闭环控制的初衷。

2. 各变量的稳态工作点和稳态参数计算

由图 4-3 可以看出，双闭环调速系统在稳态工作中，当两个调节器都不饱和时，各变量之间有下列关系

$$U_n^* = U_n = \alpha n = \alpha n^* \tag{4-3}$$

$$U_i^* = U_i = \beta I_d = \beta I_{dL} \tag{4-4}$$

$$U_c = \frac{U_{d0}}{K_s} = \frac{C_e n + I_d R}{K_s} = \frac{C_e U_n^* / \alpha + I_{dL} R}{K_s} \tag{4-5}$$

转速、电流双闭环
直流调速系统各环
节稳态参数计算

上述关系表明，在稳态工作点上，转速 n 是由给定电压 U_n^* 决定的，ASR 的输出量 U_i^* 是由负载电流 I_{dL} 决定的，而 ACR 的输出量控制电压 U_c 的大小则同时取决于 n 和 I_d，或者说，同时取决于 U_n^* 和 I_{dL}。当转速给定和电枢电流分别为 U_{nm}^*、I_{dm} 时，调节器输出对应最大控制电压 U_{cm}。该值为电流调节器最小输出限幅值，需小于电力电子变换器最大输出电压对应的控制电压。这些关系反映了 PI 调节器不同于 P 调节器的特点。P 调节器的输出量总是正比于其输入量的。而 PI 调节器则不然，其饱和输出为限幅值，而非饱和输出在动态过程中决定于输入量的积分。到达稳态时，输入为零，输出的稳态值是由它后面环节的需要决定的。后面需要 PI 调节器提供多大的输出值，它都能做到，直到饱和为止。

鉴于这一特点，双闭环调速系统的稳态参数计算与单闭环有静差系统完全不同，而是和单闭环无静差系统的稳态计算相似，即根据各调节器的给定与反馈值计算有关的反馈系数：

转速反馈系数 $$\alpha = \frac{U_{nm}^*}{n_{max}} \tag{4-6}$$

电流反馈系数 $$\beta = \frac{U_{im}^*}{I_{dm}} \tag{4-7}$$

两个给定电压的最大值 U_{nm}^* 和 U_{im}^* 由设计者选定，利用模拟方式实现 PI 控制时受运算放大器允许输入电压和稳压电源的限制。

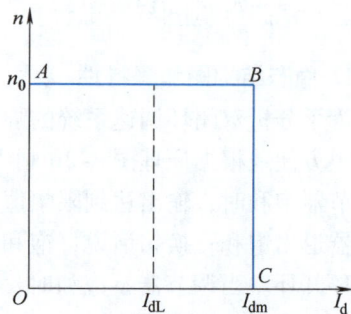

4.2　转速、电流双闭环控制直流调速系统的数学模型与动态过程分析

4.2.1　转速、电流双闭环控制直流调速系统的动态数学模型

在图 3-8 所示的单闭环直流调速系统动态数学模型的基础上，考虑双闭环控制的结构（见图 4-3），即可绘出双闭环直流调速系统的动态结构图，如图 4-5 所示。图中 $W_{\mathrm{ASR}}(s)$ 和 $W_{\mathrm{ACR}}(s)$ 分别表示转速调节器和电流调节器的传递函数。为了引出电流反馈，在电动机的动态结构框图中必须把电枢电流 I_{d} 显露出来。

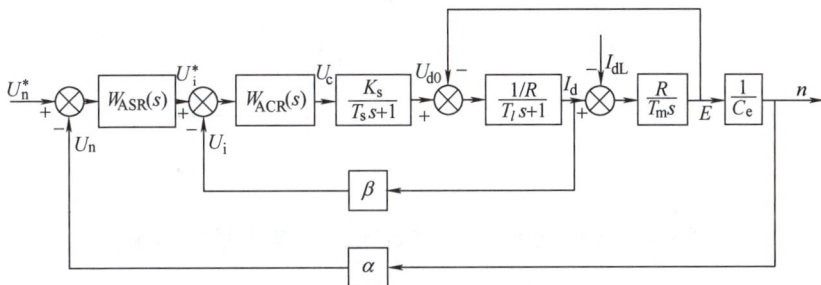

图 4-5　双闭环直流调速系统的动态结构图

4.2.2　转速、电流双闭环控制直流调速系统的动态过程分析

1. 起动过程分析

对调速系统而言，被控制的对象是转速。它的跟随性能可以用阶跃给定下的动态响应描述，图 4-1 描绘了时间最优的理想过渡过程，能否实现所期望的恒加速过程，最终以时间最优的形式达到所要求的性能指标，是设置双闭环控制的一个重要的追求目标。

转速、电流双闭环直流调速系统起动过程分析

在恒定负载条件下转速变化的过程取决于电动机电磁转矩（或电流）的变化过程，对电动机起动过程 $n = f(t)$ 的分析离不开对电流 $I_{\mathrm{d}}(t)$ 的研究。图 4-6 是双闭环调速系统在带有反抗性负载 I_{dL} 条件下起动过程的电流波形和转速波形。

从图 4-6 中 $I_{\mathrm{d}}(t)$ 的变化过程可以看到，电流 I_{d} 首先从零增长到 I_{dm}，然后在一段时间内维持其值近似等于 I_{dm} 不变，之后又下降并经调节后到达稳态值 I_{dL}。转速 $n(t)$ 波形先是缓慢升速，然后以恒加速上升，产生超调后，回到给定值 n^*。从电流与转速变化过程所反映出的特点可以把起动过程分为电流上升、恒流升速和转速调节三个阶段，转速调节器在此三个阶段中经历了不饱和、饱和以及退饱和三种情况，在图中分别标以Ⅰ、Ⅱ和Ⅲ。

第Ⅰ阶段（$0 \sim t_1$）是电流上升阶段：突加给定电压 U_{n}^* 后，经过两个调节器的跟随作用，U_{c}、U_{d0}、I_{d} 都上升，但是在 I_{d} 没有达到负载电流 I_{dL} 以前，电动机还不能转动。当 $I_{\mathrm{d}} \geqslant I_{\mathrm{dL}}$ 后，电动机开始起动，由于机电惯性的作用，转速不会很快增长，转速调节器 ASR 的输入偏差电压 $\Delta U_{\mathrm{n}} = U_{\mathrm{n}}^* - U_{\mathrm{n}}$ 的数值仍较大，因而其比例部分输出值较大，使其输出电压保持限幅值 U_{im}^*，强迫电枢电流 I_{d} 迅速上升。直到 $I_{\mathrm{d}} = I_{\mathrm{dm}}$，$U_{\mathrm{i}} = U_{\mathrm{im}}^*$，电流调节器很快就压制了 I_{d} 的增长，标志着这一阶段的结束。在这一阶段中，ASR 很快进入并保持饱和状态，而 ACR 一般不饱和。

57

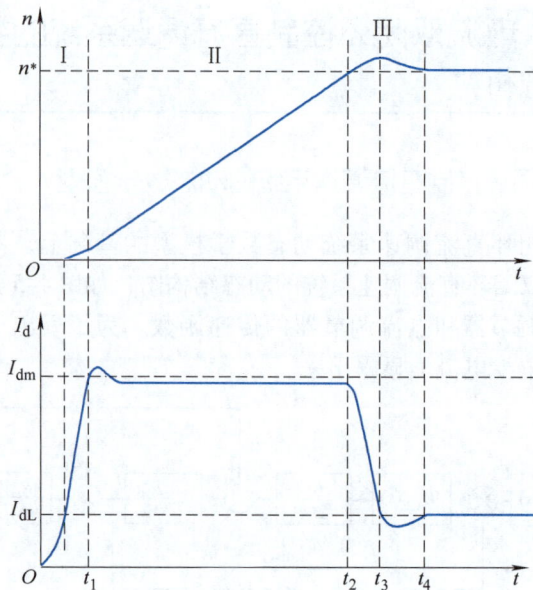

图 4-6　双闭环直流调速系统起动过程的转速和电流波形

第 II 阶段（$t_1 \sim t_2$）是恒流升速阶段：在这个阶段中，ASR 始终是饱和的，转速环相当于开环，系统成为在恒值电流给定 U_{im}^* 下的电流调节系统，基本上保持电流 I_d 恒定，因而系统的加速度恒定，转速呈线性增长（见图 4-6），这是起动过程中的主要阶段。为了保持在这一阶段内电流恒定，由于反电动势 E 是随着转速 n 线性增长的，电枢电压 U_{d0} 和控制电压 U_c 也必须线性增加。要说明的是，ACR 一般选用 PI 调节器（电流环的设计见工程设计方法），当阶跃给定加在 ACR 上面时，能够实现稳态无静差，但对斜坡扰动则无法消除静差。现在是恒流升速阶段，针对电流闭环的扰动量是电动机的反电动势（见图 4-5），它恰恰是一个线性渐增的斜坡扰动量（见图 4-6），所以电流闭环系统做不到抗扰无静差，而是使 I_d 略低于 I_{dm}。为了保证电流环的这种调节作用，在起动过程中 ACR 应保持不饱和的状态，设计电力电子装置 UPE（见图 4-2）时其最大输出电压也需留有余地。

第 III 阶段（t_2 以后）是转速调节阶段：当转速上升到给定值 n^* 时，转速调节器 ASR 的输入偏差为零，但其输出却由于积分作用还维持在限幅值 U_{im}^*，所以电动机仍在加速，使转速超调。转速超调后，ASR 输入偏差电压变负，使它开始退出饱和状态，U_i^* 和 I_d 很快下降。但是，只要 I_d 仍大于负载电流 I_{dL}，转速就还是继续上升的。直到 $I_\text{d} = I_{\text{dL}}$ 时，转矩 $T_\text{e} = T_\text{L}$，则 $\dfrac{\text{d}n}{\text{d}t} = 0$，转速 n 到达峰值（$t = t_3$）。此后，在 $t_3 \sim t_4$ 时间内，$I_\text{d} < I_{\text{dL}}$，电动机开始在负载的阻力下减速，直到稳态。如果调节器参数整定得不够好，最后还会有一段振荡过程。在这最后的转速调节阶段内，ASR 和 ACR 都不饱和，ASR 起主导的转速调节作用，而 ACR 则力图使 I_d 尽快地跟随其给定值 U_i^*，或者说，电流内环是一个电流跟随子系统。

综上所述，双闭环直流调速系统的起动过程有以下三个特点：

1）**饱和非线性控制**。随着 ASR 的饱和与不饱和，整个系统处于完全不同的两种状态，在不同情况下表现为不同结构的线性系统，不能简单地用线性控制理论来分析整个起动过程，也不能简单地用线性控制理论来笼统地设计这样的控制系统，只能采用分段线性化的方法来分析。

2）**转速超调**。当转速调节器 ASR 采用 PI 调节器时，转速必然有超调。转速略有超调一般是允许的，对于完全不允许超调的情况，应采用别的控制措施来抑制超调。

3）**准时间最优控制**。在设备物理条件允许下实现最短时间的控制称作"时间最优控制"，对于调速系统，在电动机允许过载能力限制下的恒流起动，就是时间最优控制。但由于在起动过程的 Ⅰ、Ⅲ 两个阶段中电流不能突变，所以实际起动过程与理想起动过程相比还有一些差距，不过这两段时间只占全部起动时间中很小的成分，无伤大局，故可称作"准时间最优控制"。采用饱和非线性控制的方法实现准时间最优控制是一种很有实用价值的控制策略，在各种多环控制系统中普遍地得到应用。

转速、电流双闭环系统制动过程分析

2. 制动过程分析

设置双闭环控制的另一个重要目标是近似获得图 4-1 所示的时间最优的制动过程。与分析起动过程类似，对电动机制动过程 $n = f(t)$ 的分析离不开对电流变化过程 $I_d(t)$ 和控制电压 $U_c(t)$ 波形的研究。图 4-7 是双闭环直流调速系统拖动位能性恒转矩负载正向制动过程的控制电压波形、电流波形和转速波形。拖动反抗性负载时，分析过程类似，只是电动机停转后，输出电磁转矩为 0。

从图 4-7 可以看到，双闭环直流调速系统带负载 I_{dL} 稳定运行时，若在 t_0 时刻收到停车指令，则电流先从 I_{dL} 衰减到 0，然后建立反向电枢电流 $-I_d$，直到其反向最大值 $-I_{dm}$，并在一段时间内维持其值近似等于 $-I_{dm}$ 不变，最后负值电流又降低，经调节后到达稳态值 I_{dL}。转速波形先是缓慢下降，然后以恒减速下降，产生反向超调后，经过调节到达给定值 0，即停转。

与起动过程类似，可以把制动过程分为正向电流衰减、反向电流建立、恒流制动和转速调节四个阶段，转速调节器在此四个阶段中经历了不饱和、饱和以及退饱和三种情况。

第 Ⅰ 阶段是正向电枢电流衰减阶段（$t_0 \sim t_1$）：在 t_0 时刻收到停车指令后，转速调节器的输入偏差电压 $\Delta U_n = 0 - U_n$ 为较大负值，其输出电压很快下降达到反向限幅值 $-U_{im}^*$，电流环强迫电枢电流迅速下降到 0，标志着这一阶段结束。在此阶段中，电流调节器的输入偏差电压 $\Delta U_i = -U_{im}^* - U_i$，调节器输出控制电压 U_c 快速下降，电枢电压也随之快速下降。这个阶段所占时间很短，转速来不及产生明显的变化。转速调节器很快进入并保持饱和状态。

第 Ⅱ 阶段是反向电枢电流建立阶段（$t_1 \sim t_2$）：电流衰减到 0 后，转速调节器输入偏差电压（$\Delta U_n = 0 - U_n$）数值仍为较大负值，输出始终处在反向饱和状态，转速环相当于开环，系统成为在恒值给定 $-U_{im}^*$ 控制下的电流单环系统，强迫电流在 t_2 时刻反向增加至 $-I_{dm}$。在这个阶段内，电流调节器输入仍为负值，随着电枢电流的快速下降，电流调节器中比例输出在快速增大，待电枢电流下降到一定值后，输出控制电压 U_c 和电枢电压开始上升，但只要

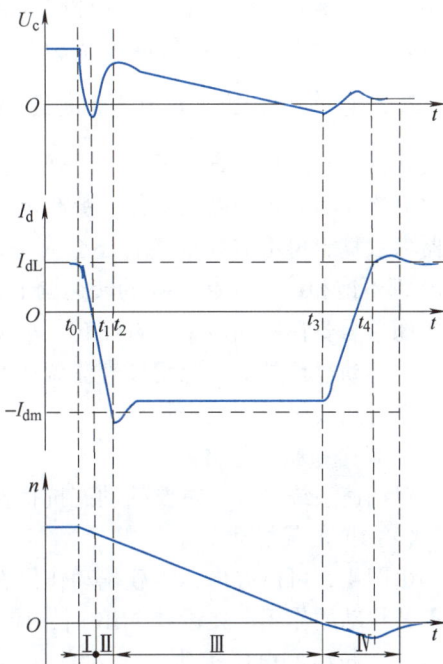

图 4-7　直流调速系统正向制动过渡过程波形

$U_d < E$，电流将继续下降。这个阶段电动机处于反接制动状态，所占时间也很短，转速仍来不及产生明显下降。

第Ⅲ阶段是恒流制动阶段（$t_2 \sim t_3$）：反向电流 $-I_{dm}$ 的超调表示了电动机恒值电流制动阶段的开始。转速仍旧开环，系统仍为恒值给定 $-U_{im}^*$ 控制下的电流单环系统，除短暂的电流调节阶段外，在恒流制动阶段中反电动势 E 线性下降，为维持 $I_d \cong -I_{dm}$，控制电压 U_c 线性降低，电枢电压 U_{d0} 也随之线性下降。由于电流调节系统的扰动量是电动机的反电动势，它是一个线性渐减的扰动量，而扰动作用点之前只有一个积分环节，所以系统做不到无静差，而是接近于 $-I_{dm}$。因而

$$L\frac{dI_d}{dt} \approx 0, \ E > |U_d|$$

电动机在恒减速条件下回馈制动，把机械动能转换成电能储存在直流母线上的电容中，直到 t_3 时刻电动机转速下降到零，标志恒流制动阶段的结束。过渡过程波形为图 4-7 中的第Ⅲ阶段，称作"回馈制动阶段"。由图可见，这个阶段所占的时间最长，是制动过程中的主要阶段。

第Ⅳ阶段是转速调节阶段（t_3 以后）：转速下降到零时，转速调节器 ASR 输入偏差减小到零，但其输出却由于积分作用还维持在限幅值 $-U_{im}^*$，所以电动机开始反转，转速调节器输出反向退饱和，U_i^* 反向快速下降，电枢电流 I_d 在电流环的控制作用下跟随给定，反向快速下降到零后建立正向电枢电流，只要 $I_d < I_{dL}$，转速继续下降，直到 $I_d = I_{dL}$ 时，转矩 $T_e = T_L$，则 $\frac{dn}{dt} = 0$，转速 n 到达反向最大值（$t = t_4$）。此后，在 $t_4 \sim t_5$ 时间内，$I_d > I_{dL}$，电动机又开始反向减速，直到电动机停转。在这个过程中反电动势很小，电枢电压主要用于改变电枢电流，因而控制电压变化趋势与电流波形相似，但相位超前。与起动过程类似，如果调节器参数整定得不够好，最后还会有一段振荡过程。在这最后的转速调节阶段内，ASR 和 ACR 都不饱和，ASR 起主导的转速调节作用，而 ACR 则力图使 I_d 尽快地跟随其给定值 U_i^*。

如果需要在制动后紧接着反转，$I_d \cong -I_{dm}$ 的过程就会延续，直到反向转速稳定时为止。

与起动过程类似，双闭环直流调速系统的制动过程也具有饱和非线性控制、转速反向超调、准时间最优控制三个特点。

3. 动态抗扰性能分析

对调速系统来说，重要的动态抗扰性能是抗负载扰动和抗电网电压扰动的性能。

（1）抗负载扰动

由图 4-5 可以看出，负载扰动作用在电流环之后，因此只能靠转速调节器 ASR 来产生抗负载扰动的作用。在设计 ASR 时，应要求有较好的抗扰性能指标。

（2）抗电网电压扰动

电网电压变化对调速系统也产生扰动作用。双闭环和单闭环调速系统抗电压扰动的能力是不同的。

为了在单闭环调速系统的动态结构图上表示出电网电压扰动 ΔU_d 和负载扰动 I_{dL}，把图 3-8 重画成图 4-8a。图 4-8a 中，ΔU_d 和 I_{dL} 都作用在被转速负反馈环包围的前向通道上，仅就表示转速稳态调节性能的静特性而言，系统对它们的抗扰效果是一样的。但从动态抗扰性能上看，由于扰动作用点不同，存在着能否及时调节的差别。负载扰动能够比较快地反映到被调量 n 上，从而得到调节，而电网电压扰动的作用点离被调量稍远，调节作用受到延滞，因此单闭环调速系统抵抗电压扰动的性能要差一些。

在图 4-8b 所示的双闭环系统中，由于增设了电流内环，电压波动可以通过电流反馈得到比较及时的调节，不必等它影响到转速以后才反馈回来改善系统性能。因此，在双闭环系统中，由电网电压波动引起的转速变化会比单闭环系统小得多。

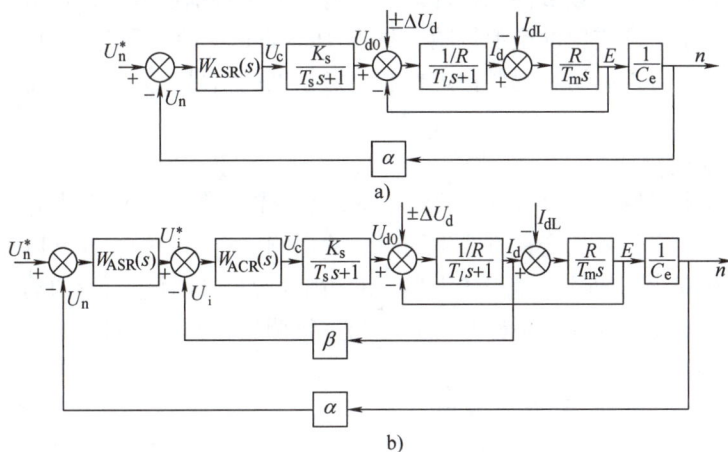

图 4-8 直流调速系统的动态抗扰作用

a）单闭环系统 b）双闭环系统

$\pm\Delta U_d$—电网电压波动在可控电源电压上的反映

4.2.3 转速、电流调节器在双闭环直流调速系统中的作用

综上所述，转速调节器和电流调节器在双闭环直流调速系统中的作用可分别归纳如下：

1. 转速调节器的作用

1）转速调节器是调速系统的主导调节器，它使转速 n 很快地跟随转速给定 U_n^* 变化，稳态时可减小转速误差，如果采用 PI 调节器，则可实现无静差。

2）对负载变化起抗扰作用。

3）其输出限幅值决定电动机允许的最大电流。

2. 电流调节器的作用

1）作为内环的调节器，在转速外环的调节过程中，它的作用是使电流紧紧跟随其给定电压 U_i^*（即外环调节器的输出量）变化。

2）对电网电压的波动起及时抗扰的作用。

3）在转速动态过程中，保证获得电动机允许的最大电流，从而加快动态过程。

4）当电动机过载甚至堵转时，限制电枢电流的最大值，起快速的自动保护作用。一旦故障消失，系统自动恢复正常。这个作用对系统的可靠运行来说是十分重要的。

4.3 转速、电流双闭环控制直流调速系统的设计

4.3.1 控制系统的动态性能指标

在控制系统中设置调节器是为了改善系统的静、动态性能，表示控制系统性能的指标有

时域指标和频域指标两类。在时域中，系统处于稳态时的性能用静态性能指标表示，已在第2.3.1节中讨论，本节着重讨论表示控制系统输出量时间函数特征的动态性能指标，包括对给定输入信号的跟随性能指标和对扰动输入信号的抗扰性能指标。在频域中，用控制系统频率特性特征表示的指标称作频域性能指标。频率特性有多种描述方法，在电力拖动自动控制系统的分析和设计中最常应用的是伯德图（Bode Diagram），即开环对数频率特性的渐近线，它的绘制方法简便，可以确切地提供稳定性和稳定裕度的信息，大致描述闭环系统稳态和动态的其他性能。

1. 动态跟随性能指标

在给定信号或参考输入信号 $R(t)$ 的作用下，系统输出量 $C(t)$ 变化的特征可用跟随性能指标来描述。当给定信号的变化方式不同时，输出响应也不一样。通常以输出量初始值为零、给定信号阶跃变化下的过渡过程作为典型的跟随过程，这时输出量的动态响应称作阶跃响应。常用的阶跃响应跟随性能指标有上升时间、超调量和调节时间。

（1）上升时间 t_r

图4-9绘出了阶跃响应的跟随过程，图中，C_∞ 是输出量 C 的稳态值。在跟随过程中，输出量从零起第一次上升到 C_∞ 所经过的时间 t_r 称作上升时间，它表示动态响应的快速性。

（2）超调量 σ 与峰值时间 t_p

在阶跃响应过程中，超过上升时间 t_r 以后，输出量可能继续增加，到达最大值 C_{max} 的时间称作峰值时间 t_p，然后回落。C_{max} 超过稳态值 C_∞ 的百分数称作超调量，即

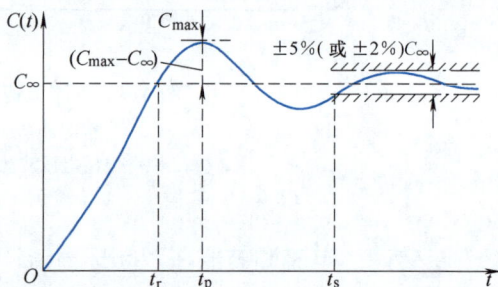

图4-9　典型的阶跃响应过程和跟随性能指标

$$\sigma = \frac{C_{max} - C_\infty}{C_\infty} \times 100\% \qquad (4\text{-}8)$$

超调量反映系统的相对稳定性。超调量越小，相对稳定性越好。

（3）调节时间 t_s

调节时间又称过渡过程时间，用来衡量输出量全部调节过程的快慢。理论上，线性系统的输出过渡过程要到 $t = \infty$ 才稳定，为了在线性系统阶跃响应曲线上表示调节时间，认定稳态值 $\pm 5\%$（或取 $\pm 2\%$）的范围为允许误差带，以输出量达到并不再超出该误差带所需的时间定义为调节时间。显然，调节时间既反映了系统的快速性，也包含着它的稳定性。

2. 动态抗扰性能指标

在控制系统中，扰动量的作用点通常不同于给定量的作用点，因此系统抗扰的动态性能也不同于跟随的动态性能。在调速系统中主要扰动来源于负载扰动和电网电压波动。当调速系统在稳定运行中，突加一个使输出量降低（或上升）的扰动量 F 之后，输出量由开始降低（或上升）直到达到稳态值的过渡过程就是一个抗扰过程。常用的抗扰性能指标为动态降落和恢复时间，如图4-10所示。

（1）动态降落 ΔC_{max}

系统稳定运行时，突加一个约定的标准负扰动量，所引起的输出量最大降落值 ΔC_{max}，

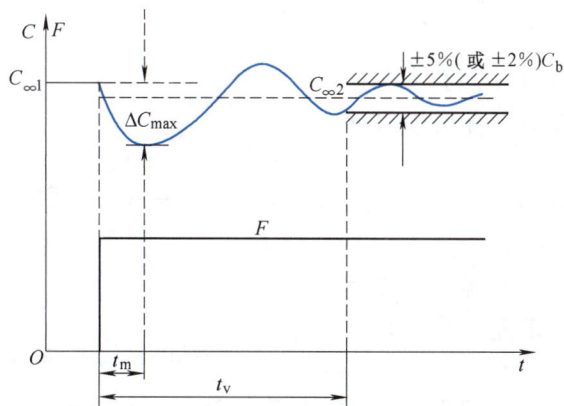

图4-10 突加扰动的动态过程和抗扰性能指标

称作动态降落，到达最大动态降落的时间称作降落时间 t_m。动态降落 ΔC_{max} 一般用它所占输出量原稳态值 $C_{\infty 1}$ 的百分数（$\Delta C_{max}/C_{\infty 1}$）× 100% 来表示［或用某基准值 C_b 的百分数（$\Delta C_{max}/C_b$）× 100% 来表示］。输出量在动态降落后逐渐恢复，达到新的稳态值 $C_{\infty 2}$，（$C_{\infty 1} - C_{\infty 2}$）是系统在该扰动作用下的稳态误差，即静差。动态降落一般都大于稳态误差。调速系统突加额定负载扰动时转速的动态降落称作动态速降 Δn_{max}。

（2）恢复时间 t_v

从阶跃扰动作用开始，到输出量基本上恢复稳态，距新稳态值 $C_{\infty 2}$ 之差进入某基准量 C_b 的 ±5%（或取 ±2%）范围之内所需的时间，定义为恢复时间 t_v，如图4-10所示，其中 C_b 称作抗扰指标中输出量的基准值，视具体情况选定。如果允许的动态降落较大，就可以新稳态值 $C_{\infty 2}$ 作为基准值。如果允许的动态降落较小，比如小于5%（这是常有的情况），则按进入 ±5% $C_{\infty 2}$ 范围来定义的恢复时间只能为零，就没有意义了，所以必须选择一个比稳态值更小的 C_b 作为基准。

实际控制系统对于各种动态指标的要求各有不同。例如，可逆轧钢机需要连续正反向轧制许多道次，因而对转速的动态跟随性能和抗扰性能都有较高的要求，而一般生产中用的不可逆调速系统则主要要求一定的转速抗扰性能，其跟随性能如何没有多大关系。工业机器人和数控机床用的位置随动系统（伺服系统）需要很强的跟随性能，而大型天线的随动系统除需要良好的跟随性能外，对抗扰性能也有一定的要求。多机架连轧机的调速系统要求抗扰性能很高，如果 Δn_{max} 和 t_v 较大，在机架间会产生拉钢或堆钢的事故。

3. 频域性能指标和伯德图

在伯德图中，衡量最小相位系统稳定裕度的指标是：相角裕度 γ 和以分贝表示的增益裕度 GM，一般要求 $\gamma = 30° \sim 60°$，GM > 6dB[11,12]。保留适当的稳定裕度是为了在参数发生变化时不致造成系统不稳定，稳定裕度同时也反映系统动态过程的平稳性，稳定裕度大就意味着振荡弱、超调小。

定性地分析控制系统的性能时，通常将伯德图分成高、中、低三个频段，频段的分割界限只是大致的，而且不同文献上分割的方法也不尽相同，这不影响对系统性能的定性分析。图4-11绘出了一种典型伯德图的对数幅频特性，从其高、中、低三个频段的特征可以判断控制系统的性能。

反映系统性能的伯德图特征有下列四个方面：

1）中频段以 −20dB/dec 的斜率穿越零分贝线，而且这一斜率占有足够的频带宽度，则系统的稳定性好。

2）截止频率（或称剪切频率）ω_c 越高，则系统的快速性越好。

3）低频段的斜率陡、增益高，表示系统的稳态精度好（即静差率小、调速范围宽）。

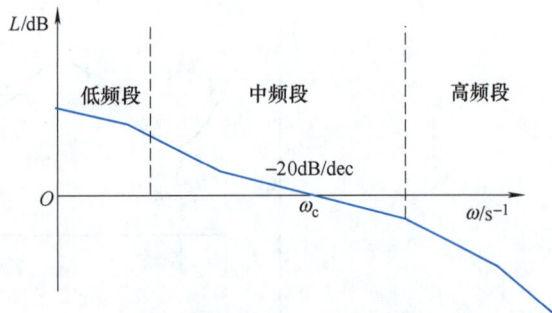

图 4-11　典型的控制系统伯德图

4）高频段衰减得越快，即高频特性负分贝值越低，说明系统抗高频噪声干扰的能力越强。

以上四个方面常常是互相矛盾的。对稳态精度要求很高时，常需要放大系数大，可能使系统不稳定；增设校正装置使系统稳定，又可能牺牲快速性；提高截止频率可以加快系统的响应，又容易引入高频干扰；如此等等。应用线性系统控制理论进行设计时，往往需用多种手段，反复试凑，在稳、准、快、抗干扰各方面取得折中，才能获得比较满意的结果。

4.3.2　调节器的工程设计方法

在现代的数字化电力拖动自动控制系统中，除电动机外，都是由惯性很小的电力电子器件、集成数字电路等组成的。经过合理的简化处理，整个系统可以近似成低阶系统，而数字控制又可以精确地实现比例、积分、微分等控制规律，这样，调节器的设计就容易得多。经过各国工程师和学者们的研究与实践，已经在自动控制理论的基础上建立起简便实用的工程设计方法。

20 世纪 60 年代，德国西门子公司首先提出了"调节器最佳整定"的参数设计方法，包括"模最佳"和"对称最佳"两种方法，作为其工程技术人员设计与调试的准则。随着产品进入我国后，习惯上分别称作"二阶最佳"和"三阶最佳"设计[3,19]。这种方法的公式简明好记，使用方便，已在国际上普遍应用。但是每种方法只有单一的公式，如果调试时觉得性能不够满意，不能明确指出调整参数的方向；还有一个主要的缺点是，没有考虑调节器饱和这一关键的非线性问题，遇到这种情况时，参数计算的结果就存在不小的误差。

本书首版作者对西门子"调节器最佳整定法"进行了深入的分析与研究，并吸取了随动系统设计用的"振荡指标法"[12]和浙江工业大学周德泽教授提出的"模型系统法"[13]的长处，归纳出"调节器的工程设计方法"，经过多年的教学实践和工程实践，证明是实用有效的。在这种方法中，首先将多种多样的实际控制系统简化或近似成少数几种典型的低阶系统，事先对这些典型系统做比较深入的研究，把它们的开环对数频率特性当作预期的特性，弄清楚它们的参数与系统性能指标的关系，写成简单的公式或制成简明的图表。设计时只要把实际系统校正或简化成典型系统，就可以利用现成的公式和图表来进行参数计算。采用这样的工程设计方法，其设计和计算要比经典控制理论设计简便得多[1,2,3,19]。

1. 工程设计方法的原则和基本思路

建立工程设计方法所遵循的原则是：

1）概念清楚、易懂；

2）计算公式简明、好记；

3）不仅给出参数计算的公式，而且指明参数调整的方向；

4）考虑饱和非线性控制的情况，经过分段线性化处理，给出简单的计算公式；

5）适用于各种可以简化成典型系统的闭环控制系统。

为了使问题简化，突出主要矛盾，可把调节器的设计过程分作两步：

第一步，先选择调节器的结构，以确保系统稳定，同时满足所需的稳态精度。

第二步，选择调节器的参数，以满足动态性能指标的要求。

这样做，就把稳、准、快、抗干扰之间互相交叉的矛盾问题分成两步来解决，第一步先解决主要矛盾，即确保动态稳定性和稳态精度，然后在第二步中再进一步满足其他动态性能指标。

2. 典型系统

一般来说，许多控制系统的开环传递函数都可以表示成

$$W(s) = \frac{K\prod\limits_{i=1}^{m}(\tau_i s + 1)}{s^r \prod\limits_{j=1}^{n}(T_j s + 1)} \tag{4-9}$$

式中，分母中的 s^r 项表示该系统在 $s=0$ 处有 r 重极点，或者说，系统含有 r 个积分环节，称作 r 型系统。

为了使系统对阶跃给定无稳态误差，不能使用 0 型系统（$r=0$），至少是 Ⅰ 型系统（$r=1$）；当给定是斜坡输入时，则要求是 Ⅱ 型系统（$r=2$）才能实现稳态无差。因此，为了满足稳态精度要求不能用 0 型系统。而Ⅲ型（$r=3$）和Ⅲ型以上的系统都很难稳定，因此常把 Ⅰ 型和 Ⅱ 型系统作为系统设计的目标。

Ⅰ 型和 Ⅱ 型系统都有多种多样的结构，它们的区别在于除原点以外的零、极点具有不同的个数和位置。如果在 Ⅰ 型和 Ⅱ 型系统中各选择一种简单的结构作为典型结构，把实际系统校正成典型系统，显然可使设计方法简单得多。

（1）典型 Ⅰ 型系统

作为典型的 Ⅰ 型系统，其开环传递函数选择为

$$W(s) = \frac{K}{s(Ts + 1)} \tag{4-10}$$

式中　T——系统的惯性时间常数；

　　　K——系统的开环增益。

典型 Ⅰ 型系统的闭环系统结构图如图 4-12a 所示，而图 4-12b 表示它的开环对数频率特性。选择这样的系统作为典型的 Ⅰ 型系统是因为其结构简单，而且对数幅频特性的中频段以 $-20\mathrm{dB/dec}$ 的斜率穿越零分贝线，只要参数的选择能保证足够的中频带宽度，系统就一定是稳定的，且有足够的稳定裕量。

（2）典型 Ⅱ 型系统

在各种具有两个积分环节的 Ⅱ 型系统中，选择一种结构简单而且能保证稳定的结构作为典型的 Ⅱ

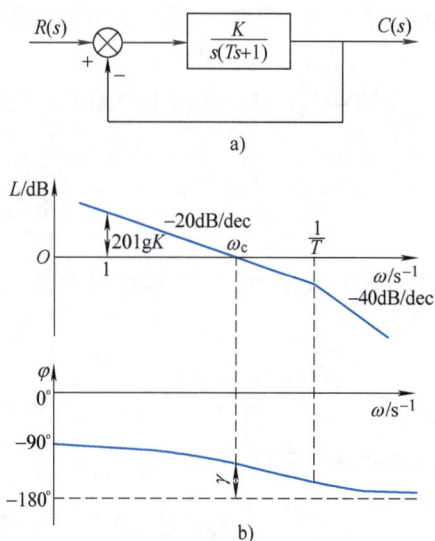

图 4-12　典型 Ⅰ 型系统

a）闭环系统结构图　b）开环对数频率特性

型系统，其开环传递函数为

$$W(s) = \frac{K(\tau s + 1)}{s^2(Ts + 1)} \tag{4-11}$$

由于式（4-11）分母中 s^2 项对应的相频特性是 $-180°$，后面还有一个时间常数为 T 的惯性环节（这往往是实际系统中必定有的），如果不在分子上添一个比例微分环节（$\tau s + 1$），就无法把相频特性抬高到 $-180°$ 线以上，也就无法保证系统稳定。

3. 典型 I 型系统性能指标与参数的关系

典型 I 型系统闭环结构框图如图 4-12a 所示，图 4-12b 表示它的开环对数频率特性。当对数幅频特性的中频段以 $-20\mathrm{dB/dec}$ 的斜率穿越 0dB 线，且具有一定的宽度时，系统一定是稳定的。显然，要做到这一点，应在选择参数时保证 $\omega_c < \frac{1}{T}$，因而 $\omega_c T < 1$，$\arctan\omega_c T < 45°$，于是，相角稳定裕度为

典型系统分析

$$\gamma = 180° - 90° - \arctan\omega_c T = 90° - \arctan\omega_c T > 45°$$

此式表明，典型 I 型系统能足够满足稳定裕度的要求。

在式（4-10）所表示典型 I 型系统的开环传递函数中，只有开环增益 K 和时间常数 T 两个参数，时间常数 T 往往是控制对象本身固有的，唯一可变的只有开环增益 K。设计时，需要按照性能指标选择参数 K 的大小。

当 $\omega_c < \frac{1}{T}$ 时，由图 4-12b 的开环对数频率特性利用对数坐标函数关系可知

$$20\lg K = 20(\lg\omega_c - \lg 1) = 20\lg\omega_c$$

所以

$$K = \omega_c \qquad (当\ \omega_c < \frac{1}{T}时) \tag{4-12}$$

式（4-12）表明，K 值越大，截止频率 ω_c 也越大，系统响应越快，但相角稳定裕度 $\gamma = 90° - \arctan\omega_c T$ 越小，这也说明了快速性与稳定性之间的矛盾。在具体选择参数 K 时，需在二者之间取折中。下面将用数字定量地表示 K 值与各项性能指标之间的关系。

（1）动态跟随性能指标

由图 4-12a 可得典型 I 型系统的闭环传递函数

$$W_{cl}(s) = \frac{W(s)}{1 + W(s)} = \frac{\dfrac{K}{s(Ts+1)}}{1 + \dfrac{K}{s(Ts+1)}} = \frac{\dfrac{K}{T}}{s^2 + \dfrac{1}{T}s + \dfrac{K}{T}} \tag{4-13}$$

在自动控制理论中，闭环传递函数的一般形式可写成

$$W_{cl}(s) = \frac{\omega_n^2}{s^2 + 2\xi\omega_n s + \omega_n^2} \tag{4-14}$$

对比式（4-13）和式（4-14）等号最右侧的公式，可得闭环传递函数标准形式参数与典型 I 型系统参数之间的关系：

$\omega_n = \sqrt{\dfrac{K}{T}}$ ——无阻尼自然振荡角频率，或称固有角频率；

$\xi = \dfrac{1}{2}\sqrt{\dfrac{1}{KT}}$ ——阻尼比，或称衰减系数，且 $\xi\omega_n = \dfrac{1}{2T}$。

典型Ⅰ型系统是一个二阶系统，当阻尼比 $\xi < 1$ 时，其阶跃响应曲线是欠阻尼的振荡特性；当 $\xi > 1$ 时，是过阻尼的单调特性；当 $\xi = 1$ 时，是临界阻尼。在一般的调速系统中，为了获得快速的动态响应，常把系统设计成 $0 < \xi < 1$ 的欠阻尼状态。又由式（4-12）可知，典型Ⅰ型系统需要 $KT < 1$，代入上述阻尼比 ξ 与参数的关系式可得 $\xi > 0.5$，因此在典型Ⅰ型系统应取

$$0.5 < \xi < 1 \tag{4-15}$$

可以推导出，欠阻尼二阶系统在零初始条件下阶跃响应的动态跟随性能指标和其参数之间的数学关系式如下[10,11]（参看文献［2］的附录1）：

超调量

$$\sigma = e^{-(\xi\pi/\sqrt{1-\xi^2})} \times 100\% \tag{4-16}$$

上升时间

$$t_r = \frac{2\xi T}{\sqrt{1-\xi^2}}(\pi - \arccos\xi) \tag{4-17}$$

峰值时间

$$t_p = \frac{\pi}{\omega_n\sqrt{1-\xi^2}} \tag{4-18}$$

调节时间 t_s 与 ξ 的关系比较复杂，如果不需要很精确，当 $\xi < 0.9$、允许误差带为 $\pm 5\%$ 的调节时间可用下式近似计算

$$t_s \approx \frac{3}{\xi\omega_n} = 6T \tag{4-19}$$

频域指标若不用近似的伯德图，而按准确关系计算，可得

截止频率

$$\omega_c = \omega_n(\sqrt{4\xi^4+1} - 2\xi^2)^{\frac{1}{2}} \tag{4-20}$$

相角稳定裕度

$$\gamma = \arctan\frac{2\xi}{(\sqrt{4\xi^4+1} - 2\xi^2)^{\frac{1}{2}}} \tag{4-21}$$

根据上列各式，可求出 $0.5 < \xi < 1$ 时典型Ⅰ型系统各项动态跟随性能指标和频域指标与参数 KT 的关系，列于表4-1。表中数据表明，当系统的时间常数 T 为已知时，随着 K 的增大，系统的快速性提高，而稳定性变差。

表 4-1 典型Ⅰ型系统动态跟随性能指标和频域指标与参数的关系

参数关系 KT	0.25	0.39	0.50	0.69	1.0
阻尼比 ξ	1.0	0.8	0.707	0.6	0.5
超调量 σ	0%	1.5%	4.3%	9.5%	16.3%
上升时间 t_r		$6.6T$	$4.7T$	$3.3T$	$2.4T$
峰值时间 t_p		$8.3T$	$6.2T$	$4.7T$	$3.6T$
相角稳定裕度 γ	76.3°	69.9°	65.5°	59.2°	51.8°
截止频率 ω_c	$0.243/T$	$0.367/T$	$0.455/T$	$0.596/T$	$0.786/T$

具体选择参数时，如果工艺上主要要求动态响应快，可取 $\xi = 0.5 \sim 0.6$，把 K 选大一些；如果主要要求超调小，可取 $\xi = 0.8 \sim 1.0$，把 K 选小一些；如果要求无超调，则取 $\xi = 1.0$，$K = 0.25/T$；无特殊要求时，可取折中值，即 $\xi = 0.707$，$K = 0.5/T$，此时略有超调（$\sigma\% = 4.3\%$）。也可能出现这种情况：无论怎样选择 K 值，总是顾此失彼，不可能满足所需的全部性能指标，这说明典型Ⅰ型系统不能适用，需采用其他控制方法。

上述折中的 $\xi = 0.707$，$KT = 0.5$ 的参数关系就是西门子"调节器最佳整定"方法的"模最佳系统"，或称"二阶最佳系统"，其实这只是折中的参数选择，无所谓"最佳"。真正的最佳参数是依工艺要求的不同而变的。

（2）动态抗扰性能指标

典型 I 型系统已经规定了系统的结构，根据控制对象的工艺要求又选定了参数 K，在此基础上就可以分析系统的动态抗扰性能指标。分析抗扰性能指标的关键因素是扰动作用点，某种定量的抗扰性能指标只适用于一种特定的扰动作用点。如果要考虑所有可能的扰动情况，就需要做大量的分析工作。现在先分析一种具体情况作为示范，掌握了这种分析方法以后，需要分析其他情况的扰动性能时，均可仿照这样的分析方法来进行。

在一般的双闭环系统中，常把电流环校正成典型 I 型系统，现在就以电流环的扰动作用为例来分析典型 I 型系统的抗扰性能。针对电流环的主要扰动是电网电压波动，前面在图 4-8b 中绘出了双闭环直流调速系统的抗扰作用，取其中抗电网电压扰动的电流环单画出来如图 4-13 所示。

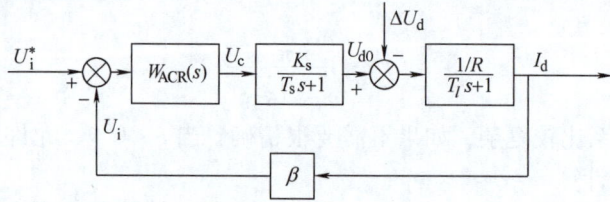

图 4-13　电流环在电压扰动作用下的动态结构图

在图 4-13 中，电压扰动作用点前后各有一个一阶惯性环节，当 $W_{ACR}(s)$ 采用 PI 调节器时，可用图 4-14a 来表示电流环的动态结构图，其中 $T_1 = T_s$，$T_2 = T_l$，$K_2 = \beta/R$。取 $K_1 = K_p K_s / \tau$，$\tau = T_2$（$T_2 > T_1$），这样，电流环可表示为在扰动作用点前后的两个环节 $W_1(s)$ 和 $W_2(s)$。只讨论抗扰性能时，可令输入变量 $R = 0$，取扰动量 $F(s)$ 作为系统的输入，并将输出量写成 ΔC，则电流环可等效为图 4-14b。对于扰动输入，$W_2(s)$ 是前向通道的传递函数，$W_1(s)$ 是反馈通道的传递函数。

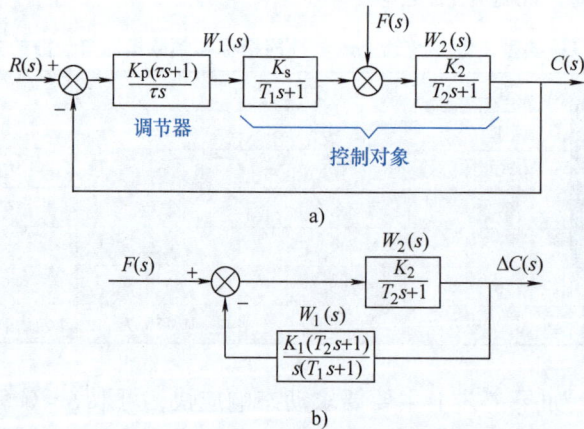

a)

b)

图 4-14　电流环校正成一类典型 I 型系统在电压扰动作用下的动态结构

$$W_1(s) = \frac{K_p(\tau s + 1)}{\tau s} \frac{K_s}{(T_1 s + 1)} = \frac{K_1(T_2 s + 1)}{s(T_1 s + 1)}$$

$$W_2(s) = \frac{K_2}{T_2 s + 1}$$

系统的开环传递函数

$$W(s) = W_1(s)W_2(s) = \frac{K_1(T_2 s + 1)}{s(T_1 s + 1)} \frac{K_2}{T_2 s + 1} = \frac{K_1 K_2}{s(T_1 s + 1)} = \frac{K}{s(Ts + 1)}$$

式中，$K = K_1 K_2$，$T = T_1$。用调节器中的比例微分环节（$\tau s + 1$）对消掉了较大时间常数的惯性环节（$T_2 s + 1$），就把电流环校正成典型 I 型系统。由表 4-1 可以看出，在阻尼系数 ξ 一定时，典型 I 型系统的上升时间取决于系统的惯性时间常数 T，对消掉大惯性而留下小惯性环节，就可以提高系统的快速性。

在阶跃扰动下，$F(s) = \dfrac{F}{s}$，得到

$$\Delta C(s) = \frac{F}{s} \frac{W_2(s)}{1 + W_1(s)W_2(s)} = \frac{\dfrac{FK_2}{T_2 s + 1}}{s + \dfrac{K_1 K_2}{Ts + 1}} = \frac{FK_2(Ts + 1)}{(T_2 s + 1)(Ts^2 + s + K)}$$

如果调节器参数已经按跟随性能指标选定为 $KT = 0.5$，也就是说，$K = \dfrac{1}{2T}$，则

$$\Delta C(s) = \frac{2FK_2 T(Ts + 1)}{(T_2 s + 1)(2T^2 s^2 + 2Ts + 1)} \tag{4-22}$$

利用部分分式法分解式（4-22），再求拉普拉斯反变换，可得到阶跃扰动后输出变化量的动态过程函数为

$$\Delta C(t) = \frac{2FK_2 m}{2m^2 - 2m + 1}\left[(1-m)e^{-t/T_2} - (1-m)e^{-t/2mT_2}\cos\frac{t}{2mT_2} + me^{-t/2mT_2}\sin\frac{t}{2mT_2}\right] \tag{4-23}$$

考虑到在电流环中电动机的电磁时间常数 $T_l = T_2$ 是不变的，因此在计算抗扰性能中把 T_2 作为基准，定义 $m = \dfrac{T_1}{T_2} = \dfrac{T}{T_2} < 1$ 为控制对象小时间常数与大时间常数的比值。取不同 m 值，可计算出相应的 $\Delta C(t)$ 动态过程曲线。

在计算抗扰性能指标时，输出量的最大动态降落 ΔC_{max} 用基准值 C_b 的百分数表示，为了消除系统参数对抗扰性能指标的影响，取图 4-14b 的开环系统输出值作为基准值 C_b，即

$$C_b = FK_2 \tag{4-24}$$

最大动态降落所对应的时间 t_m 用时间常数 T_2 的倍数表示，允许误差带为 $\pm 5\% C_b$ 时的恢复时间 t_v 也用 T_2 的倍数表示。计算结果列于表 4-2 中。其中的性能指标与参数的关系是针对图 4-14 所示的特定结构和 $KT = 0.5$ 这一特定选择的。

表 4-2　典型 I 型系统动态抗扰性能指标与参数的关系

$m = \dfrac{T_1}{T_2} = \dfrac{T}{T_2}$	$\dfrac{1}{5}$	$\dfrac{1}{10}$	$\dfrac{1}{20}$	$\dfrac{1}{30}$
$\dfrac{\Delta C_{max}}{C_b} \times 100\%$	27.78%	16.58%	9.27%	6.45%
t_m / T_2	0.566	0.336	0.19	0.134
t_v / T_2	2.209	1.478	0.741	1.014

由表 4-2 中的数据可以看出，当控制对象的两个时间常数相距较大时，动态降落减小，恢复时间的变化不是单调的，在 $m = \dfrac{1}{20}$ 时恢复时间最短。

69

4. 典型 II 型系统性能指标与参数的关系

典型 II 型系统的闭环系统结构图和开环对数频率特性如图 4-15 所示，其中频段也是以 -20dB/dec 的斜率穿越零分贝线。要实现图 4-15b 的特性，显然应保证

$$\frac{1}{\tau} < \omega_\text{c} < \frac{1}{T}$$

或 $\qquad\qquad \tau > T$

而相角稳定裕度为 $\gamma = 180° - 180° + \arctan\omega_\text{c}\tau - \arctan\omega_\text{c}T = \arctan\omega_\text{c}\tau - \arctan\omega_\text{c}T$。由此可见，$\tau$ 比 T 大得越多，系统的稳定裕度越大。

在典型 II 型系统的开环传递函数式（4-11）中，与典型 I 型系统相仿，时间常数 T 也是控制对象固有的。所不同的是，待定的参数有两个：K 和 τ，这就增加了选择参数工作的复杂性。

为了简化设计，引入一个新的变量 h，令

$$h = \frac{\tau}{T} = \frac{\omega_2}{\omega_1} \qquad (4\text{-}25)$$

由图 4-15b 可见，h 是斜率为 -20dB/dec 的中频段的宽度（对数坐标），称作"中频宽"。由于中频段的状况对控制系统的动态品质起着决定性的作用，因此 h 值是一个很关键的参数。

图 4-15 典型 II 型系统

a) 闭环系统结构图   b) 开环对数频率特性

在一般情况下，$\omega = 1$ 点处在 -40dB/dec 特性段，由图 4-15b 利用对数坐标函数关系可以看出

$$20\lg K = 40(\lg\omega_1 - \lg 1) + 20(\lg\omega_\text{c} - \lg\omega_1) = 20\lg\omega_1\omega_\text{c}$$

因此 $\qquad\qquad\qquad\qquad K = \omega_1\omega_\text{c} \qquad\qquad\qquad\qquad (4\text{-}26)$

从图 4-15 还可看出，由于 T 值一定，改变 τ 就相当于改变了中频宽 h；在 τ 值确定以后，再改变 K 相当于使特性上下平移，从而改变了截止频率 ω_c。因此在设计调节器时，选择频域参数 h 和 ω_c，就相当于选择参数 τ 和 K。

在工程设计中，如果两个参数都任意选择，工作量显然比较大，如果能够在两个参数之间找到某种对动态性能有利的关系，有了这个关系，选择其中一个参数就可以推算出另一个参数，那么双参数的设计问题就可以转化成单参数设计问题，自然就方便多了。为此，采用"振荡指标法"中的闭环幅频特性峰值 M_r 最小准则，可以找到 h 和 ω_c 两个参数之间的一种最佳配合。这一准则表明，对于一定的 h 值，只有一个确定的 ω_c（或 K）可以得到最小的闭环幅频特性峰值 M_rmin。这时，ω_c 和 ω_1、ω_2 之间有以下关系[1,2,12]：

$$\frac{\omega_2}{\omega_\text{c}} = \frac{2h}{h+1} \qquad (4\text{-}27)$$

$$\frac{\omega_\text{c}}{\omega_1} = \frac{h+1}{2} \qquad (4\text{-}28)$$

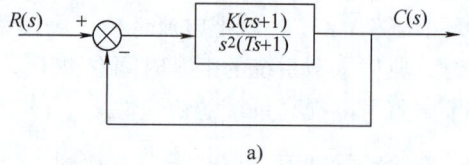

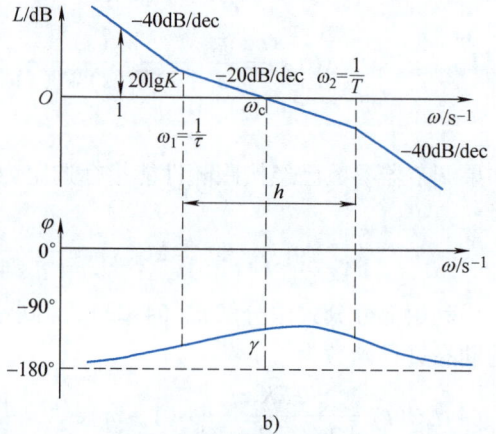

以上二式称作 M_{rmin} 准则的"最佳频比"。与此同时,有

$$\omega_1 + \omega_2 = \frac{2\omega_c}{h+1} + \frac{2h\omega_c}{h+1} = 2\omega_c$$

因此

$$\omega_c = \frac{1}{2}(\omega_1 + \omega_2) = \frac{1}{2}\left(\frac{1}{\tau} + \frac{1}{T}\right) \tag{4-29}$$

对应的最小闭环幅频特性峰值是

$$M_{\text{rmin}} = \frac{h+1}{h-1} \tag{4-30}$$

表4-3列出了不同中频宽 h 值时由式(4-27)~式(4-30)计算得到的 M_{rmin} 值和对应的最佳频比。

表4-3　不同 h 值时的 M_{rmin} 值及最佳频比

h	3	4	5	6	7	8	9	10
M_{rmin}	2	1.67	1.5	1.4	1.33	1.29	1.25	1.22
ω_2/ω_c	1.5	1.6	1.67	1.71	1.75	1.78	1.80	1.82
ω_c/ω_1	2.0	2.5	3.0	3.5	4.0	4.5	5.0	5.5

由表4-3的数据可见,加大中频宽 h,可以减小 M_{rmin},从而降低超调量,但同时 ω_c 也将减小,使系统的快速性减弱。经验表明,M_{rmin} 在 1.2~1.5 之间时,系统的动态性能较好,有时也允许 M_{rmin} 达到 1.8~2.0,所以 h 值可在 3~10 之间选择。h 更大时,降低 M_{rmin} 的效果就不显著了。

确定了 h 和 ω_c 之后,可以很容易地计算 τ 和 K。由 h 的定义可知

$$\tau = hT \tag{4-31}$$

再由式(4-26)和式(4-28)

$$K = \omega_1\omega_c = \omega_1^2\frac{h+1}{2} = \left(\frac{1}{hT}\right)^2\frac{h+1}{2} = \frac{h+1}{2h^2T^2} \tag{4-32}$$

式(4-31)和式(4-32)是工程设计方法中计算典型 Ⅱ 型系统参数的公式,只要按照动态性能指标的要求确定 h 值,就可以代入这两个公式计算 K 和 τ,并由此计算调节器的参数。

(1)动态跟随性能指标

按 M_r 最小准则选择调节器参数时,若想求出系统的动态跟随过程,可先将式(4-31)和式(4-32)代入典型 Ⅱ 型系统的开环传递函数,得

$$W(s) = \frac{K(\tau s+1)}{s^2(Ts+1)} = \left(\frac{h+1}{2h^2T^2}\right)\frac{hTs+1}{s^2(Ts+1)}$$

然后求系统的闭环传递函数

$$W_{\text{cl}}(s) = \frac{W(s)}{1+W(s)} = \frac{\dfrac{h+1}{2h^2T^2}(hTs+1)}{s^2(Ts+1)+\dfrac{h+1}{2h^2T^2}(hTs+1)} = \frac{hTs+1}{\dfrac{2h^2}{h+1}T^3s^3 + \dfrac{2h^2}{h+1}T^2s^2 + hTs + 1}$$

因为 $W_{\text{cl}}(s) = \dfrac{C(s)}{R(s)}$,当 $R(t)$ 为单位阶跃函数时,$R(s) = \dfrac{1}{s}$,则

$$C(s) = \frac{hTs + 1}{s\left(\dfrac{2h^2}{h+1}T^3s^3 + \dfrac{2h^2}{h+1}T^2s^2 + hTs + 1\right)} \tag{4-33}$$

以 T 为时间基准，当 h 取不同值时，可由式（4-33）求出对应的单位阶跃响应函数 $C(t/T)$，从而计算出 σ、t_r/T、t_s/T 和振荡次数 k。采用数字仿真计算的结果列于表 4-4 中。

表 4-4 典型 II 型系统阶跃输入跟随性能指标（按 M_{rmin} 准则确定参数关系）

h	3	4	5	6	7	8	9	10
σ	52.6%	43.6%	37.6%	33.2%	29.8%	27.2%	25.0%	23.3%
t_r/T	2.40	2.65	2.85	3.0	3.1	3.2	3.3	3.35
t_s/T	12.15	11.65	9.55	10.45	11.30	12.25	13.25	14.20
k	3	2	2	1	1	1	1	1

由于过渡过程的衰减振荡性质，调节时间随 h 的变化不是单调的，$h = 5$ 时的调节时间最短。此外，h 减小时，上升时间快，h 增大时，超调量小，把各项指标综合起来看，以 $h = 5$ 的动态跟随性能比较适中。比较表 4-4 和表 4-1 可以看出，典型 II 型系统的超调量一般都比典型 I 型系统大得多，而且快速性要好。

（2）动态抗扰性能指标

如前所述，控制系统的动态抗扰性能指标是因系统结构和扰动作用点而异的，现在先以双闭环调速系统转速环的结构为例。图 4-8b 绘出双闭环直流调速系统及其扰动作用，其中负载扰动作用下的转速环动态结构如图 4-16 所示。

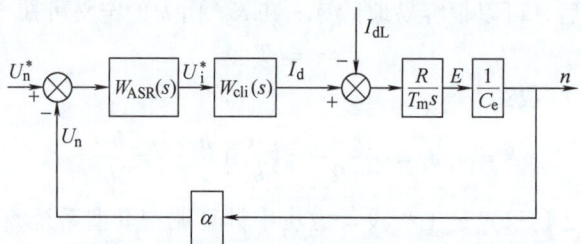

图 4-16 转速环在负载扰动作用下的动态结构框图

图 4-16 中，$W_{cli}(s)$ 是电流环的闭环传递函数，$W_{ASR}(s)$ 采用 PI 调节器。在扰动作用点前后各有一个积分环节，可用图 4-17a 来表示在这种扰动作用下的动态结构图。在图 4-17 中，用 $\dfrac{K_d}{Ts+1}$ 表示扰动作用点之前的控制对象，取 $K_1 = K_p K_d/\tau_1$，$\tau_1 = hT$，当 $R(s) = 0$ 时，取扰动量 $F(s)$ 作为系统的输入，并将输出量写成 ΔC，则图 4-17a 可以改画成在扰动作用下的等效框图如图 4-17b 所示。

图中，前向通道传递函数

$$W_2(s) = \frac{K_2}{s} \tag{4-34}$$

反馈通道传递函数

$$W_1(s) = \frac{K_1(hTs+1)}{s(Ts+1)} \tag{4-35}$$

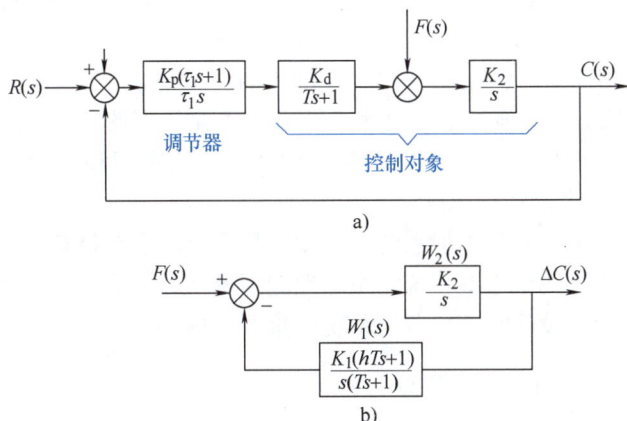

图4-17 典型Ⅱ型系统在一种扰动作用下的动态结构图

a）一种扰动作用下的结构 b）等效框图

令 $K_1 K_2 = K$，则系统开环传递函数为

$$W(s) = W_1(s) W_2(s) = \frac{K_1(hTs+1)}{s(Ts+1)} \frac{K_2}{s} = \frac{K(hTs+1)}{s^2(Ts+1)}$$

这就是典型Ⅱ型系统。

在阶跃扰动下，$F(s) = F/s$，由图4-17b 得

$$\Delta C(s) = \frac{F}{s} \frac{W_2(s)}{1 + W_1(s) W_2(s)} = \frac{\dfrac{FK_2}{s}}{s + \dfrac{K(hTs+1)}{s(Ts+1)}} = \frac{FK_2(Ts+1)}{s^2(Ts+1) + K(hTs+1)}$$

在分析典型Ⅱ型系统的跟随性能指标时，是按 $M_{r\min}$ 准则确定的参数关系，所以存在着 $K = \dfrac{h+1}{2h^2 T^2}$，则

$$\Delta C(s) = \frac{\dfrac{2h^2}{h+1} FK_2 T^2(Ts+1)}{\dfrac{2h^2}{h+1} T^3 s^3 + \dfrac{2h^2}{h+1} T^2 s^2 + hTs + 1} \tag{4-36}$$

由式（4-36）可以计算出对应于不同 h 值的动态抗扰过程曲线 $\Delta C(t)$，从而求出各项动态抗扰性能指标，列于表4-5。为了使动态降落 $\Delta C_{\max}/C_b$ 只与 h 有关，而与系统中的 K_d、K_2 等参数无关，取图4-17b 的开环输出作为基准值，但该式是递增的积分值，不是恒定的，为了使最大动态降落指标落在100%以内，取开环输出在 $2T$ 时间内的累加值作为基准值：

$$C_b = 2FK_2 T \tag{4-37}$$

表4-5 典型Ⅱ型系统动态抗扰性能指标与参数的关系

h	3	4	5	6	7	8	9	10
$\Delta C_{\max}/C_b$	72.2%	77.5%	81.2%	84.0%	86.3%	88.1%	89.6%	90.8%
t_m/T	2.45	2.70	2.85	3.00	3.15	3.25	3.30	3.40
t_v/T	13.60	10.45	8.80	12.95	16.85	19.80	22.80	25.85

注：控制结构和扰动作用点如图4-17 所示，参数关系符合 $M_{r\min}$ 准则

由表4-5中的数据可见，一般来说，h值越小，$\Delta C_{max}/C_b$也越小，t_m和t_v都短，因而抗扰性能越好，最大动态降落与h值的关系和跟随性能指标中超调量与h值的关系恰好相反（见表4-4和表4-5），反映了快速性与稳定性的矛盾。但是，当$h<5$时，由于振荡次数增加，h再小，恢复时间t_v反而拖长了。由此可见，$h=5$是较好的选择，这与跟随性能中调节时间t_s最短的条件是一致的（见表4-4）。把典型Ⅱ型系统跟随和抗扰的各项性能指标综合起来看，$h=5$应该是一个很好的选择。

比较分析的结果可见，典型Ⅰ型系统和典型Ⅱ型系统除了在稳态误差上的区别以外，在动态性能中，一般来说，典型Ⅰ型系统的跟随性能超调小，但抗扰性能稍差，而典型Ⅱ型系统抗扰性能比较好。这是设计时选择典型系统的重要依据。

4.3.3 控制对象的工程近似处理方法

实际控制系统的传递函数是各种各样的，往往不能简单地校正成典型系统，这就需要做出近似处理，下面讨论几种实际控制对象的工程近似处理方法。

（1）高频段小惯性环节的近似处理

当高频段有多个小时间常数T_1、T_2、T_3…的小惯性环节时，可以等效地用一个小时间常数T的惯性环节来代替。其等效时间常数T为

$$T = T_1 + T_2 + T_3 + \cdots$$

为什么是这样？下面对此进行分析和研究。

先考察有两个高频段小惯性环节的开环传递函数

$$W(s) = \frac{K}{s(T_1 s+1)(T_2 s+1)} \tag{4-38}$$

其中T_1、T_2为小时间常数，则小惯性群的频率特性为

$$W(j\omega) = \frac{1}{(j\omega T_1+1)(j\omega T_2+1)} = \frac{1}{(1-T_1 T_2 \omega^2)+j\omega(T_1+T_2)} \tag{4-39}$$

按上述方法对时间常数求和：$T = T_1 + T_2$，则式（4-38）的近似传递函数成为

$$W'(s) = \frac{K}{s(Ts+1)} \tag{4-40}$$

其中，等效小惯性的频率特性为

$$W'(j\omega) = \frac{1}{1+j\omega T} = \frac{1}{1+j\omega(T_1+T_2)} \tag{4-41}$$

比较式（4-39）和式（4-41）可知，它们近似相等的条件是：$T_1 T_2 \omega^2 \ll 1$。

在工程计算中，一般允许有10%以内的误差，因此上面的近似条件可以写成

$$T_1 T_2 \omega^2 \leqslant \frac{1}{10}$$

或闭环系统允许频带为$\omega_b \leqslant \sqrt{\dfrac{1}{10 T_1 T_2}}$。

考虑到开环频率特性的截止频率ω_c与闭环频率特性的带宽ω_b一般比较接近，可以用ω_c作为闭环系统通频带的标志，而且$\sqrt{10} = 3.16 \approx 3$（取近似整数），因此近似条件可写成

$$\omega_c \leqslant \frac{1}{3\sqrt{T_1 T_2}} \tag{4-42}$$

简化后的对数幅频特性如图4-18虚线所示。

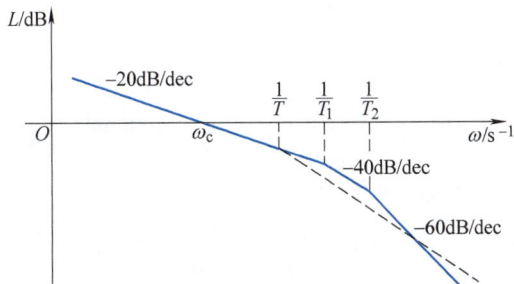

图4-18 高频段小惯性群近似处理对频率特性的影响

同理，如果有三个小惯性环节，其近似处理的表达式是

$$\frac{1}{(T_1 s + 1)(T_2 s + 1)(T_3 s + 1)} \approx \frac{1}{(T_1 + T_2 + T_3)s + 1} \qquad (4\text{-}43)$$

可以证明[1]，近似的条件为

$$\omega_c \leqslant \frac{1}{3}\sqrt{\frac{1}{T_1 T_2 + T_2 T_3 + T_3 T_1}} \qquad (4\text{-}44)$$

由此可得下述结论：当系统有一组小惯性群时，在一定的条件下，可以将它们近似地看成是一个小惯性环节，其时间常数等于小惯性群中各时间常数之和。

（2）高阶系统的降阶近似处理

上述小惯性群的近似处理实际上是高阶系统降阶处理的一种特例，它把多阶小惯性环节降为一阶小惯性环节。下面讨论更一般的情况，即如何能忽略特征方程的高次项。以三阶系统为例，设

$$W(s) = \frac{K}{as^3 + bs^2 + cs + 1} \qquad (4\text{-}45)$$

式中，a，b，c 都是正系数，且 $bc > a$，即系统是稳定的。若能忽略高次项，可得近似的一阶系统的传递函数为

$$W(s) \approx \frac{K}{cs + 1} \qquad (4\text{-}46)$$

近似条件可以从频率特性导出

$$W(\mathrm{j}\omega) = \frac{K}{a(\mathrm{j}\omega)^3 + b(\mathrm{j}\omega)^2 + c(\mathrm{j}\omega) + 1} = \frac{K}{(1 - b\omega^2) + \mathrm{j}\omega(c - a\omega^2)} \approx \frac{K}{1 + \mathrm{j}\omega c}$$

近似条件是

$$b\omega^2 \leqslant \frac{1}{10}$$

$$a\omega^2 \leqslant \frac{c}{10}$$

仿照上面的方法，近似条件可以写成

$$\omega_c \leqslant \frac{1}{3}\min\left(\sqrt{\frac{1}{b}}, \sqrt{\frac{c}{a}}\right) \qquad (4\text{-}47)$$

（3）低频段大惯性环节的近似处理

当系统中存在一个时间常数特别大的惯性环节 $\frac{1}{Ts + 1}$ 时，可以近似地将它看成是积分环

节 $\dfrac{1}{Ts}$。现在来分析一下这种近似处理的条件。

这个大惯性环节的频率特性为

$$\frac{1}{\mathrm{j}\omega T + 1} = \frac{1}{\sqrt{\omega^2 T^2 + 1}} \angle -\arctan\omega T$$

若将它近似成积分环节，其幅值应近似为

$$\frac{1}{\sqrt{\omega^2 T^2 + 1}} \approx \frac{1}{\omega T}$$

显然，近似条件是：$\omega^2 T^2 \gg 1$，或按工程惯例，$\omega T \geqslant \sqrt{10}$。和前面一样，将 ω 换成 ω_c，并取整数，得

$$\omega_c \geqslant \frac{3}{T} \tag{4-48}$$

而相角的近似关系是 $\arctan\omega T \approx 90°$。当 $\omega T = \sqrt{10}$ 时，$\arctan\omega T = \arctan\sqrt{10} = 72.45°$，似乎误差较大。实际上，将这个惯性环节近似成积分环节后，相角滞后从 $72.45°$ 变成 $90°$，滞后得更多，稳定裕度更小。这就是说，实际系统的稳定裕度要大于近似系统，按近似系统设计好调节器后，实际系统的稳定性应该更强，因此这样的近似方法是可行的。

再研究一下系统的开环对数幅频特性。举例来说，若图 4-19 中特性 a 的开环传递函数为

$$W_a(s) = \frac{K(\tau s + 1)}{s(T_1 s + 1)(T_2 s + 1)}$$

式中，$T_1 > \tau > T_2$，而且 $\dfrac{1}{T_1}$ 远低于截止频率 ω_c，处于低频段。把大惯性环节 $\dfrac{1}{T_1 s + 1}$ 近似成积分环节 $\dfrac{1}{T_1 s}$ 时，开环传递函数变成

$$W_b(s) = \frac{K(\tau s + 1)}{T_1 s^2 (T_2 s + 1)}$$

从图 4-19 的开环对数幅频特性上看，相当于把特性 a 近似地看成特性 b，其差别只在低频段，这样的近似处理对系统的动态性能影响不大。

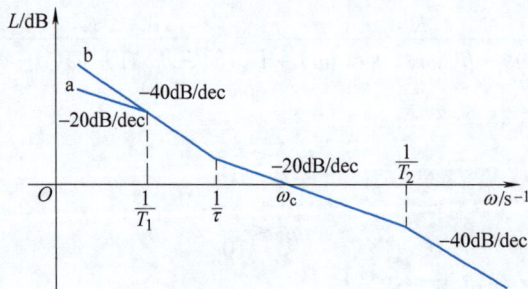

图 4-19　低频段大惯性环节近似处理对频率特性的影响

但是，从稳态性能上看，这样的近似处理相当于把系统的类型人为地提高了一级，如果原来是 Ⅰ 型系统，近似处理后变成了 Ⅱ 型系统，这当然不是真实的。所以这种近似处理只适用于分析动态性能，当考虑稳态精度时，仍采用原来的传递函数 $W_a(s)$ 即可。

4.3.4 按工程设计方法设计转速、电流双闭环控制直流调速系统的调节器

用工程设计方法来设计转速、电流双闭环控制直流调速系统的原则是"先内环后外环"。设计步骤是：先从电流环（内环）开始，对其进行必要的变换和近似处理后，根据电流环的控制要求确定把它校正成哪一类典型系统，再按照控制对象确定电流调节器的类型，最后按动态性能指标要求确定电流调节器的参数。电流环设计完成后，把电流环等效成转速环（外环）中的一个环节，再用同样的方法设计转速环。

双闭环调速系统的实际动态结构绘于图4-20，它与前述的图4-5不同之处在于增加了滤波环节，包括电流滤波、转速滤波和两个给定信号的滤波环节。设置滤波环节的必要性是由于反馈信号检测中常含有谐波和其他扰动量，为了抑制各种扰动量对系统的影响，需加低通滤波，这样的滤波环节传递函数可用一阶惯性环节来表示，其滤波时间常数按需要选定。然而，在抑制扰动量的同时，滤波环节也延迟了反馈信号的作用，为了平衡这个延迟作用，在给定信号通道上加入一个同等时间常数的惯性环节，称作配合滤波环节。其意义是，让给定信号和反馈信号经过相同的延滞，使二者在时间上得到恰当的配合，从而带来设计上的方便，下面在结构图简化时再做详细分析。

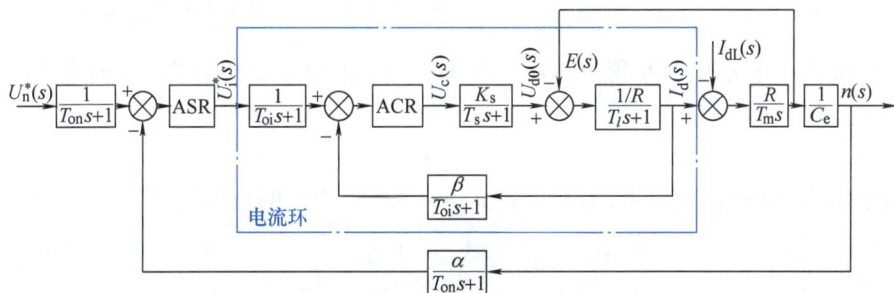

图4-20 双闭环调速系统的动态结构图

T_{oi}——电流反馈滤波时间常数　T_{on}——转速反馈滤波时间常数

1. 电流调节器的设计

图4-20点画线框内是电流环的动态结构图，其中反电动势与电流反馈的作用相互交叉，这将给设计工作带来麻烦。实际上，反电动势与转速成正比，它代表转速对电流环的影响。在一般情况下，系统的电磁时间常数 T_l 远小于机电时间常数 T_m，因此，转速的变化往往比电流变化慢得多。对电流环来说，反电动势是一个变化较慢的扰动，在电流的瞬变过程中，可以认为反电动势基本不变，即 $\Delta E \approx 0$。这样，在按动态性能设计电流环时，可以暂不考虑反电动势变化的动态影响，也就是说，可以暂且把反电动势的作用去掉，得到忽略电动势影响的电流环近似结构图，如图4-21a所示。可以证明[2]，忽略反电动势对电流环作用的近似条件是

$$\omega_{ci} \geqslant 3 \sqrt{\frac{1}{T_m T_l}} \qquad (4-49)$$

式中　ω_{ci}——电流环开环频率特性的截止频率。

如果把配合滤波和反馈滤波同时等效地移到环内前向通道上，再把给定信号改成 $\dfrac{U_i^*(s)}{\beta}$，则电流环便等效成单位负反馈系统（见图4-21b），从这里可以看出两个滤波时间

常数取值相同的方便之处。

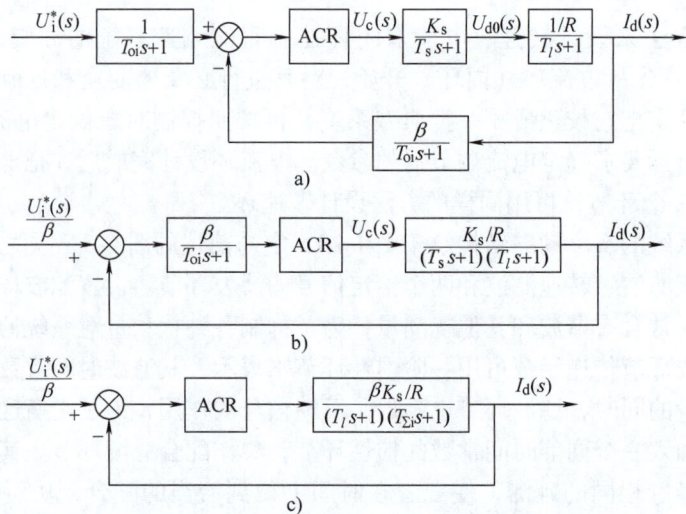

图 4-21 电流环的动态结构图及其化简
a) 忽略反电动势的动态影响 b) 等效成单位负反馈系统 c) 小惯性环节近似处理

由于 T_s 和 T_{oi} 一般都比 T_l 小得多，可以当作小惯性群而近似地看作是一个惯性环节，其时间常数为

$$T_{\Sigma i} = T_s + T_{oi} \tag{4-50}$$

则电流环结构图最终简化成图 4-21c。根据式 (4-42)，简化的近似条件为

$$\omega_{ci} \leqslant \frac{1}{3}\sqrt{\frac{1}{T_s T_{oi}}} \tag{4-51}$$

A. 按照典型 I 型系统设计电流调节器

在设计电流调节器时，首先应考虑把电流环校正成哪一类典型系统。

首先从稳态要求上看，希望电流无静差，以得到理想的堵转特性，需要电流调节器有一个积分环节，由图 4-21c 可以看出，电流环的控制对象中并没有积分环节，所以从系统整体上看，采用 I 型系统就够了。再从动态要求上看，实际系统不允许电枢电流在突加控制作用时有太大的超调，以保证电流在动态过程中不超过允许值，而对电网电压波动的及时抗扰作用只是次要的因素，因此电流环应以跟随性能为主，要求超调小，也应选用典型 I 型系统。

如图 4-21c 所示，电流环的控制对象是两个时间常数大小相差较大的双惯性型的控制对象，要校正成典型 I 型系统，显然应采用 PI 型的电流调节器，其传递函数可以写成

$$W_{ACR}(s) = \frac{K_i(\tau_i s + 1)}{\tau_i s} \tag{4-52}$$

式中 K_i——电流调节器的比例系数；

  τ_i——电流调节器的超前时间常数。

则电流环开环传递函数

$$W_{opi}(s) = \frac{K_i(\tau_i s + 1)}{\tau_i s} \frac{\beta K_s / R}{(T_l s + 1)(T_{\Sigma i} s + 1)} \tag{4-53}$$

因为 $T_l \gg T_{\Sigma i}$，所以选择 $\tau_i = T_l$，用调节器的零点对消掉控制对象中的大时间常数极点，以便校正成典型 I 型系统，于是

$$W_{\text{opi}}(s) = \frac{K_i \beta K_s / R}{\tau_i s (T_{\Sigma i} s + 1)} = \frac{K_I}{s(T_{\Sigma i} s + 1)} \tag{4-54}$$

式中 $K_I = \dfrac{K_i K_s \beta}{\tau_i R} = \dfrac{K_i K_s \beta}{T_l R}$。

校正后电流环的动态结构图如图 4-22a 所示，图 4-22b 绘出了校正后电流环的开环对数幅频特性。

在一般情况下，希望电流超调量 $\sigma_i \leqslant 5\%$，由表 4-1，可选 $\xi = 0.707$，$K_I T_{\Sigma i} = 0.5$，则

$$K_I = \omega_{\text{ci}} = \frac{1}{2T_{\Sigma i}} \tag{4-55}$$

再根据 $K_I = \dfrac{K_i K_s \beta}{\tau_i R} = \dfrac{K_i K_s \beta}{T_l R}$，得到

$$K_i = \frac{T_l R}{2K_s \beta T_{\Sigma i}} = \frac{R}{2K_s \beta}\left(\frac{T_l}{T_{\Sigma i}}\right) \tag{4-56}$$

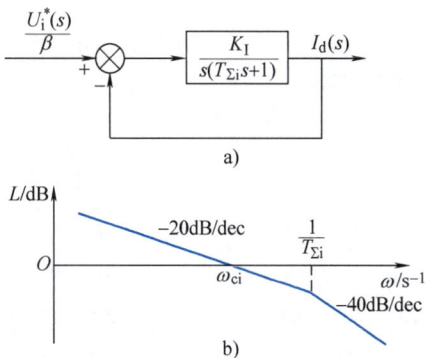

图 4-22 校正成典型 I 型系统的电流环

a) 动态结构图　b) 开环对数幅频特性

如果实际系统要求的跟随性能指标不同，式 (4-55) 和式 (4-56) 当然应做相应的改变。此外，如果对电流环的抗扰性能也有具体的要求，还得再校验一下抗扰性能指标是否满足。

含配合滤波和反馈滤波的模拟式 PI 型电流调节器原理图如图 4-23 所示。图中 U_i^* 为电流给定电压，$-\beta I_d$ 为电流负反馈电压，调节器的输出就是电力电子变换器的控制电压 U_c。

根据运算放大器的电路原理，可以容易地导出

$$K_i = \frac{R_i}{R_0} \tag{4-57}$$

$$\tau_i = R_i C_i \tag{4-58}$$

$$T_{\text{oi}} = \frac{1}{4} R_0 C_{\text{oi}} \tag{4-59}$$

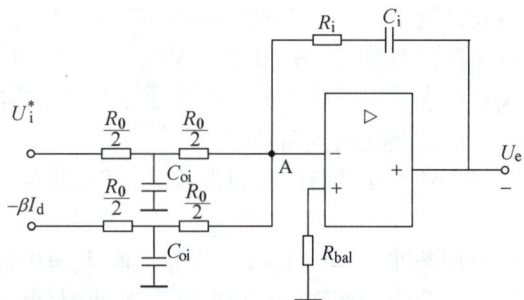

图 4-23 含配合滤波与反馈滤波的 PI 型电流调节器

从而计算调节器的具体电路参数。如果采用微机控制的调速系统，可参照参数 K_i 和 τ_i 设计数字 PI 算法，详见第 5 章。

根据图 4-22a，按典型 I 型系统设计的电流环的闭环传递函数为

$$W_{\text{cli}}(s) = \frac{I_d(s)}{U_i^*(s)/\beta} = \frac{\dfrac{K_I}{s(T_{\Sigma i} s + 1)}}{1 + \dfrac{K_I}{s(T_{\Sigma i} s + 1)}} = \frac{1}{\dfrac{T_{\Sigma i}}{K_I} s^2 + \dfrac{1}{K_I} s + 1} \tag{4-60}$$

采用高阶系统的降阶近似处理方法，忽略高次项，$W_{\text{cli}}(s)$ 可降阶近似为

$$W_{\text{cli}}(s) \approx \frac{1}{\dfrac{1}{K_I} s + 1} = \frac{1}{2T_{\Sigma i} s + 1} \tag{4-61}$$

根据式 (4-47)，降阶的近似条件要求外环（转速环）的开环频率特性截止频率为

$$\omega_{\text{cn}} \leqslant \frac{1}{3}\sqrt{\frac{K_{\text{I}}}{T_{\Sigma\text{i}}}}$$

现在 $K_{\text{I}}T_{\Sigma\text{i}} = 0.5$，因此

$$\omega_{\text{cn}} \leqslant \frac{1}{3\sqrt{2}\,T_{\Sigma\text{i}}} \tag{4-62}$$

根据图 4-20 的双闭环调速系统动态结构图，电流环的输入量应为 $U_{\text{i}}^*(s)$，因此电流环在转速环中应等效为

$$\frac{I_{\text{d}}(s)}{U_{\text{i}}^*(s)} = \frac{W_{\text{cli}}(s)}{\beta} \approx \frac{\dfrac{1}{\beta}}{2T_{\Sigma\text{i}}s + 1} \tag{4-63}$$

由此可见，电流的闭环控制改造了控制对象，把双惯性环节的电流环控制对象近似地等效成只有较小时间常数 $2T_{\Sigma\text{i}}$ 的一阶惯性环节，加快了电流的跟随作用，这正是局部闭环（内环）控制的一个重要功能。当然前提是超前环节恰好对消掉控制对象中的大惯性环节，如果电动机参数测量不准，大惯性环节并未被准确对消，就会影响电流环的动态性能。这是电流环按照典型 I 型系统设计的缺点。

例题 4-1　某 PWM 变换器供电的双闭环直流调速系统，开关频率为 8kHz，与 3.4 节所用电动机相同，电动机型号为 Z4-132-1，基本数据如下：

直流电动机：400V，52.2A，2610r/min，$C_{\text{e}} = 0.1459\text{V} \cdot \text{min/r}$，允许过载倍数 $\lambda = 1.5$；

PWM 变换器放大系数：$K_{\text{s}} = 107.5$（这是按照理想情况计算的电压放大系数。三相整流输出的最大直流电压为 538V，最大控制电压最大为 5V，因此，$538/5 = 107.5$）；

电枢回路总电阻：$R = 0.368\Omega$；

时间常数：$T_l = 0.0144\text{s}$，$T_{\text{m}} = 0.18\text{s}$；

电流反馈系数：$\beta = 0.1277\text{V/A}$（$\approx 10\text{V}/1.5I_{\text{N}}$）。

设计要求：按照典型 I 型系统设计电流调节器，要求电流超调量 $\sigma_{\text{i}} \leqslant 5\%$。

解　（1）确定时间常数

1）PWM 变换器滞后时间常数 T_{s}：$T_{\text{s}} = 0.000125\text{s}$。

2）电流滤波时间常数 T_{oi}：为滤除高频噪声、减小滤波延时且满足 PWM 变换器惯性环节近似处理条件 $T_{\text{oi}} = (1 \sim 2)\,T_{\text{PWM}}$，取 $T_{\text{oi}} = 0.000125\text{s}$。

3）电流环小时间常数之和 $T_{\Sigma\text{i}}$：按小时间常数近似处理，取 $T_{\Sigma\text{i}} = T_{\text{s}} + T_{\text{oi}} = 0.00025\text{s}$。

（2）选择电流调节器结构

根据设计要求 $\sigma_{\text{i}} \leqslant 5\%$，并保证稳态电流无差，可按典型 I 型系统设计电流调节器。电流环控制对象是双惯性型的，因此可用 PI 型电流调节器，其传递函数见式（4-52）。

检查对电源电压的抗扰性能：$\dfrac{T_l}{T_{\Sigma\text{i}}} = \dfrac{0.0144}{0.00025} = 57.6$，参看表 4-2 的典型 I 型系统动态抗扰性能，各项指标都是可以接受的。

（3）计算电流调节器参数

电流调节器超前时间常数：$\tau_{\text{i}} = T_l = 0.0144\text{s}$。

电流环开环增益：要求 $\sigma_{\text{i}} \leqslant 5\%$ 时，按表 4-1，应取 $K_{\text{I}}T_{\Sigma\text{i}} = 0.5$，因此

$$K_{\text{I}} = \frac{0.5}{T_{\Sigma\text{i}}} = \frac{0.5}{0.00025}\text{s}^{-1} = 2000\text{s}^{-1}$$

于是，ACR 的比例系数为

$$K_i = \frac{K_1 \tau_i R}{K_s \beta} = \frac{2000 \times 0.0144 \times 0.368}{107.5 \times 0.1277} = 0.771$$

（4）校验近似条件

电流环截止频率：$\omega_{ci} = K_1 = 2000 \text{s}^{-1}$

1）校验整流装置传递函数的近似条件

$$\frac{1}{3T_s} = \frac{1}{3 \times 0.000125} \text{s}^{-1} = 2666.7 \text{s}^{-1} > \omega_{ci} \quad \text{满足近似条件}$$

2）校验忽略反电动势变化对电流环动态影响的条件

$$3\sqrt{\frac{1}{T_m T_l}} = 3 \times \sqrt{\frac{1}{0.18 \times 0.0144}} \text{s}^{-1} = 58.93 \text{s}^{-1} < \omega_{ci} \quad \text{满足近似条件}$$

3）校验电流环小时间常数近似处理条件

$$\frac{1}{3}\sqrt{\frac{1}{T_s T_{oi}}} = \frac{1}{3} \times \sqrt{\frac{1}{0.000125 \times 0.000125}} \text{s}^{-1} = 2666.7 \text{s}^{-1} > \omega_{ci} \quad \text{满足近似条件}$$

（5）计算调节器电阻和电容

电流调节器原理图如图 4-23 所示，按所用运算放大器取 $R_0 = 360 \text{k}\Omega$，各电阻和电容值计算如下：

$$R_i = K_i R_0 = 0.771 \times 360 \times 10^3 \text{k}\Omega = 277.56 \text{k}\Omega \quad \text{取} 270 \text{k}\Omega$$

$$C_i = \frac{\tau_i}{R_i} = \frac{0.0144}{270 \times 10^3} \text{F} = 53 \times 10^{-9} \text{F} = 53 \text{nF} \quad \text{取} 56 \text{nF}$$

$$C_{oi} = \frac{4T_{oi}}{R_0} = \frac{4 \times 0.000125}{360 \times 10^3} \text{F} = 1.39 \times 10^{-9} \text{F} \quad \text{取} 1.5 \text{nF}。$$

按照上述参数，电流环可以达到的动态跟随性能指标为 $\sigma_i = 4.3\% < 5\%$（见表 4-1），满足设计要求。

B. 按照典型 Ⅱ 型系统设计电流调节器

可控直流电源采用 PWM 变换器时，电流环中两个惯性环节时间常数相距较大，满足式（4-48）的近似条件 $\omega_{ci} \geq \frac{3}{T_l}$，因此也可把大惯性环节近似成积分环节，这样，电流环的简化结构图就有另一种形式，如图 4-24a 所示。需要校正成的典型系统与前面的有所不同。

电流环设计

从稳态要求上看，为了实现电流无静差，以得到接近理想的起动和制动特性，在电压扰动作用点前面必须有一个积分环节，它应该包含在电流调节器 ACR 中（见图 4-24a），而在扰动作用点后面已经有了一个积分环节，因此电流环开环传递函数应有两个积分环节，所以应该设计成典型 Ⅱ 型系统。但是从动态要求上看，典型 Ⅱ 型系统超调量大，不满足电流环对跟随性能指标的要求。为了解决这个问题，可在电流给定之后加入低通滤波，其参数设计方法将在后面详述。满足上述要求的电流调节器 ACR 仍可采用 PI 调节器，其传递函数见式（4-52）。于是电流环的开环传递函数成为

$$W_{opi}(s) = \frac{K_i(\tau_i s + 1)}{\tau_i s} \frac{\dfrac{\beta K_s}{R T_l}}{s(T_{\Sigma i}s + 1)} = \frac{K_i \beta K_s (\tau_i s + 1)}{\tau_i R T_l s^2 (T_{\Sigma i}s + 1)} \tag{4-64}$$

令电流环开环增益为

a)

b)

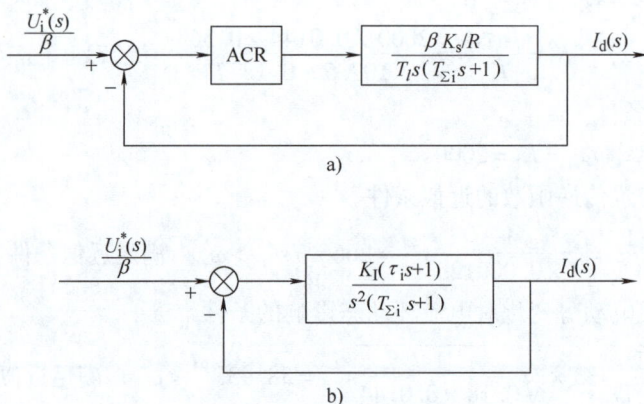

图 4-24 电流环动态结构图

a) 大惯性环节近似成积分环节 b) 电流环校正成典型 II 型系统

$$K_I = \frac{K_i \beta K_s}{\tau_i R T_l} \tag{4-65}$$

则

$$W_{opi}(s) = = \frac{K_I(\tau_i s + 1)}{s^2(T_{\Sigma i} s + 1)} \tag{4-66}$$

校正后的电流环动态结构框图如图 4-24b 所示。

电流调节器的参数包括 K_i 和 τ_i。按照典型 II 型系统的参数关系式（4-31）和式（4-32）应有

$$\tau_i = hT_{\Sigma i} \tag{4-67}$$

$$K_I = \frac{h+1}{2h^2 T_{\Sigma i}^2} \tag{4-68}$$

因此

$$K_i = \frac{h+1}{2h} \frac{RT_l}{K_s \beta T_{\Sigma i}} \tag{4-69}$$

至于中频宽 h 应选择多少，要看动态性能的要求决定，无特殊要求时，一般选择 $h = 5$。但查表 4-4 得 $h = 5$ 时电流超调量达到 37.6%，不能满足电流环对跟随性能指标的要求。在给定之后加入低通滤波环节可抑制超调，如图 4-25 所示，前提是合理设置滤波时间常数。下面就来分析如何设置输入滤波时间常数。

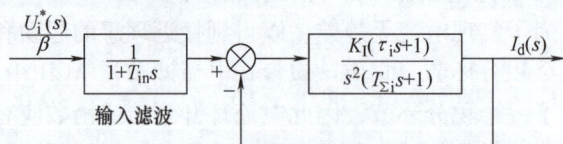

输入滤波

图 4-25 在电流给定前面增设滤波环节的结构图

将式（4-67）、式（4-68）代入图 4-25 的电流环结构图中，可求得电流环的闭环传递函数为

$$W_{cl}(s) = \frac{I_d(s)}{U_i^*(s)/\beta} = \frac{1}{T_{in}s+1} \frac{hT_{\Sigma i}s+1}{\frac{2h^2}{h+1}T_{\Sigma i}^3 s^3 + \frac{2h^2}{h+1}T_{\Sigma i}^2 s^2 + hT_{\Sigma i}s + 1} \tag{4-70}$$

式中 T_{in}——输入滤波时间常数。

为了使分析具有一般性，令 $T = T_{\Sigma i}$。当滤波时间常数 T_{in} 与 T 的比值不同时，以 T 为时间基准，求出对应的单位阶跃响应函数，从而计算出系统的跟随性能指标如表4-6所示，该表是 $h = 5$ 时利用数字仿真计算得到的。

表4-6 加入输入滤波环节后典型 II 型系统的跟随性能指标 （ $h = 5$ 时）

T_{in}/T	1	2	3	4	5	6
σ	31.96%	20.996%	10.97%	2.96%	0	0
t_r/T	3.966	5.078	6.318	8.147		
t_s/T	10.806	11.906	11.96	7.234	9.511	14.887

对比表4-5和表4-6中数据可以看出，在典型 II 型系统中加入输入滤波器可以有效降低阶跃响应的超调量，但会增加上升时间和调节时间。当 T_{in} 与 T 比值为4时，系统的超调量最小，仅为2.96%，调节时间也最短，故建议取 $T_{in} = 4T$。这时，电流环中的输入滤波时间常数 $T_{in} = 4T_{\Sigma i}$。

含输入滤波与配合滤波、反馈滤波的 PI 型电流调节器串联原理图如图4-26所示。

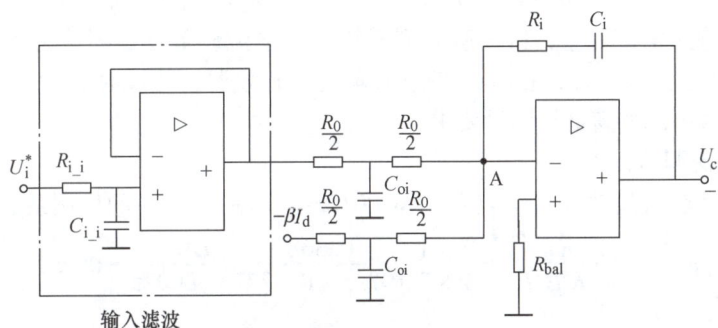

图4-26 输入滤波与含配合滤波与反馈滤波的 PI 型电流调节器串联

电流调节器参数与电阻、电容值关系与图4-23中相同，输入滤波与电阻、电容值关系为

$$T_{\Sigma i} = \frac{1}{4} R_{i\_i} C_{i\_i} \tag{4-71}$$

采用高阶系统的降阶近似处理方法，忽略高次项，式（4-70）的 $W_{cli}(s)$ 可降阶近似为

$$W_{cli}(s) \approx \frac{1}{1 + 4T_{\Sigma i}s} \tag{4-72}$$

根据式（4-47）得到降阶近似条件为

$$\omega_{cn} \leqslant \frac{1}{3}\sqrt{K_I} \tag{4-73}$$

代入式（4-68）可得

$$\omega_{cn} \leqslant \frac{1}{3T_{\Sigma i}}\sqrt{\frac{h+1}{2h^2}} \tag{4-74}$$

考虑到一般选择 $h = 5$，因此

$$\omega_{cn} \leqslant \frac{1}{\sqrt{3}} \frac{1}{5T_{\Sigma i}} \qquad (4-75)$$

根据图4-20，电流环的输入量应为 $U_i^*(s)$，因此电流环在转速环中应等效为

$$\frac{I_d(s)}{U_i^*(s)} = \frac{W_{cli}(s)}{\beta} \approx \frac{1/\beta}{4T_{\Sigma i}s+1} \qquad (4-76)$$

可以看出，按照典型 Ⅱ 型系统设计电流调节器，也达到了改造控制对象的目的，把双惯性环节的电流环控制对象近似地等效成只有较小时间常数 $4T_{\Sigma i}$ 的一阶惯性环节，加快了电流的跟随作用，只是按照典型 Ⅱ 型系统设计的电流环响应速度有所下降。

结合表4-1和表4-6的跟随性能与参数关系可见，不论把电流环校正成典型 Ⅰ 型系统还是典型 Ⅱ 型系统，其动态响应速度均与 $T_{\Sigma i}$ 有关。所以要提高系统动态性能，需尽量减小电流环各环节的延时时间。

例题4-2 电动机参数同例题4-1。

设计要求：按照典型 Ⅱ 型系统设计电流调节器，要求电流超调量 $\sigma_i \leqslant 5\%$。

解 （1）确定时间常数同例题4-1

（2）选择电流调节器结构

$T_l = 0.0144s$，$T_{\Sigma i} = 0.00025s$，满足 $T_l > 10T_{\Sigma i}$，故将电流环控制对象中大惯性环节做降阶处理，为保证稳态电流无差，按典型 Ⅱ 型系统设计电流调节器。因此可用 PI 型电流调节器，其传递函数见式（4-52），在输入部分加入低通滤波器，滤波时间常数为 4 倍 $T_{\Sigma i}$，即为 0.001s，按表4-6，可满足超调量要求。

（3）计算电流调节器参数

电流调节器超前时间常数：$\tau_i = hT_{\Sigma i} = 0.00125s$。于是，ACR 的比例系数为

$$K_i = \frac{h+1}{2h} \frac{R}{K_s\beta} \frac{T_l}{T_{\Sigma i}} = \frac{5+1}{2 \times 5} \frac{0.368}{107.5 \times 0.1277} \frac{0.0144}{0.00025} = 0.957$$

（4）校验近似条件

部分公式已在例题4-1中计算，这里从简。

电流环截止频率：$w_{ci} \approx \frac{1}{4T_{\Sigma i}} = \frac{0.25}{0.00025}s^{-1} = 1000.0s^{-1}$

1）校验整流装置传递函数的近似条件：满足近似条件

2）校验忽略反电动势变化对电流环动态影响的条件：满足近似条件

3）校验电流环小时间常数近似处理条件：满足近似条件

4）校验大惯性环节近似处理条件

$$\frac{3}{T_l} = \frac{3}{0.0144}s^{-1} = 208.33s^{-1} \leqslant \omega_{ci} \quad 满足近似条件$$

5）计算调节器电阻和电容

电流调节器原理图如图4-26所示，按所用运算放大器取 $R_0 = 3.9M\Omega$，$R_{i\_i} = 1.1M\Omega$，各电阻和电容值计算如下：

$$R_i = K_iR_0 = 0.957 \times 3900000 = 3.73M\Omega \quad 取 3.6M\Omega$$

$$C_i = \frac{\tau_i}{R_i} = \frac{0.00125}{3.6 \times 1000000}F = 0.35 \times 10^{-9}F = 0.35nF \quad 取 360pF$$

$$C_{oi} = \frac{4T_{0i}}{R_0} = \frac{4 \times 0.000125}{3.9 \times 1000000}F = 0.128 \times 10^{-9}F = 128pF \quad 取 120pF$$

$$C_{i\_i} = \frac{4T_{\Sigma i}}{R_{i\_i}} = \frac{0.001}{1100000}F = 0.9nF，取 1nF$$

按照上述参数，电流环可以达到的动态跟随性能为 $\sigma_i = 2.9\% < 5\%$（见表4-6），满足设计要求。

2. 转速调节器的设计

不论把电流环校正成典型 I 型系统还是典型 II 型系统，电流环都可以用等效的一阶惯性环节来代替，只是惯性时间常数有所不同。因此定义变量 T 代表电流环惯性时间常数，用等效一阶惯性环节代替图4-20中的电流环后，整个转速控制系统的动态结构图如图4-27a所示。

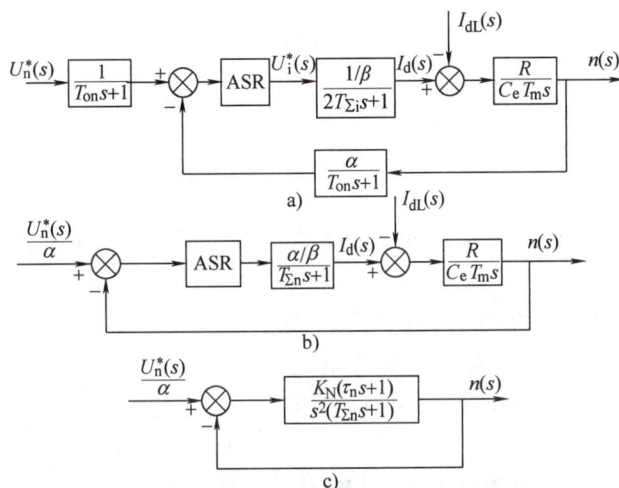

图4-27 转速环的动态结构图及其简化

a）用等效环节代替电流环　b）等效成单位负反馈系统和小惯性的近似处理　c）校正后成为典型 II 型系统

和电流环中一样，把转速给定滤波和反馈滤波同时等效地移到环内前向通道上，并将给定信号改成 $U_n^*(s)/\alpha$，再把时间常数为 T 和 T_{on} 的两个小惯性环节合并起来，近似成一个时间常数为 $T_{\Sigma n}$ 的惯性环节，其中

$$T_{\Sigma n} = T + T_{on} \tag{4-77}$$

则转速环结构图可简化成图4-27b。

为了实现转速无静差，在负载扰动作用点前面必须有一个积分环节，它应该包含在转速调节器 ASR 中（见图4-27b），由于在扰动作用点后面已经有了一个积分环节，因此转速环开环传递函数应有两个积分环节，所以应该设计成典型 II 型系统，这样的系统同时也能满足动态抗扰性能好的要求。至于其阶跃响应超调量较大，在实际系统中增加输入滤波环节，或利用转速调节器的饱和非线性性质，都会使超调量大大降低，详见下面第3小节。由此可见，ASR 也应该采用 PI 调节器，其传递函数为

$$W_{ASR}(s) = \frac{K_n(\tau_n s + 1)}{\tau_n s} \tag{4-78}$$

式中　K_n——转速调节器的比例系数；

　　　τ_n——转速调节器的超前时间常数。

这样，调速系统的开环传递函数为

$$W_n(s) = \frac{K_n(\tau_n s + 1)}{\tau_n s} \cdot \frac{\alpha R/\beta}{C_e T_m s(T_{\Sigma n} s + 1)} = \frac{K_n \alpha R(\tau_n s + 1)}{\tau_n \beta C_e T_m s^2(T_{\Sigma n} s + 1)}$$

令转速环开环增益 K_N 为

$$K_N = \frac{K_n \alpha R}{\tau_n \beta C_e T_m} \tag{4-79}$$

则

$$W_n(s) = \frac{K_N(\tau_n s + 1)}{s^2(T_{\Sigma n} s + 1)} \tag{4-80}$$

不考虑负载扰动时，校正后的调速系统动态结构图如图 4-27c 所示。

转速调节器的参数包括 K_n 和 τ_n。按照典型 Ⅱ 型系统的参数关系式（4-31）和式（4-32）应有

$$\tau_n = h T_{\Sigma n} \tag{4-81}$$

$$K_N = \frac{h+1}{2h^2 T_{\Sigma n}^2} \tag{4-82}$$

因此

$$K_n = \frac{(h+1)\beta C_e T_m}{2h\alpha R T_{\Sigma n}} \tag{4-83}$$

至于中频宽 h 应选择多少，要看动态性能的要求决定。无特殊要求时，一般以选择 $h = 5$ 为好。

含配合滤波、反馈滤波的 PI 型转速调节器原理图如图 4-28 所示，图中 U_n^* 为转速给定电压，$-\alpha n$ 为转速负反馈电压，调节器的输出是电流调节器的给定电压 U_i^*。

与电流调节器相似，转速调节器参数与电阻、电容值的关系为

$$K_n = \frac{R_n}{R_0} \tag{4-84}$$

$$\tau_n = R_n C_n \tag{4-85}$$

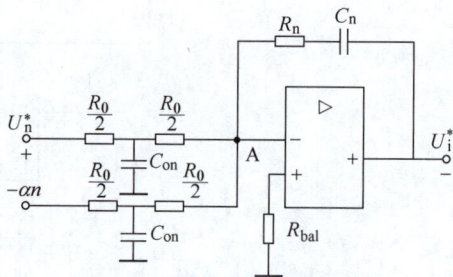
图 4-28 含配合滤波与反馈滤波的 PI 型转速调节器

$$T_{on} = \frac{1}{4} R_0 C_{on} \tag{4-86}$$

例题 4-3 在例题 4-1 中，除已给数据外，已知：转速反馈系数 $\alpha = 0.00383\text{V} \cdot \text{min/r}$（$\approx 10\text{V}/n_N$），电流环按照典型 Ⅰ 型系统设计，$K_I T_{\Sigma i} = 0.5$，要求转速无静差，空载起动到额定转速时的转速超调量 $\sigma_n \leqslant 5\%$。试按工程设计方法设计转速调节器，并校验转速超调量的要求能否得到满足。

解　（1）确定时间常数

1）按照典型 Ⅰ 型系统设计电流环时，已取 $K_I T_{\Sigma i} = 0.5$，因此电流环等效时间常数为
$$2T_{\Sigma i} = 2 \times 0.00025\text{s} = 0.0005\text{s}$$

2）转速滤波时间常数 T_{on}：根据所用测速发电机纹波情况，取 $T_{on} = 0.01\text{s}$。

3）转速环小时间常数 $T_{\Sigma n}$：按小时间常数近似处理，取
$$T_{\Sigma n} = 2T_{\Sigma i} + T_{on} = (0.0005 + 0.01)\text{s} = 0.0105\text{s}$$

（2）选择转速调节器结构

按照设计要求，选用 PI 调节器，其传递函数见式（4-78）。

（3）计算转速调节器参数

按跟随和抗扰性能都较好的原则，取 $h=5$，则 ASR 的超前时间常数为

$$\tau_n = hT_{\Sigma n} = 5 \times 0.0105\text{s} = 0.0525\text{s}$$

由式（4-82）可求得转速环开环增益

$$K_N = \frac{h+1}{2h^2 T_{\Sigma n}^2} = \frac{6}{2 \times 5^2 \times 0.0105^2}\text{s}^{-2} = 1088.4\text{s}^{-2}$$

于是，由式（4-83），可求得 ASR 的比例系数为

$$K_n = \frac{(h+1)\beta C_e T_m}{2h\alpha R T_{\Sigma n}} = \frac{6 \times 0.1277 \times 0.1459 \times 0.18}{2 \times 5 \times 0.00383 \times 0.368 \times 0.0105} = 135.97$$

（4）检验近似条件

由式（4-26），转速环典 II 环节截止频率为

$$\omega_{cn} = \frac{K_N}{\omega_1} = K_N \tau_n = 1088.4 \times 0.0525\text{s}^{-1} = 57.14\text{s}^{-1}$$

1）电流环传递函数简化条件

$$\frac{1}{3}\sqrt{\frac{K_I}{T_{\Sigma i}}} = \frac{1}{3}\sqrt{\frac{2000}{0.00025}}\text{s}^{-1} = 942.81\text{s}^{-1} > \omega_{cn} \quad \text{满足简化条件}$$

2）转速环小时间常数近似处理条件

$$\frac{1}{3}\sqrt{\frac{K_I}{T_{on}}} = \frac{1}{3}\sqrt{\frac{2000}{0.01}}\text{s}^{-1} = 149.1\text{s}^{-1} > \omega_{cn} \quad \text{满足近似条件}$$

（5）计算调节器电阻和电容

转速调节器原理图如图 4-28 所示，取 $R_0 = 39\text{k}\Omega$，则

$$R_n = K_n R_0 = 135.97 \times 39\text{k}\Omega = 5303\text{k}\Omega \quad \text{取 5.1M}\Omega$$

$$C_n = \frac{\tau_n}{R_n} = \frac{0.0525}{5100 \times 10^3}\text{F} = 0.1 \times 10^{-9}\text{F} \quad \text{取 100pF}$$

$$C_{on} = \frac{4T_{on}}{R_0} = \frac{4 \times 0.01}{39 \times 10^3}\text{F} = 1.02 \times 10^{-6}\text{F} = 1.02\mu\text{F} \quad \text{取 1}\mu\text{F}$$

（6）校核转速超调量

当 $h=5$ 时，由表 4-4 查得，$\sigma_n\% = 37.6\%$，似乎不能满足设计要求。实际上，表 4-4 是按线性系统计算的，而在一般的直流调速系统中，突加较大阶跃给定时，ASR 常常是要饱和的，已经不符合线性系统的前提。在饱和限幅的非线性控制作用下，超调量会大大降低，应该按 ASR 退饱和时的情况计算实际超调量，详见下面的第 3 小节。

对于一些点动起动或斜坡给定起动的传动设备，转速调节器未能进入饱和状态，这时可在给定信号之后增加一阶输入滤波环节，由表 4-6 查得，$T_{in} = 4T_{\Sigma n} = 0.042\text{s}$，此时转速超调为 2.9%，也可以满足设计要求。加入低通滤波器后进一步降低系统截止频率，例题 4-3 中的近似条件仍旧成立。

3. 转速调节器退饱和时转速超调量的计算

如果转速调节器没有饱和限幅的约束，调速系统可以在很大范围内线性工作，则双闭环系统起动时的转速过渡过程就会产生较大的超调量（例如本章例题 4-3 中的 $\sigma_n = 37.6\%$）。实际上，突加较大给定电压后，转速调节器很快就进入饱和状态，输出恒定的限幅电压 U_{im}^*，使电动机在恒流条件下起动，起动电流 $I_d \approx I_{dm} = U_{im}^*/\beta$，而转速则按线

退饱和超调量计算

性规律增长（见图4-29）。虽然这时的起动过程要比调节器没有限幅时慢得多，但是为了保证起动电流不超过允许值，这是必须的。

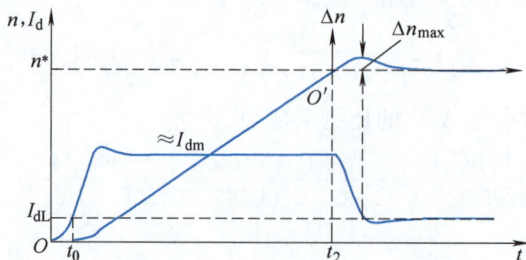

图4-29 ASR饱和限幅时转速、电流双闭环调速系统的起动过程

转速调节器一旦饱和后，只有当转速上升到给定电压 U_n^* 所对应的给定值 n^* 时（见图4-29中的 O' 点），反馈电压才与给定电压平衡，此后，转速偏差电压 ΔU_n 变成负值，使ASR退出饱和。ASR开始退饱和时，由于电动机电流 I_d 仍大于负载电流 I_{dL}，电动机仍继续加速，直到 $I_d \leqslant I_{dL}$ 时，转速才降低下来，因此在起动过程中转速必然超调。但是，这已经不是按线性系统规律的超调，而是经历了饱和非线性区域之后的超调，可以称作"退饱和超调"。

计算退饱和超调量时，起动过程可按分段线性化的方法处理。当ASR饱和时，相当于转速环开环，电流环输入恒定电压 U_{im}^*，如果忽略电流环短暂的跟随过程，其输出量也基本上是恒值 I_{dm}，因而电动机基本上按恒加速起动，其加速度为

$$\frac{dn}{dt} \approx (I_{dm} - I_{dL})\frac{R}{C_e T_m} \tag{4-87}$$

这个过程一直延续到 t_2 时刻（见图4-29）$n = n^*$ 时为止。取式（4-87）的积分，得

$$t_2 \approx \frac{C_e T_m n^*}{(I_{dm} - I_{dL})R}$$

再考虑到式（4-83）和 $U_n^* = \alpha n$，$U_{im}^* = \beta I_{dm}$，则

$$t_2 \approx \left(\frac{2h}{h+1}\right)\frac{K_n U_n^*}{(U_{im}^* - \beta I_{dL})}T_{\Sigma n} \tag{4-88}$$

这一段终了时，$I_d = I_{dm}$，$n = n^*$。

ASR退饱和后，转速恢复到线性范围内运行，系统的结构框图如图4-27b所示。描述系统的微分方程和前面分析线性系统跟随性能时相同，只是初始条件不同了。分析线性系统跟随性能时，初始条件为

$$n(0) = 0, \quad I_d = 0$$

讨论退饱和超调时，饱和阶段的终了状态就是退饱和阶段的初始状态，只要把时间坐标零点从 $t = 0$ 移到 $t = t_2$ 时刻即可。因此，退饱和的初始条件是

$$n(0) = n^*, \quad I_d = I_{dm}$$

由于初始条件发生了变化，尽管两种情况的动态结构框图和微分方程完全一样，过渡过程还是不同的。因此，退饱和超调量并不等于典型Ⅱ型系统跟随性能指标中的超调量。要计算退饱和超调量，按说应该在新的初始条件下求解过渡过程，但这样的求解过程比较麻烦。如果把退饱和后的过程与同一系统在负载扰动下的过渡过程对比一下，不难发现二者之间的相似之处，于是就可找到一条计算退饱和超调量的捷径。

当 ASR 选用 PI 调节器时，图 4-27b 所示的调速系统结构框图可以绘成图 4-30a。由于我们感兴趣的是在稳态转速 n^* 以上的超调部分，即只考虑实际转速与给定转速的差值 $\Delta n = n - n^*$，可以把图 4-29 的坐标从 O 点移到 O' 点，相应的动态结构框图变成图 4-30b，初始条件则转化为

$$\Delta n(0) = 0, \quad I_d(0) = I_{dm}$$

由于图 4-30b 的给定信号为零，可以不画，而把 Δn 的负反馈作用反映到主通道第一个环节的输出量上来，得到图 4-30c，为了保持图 4-30c 和图 4-30b 各量间的加减关系不变，图 4-30c 中 I_d 和 I_{dL} 的 +、－ 号都做相应的变化。

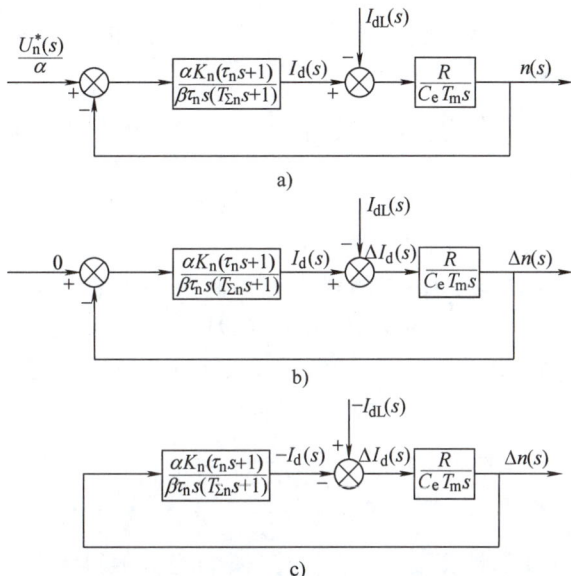

图 4-30 调速系统的等效动态结构图
a）以转速 n 为输出量　b）以转速超调值 Δn 为输出量　c）图 b 的等效变换

将图 4-30c 和讨论典型 II 型系统抗扰过程所用的图 4-17b 比较一下，不难看出，它们的结构是完全相同的。对于图 4-17b 所示的系统，如果它在 $I_d = I_{dm}$ 的负载下以 $n = n^*$ 稳定运行，在 t_2 时刻（即在 O' 点）突然将负载由 I_{dm} 降到 I_{dL}，转速会产生一个动态速升与恢复的过程。这个过程的初始条件与图 4-30b 的退饱和超调过程完全一样。因此这样的突减负载的速升过程与退饱和超调过程是完全相同的。且由表 4-5 中数据可以看出，典型 II 型系统动态跌落仅与中频带宽度 h 有关，与系统中的其他参数无关。因此可以利用表 4-5 给出的典型 II 型系统抗扰性能指标来计算退饱和超调量，只要注意正确计算 Δn 的基准值即可。

在典型 II 型系统抗扰性能指标中，由式（4-37）表达的 ΔC 的基准值是

$$C_b = 2FK_2T$$

对比图 4-17b 和图 4-30c 可知

$$K_2 = \frac{R}{C_e T_m}$$

$$T = T_{\Sigma n}$$

而

$$F = I_{dm} - I_{dL}$$

所以 Δn 的基准值应该是

$$\Delta n_{\mathrm{b}} = \frac{2RT_{\Sigma\mathrm{n}}(I_{\mathrm{dm}} - I_{\mathrm{dL}})}{C_{\mathrm{e}}T_{\mathrm{m}}} \tag{4-89}$$

令 λ 为电动机允许的过载倍数，即 $I_{\mathrm{dm}} = \lambda I_{\mathrm{dN}}$；

z 为负载系数，$I_{\mathrm{dL}} = zI_{\mathrm{dN}}$；

Δn_{N} 为调速系统开环机械特性的额定稳态速降，$\Delta n_{\mathrm{N}} = \dfrac{I_{\mathrm{dN}}R}{C_{\mathrm{e}}}$。

代入式（4-89），可得

$$\Delta n_{\mathrm{b}} = 2(\lambda - z)\Delta n_{\mathrm{N}}\frac{T_{\Sigma\mathrm{n}}}{T_{\mathrm{m}}} \tag{4-90}$$

作为转速超调量 σ_{n}，其基准值应该是 n^*，因此退饱和超调量可以由表 4-5 列出的 $\Delta C_{\max}/C_{\mathrm{b}}$ 数据经基准值换算后求得，即

$$\sigma_{\mathrm{n}} = \left(\frac{\Delta C_{\max}}{C_{\mathrm{b}}}\right)\frac{\Delta n_{\mathrm{b}}}{n^*} = 2\left(\frac{\Delta C_{\max}}{C_{\mathrm{b}}}\right)(\lambda - z)\frac{\Delta n_{\mathrm{N}}}{n^*}\frac{T_{\Sigma\mathrm{n}}}{T_{\mathrm{m}}} \tag{4-91}$$

例题 4-4　试按退饱和超调量的计算方法计算例题 4-3 中调速系统空载起动到额定转速时的转速超调量，并校验它是否满足设计要求。

解　设理想空载起动时 $z = 0$，由例题 4-1 和例题 4-3 的已知数据有：$\lambda = 1.5$，$R = 0.368\Omega$，$I_{\mathrm{dN}} = 52.2\mathrm{A}$，$n_{\mathrm{N}} = 2610\mathrm{r/min}$，$C_{\mathrm{e}} = 0.1459\mathrm{V \cdot min/r}$，$T_{\mathrm{m}} = 0.18\mathrm{s}$，$T_{\Sigma\mathrm{n}} = 0.0105\mathrm{s}$。当 $h = 5$ 时，由表 4-5 查得 $\Delta C_{\max}/C_{\mathrm{b}} = 81.2\%$，代入式（4-91），可得

$$\sigma_{\mathrm{n}} = 2 \times 81.2\% \times 1.5 \times \frac{\dfrac{52.2 \times 0.368}{0.145}}{2610} \times \frac{0.0105}{0.18} = 0.722\% < 5\%$$

能满足设计要求。

从例题 4-1～例题 4-4 的计算结果来看，有三个问题是值得注意的：

（1）转速的退饱和超调量与稳态转速有关

按线性系统计算转速超调量时，当 h 选定后，不论稳态转速 n^* 有多大，超调量 $\sigma_{\mathrm{n}}\%$ 的百分数都是一样的。但是，按照退饱和过程计算超调量，其具体数值却与 n^* 有关［见式（4-91）］。在例题 4-4 中，如果起动到额定转速的四分之一，式（4-91）中 $n^* = \dfrac{n_{\mathrm{N}}}{4}$，其他数值不变，则退饱和超调量变为

$$\sigma_{\mathrm{n}}\big|_{0.25n_{\mathrm{N}}} = 0.722\% \times 4 = 2.89\% < 5\%$$

仍能满足设计要求。

如果只起动到 $0.1n_{\mathrm{N}}$，则退饱和超调量变为

$$\sigma_{\mathrm{n}}\big|_{0.1n_{\mathrm{N}}} = 0.722\% \times 10 = 7.22\% > 5\%$$

就不满足设计要求了。

（2）反电动势对转速环和转速超调量的影响

在例题 4-1 中，设计电流调节器时，已经算出 $\omega_{\mathrm{ci}} = 2000\mathrm{s}^{-1}$，而忽略反电动势的条件是：$3\sqrt{\dfrac{1}{T_{\mathrm{m}}T_{\mathrm{l}}}} = 58.93\mathrm{s}^{-1} < \omega_{\mathrm{ci}}$，可以满足。这说明，反电动势的动态影响对于电流环来说是可以忽略的。

但是，在例题 4-3 中设计转速环时，将电流环等效成一阶惯性环节，并未再考虑反电动

势。然而，转速环的截止频率 $\omega_{cn} = 57.14\text{s}^{-1}$，它并不大于 $3\sqrt{\dfrac{1}{T_m T_l}} = 58.93\text{s}^{-1}$，因此，对于转速环来说，忽略反电动势的条件就不成立了。好在反电动势的影响只会使转速超调量更小，不考虑它并无大碍。

（3）内、外环开环对数幅频特性的比较

图 4-31 把例题 4-1 设计的电流环和例题 4-3 设计的转速环的开环对数幅频特性画在一起，其中各转折频率和截止频率由大到小依次为

$$\frac{1}{T_{\Sigma i}} = \frac{1}{0.00025}\text{s}^{-1} = 4000\text{s}^{-1}$$

$$\omega_{ci} = 2000\text{s}^{-1}$$

$$\frac{1}{T_{\Sigma n}} = \frac{1}{0.0105}\text{s}^{-1} = 95.24\text{s}^{-1}$$

$$\omega_{cn} = 57.14\text{s}^{-1}$$

$$\frac{1}{\tau_n} = \frac{1}{0.0525}\text{s}^{-1} = 19.05\text{s}^{-1}$$

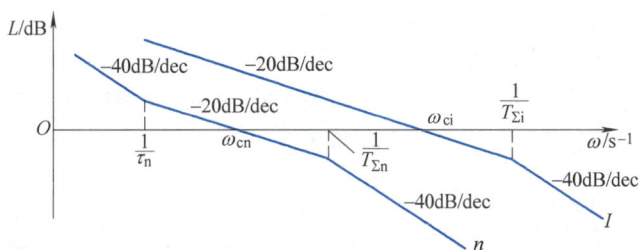

图 4-31　双闭环调速系统内环和外环的开环对数幅频特性
I——电流内环　n——转速外环

从计算过程可以看出，这样的排列次序是必然的。这样设计的双闭环系统，外环一定比内环慢。采用 PWM 调速可以大大降低各环节的时间常数，并缩短各控制环的采样周期，提高了电流环带宽，但例题 4-3 中转速环带宽却只有 57.14s^{-1}，这是由转速测量环节滤波时间常数过大引起的。

外环的响应比内环慢，这是按上述工程设计方法设计多环控制系统的特点。这样做，虽然不利于快速性，但每个控制环本身都是稳定的，对系统的组成和调试工作非常有利。

4.4　双闭环直流调速系统的弱磁控制

4.4.1　弱磁与调压的配合控制

在他励直流电动机的调速方法中，变电枢电压方法是从基速（即额定转速 n_N）向下调速，而降低励磁电流以减弱磁通则是从基速向上调速。按照电力拖动原理，在不同转速下长期运行时，为了避免电动机过热，都应使电枢电流小于或等于额定值 I_{dN}。于是，在变压调速范围内，因为励磁磁通不变，电磁转矩 $T_e = K_m \Phi I_d$，允许的转矩也不会变，称作"恒转矩调速方式"。而在弱磁调速范围内，转速越高，磁通越弱，容许的转矩不得不减小，转矩与

转速的乘积则不变，即容许功率不变，称为"恒功率调速方式"。

由此可见，所谓"恒转矩"和"恒功率"调速方式，是指在不同运行条件下，当电枢电流达到其额定值 I_N 时，所允许的转矩或功率不变，是电动机能长期承受的限度。实际的转矩和功率究竟有多少，要由具体负载决定。不同性质的负载要求也不一样，例如矿井卷扬机和载客电梯，当最大载重量相同时，无论速度快慢，负载转矩都一样，所以属于"恒转矩类型的负载"。而机床主轴传动，调速时容许的最大切削功率一般不变，属于"恒功率类型的负载"。显然，恒转矩类型的负载适合于采用恒转矩调速方式，而恒功率类型的负载更适合于恒功率的调速方式。但是，直流电动机允许的弱磁调速范围有限，一般电动机不超过2:1，专用的"调速电动机"也不过是 3:1 或 4:1。当负载要求的调速范围更大时，就不得不采用变压和弱磁配合控制的办法，即在基速以下保持磁通为额定值不变，只调节电枢电压，而在基速以上则把电压保持为额定值，减弱磁通升速，

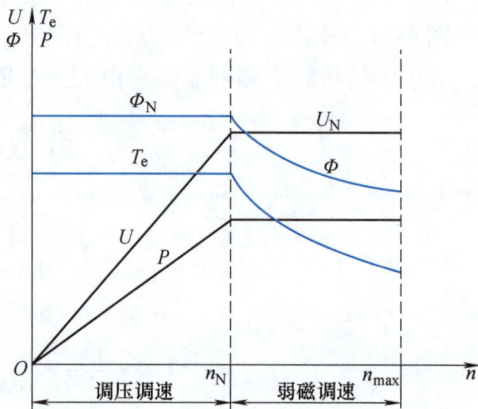

图 4-32　弱磁与调压配合控制特性

这样的配合控制特性如图 4-32 所示。变压与弱磁配合控制只能在基速以上满足恒功率调速的要求，在基速以下，输出功率不得不有所降低。

4.4.2　励磁电流的闭环控制

在变压调速系统的基础上进行弱磁控制，变压与弱磁的给定装置不应该完全独立，而是互相关联的。从图 4-32 可以看出，在基速以下，应该在满磁的条件下调节电压，在基速以上，应该在额定电压下调节励磁。因此，存在恒转矩的变压调速和恒功率的弱磁调速两个不同的区段。实际运行中，需要选择一种合适的控制方法，可以控制系统在这两个区段间交替工作。图 4-33 便是一种带有励磁电流闭环的弱磁与调压的配合控制直流调速系统。

在图 4-33 中，电枢电压控制系统仍采用常规的转速、电流双闭环控制，采用励磁电流闭环控制弱磁程度，励磁电流调节器 AFR（Automatic Flux linkage Regulator）一般采用 PI 调节器。当电动机在额定转速 n_N 以下变压调速时，励磁电流给定 $U_{if}^* = U_{ifN} = \beta_f I_{fN}$，$\beta_f$ 为励磁电流反馈系数，I_{fN} 为额定励磁电流，励磁电流环将励磁电流稳定在额定值，使气隙磁通等于额定磁通 Φ_N，这与常规的转速、电流双闭环系统是完全一致的。当转速升到额定转速 n_N 以上时，将根据感应电动势不变（$E = E_N$）的原则，逐步减小励磁电流给定 U_{if}^*。在励磁电流闭环控制作用下，励磁电流 $I_f < I_{fN}$，气隙磁通 Φ 小于额定磁通 Φ_N，电动机工作在弱磁状态，实现基速以上的调速。

弱磁过程的直流电动机数学模型为：前面讨论的直流电动机数学模型都是在恒磁通条件下建立的，它不能适用于弱磁过程。当磁通为变量时，参数 C_e 和 C_m 都不能再看作常数，而应被 $K_e\Phi$ 和 $K_m\Phi$ 所取代，这时式（3-11）和式（3-12）所表示的电动势和电磁转矩应改成

$$E = K_e\Phi n \tag{4-92}$$

$$T_e = K_m\Phi I_d \tag{4-93}$$

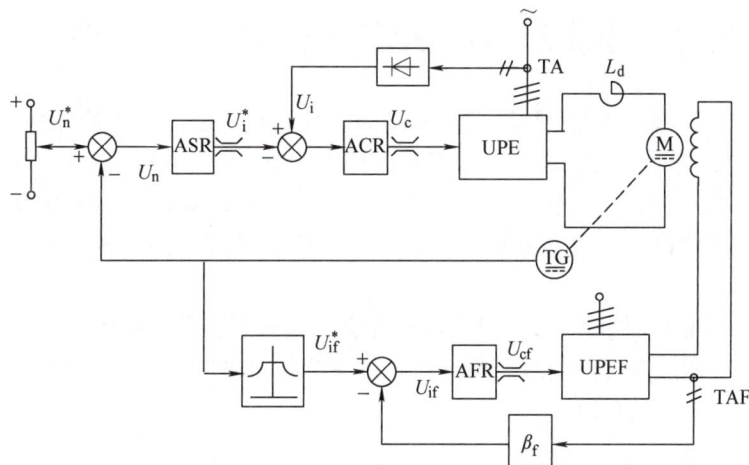

图 4-33 带有励磁电流闭环的弱磁与调压配合控制直流调速系统
AFR—励磁电流调节器 UPEF—励磁电力电子变换器

式中 K_m——由电动机结构决定的转矩常数。

而原来定义的机电时间常数变成

$$T_m = \frac{GD^2 R}{375 K_e K_m \Phi^2} \qquad (4-94)$$

并且也不能再视作常数。

考虑到电枢回路的动态方程和运动方程式

$$U_{d0} - E = R\left(I_d + T_1 \frac{dI_d}{dt}\right)$$

$$T_e - T_L = \frac{GD^2}{375} \frac{dn}{dt}$$

弱磁过程的直流电动机动态结构绘于图 4-34，其中励磁电流 I_f 与磁通 Φ 之间的非线性函数关系可用饱和曲线表示。

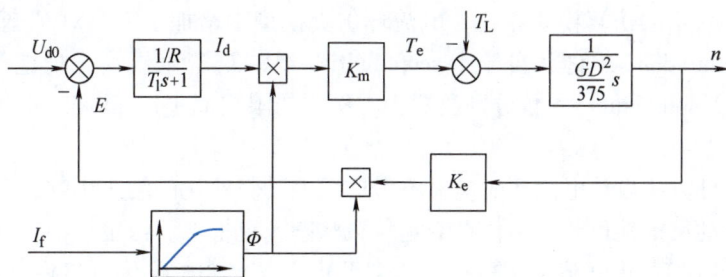

图 4-34 弱磁过程直流电动机的动态结构图

需注意，在磁通变化的过程中直流电动机是一个含有乘法器的非线性对象，如果转速调节器 ASR 仍采用线性的 PI 调节器，将无法保证在整个弱磁调速范围内都得到优良的控制性能。为了解决这个问题，原则上应使 ASR 具有可变参数，以适应磁通的变化。采用微机数字控制系统，调节器的参数跟随磁通实时地变化，可以得到优良的控制性能。

4.5 转速、电流双闭环控制直流调速系统的仿真

设计高性能的转速、电流双闭环控制直流调速系统时，设计者要选择 ASR 和 ACR 两个调节器的 PI 参数，有效的方法是使用调节器的工程设计方法，可使设计方法规范化，并减少设计工作量。为了使调节器参数进一步优化，可用 MATLAB 仿真软件构建双闭环直流调速系统的仿真平台，观测转速和电流的仿真波形，检查系统控制性能，并对参数做进一步细调。

下面就按例题 4-1、例题 4-2、例题 4-3 所给出的实例，学习在 MATLAB/Simulink 仿真平台下双闭环直流调速系统的仿真分析方法。仿真分析时先进行电流内环的仿真，然后再进行双闭环直流调速系统的仿真。

1. 电流环的仿真

参考图 4-5，在图 3-21 基础上修改得到电流环仿真模型，如图 4-35 所示，直流电动机采用 PWM 控制直流电源供电，电流调节器采用 PI 调节器，为减小退饱和超调量，进行积分限幅和输出限幅。

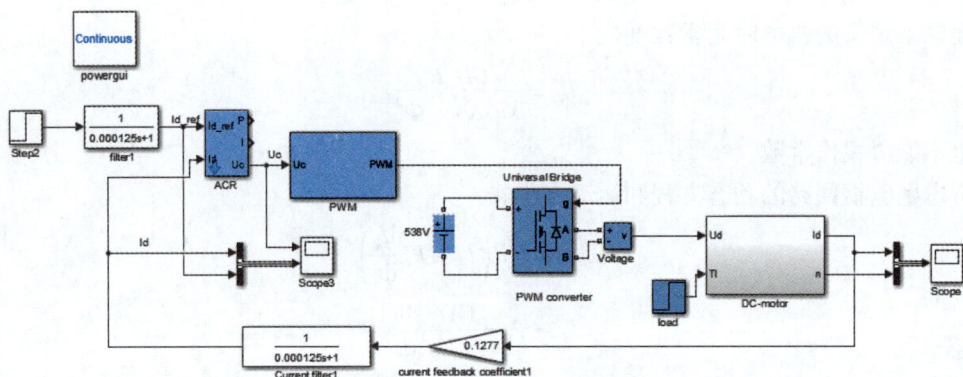

图 4-35　电流环的仿真模型

与第 3 章中介绍的仿真模块相比，电流环仿真模型中增加了一个对 PI 输出限幅的饱和非线性模块（Saturation），它来自于 Discontinuities 组，双击该模块，把饱和上界（Upper limit）和下界（Lower limit）参数分别设置为本例题的限幅值 +4.998 和 -4.998，如图 4-36 所示。

在按工程设计方法设计电流环时，暂不考虑反电动势变化的动态影响，在电流环仿真调试时，电动机拖动反抗性负载，工作在额定负载状态，电枢电流给定很小，这样电动机不能起动，避免了转速环对电流环的影响。这里电流给定电压为 1.2V，对应电枢电流为 9.396A。

选中 Simulink 模型窗口的 Simulation→Configuration Parameters 菜单项（见图 3-30），把 Start time 和 Stop time 栏目分别填写为 0.0s 和 0.05s。启动仿真过程，用 🔍 自动刻度（Autoscale）调整示波器模块所显示的曲线图像，得到图 4-37 所示的曲线图像。其中，上面窗口为电枢电压波形，下面窗口为电枢电流波形。可以看出电流没有静差，这是由于电动机没有起动，电流环没有受到反电动势的扰动。由电流波形可以看出阶跃响应跟随过程，测出跟

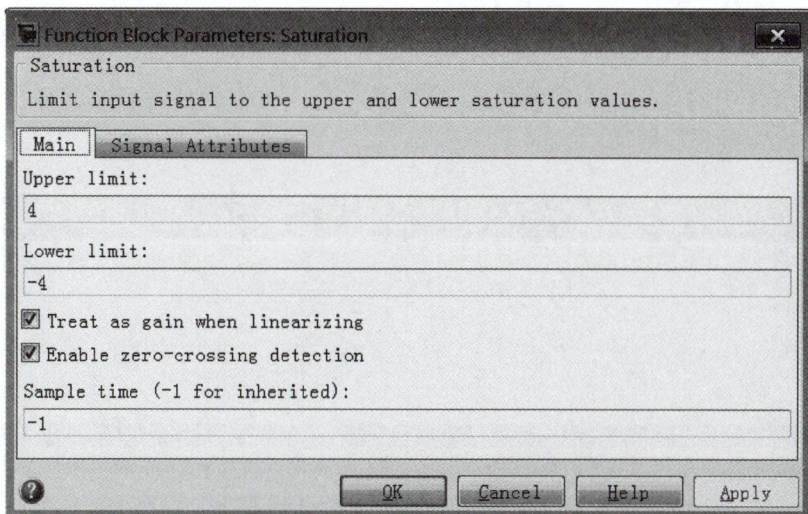

图 4-36 Saturation 模块对话框

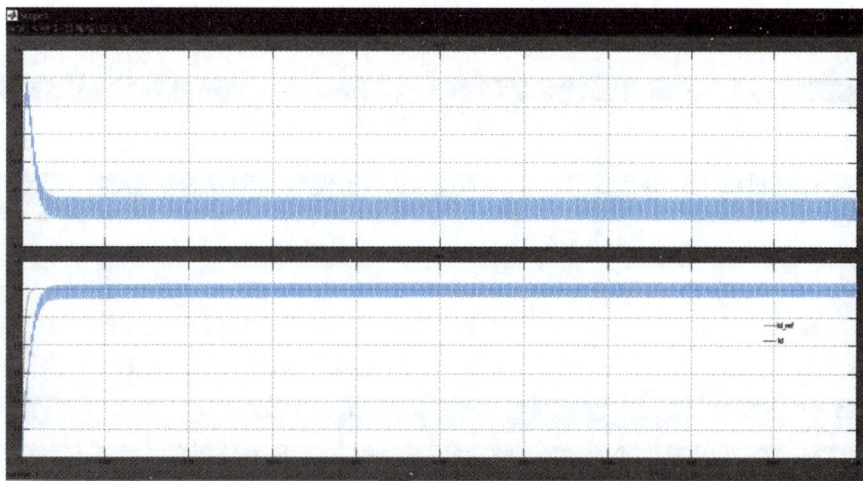

图 4-37 电流环的仿真结果

随性能指标，如图 4-37 中电流并没有出现超调。这是由于仿真模型中 PMW 控制环节采用模拟控制方式，就平均值而言可以近似为无滞后比例环节，远小于例题 4-1 中 PWM 控制与变换环节延时时间 T_{PWM}。还可以结合电枢电压波形来分析电流环的调节过程，在系统开始起动时，电枢电压迅速增加，以便快速建立电枢电流；随着电枢电流的增加，电流调节器输出下降，电枢电压也随着快速下降，而后为了维持恒定的电枢电流，电枢电压也是恒定的。

图 4-37 的 PI 参数是根据例题 4-1 计算的结果设定的，电流环校正成典 I 系统，参数关系是 $KT=0.5$。在此基础上，利用图 4-35 的仿真模型，可以观察 PI 参数对跟随性能指标的影响趋势，找到符合工程要求的更合适的参数。例如：以 $KT=0.25$ 的关系式按典型 I 型系统的设计方法得到了 PI 调节器的传递函数为 $0.38555+\dfrac{26.77}{s}$，很快地得到了电流环的阶跃响应的仿真结果如图 4-38 所示，无超调，但上升时间长；以 $KT=1.0$ 的关系式得到了 PI 调

节器的传递函数为 $1.542 + \dfrac{107.08}{s}$，同样得到了电流环的阶跃响应的仿真结果如图 4-39 所示，超调大，但上升时间短。为了模拟出 PWM 数字控制带来的延时影响，可在电流反馈环节设置 0.000125s 的采样周期。

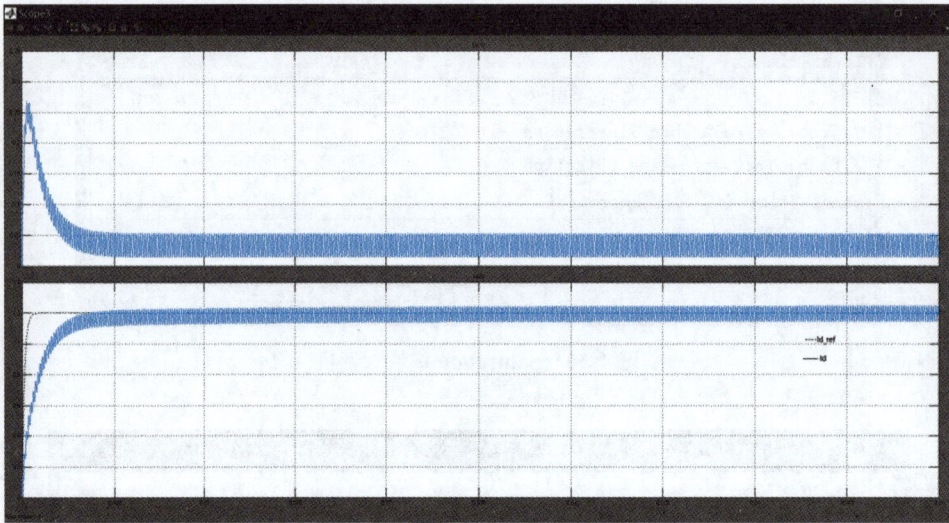

图 4-38　$KT = 0.25$ 的仿真结果

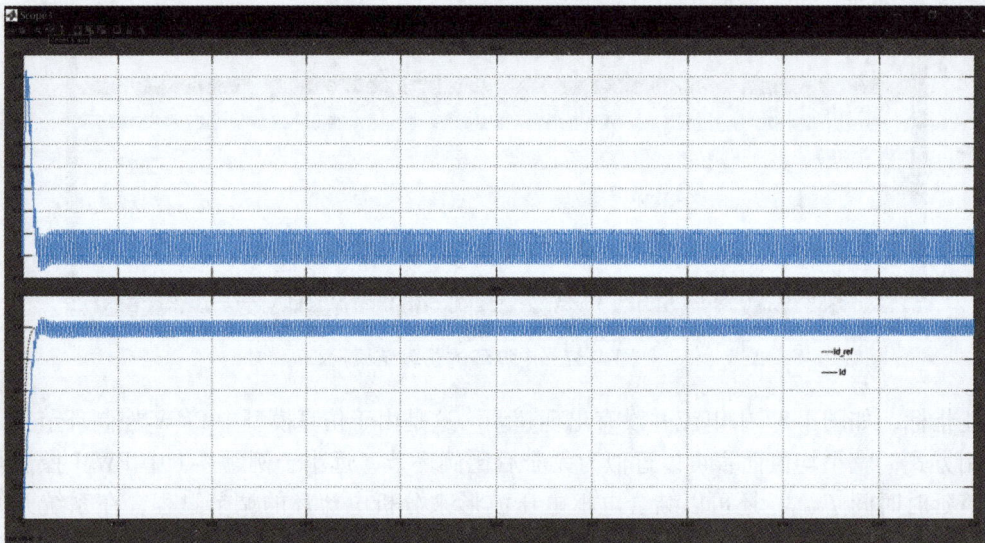

图 4-39　超调量较大的仿真结果

　　观察图 4-37 ~ 图 4-39 的仿真曲线，可以看出电流环均无静差，这是由于电流给定很小，电动机不能起动，电流环不受到电动机反电动势的扰动，所以系统无静差。

　　当把电流环校正成典 II 系统时，按照 $h = 5$ 计算 PI 调解器参数，PI 调节器的传递函数为 $0.957 + \dfrac{765.6}{s}$，输入滤波传递函数为 $\dfrac{1}{0.001s + 1}$，得到图 4-40 所示的电枢电压与电流波形。与图 4-37 相比，电流波形超调更小，上升时间也很短。

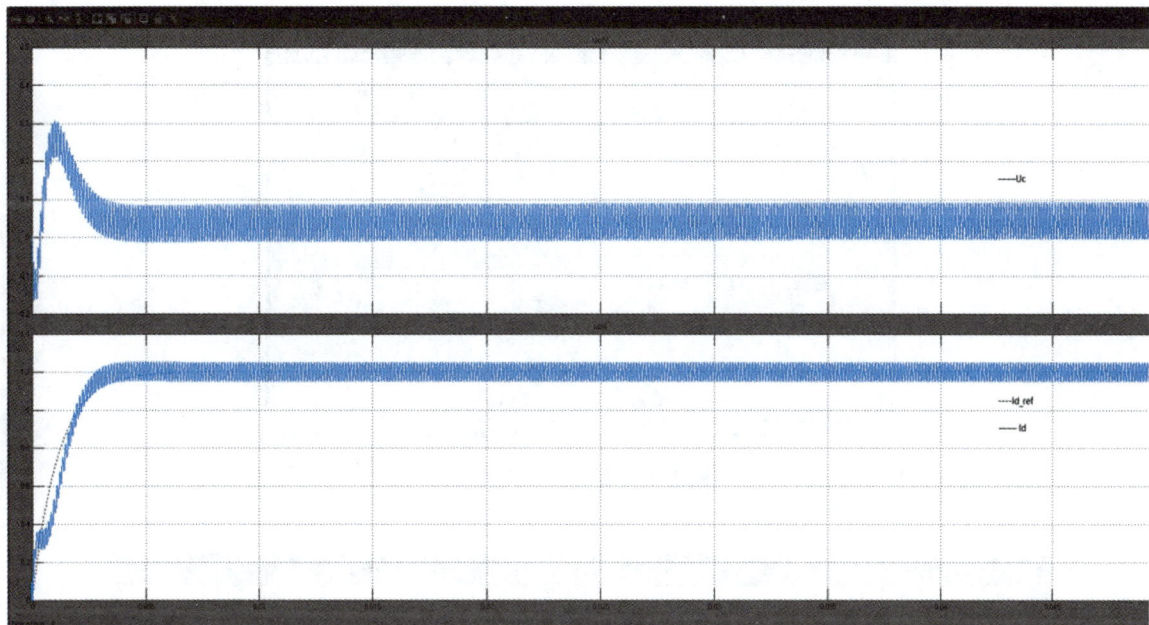

图 4-40　典型 Ⅱ 型系统的仿真结果

2. 转速环的系统仿真

转速环的仿真模型如图 4-41 所示。为了在示波器模块中反映出转速与电流的对应关系，仿真模型中从 Signal Routing 组中选用了 Mux 模块来把几个输入聚合成一个向量输出给 Scope。图 4-42 是聚合模块的对话框，可以在 Number of inputs 栏目中设置输入量的个数。Step 1 模块是用来输入负载电流的。PI 参数采用例题 4-3 的设计结果，其传递函数为 $135.97 + \dfrac{2589.9}{s}$。

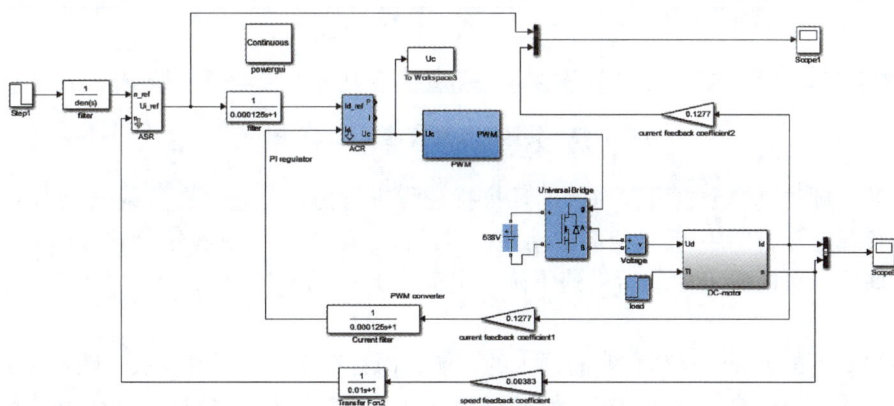

图 4-41　转速环的仿真模型

双击阶跃输入模块把阶跃值设置为 10，得到启动时的转速与电流响应曲线，如图 4-43 所示，ASR 调节器经过了不饱和、饱和、退饱和三个阶段，最终稳定运行于给定转速，而恒流升速是主要阶段。如把负载电流设置为 52.5，满载起动，其转速与电流响应曲线如图 4-44 所示，起动时间延长，退饱和超调量减少。

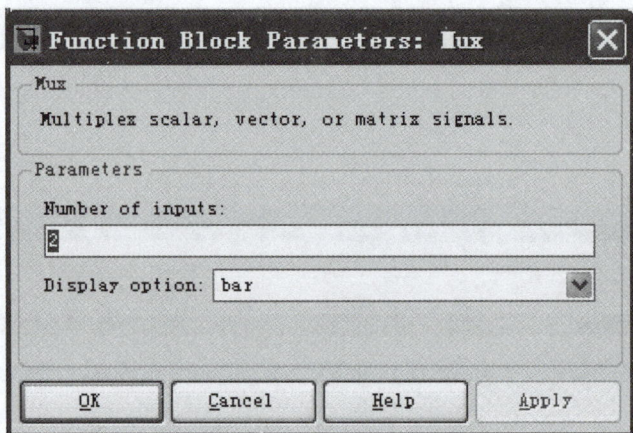

图 4-42　聚合模块对话框

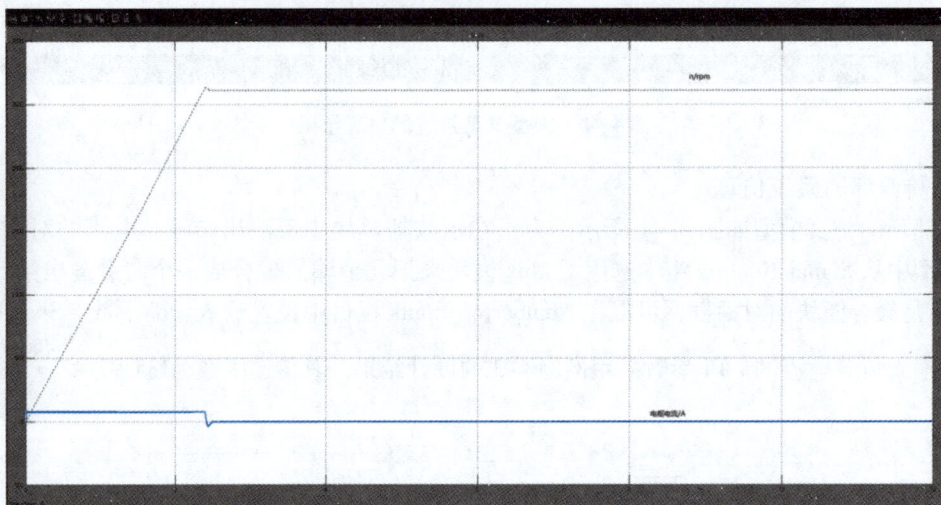

图 4-43　转速环空载高速起动波形图

利用转速环仿真模型也可以对转速环抗扰过程进行仿真，它是在负载电流 $I_{dL}(s)$ 的输入端加上负载电流，图 4-45 是空载起动到稳定运行后在 4s 时受到额定负载扰动时的转速与电流响应曲线。可以看出加载后转速下降，电流上升拉动转速再次上升，稳态时仍为给定转速。

MATLAB 下的 Simulink 软件具有强大的功能，而且在不断地得到发展，随着它的版本的更新，各个版本的模块浏览器的表示形式略有不同，但本书所采用的都是基本仿真模块，可以在有关的模块组中找到，在进一步学习和应用 Simulink 软件的其他模块后，会为工程设计带来便捷。

在工程设计时，首先根据典型 I 型系统或典型 II 型系统的方法计算调节器参数，然后利用 MATLAB 下的 Simulink 软件进行仿真，灵活修正调节器参数，直至得到满意的结果。

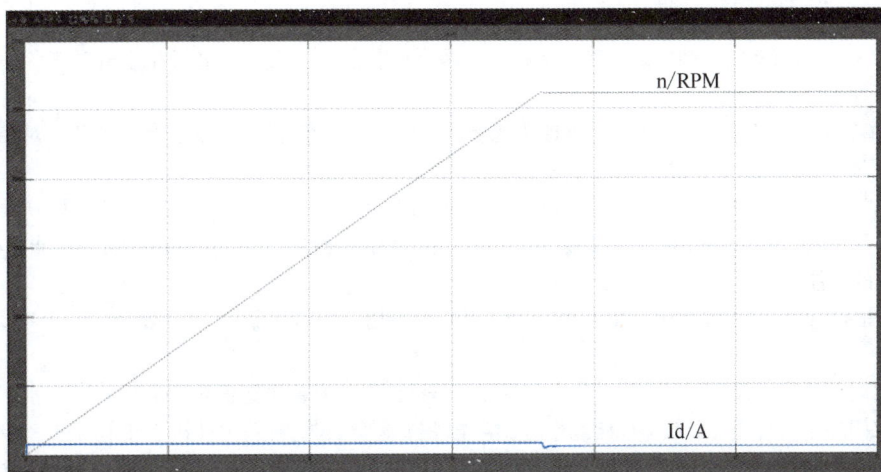

图 4-44　转速环满载高速起动波形图

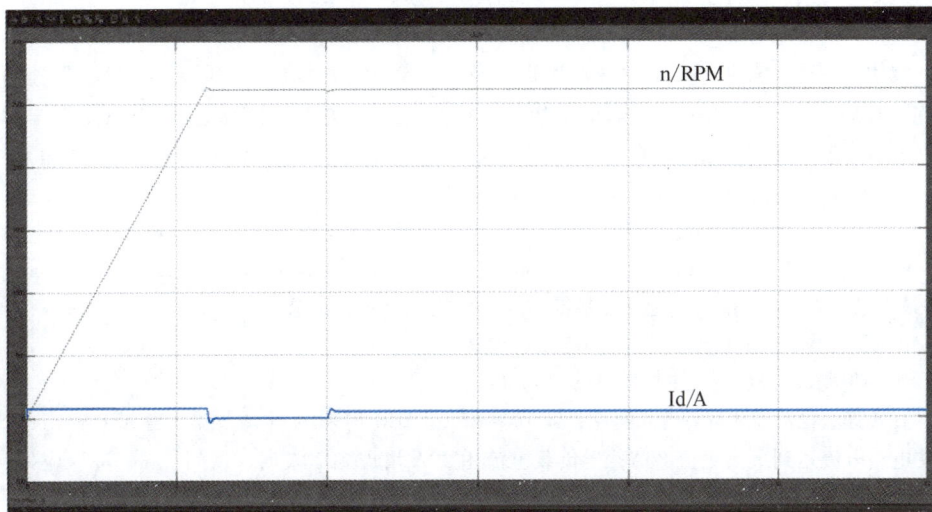

图 4-45　转速环的抗扰波形图

思考题

4-1　在恒流起动过程中，电枢电流能否达到最大值 I_{dm}？为什么？

4-2　由于机械原因，造成转轴堵死，试分析双闭环直流调速系统的工作状态。

4-3　双闭环调速系统中，给定电压 U_n^* 不变，增加转速负反馈系数 α，系统稳定后转速反馈电压 U_n 和实际转速 n 是增加、减小还是不变？

4-4　双闭环调速系统调试时，遇到下列情况会出现什么现象？（1）电流反馈极性接反；（2）转速极性接反。

4-5　某双闭环调速系统，ASR、ACR 均采用 PI 调节器，调试中怎样才能做到 $U_{im}^*=6V$ 时，$I_{dm}=20A$；如欲使 $U_n^*=10V$ 时，$n=1000r/min$，应调什么参数？

4-6　在转速、电流双闭环调速系统中，若要改变电动机的转速，应调节什么参数？改变转速调节器的放大倍数 K_n 行不行？改变电力电子变换器的放大倍数 K_s 行不行？改变转速反馈系数 α 行不行？若要改变电动机的堵转电流，应调节系统中的什么参数？

4-7 转速、电流双闭环调速系统稳态运行时，两个调节器的输入偏差电压和输出电压各是多少？为什么？

4-8 在双闭环系统中，若速度调节器改为比例调节器，或电流调节器改为比例调节器，对系统的稳态性能影响如何？

4-9 试从下述五个方面来比较转速、电流双闭环调速系统和带电流截止环节的转速单闭环调速系统：(1) 调速系统的静态特性；(2) 动态限流性能；(3) 起动的快速性；(4) 抗负载扰动的性能；(5) 抗电源电压波动的性能。

4-10 根据速度调节器 ASR、电流调节器 ACR 的作用，回答下面问题（设 ASR、ACR 均采用 PI 调节器）：

(1) 双闭环系统在稳定运行中，如果电流反馈信号线断开，系统仍能正常工作吗？

(2) 双闭环系统在额定负载下稳定运行时，若电动机突然失磁，最终电动机会飞车吗？

4-11 弱磁与调压配合控制系统空载起动到额定转速以上，主电路电流和励磁电流的变化规律是什么？

习 题

4-1 双闭环调速系统的 ASR 和 ACR 均为 PI 调节器，设系统最大给定电压 $U_{nm}^* = 15V$，转速调节器输出限幅 $U_{im}^* = 15V$，$n_N = 1500r/min$，$I_N = 20A$，电流过载倍数为 2，电枢回路总电阻 $R = 2\Omega$，$K_s = 20$，$C_e = 0.127V \cdot min/r$，求：(1) 当系统稳定运行在 $U_n^* = 5V$，$I_{dL} = 10A$ 时，系统的 n、U_n、U_i^*、U_i 和 U_c 各为多少？(2) 当电动机负载过大而堵转时，U_i^* 和 U_c 各为多少？

4-2 在转速、电流双闭环调速系统中，两个调节器 ASR、ACR 均采用 PI 调节器。已知：电动机参数 $P_N = 3.7kW$、$U_N = 220V$、$I_N = 20A$、$n_N = 1000 r/min$，电枢回路总电阻 $R = 1.5\Omega$，设 $U_{nm}^* = U_{im}^* = U_{cm} = 8V$，电枢回路最大电流 $I_{dm} = 40A$，电力电子变换器的放大系数 $K_s = 40$。试求：

(1) 电流反馈系数 β 和转速反馈系数 α。

(2) 当电动机在最高转速发生堵转时的 U_{d0}、U_i^*、U_i、U_c 值。

4-3 在转速、电流双闭环调速系统中，调节器 ASR、ACR 均采用 PI 调节器。当 ASR 输出达到 $U_{im}^* = 8V$ 时，主电路电流达到最大电流 80A；当负载电流由 40A 增加到 70A 时，试问：(1) U_i^* 应如何变化？(2) U_c 应如何变化？(3) U_c 值由哪些条件决定？

4-4 在转速、电流双闭环调速系统中，电流过载倍数为 2，电动机拖动恒转矩负载在额定工作点正常运行，现因某种原因功率变换器供电电压上升 5%，系统工作情况将会如何变化？写出 U_i^*、U_c、U_{d0}、I_d 及 n 在系统重新进入稳定后的表达式。

4-5 某反馈控制系统已校正成典型 I 型系统。已知时间常数 $T = 0.1s$，要求阶跃响应超调量 $\sigma \leqslant 10\%$。

(1) 系统的开环增益。

(2) 计算过渡过程时间 t_s 和上升时间 t_r。

(3) 绘出开环对数幅频特性，如果要求上升时间 $t_r < 0.25s$，则 $K = ?$，$\sigma\% = ?$

4-6 有一个系统，其控制对象的传递函数为 $W_{obj}(s) = \dfrac{K_1}{\tau s + 1} = \dfrac{10}{0.01s + 1}$，要求设计一个无静差系统，在阶跃输入下系统超调量 $\sigma \leqslant 5\%$（按线性系统考虑）。试对系统进行动态校正，决定调节器结构，并选择其参数。

4-7 有一个闭环系统，其控制对象的传递函数为 $W_{obj}(s) = \dfrac{K_1}{s(Ts + 1)} = \dfrac{10}{s(0.02s + 1)}$，要求校正为典型 II 型系统，在阶跃输入下系统超调量 $\sigma\% \leqslant 30\%$（按线性系统考虑）。试决定调节器结构，并选择其参数。

4-8 在一个由 PWM 变换器供电的转速、电流双闭环调速系统中，PWM 变换器的开关频率为 8kHz。已知电动机的额定数据为：$P_N = 60kW$，$U_N = 220V$，$I_N = 308A$，$n_N = 1000r/min$，电动势系数 $C_e = 0.196V \cdot min/r$，主回路总电阻 $R = 0.1\Omega$，变换器的放大倍数 $K_s = 35$。电磁时间常数 $T_l = 0.01s$，机电时间

常数 $T_m = 0.12s$，电流反馈滤波时间常数 $T_{oi} = 0.0006s$，转速反馈滤波时间常数 $T_{on} = 0.015s$。额定转速时的给定电压 $(U_n^*)_N = 10V$，调节器 ASR、ACR 饱和输出电压 $U_{im}^* = 8V$，$U_{cm} = 7.98V$。系统的静、动态指标为：稳态无静差，调速范围 $D = 10$，电流超调量 $\sigma_i \leqslant 5\%$，空载起动到额定转速时的转速超调量 $\sigma_n \leqslant 10\%$。试求：

(1) 确定电流反馈系数 β（假设起动电流限制在 $1.1 I_N$ 以内）和转速反馈系数 α。

(2) 试设计电流调节器 ACR，计算其参数 R_i、、C_i、C_{oi}；画出其电路图，调节器输入回路电阻 $R_0 = 40k\Omega$。

(3) 设计转速调节器 ASR，计算其参数 R_n、C_n、C_{on}。（$R_0 = 40k\Omega$）

(4) 计算电动机带 40% 额定负载起动到最低转速时的转速超调量 σ_n。

(5) 计算空载起动到额定转速的时间。

4-9 有一转速、电流双闭环调速系统，PWM 变换器的开关频率为 8kHz。已知电动机参数为：$P_N = 500kW$，$U_N = 750V$，$I_N = 760A$，$n_N = 375r/min$，电动势系数 $C_e = 1.82V \cdot min/r$，电枢回路总电阻 $R = 0.14\Omega$，允许电流过载倍数 $\lambda = 1.5$，触发整流环节的放大倍数 $K_s = 75$，电磁时间常数 $T_l = 0.031s$，机电时间常数 $T_m = 0.112s$，电流反馈滤波时间常数 $T_{oi} = 0.002s$，转速反馈滤波时间常数 $T_{on} = 0.02s$。设调节器输入输出电压 $U_{nm}^* = U_{im}^* = U_{nm} = 10V$，调节器输入电阻 $R_0 = 40k\Omega$。设计指标：稳态无静差，电流超调量 $\sigma_i \leqslant 5\%$，空载起动到额定转速时的转速超调量 $\sigma_n \leqslant 10\%$。电流调节器已按典型 I 型系统设计，并取参数 $KT = 0.5$。

(1) 选择转速调节器结构，并计算其参数。

(2) 计算电流环的截止频率 ω_{ci} 和转速环的截止频率 ω_{cn}，并考虑它们是否合理？

4-10 在一个转速、电流双闭环直流调速系统中，采用 PWM 变换器供电，转速调节器 ASR，电流调节器 ACR 均采用 PI 调节器。

(1) 在此系统中，当转速给定信号最大值 $U_{nm}^* = 15V$ 时，$n = n_N = 1500$ r/min；电流给定信号最大值 $U_{im}^* = 10V$ 时，允许最大电流 $I_{dm} = 30A$，电枢回路总电阻 $R = 1.4\Omega$，PWM 变换器的放大倍数 $K_s = 30$，电动机额定电流 $I_N = 20A$，电动势系数 $C_e = 0.128V \cdot min/r$。现系统在 $U_n^* = 5V$，$I_{dl} = 20A$ 时稳定运行。求此时的稳态转速 $n = ?$ ACR 的输出电压 $U_c = ?$

(2) 当系统在上述情况下运行时，电动机突然失磁（$\Phi = 0$），系统将会发生什么现象？试分析并说明之。若系统能够稳定下来，则稳定后 $n = ?$ $U_n = ?$ $U_i^* = ?$ $U_i = ?$ $I_d = ?$ $U_c = ?$

(3) 该系统转速环按典型 II 型系统设计，且按 M_{rmin} 准则选择参数，取中频宽 $h = 5$，已知转速环小时间常数 $T_{\Sigma n} = 0.05s$，求转速环在跟随给定作用下的开环传递函数，并计算出放大系数及各时间常数。

(4) 该系统由空载（$I_{dL} = 0$）突加额定负载时，电流 I_d 和转速 n 的动态过程波形是怎样的？已知机电时间常数 $T_m = 0.05s$，计算其最大动态速降 Δn_{max} 和恢复时间 t_v。

第 5 章
直流调速系统的数字控制

内容提要

　　转速给定波动和测速反馈误差使模拟调速系统无法实现高精度的转速控制，为此高性能的调速系统均采用数字控制。本章讨论直流调速系统数字控制的几个主要问题。在 5.1 节首先讨论数字控制直流调速系统的采样频率选择问题。5.2 节介绍了三种数字测速方法。5.3 节介绍了数字调节器。5.4 节介绍了数字调节器的参数设计。最后 5.5 节介绍数字控制直流调速系统的实现。

　　本篇前 4 章所述的直流调速系统，从开环发展到闭环，其中的关键部件，如由运算放大器等模拟电子电路所组成的调节器，把转速给定量和实际转速反馈量进行比较的转速给定和反馈，都是模拟性质的，故称作模拟控制直流调速系统。闭环直流调速系统能抑制被反馈通道包围的前向通道上的扰动，如负载的扰动、调节器放大倍数的漂移、电网电压的波动等。但是对于给定和反馈量的扰动，系统却无能为力。转速检测装置的误差，使得反馈电压不能反映真实的转速值，而转速给定装置的误差，使得已选定的给定电压值发生变化，这两种误差都会使转速偏离所需要的值，因此，模拟控制直流调速系统难以达到很高的调速精度。

　　现代高性能的交直流调速系统均采用数字给定和数字测速反馈，并借助单片机、DSP（数字信号处理器）、FPGA 等采用数字方式加以实现，称之为数字控制系统。这种数字控制系统标准化程度高，制作成本低，不受器件温度漂移的影响；其控制软件能够进行逻辑判断和复杂运算，可以实现不同于一般线性调节的最优化、自适应、非线性、智能化等控制规律，而且更改起来灵活方便。总之，数字控制系统的稳定性好，可靠性高，可以提高控制性能，此外，还拥有信息存储、数据通信和故障诊断等模拟控制系统无法实现的功能。

　　图 5-1 是一个数字控制的双闭环直流调速系统原理框图，其中 ZOH 为零阶保持器。系

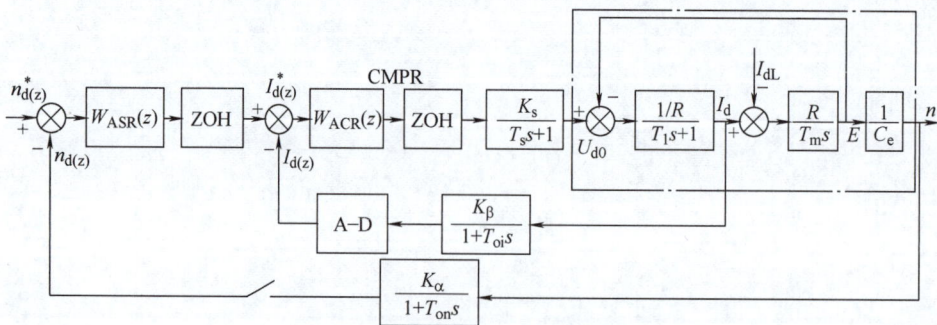

图 5-1　数字控制的双闭环直流调速系统原理图

统中转速调节器、电流调节器均由数字方式实现，电流等模拟反馈量需要先经过 A-D 转换后送入微处理器。为了防止信号混叠，在采样前反馈信号需要先经过低通滤波器滤除高频信号，如噪声等。

与模拟控制系统相比，数字系统只在采样时刻即采样开关闭合时输入给定信号和反馈信号，并更新控制器输出值。该输出值通过零阶保持器与控制内环或者模拟系统相连。如转速调节器输出得到的电流给定在一个转速控制周期内是保持不变的，而电流调节器输出得到的控制量在一个电流控制周期内也是不变的。

要设计高性能的数字控制调速系统，以下几个主要问题必须加以解决：①采样频率的选择；②转速检测的数字化；③PI 调节器的数字化；④数字控制系统的调节器参数设计。

5.1　采样频率的选择

在数字控制的电动机调速系统中，控制对象是电动机的转速和电流，数字控制器必须定时对转速、电流等给定信号和反馈信号进行采样。要使离散的数字信号在处理完毕后能够不失真地复现连续的模拟信号，对系统的采样频率需有一定的要求。

根据香农（Shannon）采样定理，采样频率 f_{sam} 应不小于信号最高频率 f_{max} 的两倍，即 $f_{sam} \geq 2f_{max}$。这时，经采样及保持后，原信号的频谱可以不发生明显的畸变。但实际系统中信号的最高频率很难确定，尤其对非周期信号（系统的过渡过程）来说，其频谱为 $0 \sim \infty$ 的连续函数，过高的采样频率也是系统硬件无法完成的，因此难以直接用采样定理来确定调速系统的采样频率。对于电流环来说，电流的采样要与 PWM 控制保持同步，以便重构的信号恰好是采样信号的平均值，详见参考文献 [67]。因此电流采样周期一般为 PWM 控制开关周期，在每个开关周期开始进行电流采样。如果一个开关周期里更新两次占空比，电流采样周期也要减半。转速环的采样频率可以按照采样频率的典型取法来确定，即根据闭环系统的带宽来确定，令采样角频率 $\omega_{sam} \geq (5 \sim 10) \omega_c$，$\omega_c$ 为控制系统的截止频率[63]。同时电流环采样周期和转速环采样周期要为整数倍关系以实现同步控制，详见参考文献 [22]。当然为了防止信号混叠，在输出信号采样之前一般要先经过低通滤波器滤波，滤波器截止频率需要根据信号采样频率来确定。

一般情况下电流环的采样周期和控制周期取为微秒级，而转速环的采样周期和控制周期取为毫秒级是比较合适的。所以微型计算机控制的直流调速系统是一种快速数字采样系统，它要求微型计算机在较短的采样周期之内完成信号的转换、采集，完成按某种控制规律实施的控制运算，完成控制信号的输出，对微型计算机的运算速度和精度都有较高的要求。

5.2　转速检测的数字化

数字测速具有测速精度高、分辨能力强、受器件影响小的优点，被广泛应用于对调速要求高、调速范围大的调速系统和伺服系统。

5.2.1　旋转编码器

光电式旋转编码器是检测转速或转角的元件，旋转编码器与电动机相连，当电动机转动时，带动编码器旋转，产生转速或转角信号。旋转编码器可分为绝对式和增量式两种。绝对式编码器在码盘上分层刻上表示角度的二进制数码或循环码（格雷码），通过接收器将该数码送入计算机。绝对式编码器常用于检测转角，若需得到转速信号，必须对转角进行微分。增量式编码器在码盘上均匀地刻制一定数量的光栅（见图5-2），当电动机旋转时，码盘随之一起转动。通过光栅的作用，持续不断地开放或封闭光通路，因此在接收装置的输出端便得到频率与转速成正比的方波脉冲序列，从而可以计算转速。

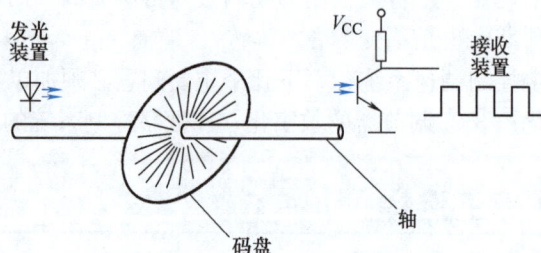

图5-2　增量式旋转编码器示意图

上述脉冲序列能正确地反映转速的高低，但不能鉴别转向。为了获得转速的方向，可增加一对发光与接收装置，使两对发光与接收装置错开光栅节距的1/4，则两组脉冲序列 A 和 B 的相位相差 $\frac{\pi}{2}$，如图5-3所示。正转时 A 相超前 B 相；反转时 B 相超前 A 相。采用简单的鉴相电路就可以分辨出转向。

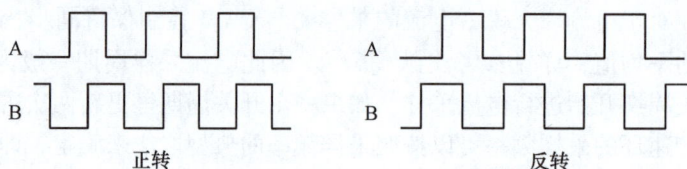

图5-3　区分旋转方向的 A、B 两组脉冲序列

常用的增量式旋转编码器光栅数有 1024、2048、4096 等。再增加光栅数，将大大增加旋转编码器的制作难度和成本。采用倍频电路可以有效地提高转速分辨率，而不增加旋转编码器的光栅数，一般多采用四倍频电路，大于四倍频则较难实现。

5.2.2　数字测速方法的精度指标

1. 分辨率

分辨率是用来衡量测速方法对被测转速变化的分辨能力，在数字测速方法中，用改变一个计数值所对应的转速变化量来表示分辨率，用符号 Q 表示。当被测转速由 n_1 变为 n_2 时，引起计数值增量为1，则该测速方法的分辨率是

$$Q = n_2 - n_1 \tag{5-1}$$

分辨率 Q 越小，说明测速装置对转速变化的检测越敏感，从而测速的精度也越高。

2. 测速误差率

转速实际值和测量值之差 Δn 的绝对值与实际值 n 之比定义为测速误差率，记作

$$\delta = \frac{|\Delta n|}{n} \times 100\% \tag{5-2}$$

测速误差率反映了测速方法的准确性，δ 越小，准确度越高。测速误差率的大小取决于测速元件的制造精度，并与测速方法有关。

采用旋转编码器的数字测速方法有三种：M 法、T 法和 M/T 法。

5.2.3　M 法测速

在一定的时间 T_c 内测取旋转编码器输出的脉冲个数 M_1，用以计算这段时间内的转速，称作 M 法测速。把 M_1 除以 T_c 就可得到旋转编码器输出脉冲的频率 $f_1 = M_1/T_c$，所以又称频率法。电动机每转一圈共产生 Z 个脉冲（Z = 倍频系数 × 编码器光栅数），把 f_1 除以 Z 就得到在单位时间内电动机的转速。习惯上，时间 T_c 以秒为单位，转速以每分多少转（r/min）为单位，则电动机的转速为

$$n = \frac{60M_1}{ZT_c} \tag{5-3}$$

由于 Z 和 T_c 是常数，因此转速 n 与计数值 M_1 成正比，故此测速方法被称为 M 法测速。

用微型计算机实现 M 法测速的方法是：由系统的定时器按采样周期的时间定期地发出一个采样脉冲信号，而计数器则记录下在两个采样脉冲信号之间的旋转编码器的脉冲个数，如图 5-4 所示。

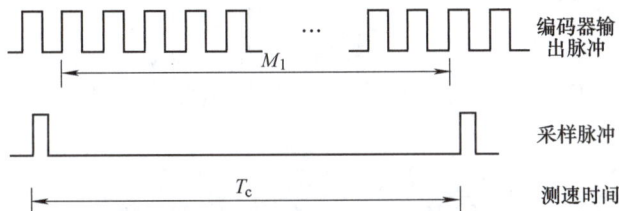

图 5-4　M 法测速原理示意图

在 M 法中，当计数值由 M_1 变为（$M_1 + 1$）时，按式（5-3），相应的转速由 $60M_1/ZT_c$ 变为 $60(M_1 + 1)/ZT_c$，则 M 法测速分辨率为

$$Q = \frac{60(M_1 + 1)}{ZT_c} - \frac{60M_1}{ZT_c} = \frac{60}{ZT_c} \tag{5-4}$$

可见，M 法测速的分辨率与实际转速的大小无关。从式（5-4）可知，要提高分辨率（即减小 Q），必须增大 T_c 或 Z。但在实际应用中，两者都受到限制。根据采样定律，采样周期必须是控制对象时间常数的 $1/5 \sim 1/10$，不允许无限制地加大采样周期；而增大旋转编码器的脉冲数又受到旋转编码器制造能力的限制。

在图 5-4 中，由于脉冲计数器所计的是两个采样定时脉冲之间的旋转编码器发出的脉冲个数，而这两类脉冲的边沿不一定是一致的，因此造成测速误差。M_1 最多产生一个脉冲的误差。因此，M 法的测速误差率的最大值为

$$\delta_{max} = \frac{\dfrac{60M_1}{ZT_c} - \dfrac{60(M_1 - 1)}{ZT_c}}{\dfrac{60M_1}{ZT_c}} \times 100\% = \frac{1}{M_1} \times 100\% \tag{5-5}$$

由式（5-5）可知，δ_{max} 与 M_1 成反比。转速越低，M_1 越小，误差率越大。

5.2.4　T 法测速

T 法测速是测出旋转编码器两个输出脉冲之间的间隔时间来计算转速，又被称为周期法测速。

T 法测速同样也是用计数器实现的，与 M 法测速不同的是，它所计的是计算机发出的高频时钟脉冲的个数，以旋转编码器输出的相邻两个脉冲的同样变化沿作为计数器的起始点和终止点，如图 5-5 所示。

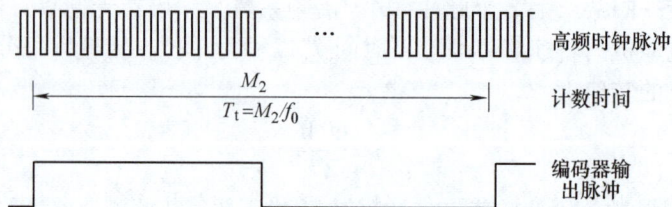

图 5-5　T 法测速原理示意图

在 T 法测速中，准确的测速时间 T_t 是用所得的高频时钟脉冲个数 M_2 计算出来的，即 $T_t = M_2/f_0$，因而电动机转速为

$$n = \frac{60}{ZT_t} = \frac{60f_0}{ZM_2} \tag{5-6}$$

为了使结果得到正值，T 法测速的分辨率定义为时钟脉冲个数由 M_2 变成（M_2-1）时转速的变化量，于是

$$Q = \frac{60f_0}{Z(M_2-1)} - \frac{60f_0}{ZM_2} = \frac{60f_0}{ZM_2(M_2-1)} \tag{5-7}$$

综合式（5-6）和式（5-7），可得

$$Q = \frac{Zn^2}{60f_0 - Zn} \tag{5-8}$$

由上式可以看出，T 法测速的分辨率与转速高低有关，转速越低，Q 值越小，分辨能力越强。

采用 T 法测速时，产生误差的原因与 M 法相仿，即高频时钟脉冲边沿与编码器输出脉冲边沿可能不一致，M_2 最多可能产生一个脉冲的误差。因此，T 法测速误差率的最大值为

$$\delta_{max} = \frac{\dfrac{60f_0}{Z(M_2-1)} - \dfrac{60f_0}{ZM_2}}{\dfrac{60f_0}{ZM_2}} \times 100\% = \frac{1}{M_2-1} \times 100\% \tag{5-9}$$

低速时，编码器相邻脉冲间隔时间长，测得的高频时钟脉冲个数 M_2 多，误差率小，因而测速精度高。从分辨能力和误差率上都表明，T 法测速更适用于低速段。

5.2.5　M/T 法测速

在 M 法测速中，随着电动机转速的降低，计数值 M_1 减小，测速误差增大。如果速度过低，M_1 将小于 1，测速方法便不能正常工作。T 法测速正好相反，随着电动机转速的增加，计数值 M_2 减小，测速装置的分

MT 法测速

辨能力越来越差。综合这两种测速方法的特点，产生了 M/T 测速法，它无论在高速还是在低速时都具有较高的分辨能力和检测精度。

M/T 法测速的原理示意图如图 5-6 所示，它的关键是 M_1 和 M_2 计数同步开始和关闭，实际的检测时间与旋转编码器的输出脉冲一致，能有效减小测速误差。图 5-6 中的 T_c 是采样时钟，它由系统的定时器产生，其数值始终不变。检测周期由 T_c 采样脉冲之后的第一个编码器输出脉冲的边沿来决定，即 $T = T_c - \Delta T_1 + \Delta T_2$。

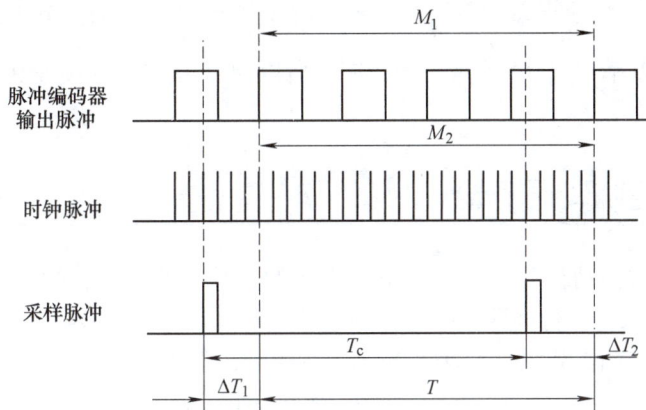

图 5-6　M/T 法测速原理示意图

检测周期 T 内被测转轴的转角为 θ，则

$$\theta = \frac{2\pi nT}{60} \tag{5-10}$$

已知旋转编码器每转发出 Z 个脉冲，在检测周期 T 内旋转编码器发出的脉冲数是 M_1，则转角 θ 又可以表示成

$$\theta = \frac{2\pi M_1}{Z} \tag{5-11}$$

若时钟脉冲频率是 f_0，在检测周期 T 内时钟脉冲计数值为 M_2，则检测周期 T 可写成

$$T = \frac{M_2}{f_0} \tag{5-12}$$

综合式（5-10）~式（5-12）便可求出被测的转速为

$$n = \frac{60 f_0 M_1}{Z M_2} \tag{5-13}$$

用 M/T 法测速时，计数值 M_1 和 M_2 都在变化，为了分析它的分辨率，这里分高速段和低速段两种情况来讨论。

在高速段，$T_c \gg \Delta T_1$，$T_c \gg \Delta T_2$，可看成 $T \approx T_c$，认为 M_2 不会变化，则分辨率可用下式求得

$$Q = \frac{60 f_0 (M_1 + 1)}{Z M_2} - \frac{60 f_0 M_1}{Z M_2} = \frac{60 f_0}{Z M_2} \tag{5-14}$$

而 $M_2 = f_0 T \approx f_0 T_c$，代入式（5-14）可得

$$Q = \frac{60}{Z T_c} \tag{5-15}$$

这与 M 法测速分辨率公式（5-4）完全相同。

在转速很低时，$M_1 = 1$，M_2 随转速变化，M/T 法自然蜕化为 T 法，其分辨率与式（5-8）完全相同。

上述分析表明，M/T 法测速无论是在高速还是在低速都有较强的分辨能力。

从图 5-6 可知，在 M/T 法测速中，检测时间 T 是以脉冲编码器的输出脉冲的边沿为基准，计数值 M_2 最多产生一个时钟脉冲的误差。而 M_2 的数值在中、高速时，基本上是一个常数 $M_2 = Tf_0 \approx T_c f_0$，其测速误差率为 $\dfrac{1}{M_2 - 1} \times 100\%$；在转速很低时，$M_1 = 1$，M/T 法自然蜕化为 T 法，测速误差率与式（5-9）完全相同，所以 M/T 法测速在高速和低速都具有较高的测量精度。

5.3　数字 PI 调节器

PI 调节器是电力拖动自动控制系统中最常用的一种控制器。在数字控制系统中，需要对模拟 PI 调节器离散化，得到数字控制器的算法，这就是模拟调节器的数字化。

PI 调节器的传递函数如式（3-26）所示，现再列出如下：

$$W_{PI}(s) = \frac{K_P \tau s + 1}{\tau s}$$

若输入误差函数为 $e(t)$，输出函数为 $u(t)$，则 $u(t)$ 和 $e(t)$ 关系的时域表达式可写成

$$u(t) = K_p e(t) + \frac{1}{\tau}\int e(t)\,\mathrm{d}t = K_p e(t) + K_I \int e(t)\,\mathrm{d}t \tag{5-16}$$

式中　K_P——比例系数；

　　　K_I——积分系数，$K_I = 1/\tau$。

将式（5-16）转换为差分方程，得数字 PI 调节器的表达式（5-17）。其第 k 拍输出为

$$u(k) = K_p e(k) + K_I T_{sam} \sum_{i=1}^{k} e(i) = K_p e(k) + u_I(k)$$
$$= K_p e(k) + K_I T_{sam} e(k) + u_I(k-1) \tag{5-17}$$

式中　T_{sam}——采样周期。

数字 PI 调节器有位置式和增量式两种算法，式（5-17）表述的差分方程为位置式算法，$u(k)$ 为第 k 拍的输出值。由等号右侧可以看出，比例部分只与当前的偏差有关，而积分部分则是系统过去所有偏差的累积。位置式 PI 调节器的结构清晰，P 和 I 两部分作用分明，参数调整简单明了。

由式（5-17）可知，PI 调节器的第 $(k-1)$ 拍输出为

$$u(k-1) = K_p e(k-1) + K_I T_{sam} \sum_{i=1}^{k-1} e(i) \tag{5-18}$$

由式（5-17）减去式（5-18），可得 PI 调节器输出增量

$$\Delta u(k) = u(k) - u(k-1) = K_P[e(k) - e(k-1)] + K_I T_{sam} e(k) \tag{5-19}$$

增量式算法只需要当前的和上一拍的偏差即可计算输出值。增量式 PI 调节器算法为

$$u(k) = u(k-1) + \Delta u(k)$$
$$= u(k-1) + K_P[e(k) - e(k-1)] + K_I T_{sam} e(k) \tag{5-20}$$

只要在计算机中多保存上一拍的输出值就可以了。

在控制系统中，调节器的输出常都对应一定的物理量，如图3-8中调节器输出为控制电压。因此常需对调节器的输出实施限幅。在数字控制算法中，要对 u 限幅，只需在程序内设置限幅值 $\pm u_m$，当 $|u(k)| > u_m$ 时，便以限幅值 $\pm u_m$ 作为输出。不考虑限幅时，位置式和增量式两种算法完全等同；考虑限幅时，则两者略有差异。增量式 PI 调节器算法只需输出限幅，而位置式算法必须同时设积分限幅和输出限幅，缺一不可。若没有积分限幅，积分项可能很大，将产生较大的退饱和超调，加大退饱和的持续时间。位置式算法在设置限幅值时，遵循"积分器限幅值小于或等于总输出限幅值"的原则，一般将积分器的限幅值与总输出限幅值设置成一致，4.5 节仿真分析时即采用这种限幅方案。但是这种限幅方案无法保证其达到采用模拟运算放大器构成的调节器时的限幅效果。参考文献［68］中提出一种只有输出饱和的位置式 PI 调节器实现方案，如图 5-7 所示。当输出小于限幅值时，限幅环节不起作用。当限幅环节起作用，反馈增益 K_b 取得足够大时，可以实现限幅前输出只略大于限幅输出，减小退饱和超调量，缩短调节器退饱和持续时间。

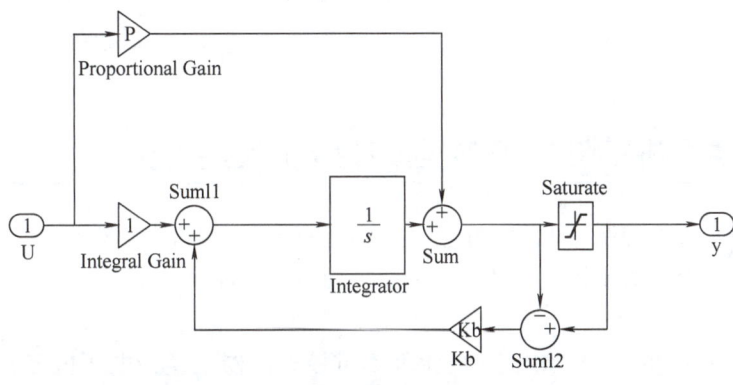

图 5-7 只有输出饱和的位置式 PI 调节器

5.4 数字控制器的设计

由图 5-1 可以看出，数字控制直流调速系统实际是一个模拟与数字混合的系统。电动机中转速和电流均是连续变化的物理量，而转速控制器和电流控制器均是用数字 PI 形式实现的，控制器的参数如何确定呢？

当采样频率足够高时，可以把它近似地看成是模拟系统，先按模拟系统理论来设计调节器的参数，然后再离散化，得到数字控制算法加以实施，这就是简单的按模拟系统设计的方法，或称间接设计法。考虑到调速系统中典型的系统采样频率为闭环系统带宽的 5 ~ 10 倍，而要忽略采样的影响，需要系统的采样频率再提高一个数量级[63]，因此间接设计时需要注意保证采样不会对系统的最终性能产生明显影响。

在直流调速系统中，处在内环的电流调节器一般都可以采用间接方法设计。至于转速环，一般也可以采用间接方法设计，只是在设计时考虑采样环节的影响可得到更好的动态性能。具体做法是把图 5-1 中转速调节器输出与控制对象之间的零阶保持器用一阶惯性环节来近似，如图 5-8 所示，其中

$$W_{ZOH}(s) = \frac{1 - e^{-T_{sam}s}}{s} \approx \frac{1}{1 + T_{sam}s}$$

式中，T_{sam} 为转速采样时间，电流内环仍采用连续控制系统的等效传递函数（见第 4 章），只是把电流反馈系数 β 换成电流存储系数 K_β，按照模拟调速系统中转速环设计方法设计数字控制系统中转速调节器和给定滤波环节时间常数，然后再离散化得到数字控制器和数字滤波器。

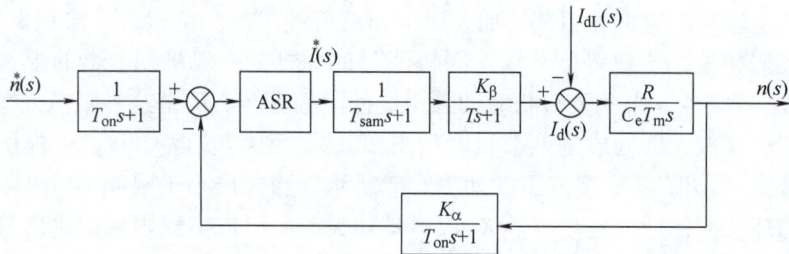

图 5-8 　用惯性环节近似零阶保持器的转速环动态结构图

5.5 　数字控制的 PWM 可逆直流调速系统

图 5-9 是单片微机控制的 PWM 可逆直流调速系统的原理图，该系统主要包括主电路、检测电路、故障综合、数字控制器四个部分。下面分别做简单介绍。

（1）主电路与驱动电路

主电路与图 2-17 相同，三相交流电源经不可控整流器变换为电压恒定的直流电源，再经过直流 PWM 变换器得到可调的直流电压，给直流电动机供电。单片微机输出的 PWM 信号经由驱动电路后驱动功率器件导通或关断。

（2）检测电路

检测电路包括电压检测、电流检测、温度检测和转速检测，其中电压、电流检测输出信号经由信号调理电路、A-D 转换器变为数字量送入单片微机，转速检测采用数字测速，光电编码器输出脉冲信号经由信号调理电路送入单片微机的边沿捕获端口。

（3）故障综合

微机控制系统具备故障检测功能，对电压、电流、温度等信号进行实时监测和分析比较，若发生故障立即采取措施，避免故障进一步扩大，并同时报警，以便人工处理。

（4）数字控制器

数字控制器是系统的核心，其控制作用是靠写入单片微机、DSP 中的软件来实现的。单片微机一般选用专为电动机控制设计的专用芯片，并配以显示、键盘、通信等外围电路，通信接口用来与上位机或其他外设交换数据。这种微机芯片本身都带有 A-D 转换器、通用 I/O 和通信接口，还带有一般微机并不具备的故障保护、数字测速和 PWM 生成功能，可大大简化数字控制系统的硬件电路。

控制软件要实现转速、电流双闭环控制，电流环内环的采样周期小于转速外环的采样周期。无论是电流采样值还是转速采样值都含有扰动，为此要引入滤波环节。常采用阻容电路实现低通滤波，但滤波时间常数太大时会延缓动态响应，为此可采用硬件滤波与软件滤波相

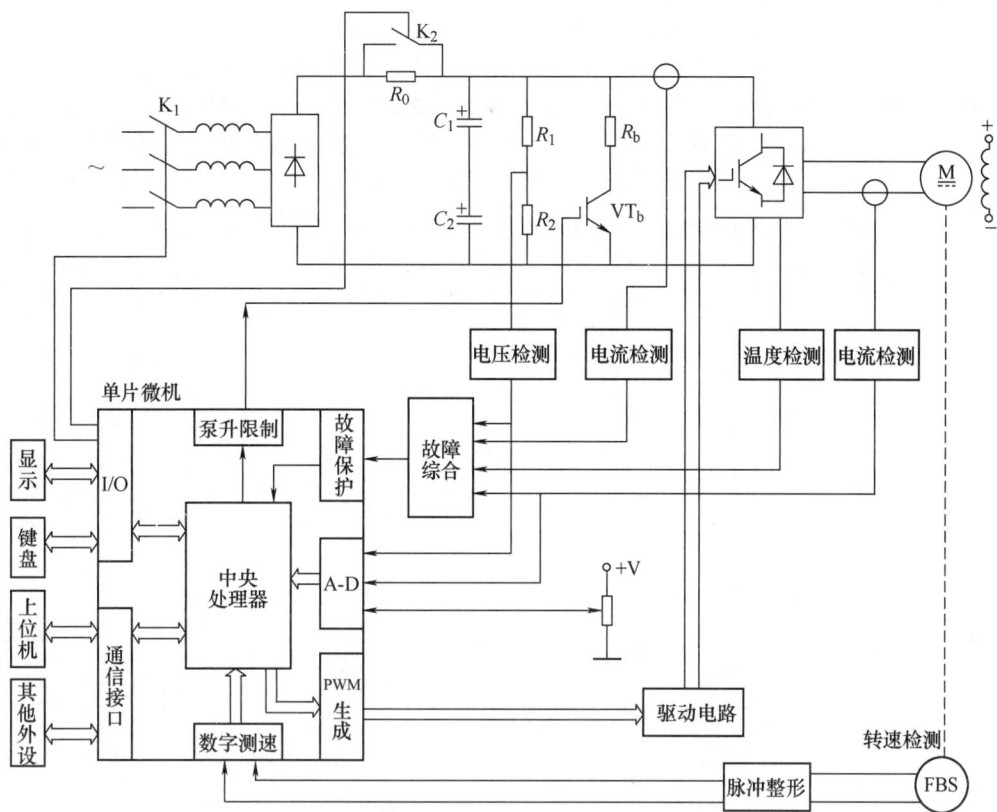

图 5-9　微机数字控制双闭环直流 PWM 调速系统硬件结构图

结合的办法。转速调节器 ASR 和电流调节器 ACR 大多采用数字 PI 调节，当系统对动态性能要求较高时，还可以采用各种非线性和智能化的控制算法，使调节器能够更好地适应控制对象。

转速给定信号可以是由电位器给出的模拟信号，经 A- D 转换后送入微机系统，也可以直接由计数器或码盘发出数字信号，现在更倾向于上位控制器直接发出运行命令和转速给定。在控制过程中（见图 2-13），为了避免同一桥臂上、下两个电力电子器件同时导通而引起直流电源短路，在由 VT_1、VT_4 导通切换到 VT_2、VT_3 导通或反向切换时，必须留有死区时间。

数字控制系统除了实现控制以外，还要实现故障诊断与保护。常见故障包括直流母线过电压、欠电压、过电流、过载、过温等。故障诊断保护已经成为数字控制系统的重要组成部分，对于提高系统的可靠性、减少或避免故障的发生，降低故障损失发挥着重要作用。

习　题

5-1　旋转编码器光栅数 1024，倍频系数 4，高频时钟脉冲频率 $f_0 = 1MHz$，旋转编码器输出的脉冲个数和高频时钟脉冲个数均采用 16 位计数器，M 法和 T 法测速时间均为 0.01s，求转速 $n = 1500r/min$ 和 $n =$

150r/min 时的测速分辨率和误差率最大值。

5-2　将习题 4-8 设计的模拟电流调节器进行数字化，采样周期 $T_{sam}=0.1\text{ms}$，调节器输出限幅及积分限幅均为 U，写出位置式和增量式数字 PI 调节器的表达式，并用已掌握的 C 语言设计实时控制程序。

5-3　电机参数和直流电源参数与例题 4-1 相同，除已给数据外，已知：电流反馈系数 $K_\beta=1$，转速反馈系数 $K_\alpha=1\text{V}\cdot\text{min/r}$，转速采样时间 $T_{sam\_n}=0.005\text{s}$。电流环采用间接设计法，按照典型 I 型设计，$K_I T_{\Sigma i}=0.5$。要求转速无静差，空载起动到额定转速时的转速超调量 $\sigma_n\leqslant5\%$。试按工程设计方法设计数字转速调节器，并校验转速超调量的要求能否得到满足。

第 2 篇

交流调速系统

随着电力电子技术、控制技术和计算机技术的发展，交流调速系统已逐步普及，打破了以往直流调速系统一统高性能调速天下的格局，进入 21 世纪以后，用交流拖动控制系统取代直流拖动控制系统已成为不争的事实。目前，交流拖动控制系统的应用领域主要有下述三个方面：

1）一般性能调速和节能调速。在过去大量的所谓"不变速交流拖动"中，风机、水泵等通用机械的容量几乎占工业电力拖动总容量的一半以上，其中有不少场合并不是不需要调速，只是因为当时的交流拖动本身不能调速，电动机始终运行在自然特性上，不得不依赖挡板和阀门来调节送风和供水的流量，因而把许多电能白白地浪费了。如果换成交流调速系统，把消耗在挡板和阀门上的能量节省下来，平均每台风机、水泵可以节约 20% ~ 30% 以上的电能，效果可观。风机、水泵对调速范围和动态性能的要求都不高，只要有一般的调速性能就足够了。此外，还有许多在工艺上需要调速但对调速性能要求不高的生产机械，也属于这类一般性能调速。

2）高性能的交流调速系统和伺服系统。由于交流电动机的电磁转矩难以像直流电动机那样通过电枢电流施行灵活的控制，早期交流调速系统的控制性能不如直流调速系统。直到 20 世纪 70 年代初发明了矢量控制技术（或称磁场定向控制技术），通过坐标变换，把交流电动机的定子电流分解成转矩分量和

励磁分量，分别用来控制电动机的转矩和磁通，可以获得和直流电动机相仿的高动态性能，才使交流电动机的高性能调速技术取得了突破性的进展。其后，又陆续提出了直接转矩控制等方法，形成一系列可以和直流调速系统媲美的高性能交流调速系统和交流伺服系统。

3）**特大容量、极高转速的交流调速**。直流电动机的换向能力限制了它的容量转速积不超过 $10^6 \mathrm{kW \cdot r/min}$，超过这一数值时，其设计与制造就非常困难了。交流电动机没有换向问题，不受这种限制。因此，特大容量的电力拖动设备，如厚板轧机、矿井卷扬机等，以及极高转速的拖动，如高速磨头、离心机等，都以采用交流调速为宜。

交流电动机有异步电动机（即感应电动机）和同步电动机两大类，而异步电动机又有不同类型的调速方法。

1. 异步电动机的调速

按照交流异步电动机原理，从定子传输到转子的电磁功率 P_m 分成两部分：一部分 $P_\mathrm{mech} = (1-s)P_\mathrm{m}$ 是拖动负载的有效功率，称作机械功率；另一部分 $P_\mathrm{s} = sP_\mathrm{m}$ 是传输给转子电路的转差功率，与转差率 s 成正比。从能量转换的角度看，转差功率是否增大，能量是被消耗掉还是得到利用，是评价调速系统效率高低的标志。从这点出发，可以把异步电动机的调速系统分成三类：

（1）转差功率消耗型调速系统

这种类型的全部转差功率都转换成热能消耗在转子回路中，定子降电压调速和绕线转子电动机转子串电阻调速均属于这一类。这类系统是以增加转差功率的消耗来换取转速降低的（恒转矩负载时），越到低速效率越低。但其结构简单，设备成本低，还有一定的应用价值。

（2）转差功率馈送型调速系统

在这类系统中，一部分转差功率被消耗掉，大部分则通过变流装置回馈给

电网或转化成机械能予以利用，转速越低，回馈的功率越多，绕线转子异步电动机串级调速属于这一类。如果这部分转差功率是从转子侧输入的，可使转速高于同步转速。功率既可以从转子馈入又可以馈出的系统称作双馈调速系统。这类系统的效率是比较高的，但要增加一些设备。这类系统只能采用绕线转子异步电动机，应用场合受到一定限制。

（3）转差功率不变型调速系统

异步电动机运行时转子铜损是不可避免的，在定子侧实行变压变频控制时，无论转速高低，转子铜损基本不变，转子电路中没有附加的损耗。因此效率最高，是应用最广的一种调速方案。但定子侧需配置与电动机容量相当的变压变频器，设备成本最高。变极对数调速也属于转差功率不变型调速系统，由于它是有级调速，所以应用场合也有限。

2. 同步电动机的调速

同步电动机稳态运行时，没有转差，也就没有转差功率，所以同步电动机调速系统只能是转差功率不变型（恒等于0）的，而同步电动机转子极对数又是固定的，因此只能靠变压变频调速，没有像异步电动机那样的多种调速方法。在同步电动机的变压变频调速系统中，从频率控制的方式来看，可分为他控变频调速和自控变频调速两类。后者利用转子磁极位置的检测信号来控制变压变频装置换相，类似于直流电动机中电刷和换向器的作用，因此有时又称作无换向器电动机调速或无刷直流电动机调速。

开关磁阻电动机是一种特殊形式的同步电动机，有其独特的比较简单的调速方法，在小容量交流电动机调速系统中很有发展前途。

从控制方法上看，可以将交流调速系统分为两类：第一类只基于交流电动机的稳态模型，其动态性能显然不高，是在交流调速发展初期出现的；另一类基于交流电动机的动态模型，能实现高动态性能，是随着客观需要和研究成果陆续开发出来的。

第 6 章
基于稳态模型的异步电动机调速系统

内容提要

异步电动机具有结构简单、制造容易、维修工作量小等优点，早期多用于不可调速拖动。随着电力电子技术的发展，静止式变频器的诞生，异步电动机在速度可调拖动中逐渐得到广泛的应用。本章介绍基于异步电动机稳态模型的调压调速和变压变频调速系统。6.1 节介绍基于稳态等效电路的异步电动机稳态模型，分析异步电动机调速的基本方法和气隙磁通。6.2 节介绍调压调速的基本特征和机械特性，讨论闭环控制的调压调速系统，介绍降压控制在软起动器和轻载降压节能运行中的应用。6.3 节介绍变压变频调速的基本原理和机械特性，讨论基频以下的电压补偿控制。6.4 节介绍交流 PWM 变频器的主电路，讨论正弦 PWM（SPWM）、电流跟踪 PWM（CFPWM）、消除指定次数谐波 PWM（SHEPWM）和电压空间矢量 PWM（SVPWM）四种控制方式，着重分析 SVPWM 中电压矢量与定子磁链的关系和控制，并介绍交流 PWM 变频器在异步电动机调速系统中应用的特殊问题。6.5 节讨论转速开环电压频率协调控制的变压变频调速系统及其实现。6.6 节讨论转速闭环转差频率控制系统的工作原理、控制规律和性能分析。

在基于稳态模型的异步电动机调速系统中，采用稳态等效电路来分析异步电动机在不同电压和频率供电条件下的转矩与磁通的稳态关系和机械特性，并在此基础上设计异步电动机调速系统。常用的基于稳态模型的异步电动机调速方法有调压调速和变压变频调速两类。

6.1 异步电动机的稳态数学模型和调速方法

6.1.1 异步电动机的稳态数学模型

异步电动机的稳态数学模型包括异步电动机稳态等效电路和机械特性，两者既有联系，又有区别。稳态等效电路描述了在一定的转差率下电动机的稳态电气特性，而机械特性则表征了转矩与转差率（或转速）的稳态关系。

1. 异步电动机的稳态等效电路

根据电机学原理[7,8]，在下述三个假定条件下：①忽略空间和时间谐波；②忽略磁饱和；③忽略铁损。异步电动机的稳态模型可以用 T 形等效电路表示，如图 6-1 所示。

按照定义，转差率与转速的关系为

$$s = \frac{n_1 - n}{n_1} \tag{6-1}$$

或

$$n = (1-s)n_1 \tag{6-2}$$

式中 n_1——同步转速，$n_1 = \dfrac{60f_1}{n_p}$；

f_1——供电电源频率；

n_p——电动机极对数。

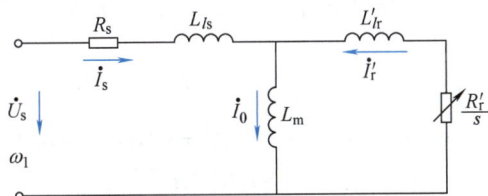

图 6-1 异步电动机 T 形等效电路

R_s、R_r'—定子每相绕组电阻和折合到定子侧的转子每相绕组电阻 L_{ls}、L_{lr}'—定子每相绕组漏感和折合到定子侧的转子每相绕组漏感 L_m—定子每相绕组产生气隙主磁通的等效电感，即励磁电感 $\dot{U}_s$—定子相电压相量 U_s—定子相电压相量幅值 ω_1—供电电源角频率，$\omega_1 = 2\pi f_1$ $\dot{I}_s$、$\dot{I}_r'$—定子相电流相量和折合到定子侧的转子相电流相量，箭头为规定正方向 I_s、I_r'—定子相电流相量幅值和折合到定子侧的转子相电流相量幅值 s—转差率

由图 6-1 可以导出转子相电流的幅值为（折合到定子侧）

$$I_r' = \frac{U_s}{\sqrt{\left(R_s + C_1\dfrac{R_r'}{s}\right)^2 + \omega_1^2(L_{ls} + C_1 L_{lr}')^2}} \tag{6-3}$$

式中 $C_1 = 1 + \dfrac{R_s + j\omega_1 L_{ls}}{j\omega_1 L_m} \approx 1 + \dfrac{L_{ls}}{L_m}$。

在一般情况下，$L_m \gg L_{ls}$，即 $C_1 \approx 1$，因此，可以忽略励磁电流，得到如图 6-2 所示的简化等效电路。电流幅值公式可简化成

$$I_s \approx I_r' = \frac{U_s}{\sqrt{\left(R_s + \dfrac{R_r'}{s}\right)^2 + \omega_1^2(L_{ls} + L_{lr}')^2}} \tag{6-4}$$

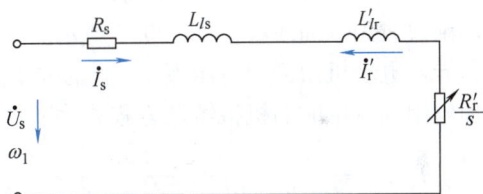

图 6-2 异步电动机简化等效电路

2. 异步电动机的机械特性

异步电动机传递的电磁功率 $P_m = \dfrac{3I_r'^2 R_r'}{s}$，机械同步角速度 $\omega_{m1} = \dfrac{\omega_1}{n_p}$，则异步电动机的**电磁转矩**为

$$T_e = \frac{P_m}{\omega_{m1}} = \frac{3n_p I_r'^2 R_r'}{\omega_1 s} = \frac{3n_p U_s^2 R_r'/s}{\omega_1\left[\left(R_s + \dfrac{R_r'}{s}\right)^2 + \omega_1^2(L_{ls} + L_{lr}')^2\right]}$$

$$= \frac{3n_p U_s^2 R_r' s}{\omega_1\left[(sR_s + R_r')^2 + s^2\omega_1^2(L_{ls} + L_{lr}')^2\right]} \tag{6-5}$$

式（6-5）就是异步电动机的**机械特性方程式**。

将式（6-5）对 s 求导，并令 $\dfrac{\mathrm{d}T_e}{\mathrm{d}s} = 0$，可求出对应于最大转矩时的转差率 s_m，称作**临界转差率**

$$s_m = \frac{R_r'}{\sqrt{R_s^2 + \omega_1^2(L_{ls} + L_{lr}')^2}} \tag{6-6}$$

最大转矩，又称临界转矩

$$T_{em} = \frac{3n_p U_s^2}{2\omega_1 [R_s + \sqrt{R_s^2 + \omega_1^2(L_{ls} + L_{lr}')^2}]} \tag{6-7}$$

将式（6-5）分母展开得

$$T_e = \frac{3n_p U_s^2 R_r' s}{\omega_1 [s^2 R_s^2 + R_r'^2 + 2sR_s R_r' + s^2 \omega_1^2(L_{ls} + L_{lr}')^2]}$$

$$= \frac{3n_p U_s^2 R_r' s}{\omega_1 [\omega_1^2(L_{ls} + L_{lr}')^2 s^2 + R_s^2 s^2 + 2sR_s R_r' + R_r'^2]}$$

当 s 较小时，忽略分母中含 s 各项，则

$$T_e \approx \frac{3n_p U_s^2 s}{\omega_1 R_r'} \propto s \tag{6-8}$$

也就是说，当 s 较小时，转矩近似与 s 成正比，机械特性 $T_e = f(s)$ 近似为一段直线，如图 6-3 所示。

当 s 较大时，忽略分母中 s 的一次项和零次项，则

$$T_e \approx \frac{3n_p U_s^2 R_r'}{\omega_1 s[R_s^2 + \omega_1^2(L_{ls} + L_{lr}')^2]} \propto \frac{1}{s} \tag{6-9}$$

即 s 较大时转矩近似与 s 成反比，这时，$T_e = f(s)$ 是一段双曲线。当 s 为以上两段的中间数值时，机械特性从直线段逐渐过渡到双曲线段，如图 6-3 所示。

异步电动机由额定电压 U_{sN}、额定频率 f_{1N} 供电，且无外加电阻和电抗时的机械特性方程式为

$$T_e = \frac{3n_p U_{sN}^2 R_r' s}{\omega_{1N} [(sR_s + R_r')^2 + s^2 \omega_{1N}^2(L_{ls} + L_{lr}')^2]} \tag{6-10}$$

称作固有特性或自然特性。

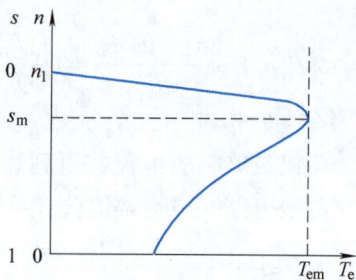

图 6-3 异步电动机的机械特性

6.1.2 异步电动机的调速方法与气隙磁通

1. 异步电动机的调速方法

所谓调速，就是人为地改变机械特性的参数，使电动机的稳定工作点偏离固有特性，工作在人为机械特性上，以达到调速的目的。

由式（6-5）异步电动机的机械特性方程式可知，能够改变的参数可分为三类，即电动机参数、电源电压 U_s 和电源频率 f_1（或角频率 ω_1）。改变电动机参数的人为特性在"电机与拖动基础"课程中已做了详细的讨论，不再重述。本章着重讨论后两种，即改变电压调速和改变频率调速。绕线转子异步电动机双馈调速是改变等效转子电阻 R_r' 的调速方法，将在第 8 章做详细的分析介绍。

2. 异步电动机的气隙磁通

三相异步电动机定子每相电动势的有效值为

$$E_g = 4.44 f_1 N_s k_{N_s} \Phi_m \tag{6-11}$$

式中 E_g——气隙磁通在定子每相中感应电动势的有效值；

N_s——定子每相绕组串联匝数；

k_{N_s}——定子基波绕组系数；

Φ_m——每极气隙磁通量。

忽略定子绕组电阻和漏磁感抗压降后，可认为定子相电压 $U_s \approx E_g$，则得

$$U_s \approx E_g = 4.44 f_1 N_s k_{N_s} \Phi_m \qquad (6-12)$$

由式（6-12）可知，当 f_1 等于常数时，气隙磁通 $\Phi_m \propto E_g \approx U_s$。为了保持气隙磁通 Φ_m 恒定，应使 $E_g / f_1 =$ 常数，或近似认为 $U_s / f_1 =$ 常数。

6.2 异步电动机的调压调速

保持电源频率 f_1 为额定频率 f_{1N}，只改变定子电压 U_s 的调速方法称作调压调速。由于受电动机绝缘和磁路饱和的限制，定子电压 U_s 只能降低，不能升高，故又称作降压调速。

调压调速的基本特征是电动机同步转速保持为额定值不变，即

$$n_1 = n_{1N} = \frac{60 f_{1N}}{n_p} \qquad (6-13)$$

而气隙磁通

$$\Phi_m \approx \frac{U_s}{4.44 f_1 N_s k_{N_s}} \qquad (6-14)$$

随 U_s 的降低而减小，属于弱磁调速。

119

6.2.1 异步电动机调压调速的主电路

过去改变交流电压的方法多用自耦变压器或带直流磁化绕组的饱和电抗器，自从电力电子技术兴起以后，这类比较笨重的电磁装置就被晶闸管交流调压器取代了。晶闸管交流调压器一般用三对晶闸管反并联或三个双向晶闸管分别串接在三相电路中（见图6-4a），用相位控制改变输出电压，图 6-4b 为采用双向晶闸管反并联的异步电动机可逆电路。交流调压主电路接法有多种方案[9]，已在先修课程"电力电子技术"中讲授。

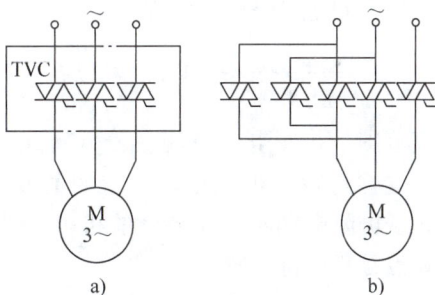

图 6-4 晶闸管交流调压器调速
a）不可逆电路 b）可逆电路
TVC—双向晶闸管交流调压器

6.2.2 异步电动机调压调速的机械特性

式（6-5）为调压调速的机械特性表达式，即

$$T_e = \frac{3 n_p U_s^2 R_r' s}{\omega_1 [(s R_s + R_r')^2 + s^2 \omega_1^2 (L_{ls} + L_{lr}')^2]}$$

式中，U_s 可调，电磁转矩与定子电压的二次方成正比，机械特性如图6-5所示。

当 $T_e = 0$ 时，$s = 0$，故调压时理想空载转速 $n_0 = n_{1N}$ 保持为同步转速不变，临界转差率的表达式仍为式（6-6），调压时其值也保持不变。而临

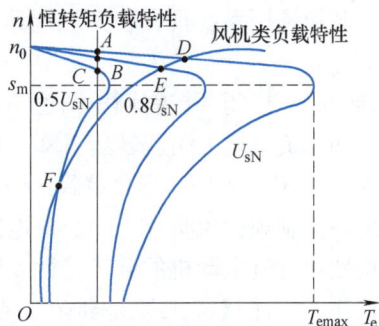

**图 6-5 异步电动机调压调速
的机械特性**

界转矩的变化可由式（6-7）看出，即临界转矩随 U_s 的减小而成二次方比地下降。

由图6-5可见，带恒转矩负载 T_L 工作时，普通笼型异步电动机降压调速时的稳定工作范围为 $0 < s < s_m$，调速范围有限，图中 A、B、C 为恒转矩负载在不同电压时的稳定工作点。如果带风机类负载运行，调速范围可以稍大一些，图中 D、E、F 为风机类负载在不同电压时的稳定工作点。

带恒转矩负载 T_L 工作时，定子侧输入的电磁功率为

$$P_m = \omega_{m1} T_L = \frac{\omega_1 T_L}{n_p} \tag{6-15}$$

由于 ω_1 和 T_L 均为常数，故电磁功率恒定不变，与转速无关。

而输出功率

$$P_{mech} = \omega_m T_L = (1-s)\frac{\omega_1 T_L}{n_p} \tag{6-16}$$

将随着转差率的增加而减小。

因此，转差功率

$$P_s = sP_m = s\omega_{m1} T_L = s\frac{\omega_1 T_L}{n_p} \tag{6-17}$$

随着转差率的加大而增加，也就是说转速越低，转差功率越大。

通过以上分析可知，带恒转矩负载的降压调速就是靠增大转差功率、减小输出功率来换取转速的降低。所增加的转差功率全部消耗在转子电阻上，这就是转差功率消耗型的由来。

如果增加转子电阻值，可使临界转差率 $s_m = \dfrac{R_r'}{\sqrt{R_s^2 + \omega_1^2(L_{ls} + L_{lr}')^2}}$ 加大，可以扩大恒转矩负载下的调速范围，并使电动机能在较低转速下运行而不致过热，这种高转子电阻电动机又称作交流力矩电动机，高转子电阻电动机降压调速的机械特性如图6-6所示，其缺点是机械特性较软。

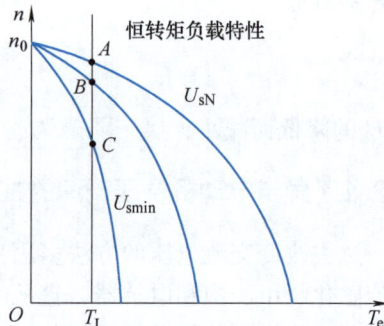

图6-6 高转子电阻电动机降压调速的机械特性

6.2.3 闭环控制的调压调速系统

采用普通异步电动机降压调速时，调速范围很窄；采用高转子电阻电动机可以增大调速范围，但机械特性又变软（见图6-6），开环控制很难解决这个矛盾。为此，如果要求带恒转矩负载的调压系统具有较大的调速范围时，往往需采用带转速反馈的闭环控制系统（见图6-7）。

异步电动机闭环控制调压调速系统的静特性如图6-8所示。当系统带负载 T_L 在 A 点运行时，如果负载增大引起转速下降，反馈控制作用会自动提高定子电压，使闭环系统工作在新的工作点 A'。同理，当负载降低时，反馈控制作用会降低定子电压，使系统工作在 A''。按照反馈控制规律，将 A''、A、A' 连接起来便是闭环系统的静特性。尽管异步电动机的开环机械特性和直流电动机的开环特性差别很大，但是在不同电压的开环机械特性上各取一个相应的工作点，连接起来便得到闭环系统静特性，这样的分析方法对两种电动机是完全一致的。

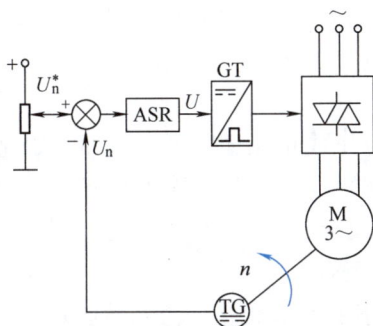

图 6-7 带转速负反馈闭环控制的
交流调压调速系统

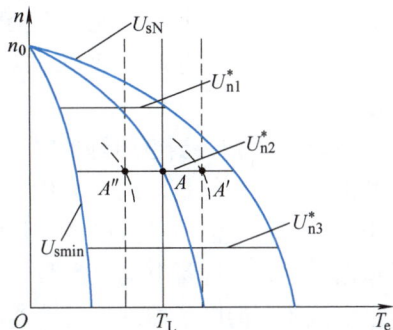

图 6-8 转速闭环控制的交流调压调速
系统静特性

U_{sN}、U_{smin}—开环机械特性　U_{n1}^*、U_{n2}^*、U_{n3}^*—闭环静特性

异步电动机闭环调压调速系统不同于直流动电机闭环调压调速系统之处为：静特性左右两边都有极限，它们是额定电压 U_{sN} 下的机械特性和最小输出电压 U_{smin} 下的机械特性。当负载变化时，如果电压调节到极限值，闭环系统便失去控制能力，系统的工作点只能沿着极限开环特性变化。

*6.2.4 降压控制在软起动器和轻载降压节能运行中的应用

除了调速以外，降压控制在电动机的软起动和轻载降压节能运行中也得到了广泛的应用。本节主要介绍它们的基本原理，关于其运行中的一些具体问题可参阅参考文献 [51-53]。

1. 软起动器

常用的三相异步电动机结构简单，价格便宜，而且性能良好，运行可靠。对于小容量电动机，只要供电网络和变压器的容量足够大（一般要求比电动机容量大 4 倍以上），而供电线路并不太长（起动电流造成的瞬时电压降落低于 10% ~ 15%），可以直接通电起动，操作也很简便。对于容量大一些的电动机，问题就不这么简单了。

式（6-4）和式（6-5）是异步电动机的电流幅值和转矩方程式，现重写如下：

$$I_s \approx I_r' = \frac{U_s}{\sqrt{\left(R_s + \dfrac{R_r'}{s}\right)^2 + \omega_1^2(L_{ls} + L_{lr}')^2}}$$

$$T_e = \frac{3n_p U_s^2 R_r'/s}{\omega_1\left[\left(R_s + \dfrac{R_r'}{s}\right)^2 + \omega_1^2(L_{ls} + L_{lr}')^2\right]}$$

起动时，$s = 1$，起动电流幅值和起动转矩分别为

$$I_{sst} \approx I_{rst}' = \frac{U_s}{\sqrt{(R_s + R_r')^2 + \omega_1^2(L_{ls} + L_{lr}')^2}} \tag{6-18}$$

$$T_{est} = \frac{3n_p U_s^2 R_r'}{\omega_1[(R_s + R_r')^2 + \omega_1^2(L_{ls} + L_{lr}')^2]} \tag{6-19}$$

由上述表达式不难看出，三相异步电动机直接接电网起动时，起动电流比较大，而起动转矩并不大。对于一般的笼型异步电动机，起动电流和起动转矩对其额定值的倍数大约为：起动电流倍数 $K_I = \dfrac{I_{sst}}{I_{sN}} = 4 \sim 7$，起动转矩倍数 $K_T = \dfrac{T_{est}}{T_{eN}} = 1 \sim 2.2$。

121

中、大容量电动机的起动电流大，会使电网压降过大，影响其他用电设备的正常运行，甚至使该电动机本身根本起动不起来。这时，必须采取措施来降低其起动电流，常用的办法是降压起动。

由式（6-18）可知，当电压降低时，起动电流将随电压成正比地降低，从而可以避开起动电流冲击的高峰。但是，式（6-19）又表明，起动转矩与电压的二次方成正比，起动转矩的减小将比起动电流的降低更多，降压起动时又会出现起动转矩不够的问题。因此，降压起动只适用于中、大容量电动机空载（或轻载）起动的场合。

现代带电流闭环的电子控制软起动器可以限制起动电流并保持恒值，直到转速升高后电流自动衰减下来，起动时间也短于传统的降压起动方法。主电路采用晶闸管交流调压器，用连续地改变其输出电压来保证恒流起动，达到稳定运行后，可用接触器将晶闸管旁路，以免晶闸管不必要地长期工作。视起动时所带负载的大小，起动电流可在（0.5~4）I_{sN}之间调整，以获得最佳的起动效果，但无论如何调整都不宜于满载起动。

软起动的功能同样也可以用于制动，以实现软停车。

2. 轻载降压节能运行

三相异步电动机运行时的总损耗$\sum p$可用下式表示

$$\sum p = p_{Cus} + p_{Fe} + p_{Cur} + p_{mech} + p_s \tag{6-20}$$

式中　p_{Cus}——定子铜损，$p_{Cus} = 3I_s^2 R_s$；

p_{Fe}——铁损，$p_{Fe} = \dfrac{3U_s^2}{R_{Fe}}$；

p_{Cur}——转子铜损，$p_{Cur} = 3I_r'^2 R_r'$；

p_{mech}——机械损耗；

p_s——杂散损耗。

电动机的运行效率为

$$\eta = \frac{P_2}{P_1} = \frac{P_2}{P_2 + \sum p} \tag{6-21}$$

式中　P_1——输入电功率；

P_2——轴上输出机械功率。

当电动机在额定工况运行时，由于输出机械功率大，总损耗只占很小的成分，所以效率η_N较高，一般可达75%~95%，最大效率发生在（0.7~1.1）P_{2N}的范围内。电动机容量越大时，η_N越高。

电磁转矩可表示成

$$T_e = K_T \Phi_m I_r' \cos\varphi_r \tag{6-22}$$

轻载时，电磁转矩较小。如果电动机承受额定电压，气隙磁通Φ_m基本不变，励磁电流I_0基本不变，故铁心损耗p_{Fe}基本不变，而定子电流为

$$\dot{I}_s = \dot{I}_r' + \dot{I}_0 \tag{6-23}$$

励磁电流I_0占定子电流的主要部分，定子铜耗并不随着电磁转矩降低而线性同步减小。总之，轻载时在式（6-21）的分母中$\sum p$所占的成分较大，效率η降低。如果电动机长期轻载运行，将无谓地消耗许多电能。

为了减少轻载时的能量损耗，降低定子电压可以降低气隙磁通Φ_m，这样可以同时降低

铁损 p_{Fe} 和励磁电流 I_0。但是，如果过分降低电压和磁通，转子电流 I_r' 必然增大 ［见式（6-22）］，则定子电流 I_s 反而可能增加，铁损的降低将被铜损的增加填补，效率反而更差了。因此，当负载转矩一定时，轻载降压运行应有一个最佳电压值，此时效率最高。

6.3 异步电动机的变压变频调速

6.3.1 变压变频调速的基本原理

变压变频调速是改变异步电动机同步转速的一种调速方法，在极对数 n_p 一定时，同步转速 n_1 随频率变化，即

$$n_1 = \frac{60f_1}{n_p} = \frac{60\omega_1}{2\pi n_p} \qquad (6-24)$$

由式（6-2），异步电动机的实际转速为

$$n = (1-s)n_1 = n_1 - sn_1 = n_1 - \Delta n \qquad (6-25)$$

其中，稳态速降 $\Delta n = sn_1$ 随负载大小变化。

由式（6-11）和式（6-12），即

$$E_g = 4.44f_1 N_s k_{N_s} \Phi_m$$

$$U_s \approx E_g = 4.44f_1 N_s k_{N_s} \Phi_m$$

可知，只要控制好 E_g 和 f_1，便可达到控制气隙磁通 Φ_m 的目的。

异步电动机变压变频调速的基本原理

123

1. 基频以下调速

当异步电动机在基频（额定频率）以下运行时，如果磁通太弱，没有充分利用电动机的铁心，是一种浪费；如果磁通过大，又会使铁心饱和，从而导致过大的励磁电流，严重时还会因绕组过热而损坏电动机。由此可见，最好是保持每极磁通量 Φ_m 为额定值 Φ_{mN} 不变。当频率 f_1 从额定值 f_{1N} 向下调节时，必须同时降低 E_g，使

$$\frac{E_g}{f_1} = 4.44 N_s k_{N_s} \Phi_{mN} = 常值 \qquad (6-26)$$

即在基频以下应采用电动势频率比为恒值的控制方式。

然而，异步电动机绕组中的电动势是难以直接检测与控制的。当电动势值较高时，可忽略定子电阻和漏感压降，而认为定子相电压 $U_s \approx E_g$，则得

$$\frac{U_s}{f_1} = 常值 \qquad (6-27)$$

这就是恒压频比的控制方式。

低频时，U_s 和 E_g 都较小，定子电阻和漏感压降所占的份量比较显著，不能再忽略。这时，可以人为地把定子电压 U_s 抬高一些，以便近似地补偿定子阻抗压降，称作低频补偿，也可称作低频转矩提升。带定子电压补偿的恒压频比控制特性为图6-9中的 b 线，无补偿的控制特性则为 a 线。实际应用时，如果负载大小不同，需要补偿的定子电压也不一样，通常在控制软件中备有不同斜率的补偿特性，以供用户选择。

2. 基频以上调速

在基频以上调速时，频率从 f_{1N} 向上升高，受到电动机绝缘耐压和磁路饱和的限制，定子电压 U_s 不能随之升高，最多只能保持额定电压 U_{gN} 不变，这将导致磁通与频率成反比地降

低，使得异步电动机工作在弱磁状态。

把基频以下和基频以上两种情况的控制特性画在一起，如图 6-10 所示。一般认为，异步电动机在不同转速下允许长期运行的最大电流为额定电流，即能在允许温升下长期运行的电流，额定电流不变时，电动机允许输出的转矩将随磁通变化。在基频以下，由于磁通恒定，允许输出转矩也恒定，属于"恒转矩调速"方式；在基频以上，转速升高时磁通减小，允许输出转矩也随之降低，输出功率基本不变，属于"近似的恒功率调速"方式。

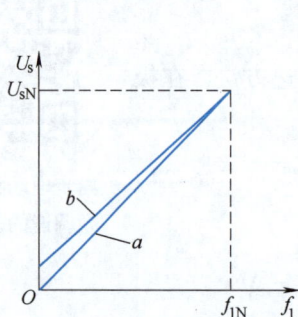

图 6-9 恒压频比控制特性

a—无补偿 b—带定子电压补偿

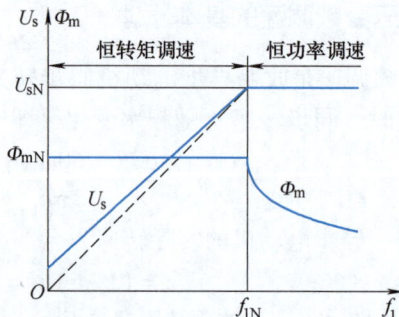

图 6-10 异步电动机变压变频调速的控制特性

6.3.2 变压变频调速时的机械特性

在基频以下采用恒压频比控制时，可将式（6-5）所示的异步电动机机械特性方程式改写为

$$T_e = 3n_p \left(\frac{U_s}{\omega_1} \right)^2 \frac{s\omega_1 R_r'}{(sR_s + R_r')^2 + s^2 \omega_1^2 (L_{ls} + L_{lr}')^2} \tag{6-28}$$

异步电动机变压变频调速的机械特性

当 s 较小时，忽略上式分母中含 s 各项，则

$$T_e \approx 3n_p \left(\frac{U_s}{\omega_1} \right)^2 \frac{s\omega_1}{R_r'} \propto s\omega_1 \tag{6-29}$$

或

$$s\omega_1 \approx \frac{R_r' T_e}{3n_p \left(\dfrac{U_s}{\omega_1} \right)^2} \tag{6-30}$$

带负载时的转速降落 Δn 为

$$\Delta n = s n_1 = \frac{60}{2\pi n_p} s\omega_1 \approx \frac{10 R_r' T_e}{\pi n_p^2} \left(\frac{\omega_1}{U_s} \right)^2 \propto T_e \tag{6-31}$$

由此可见，当 U_s/ω_1 为恒值时，对于同一转矩 T_e，Δn 基本不变。这就是说，在恒压频比的条件下把频率 f_1 向下调节时，机械特性基本上是平行下移的，如图 6-11 所示。

临界转矩亦可改写为

$$T_{em} = \frac{3n_p}{2} \left(\frac{U_s}{\omega_1} \right)^2 \frac{1}{\dfrac{R_s}{\omega_1} + \sqrt{\left(\dfrac{R_s}{\omega_1} \right)^2 + (L_{ls} + L_{lr}')^2}} \tag{6-32}$$

可见临界转矩 T_{em} 是随着 ω_1 的降低而减小的。当频率较低时，T_{em} 较小，电动机带载能力减

弱，采用低频定子压降补偿，适当地提高电压 U_s，可以增强带载能力，如图 6-11 所示。由于带定子压降补偿的恒压频比控制能够基本上保持气隙磁通不变，故允许输出转矩也基本不变，所以基频以下的变压变频调速属于恒转矩调速。

在基频以下变压变频调速时，转差功率为

$$P_s = sP_m = \frac{s\omega_1 T_e}{n_p} \approx \frac{R_r' T_e^2}{3n_p^2 \left(\dfrac{U_s}{\omega_1}\right)^2} \tag{6-33}$$

与转速无关，故称作转差功率不变型调速方法。

在基频 f_{1N} 以上变频调速时，由于电压不能从额定值 U_{sN} 再向上提高，只能保持 $U_s = U_{sN}$ 不变，机械特性方程式可写成

$$T_e = 3n_p U_{sN}^2 \frac{sR_r'}{\omega_1 \left[(sR_s + R_r')^2 + s^2 \omega_1^2 (L_{ls} + L_{lr}')^2 \right]} \tag{6-34}$$

而临界转矩表达式可改写成

$$T_{em} = \frac{3}{2} n_p U_{sN}^2 \frac{1}{\omega_1 \left[R_s + \sqrt{R_s^2 + \omega_1^2 (L_{ls} + L_{lr}')^2} \right]} \tag{6-35}$$

临界转差率与式（6-6）相同，即

$$s_m = \frac{R_r'}{\sqrt{R_s^2 + \omega_1^2 (L_{ls} + L_{lr}')^2}}$$

当 s 较小时，忽略上式分母中含 s 各项，则

$$T_e \approx 3n_p \frac{U_{sN}^2}{\omega_1} \frac{s}{R_r'} \tag{6-36}$$

或

$$s\omega_1 \approx \frac{R_r' T_e \omega_1^2}{3n_p U_{sN}^2} \tag{6-37}$$

带负载时的转速降落 Δn 为

$$\Delta n = sn_1 = \frac{60}{2\pi n_p} s\omega_1 \approx \frac{10 R_r' T_e}{\pi n_p^2} \frac{\omega_1^2}{U_{sN}^2} \tag{6-38}$$

由此可见，当角频率 ω_1 提高而电压不变时，同步转速随之提高，临界转矩减小，气隙磁通也势必减弱，由于输出转矩减小而转速升高，允许输出功率基本不变，所以基频以上的变频调速属于弱磁恒功率调速。式（6-38）表明，对于相同的电磁转矩 T_e，ω_1 越大，转速降落 Δn 越大，机械特性越软，与直流电动机弱磁调速相似，如图 6-11 中 n_{1N} 以上的特性。

在基频以上的变频调速时，转差功率为

$$P_s = sP_m = \frac{s\omega_1 T_e}{n_p} \approx \frac{R_r' T_e^2 \omega_1^2}{3n_p^2 U_{sN}^2} \tag{6-39}$$

带恒功率负载运行时，$T_e^2 \omega_1^2 \approx$ 常数，所以转差功率也基本不变。

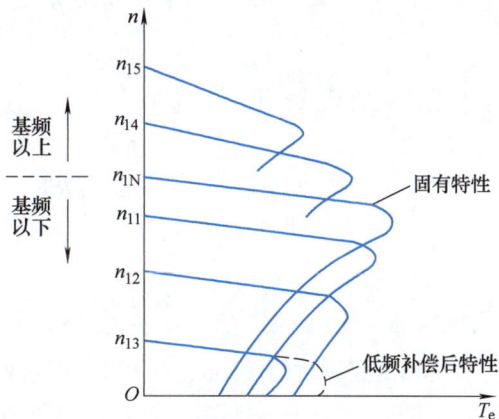

图 6-11　异步电动机变压变频调速机械特性

6.3.3　基频以下的电压补偿控制

在基频以下运行时，采用恒压频比的控制方法具有控制简便的优点，但负载变化时定子压降不同，将导致磁通改变，因此需采用定子电压补偿控制。根据定子电流的大小改变定子电压，以保持磁通恒定。将图6-1异步电动机T形等效电路再次绘出，如图6-12所示，为了使参考极性与电动状态下的实际极性相吻合，感应电动势采用电压降的表示方法，由高电位指向低电位。

前已指出，式（6-11）表示气隙磁通 Φ_m 在定子每相绕组中的感应电动势，即

$$E_g = 4.44 f_1 N_s k_{N_s} \Phi_m$$

与此相应，定子全磁通 Φ_{ms} 在定子每相绕组中的感应电动势为

$$E_s = 4.44 f_1 N_s k_{N_s} \Phi_{ms} \qquad (6\text{-}40)$$

转子全磁通 Φ_{mr} 在转子绕组中的感应电动势（折合到定子边）为

异步电动机在
不同磁通恒定
控制下的机械特性

图 6-12　异步电动机等效电路和感应电动势

$$E_r' = 4.44 f_1 N_s k_{N_s} \Phi_{mr} \qquad (6\text{-}41)$$

下面分别讨论保持定子磁通 Φ_{ms}、气隙磁通 Φ_m 和转子磁通 Φ_{mr} 恒定的控制方法及机械特性。

1.　恒定子磁通 Φ_{ms} 控制

由式（6-40）可知，只要使 $E_s/f_1 =$ 常值，即可保持定子磁通 Φ_{ms} 恒定。但定子电动势不好直接控制，能够直接控制的只有定子电压 U_s，而 U_s 与 E_s 的关系是

$$\dot{U}_s = R_s \dot{I}_s + \dot{E}_s \qquad (6\text{-}42)$$

其相量差为定子电阻压降，只要恰当地提高定子电压 U_s，按式（6-42）补偿定子电阻压降，以保持 $E_s/f_1 =$ 常值，就能够得到恒定子磁通。

忽略励磁电流 $\dot{I}_0$ 时，由图6-12等效电路可得转子电流幅值为

$$I_r' = \frac{E_s}{\sqrt{\left(\dfrac{R_r'}{s}\right)^2 + \omega_1^2 (L_{ls} + L_{lr}')^2}} \qquad (6\text{-}43)$$

代入电磁转矩关系式，得

$$T_e = \frac{3 n_p}{\omega_1} \frac{E_s^2}{\left(\dfrac{R_r'}{s}\right)^2 + \omega_1^2 (L_{ls} + L_{lr}')^2} \frac{R_r'}{s}$$

$$= 3 n_p \left(\frac{E_s}{\omega_1}\right)^2 \frac{s \omega_1 R_r'}{R_r'^2 + s^2 \omega_1^2 (L_{ls} + L_{lr}')^2} \qquad (6\text{-}44)$$

再将恒压频比控制时的转矩式（6-28）重新列出

$$T_e = 3 n_p \left(\frac{U_s}{\omega_1}\right)^2 \frac{s \omega_1 R_r'}{(s R_s + R_r')^2 + s^2 \omega_1^2 (L_{ls} + L_{lr}')^2}$$

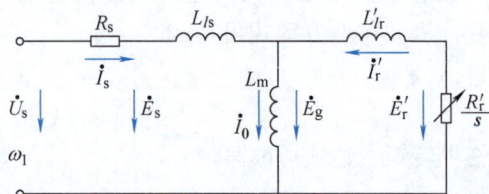

比较式（6-28）和式（6-44）可知，恒定子磁通 Φ_{ms} 控制时转矩表达式的分母小于恒 U_s/ω_1 控制特性中的同类项。因此，当转差率 s 相同时，采用恒定子磁通 Φ_{ms} 控制方式的电磁转矩大于恒 U_s/ω_1 控制方式。或者说，当负载转矩相同时，恒定子磁通 Φ_{ms} 控制方式的转速降落小于恒 U_s/ω_1 控制方式。

将式（6-44）对 s 求导，并令 $\dfrac{\mathrm{d}T_e}{\mathrm{d}s}=0$，可求出临界转差率 s_m 和临界转矩 T_{em}

$$s_m = \frac{R_r'}{\omega_1(L_{ls}+L_{lr}')} \tag{6-45}$$

$$T_{em} = \frac{3n_p}{2}\left(\frac{E_s}{\omega_1}\right)^2 \frac{1}{(L_{ls}+L_{lr}')} \tag{6-46}$$

由式（6-46）可见，当频率变化时，恒定子磁通 Φ_{ms} 控制的临界转矩 T_{em} 恒定不变，机械特性如图 6-13b 所示。比较式（6-45）与式（6-6）可知，恒定子磁通 Φ_{ms} 控制的临界转差率大于恒 U_s/ω_1 控制方式。再比较式（6-46）和式（6-7）可知，恒定子磁通 Φ_{ms} 控制的临界转矩也大于恒 U_s/ω_1 控制方式，同样的结论也可在图 6-13 中的机械特性曲线 b 和 a 上看出。

2. 恒气隙磁通 Φ_m 控制

由式（6-11）可知，只要维持 E_g/ω_1 为恒值，即可保持气隙磁通 Φ_m 恒定。由图 6-12 等效电路可以看出，定子电压为

$$\dot{U}_s = (R_s+\mathrm{j}\omega_1 L_{ls})\dot{I}_s + \dot{E}_g \tag{6-47}$$

要维持 E_g/ω_1 为恒值，除了补偿定子电阻压降外，还应补偿定子漏抗压降。由图 6-12 可见，此时转子电流幅值为

$$I_r' = \frac{E_g}{\sqrt{\left(\dfrac{R_r'}{s}\right)^2 + \omega_1^2 L_{lr}'^2}} \tag{6-48}$$

代入电磁转矩关系式，得

$$T_e = \frac{3n_p}{\omega_1}\frac{E_g^2}{\left(\dfrac{R_r'}{s}\right)^2+\omega_1^2 L_{lr}'^2}\frac{R_r'}{s} = 3n_p\left(\frac{E_g}{\omega_1}\right)^2\frac{s\omega_1 R_r'}{R_r'^2+s^2\omega_1^2 L_{lr}'^2} \tag{6-49}$$

将式（6-49）对 s 求导，并令 $\dfrac{\mathrm{d}T_e}{\mathrm{d}s}=0$，可得临界转差率 s_m 和临界转矩 T_{em}

$$s_m = \frac{R_r'}{\omega_1 L_{lr}'} \tag{6-50}$$

$$T_{em} = \frac{3n_p}{2}\left(\frac{E_g}{\omega_1}\right)^2\frac{1}{L_{lr}'} \tag{6-51}$$

机械特性如图 6-13 中曲线 c 所示，与恒定子磁通 Φ_{ms} 控制方式相比较，恒气隙磁通 Φ_m 控制方式的临界转差率和临界转矩更大，机械特性更硬。

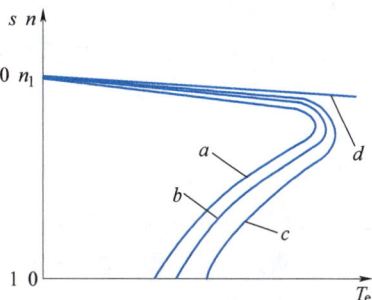

图 6-13　异步电动机在不同控制方式下的机械特性

a—恒 U_s/ω_1 控制　b—恒定子磁通 Φ_{ms} 控制
c—恒气隙磁通 Φ_m 控制　d—恒转子磁通 Φ_{mr} 控制

127

3. 恒转子磁通 Φ_{mr} 控制

由式（6-41）可知，只要维持 E_r/ω_1 恒定，即可保持转子磁通 Φ_{mr} 恒定。由图 6-12 还可看出

$$\dot{U}_s = \left[R_s + j\omega_1(L_{ls} + L'_{lr}) \right] \dot{I}_s + \dot{E}'_r \tag{6-52}$$

而转子电流幅值为

$$I'_r = \frac{E'_r}{R'_r/s} \tag{6-53}$$

代入电磁转矩基本关系式，得

$$T_e = \frac{3n_p}{\omega_1} \frac{E'^2_r}{\left(\dfrac{R'_r}{s}\right)^2} \frac{R'_r}{s} = 3n_p \left(\frac{E'_r}{\omega_1}\right)^2 \frac{s\omega_1}{R'_r} \tag{6-54}$$

这时的机械特性 $T_e = f(s)$ 完全是一条直线，如图 6-13 中曲线 d 所示。显然，恒转子磁通 Φ_{mr} 控制的稳态性能最好，可以获得和直流电动机一样的线性机械特性，这正是高性能交流变频调速所要求的稳态性能。

4. 小结

恒压频比（U_s/ω_1 = 恒值）控制最容易实现，它的机械特性基本上是平行下移，硬度也较好，能够满足一般的调速要求，低速时需适当提高定子电压，以近似补偿定子阻抗压降。

恒定子磁通 Φ_{ms}、恒气隙磁通 Φ_m 和恒转子磁通 Φ_{mr} 的控制方式均需要定子电压补偿，控制要复杂一些。恒定子磁通 Φ_{ms} 和恒气隙磁通 Φ_m 的控制方式虽然改善了低速性能，但机械特性还是非线性的，仍受到临界转矩的限制。恒转子磁通 Φ_{mr} 控制方式可以获得和直流他励电动机一样的线性机械特性，性能最佳。

6.4 电力电子变压变频器

异步电动机变频调速需要电压与频率均可调的交流电源，常用的交流可调电源是由电力电子器件构成的静止式功率变换器，一般称为变频器。按变流方式变频器结构可分为交-直-交变频器和交-交变频器两种，如图 6-14 所示。交-直-交变频器先将恒压恒频的交流电整成直流，再将直流电逆变成电压与频率均为可调的交流，称作间接变频；交-交变频器将恒压恒频的交流电直接变换为电压与频率均为可调的交流电，无需中间直流环节，称作直接变频。

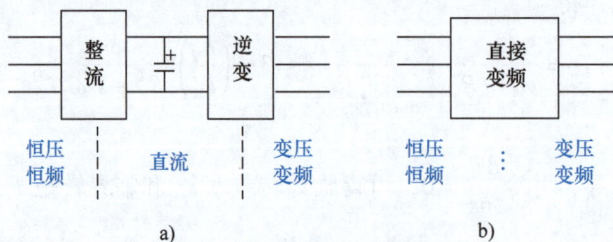

图 6-14　变频器结构示意图
a）交-直-交变频器　b）交-交变频器

早期的变频器由晶闸管（SCR）组成，SCR 属于半控型器件，不能通过门极关断，需要强迫换流装置才能实现换相，故主回路结构复杂。此外，晶闸管的开关速度慢，变频器的开关频率低，输出电压谐波分量大。全控型器件通过门极控制既可使其开通又可使其关断，该

类器件的开关速度普遍高于晶闸管，用全控型器件构成的变频器具有主回路结构简单、输出电压质量好的优点。常用的全控型器件有电力场效应晶体管（Power-MOSFET）、绝缘栅双极型晶体管（IGBT）等。

现代变频器中用得最多的控制技术是脉冲宽度调制（Pulse Width Modulation，PWM），其基本思想是：控制逆变器中电力电子器件的开通或关断，输出电压为幅值相等、宽度按一定规律变化的脉冲序列，用这样的高频脉冲序列代替期望的输出电压。

传统的交流 PWM 技术是用正弦波来调制等腰三角波，称为正弦脉冲宽度调制（SPWM），随着控制技术的发展，产生了电流跟踪 PWM（CFPWM）控制技术和电压空间矢量 PWM（SVPWM）控制技术。鉴于 SPWM 技术在《电力电子技术》教材中已做详细论述，在此只概述其要点，着重介绍后两种。

6.4.1 交-直-交 PWM 变频器主回路

常用的交-直-交 PWM 变频器主回路结构如图 6-15 所示，左边是不可控整流桥，将三相交流电整流成电压恒定的直流电压，右边是逆变器，将直流电压变换为频率与电压均可调的交流电，中间的滤波环节是为了减小直流电压脉动而设置的。这种主回路只有一套可控功率级，具有结构简单、控制方便的优点，采用脉宽调制的方法，输出谐波分量小，缺点是当电动机工作在回馈制动状态时能量不能回馈至电网，造成直流侧电压上升，称作泵升电压。

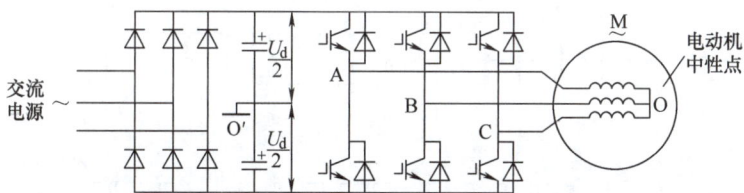

图 6-15 交-直-交 PWM 变频器主回路结构图

对于大功率的中、高压变频器可用多电平的 PWM 逆变器，鉴于篇幅限制，在此不做讨论，读者可参阅参考文献［39，40］。

随着交流调速技术的发展，变频器的应用越来越广。有时采用由一套整流装置给直流母线供电，然后再由直流母线供电给多台逆变器，如图 6-16 所示。此种方式可以减少整流装置的电力电子器件，逆变器从直流母线上汲取能量，还可以通过直流母线来实现能量平衡，提高整流装置的工作效率。例如，当某个电动机工作在回馈制动状态时，直流母线能将回馈的能量送至其他负载，实现能量交换，有效地抑制泵升电压。

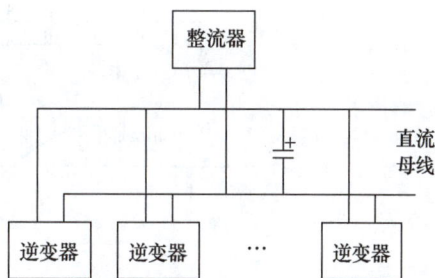

图 6-16 直流母线方式的变频器主回路结构图

6.4.2 正弦波脉宽调制（SPWM）技术

以频率与期望的输出电压波相同的正弦波作为调制波（Modulation Wave），以频率比期望波高得多的等腰三角波作为载波（Carrier Wave），当调制波与载波相交时，由它们的交点确定逆变器开关器件的通断时刻，从而获得幅值相等、宽度按正弦规律变化的脉冲序列，这种调制方法称作正弦波脉宽调制（Sinusoidal Pulse Width Modulation，SPWM)[9,39,40]。

PWM 控制方式有单极性和双极性。双极性控制的 PWM 方式，三相输出电压共有八种状态，S_A、S_B、S_C 分别表示 A、B、C 三相的开关状态，"1" 表示上桥臂导通，"0" 表示下桥臂导通。u_A、u_B、u_C 为以直流电源中性点 O′ 参考点的三相输出电压，u_{AO}、u_{BO}、u_{CO} 为电动机三相电压，以电动机中性点 O 为参考点。电动机中性点 O 相对于电源中性点 O′ 的电压

$$u_O = \frac{u_A + u_B + u_C}{3} \tag{6-55}$$

由于 $u_A + u_B + u_C \neq 0$，故 O′ 和 O 的电位不等，详见参考文献 [9]。

图 6-17 为三相 PWM 逆变器双极性 SPWM 仿真波形，其中 u_{ra}、u_{rb}、u_{rc} 为三相的正弦调制波；u_t 为双极性三角载波；u_A、u_B、u_C 为三相输出与电源中性点 O′ 之间的相电压波形；u_{AB} 为输出线电压波形，其脉冲幅值为 $+U_d$ 或 $-U_d$；U_{AO} 为电动机相电压波形，其脉冲幅值为 $\pm\frac{2}{3}U_d$、$\pm\frac{1}{3}U_d$ 和 0 五种电平组成。

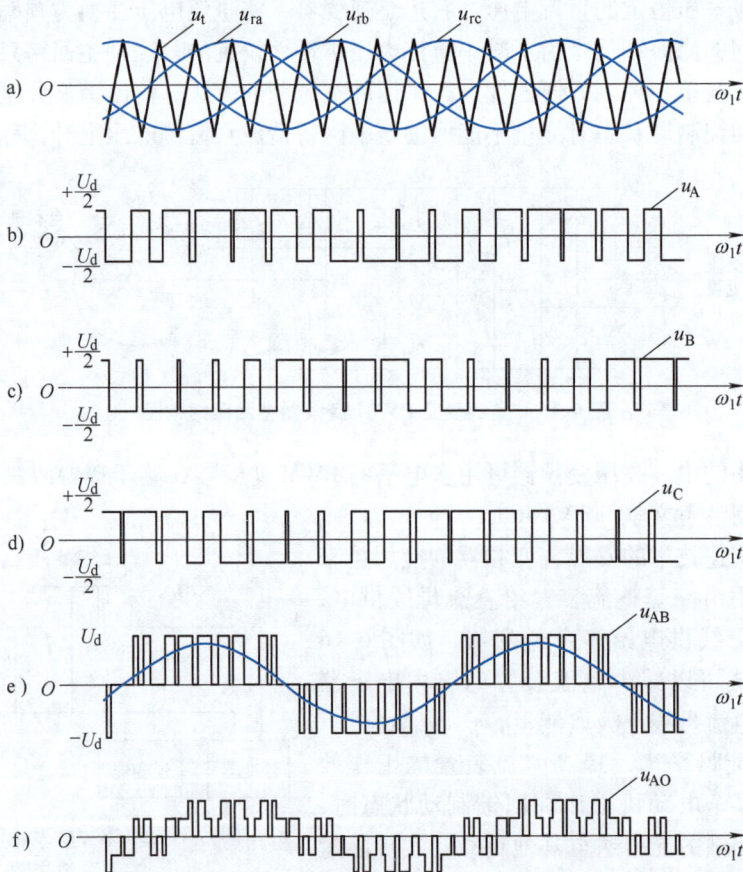

图 6-17 三相 PWM 逆变器双极性 SPWM 仿真波形

a) 三相正弦调制波与双极性三角载波　b) 相电压 u_A　c) 相电压 u_B

d) 相电压 u_C　e) 输出线电压 u_{AB}　f) 电动机相电压 u_{AO}

逆变器开关器件的通断时刻是由调制波与载波的交点确定的，故称作"自然采样法"。

用硬件电路构成正弦波发生器、三角波发生器和比较器来实现上述的 SPWM 控制，十分方便。由于调制波与载波的交点在时间上具有不确定性，同样的方法用计算机软件实现时，运算比较复杂，适当的简化后，衍生出"规则采样法"[9,41]。

SPWM 采用三相分别调制，在调制度为 1 时，输出相电压的基波幅值为 $\dfrac{U_d}{2}$，输出线电压的基波幅值为 $\dfrac{\sqrt{3}}{2}U_d$，直流电压的利用率仅为 0.866[9]。若调制度大于 1，直流电压的利用率可以提高，但会产生失真现象，谐波分量增加。采用电压空间矢量 PWM 调制（SVPWM）或三次谐波注入法[42]，可有效提高直流电压的利用率。

随着 PWM 变频器的广泛应用，已制成多种专用集成电路芯片作为 SPWM 信号的发生器，许多用于电动机控制的微机芯片集成了带有死区的 PWM 控制功能[43,44]，经功率放大后，即可驱动电力电子器件，使用相当简便。

*6.4.3 消除指定次数谐波的 PWM （SHEPWM） 控制技术

普通的 SPWM 变频器输出电压带有一定的谐波分量，为降低谐波分量，减少电动机转矩脉动，可以采用直接计算图 6-18 中各脉冲起始与终了相位 α_1，α_2，α_3，α_4，$\cdots$，α_{2m}（m 是一个输出周波内的脉冲个数）的方法，以消除指定次数的谐波，这就是在 SPWM 的基础上衍生出的消除指定次数谐波 PWM（Selected Harmonics Elimination PWM，SHEPWM）控制技术。

对图 6-18 的 PWM 波形做傅里叶分析可知，其 k 次谐波相电压幅值的表达式为

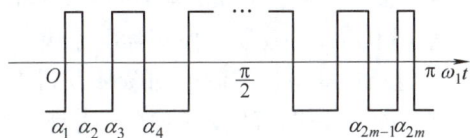

图 6-18 变压变频器输出的相电压 PWM 波形

$$U_{km} = \frac{2U_d}{k\pi}\Big[\, 1 + 2\sum_{i=1}^{m}(-1)^i\cos k\alpha_i \,\Big] \tag{6-56}$$

式中　U_d——变压变频器直流侧电压；

　　α_i——以相位角表示的 PWM 波中第 i 个波形的起始或终了时刻。

从理论上讲，要消除第 k 次谐波分量，只需令式（6-56）中的 $U_{km}=0$，并满足基波幅值 U_{1m} 为所要求的电压值，从而解出相应的 α_i 值即可。然而，图 6-18 的输出电压波形为一组正负相间的 PWM 波，它不仅半个周期对称，而且有 1/4 周期按纵轴对称的性质。在 1/4 周期内，有 m 个 α 值，即 m 个待定参数，这些参数代表了可以用于消除指定谐波的自由度。其中除了必须满足的基波幅值外，尚有 $(m-1)$ 个可选的参数，它们分别代表了可消除谐波的数量。例如，取 $m=5$，可消除四个不同次数的谐波。常常希望消除影响最大的 5、7、11、13 次谐波，就让这些谐波电压的幅值为零，并令基波幅值为需要值，代入式（6-56）可得一组三角函数的联立方程。

$$U_{1m} = \frac{2U_d}{\pi}[\,1 - 2\cos\alpha_1 + 2\cos\alpha_2 - 2\cos\alpha_3 + 2\cos\alpha_4 - 2\cos\alpha_5\,] = 需要值$$

$$U_{5m} = \frac{2U_d}{5\pi}[\,1 - 2\cos5\alpha_1 + 2\cos5\alpha_2 - 2\cos5\alpha_3 + 2\cos5\alpha_4 - 2\cos5\alpha_5\,] = 0$$

$$U_{7m} = \frac{2U_d}{7\pi}[\,1 - 2\cos7\alpha_1 + 2\cos7\alpha_2 - 2\cos7\alpha_3 + 2\cos7\alpha_4 - 2\cos7\alpha_5\,] = 0$$

$$U_{11m} = \frac{2U_d}{11\pi}[1 - 2\cos11\alpha_1 + 2\cos11\alpha_2 - 2\cos11\alpha_3 + 2\cos11\alpha_4 - 2\cos11\alpha_5] = 0$$

$$U_{13m} = \frac{2U_d}{13\pi}[1 - 2\cos13\alpha_1 + 2\cos13\alpha_2 - 2\cos13\alpha_3 + 2\cos13\alpha_4 - 2\cos13\alpha_5] = 0$$

上述五个方程中共有 α_1、α_2、$\cdots$、α_5 这五个需要求解的开关时刻相位角，一般采用数值法迭代求解。然后再利用 1/4 周期对称性，计算出 $\alpha_{10} = \alpha_{2m} = \pi - \alpha_1$，以及 α_9，α_8，α_7，α_6 各值。这样的数值计算法在理论上虽能消除所指定次数的谐波，但更高次数的谐波却可能反而增大，不过它们对电动机电流和转矩的影响已经不大，所以这种控制技术的效果还是不错的。由于上述数值求解方法的复杂性，而且对应于不同基波频率应有不同的基波电压幅值，求解出的脉冲开关时刻也不一样。所以这种方法不宜用于实时控制，需用计算机离线求出开关角的数值，放入微机内存，以备控制时调用。

6.4.4 电流跟踪 PWM（CFPWM）控制技术

SPWM 控制技术以输出电压接近正弦波为目标，电流波形则因负载的性质及大小而异。然而对于交流电动机来说，应该保证为正弦波的是电流，稳态时在绕组中通入三相平衡的正弦电流才能使合成的电磁转矩为恒定值，不产生脉动，因此以正弦波电流为控制目标更为合适。电流跟踪 PWM（Current Follow PWM，CFPWM）的控制方法是：在原来主回路的基础上，采用电流闭环控制，使实际电流快速跟随给定值，在稳态时，尽可能使实际电流接近正弦波，这就能比电压控制的 SPWM 获得更好的性能。

常用的一种电流闭环控制方法是电流滞环跟踪 PWM（Current Hysteresis Band PWM，CHBPWM）控制，具有电流滞环跟踪 PWM 控制的 PWM 变压变频器的 A 相控制原理图如图 6-19 所示。其中，电流控制器是带滞环的比较器，环宽为 $2h$。将给定电流 i_A^* 与输出电流 i_A 进行比较，电流偏差 Δi_A 超过 $\pm h$ 时，经滞环控制器 HBC 控制逆变器 A 相上（或下）桥臂的功率器件动作。B、C 两相的原理图均与此相同。

采用电流滞环跟踪控制时，变频器的电流波形与 PWM 电压波形如图 6-20 所示。在 t_0 时刻，$i_A < i_A^*$，且 $\Delta i_A = i_A^* - i_A \geq h$，滞环控制器 HBC 输出正电平，使上桥臂功率开关器件 VT_1 导通，输出电压为正，使 i_A 增大。当 i_A 增长到与 i_A^* 相等时，虽然 $\Delta i_A = 0$，但 HBC 仍保持正电平输出，VT_1 保持导通，使 i_A 继续增大。直到 $t = t_1$ 时刻，达到 $i_A = i_A^* + h$，

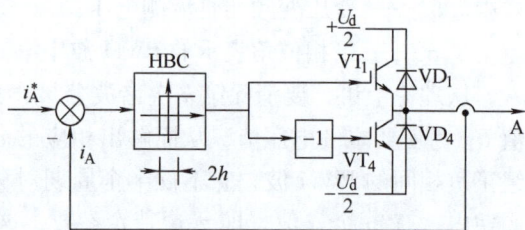

图 6-19 电流滞环跟踪控制的 A 相原理图

$\Delta i_A = -h$，使滞环翻转，HBC 输出负电平，关断 VT_1，并经延时后驱动 VT_4。但此时 VT_4 未必能够导通，由于电动机绕组的电感作用，电流 i_A 不会反向，而是通过二极管 VD_4 续流，使 VT_4 受到反向钳位而不能导通，输出电压为负。此后，i_A 逐渐减小，直到 $t = t_2$ 时，$i_A = i_A^* - h$，到达滞环偏差的下限值，使 HBC 再翻转，又重复使 VT_1 导通。这样，VT_1 与 VD_4 交替工作，使输出电流 i_A 快速跟随给定值 i_A^*，两者的偏差始终保持在 $\pm h$ 范围内。稳态时 i_A^* 为正弦波，i_A 在 i_A^* 上下做锯齿状变化，输出电流 i_A 接近正弦波，图 6-20 为电流滞环跟踪控制 PWM 仿真波形。以上分析了给定正弦波电流 i_A^* 正半波的工作原理和输出电流 i_A 和相电压波形，负半波的工作原理与正半波相同，只是 VT_4 与 VD_1 交替工作。

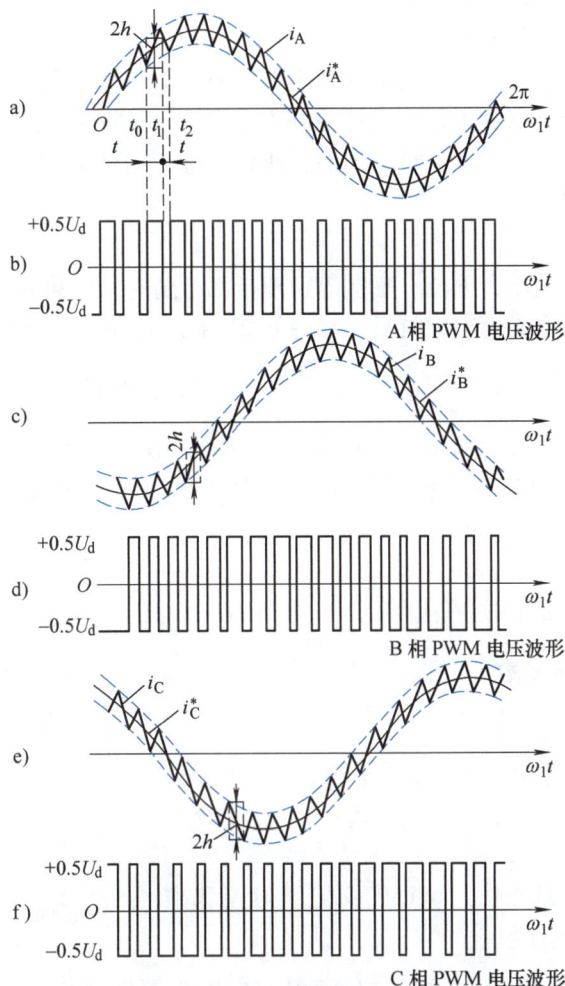

图 6-20　电流滞环跟踪控制时的三相电流波形与相电压 PWM 波形

电流跟踪控制的精度与滞环的宽度有关，同时还受到功率开关器件允许开关频率的制约。当环宽 $2h$ 选得较大时，开关频率低，但电流波形失真较多，谐波分量高；如果环宽小，电流跟踪性能好，但开关频率却增大了。实际使用中，应在器件开关频率允许的前提下，尽可能选择小的环宽。

电流滞环跟踪控制方法的精度高、响应快，且易于实现，但功率开关器件的开关频率不定[3]。为了克服这个缺点，可以采用具有恒定开关频率的电流控制器[45]，或者在局部范围内限制开关频率，但这样对电流波形都会产生影响。

具有电流滞环跟踪控制的 PWM 型变频器用于调速系统时，只需改变电流给定信号的频率即可实现变频调速，无需再人为地调节逆变器电压。此时，电流控制环只是系统的内环，外边仍应有转速外环，才能视不同负载的需要自动控制给定电流。

6.4.5　电压空间矢量 PWM （SVPWM） 控制技术 （磁链跟踪控制技术）

经典的 SPWM 控制主要着眼于使变压变频器的输出电压尽量接近正弦波，并未顾及输出电流的波形。而电流跟踪控制则直接控制输出电流，使之在正弦波附近变化，这就比只要求正弦电压前进了一步。然而交流电动机需要输入三相正弦电流的最终目的是在电动机空间形成圆形旋转磁场，从而产生恒定的电磁转矩。把逆变器和交流电动机视为一体，以圆形旋转磁场为目标来控制逆变器的工作，这种控制方法称作"磁链跟踪控制"，磁链轨迹的控制是通过交替使用不同的电压空间矢量实现的，所以又称"电压空间矢量 PWM（Space Vector PWM，SVPWM）控制"。

1. 空间矢量的定义

交流电动机绕组的电压、电流、磁链等物理量都是随时间变化的，如果考虑到它们所在绕组的空间位置，可以定义为空间矢量。在图 6-21 中，A、B、C 分别表示在空间静止的电动机定子三相绕组的轴线，它们在空间互差 $\dfrac{2\pi}{3}$，三相定子相电压 u_{AO}、u_{BO}、u_{CO} 分别加在三相绕组上。可以定义三个定子电压空间矢量 $\boldsymbol{u}_{AO}$、$\boldsymbol{u}_{BO}$、$\boldsymbol{u}_{CO}$，如图 6-21 所示。当 $\boldsymbol{u}_{AO} > 0$ 时，$\boldsymbol{u}_{AO}$ 与 A 轴同向，$\boldsymbol{u}_{AO} < 0$ 时，$\boldsymbol{u}_{AO}$ 与 A 轴反向，B、C 两相也同样如此。

$$\boldsymbol{u}_{AO} = ku_{AO}$$
$$\boldsymbol{u}_{BO} = ku_{BO}e^{j\gamma}$$
$$\boldsymbol{u}_{CO} = ku_{CO}e^{j2\gamma} \tag{6-57}$$

式中，$\gamma = \dfrac{2\pi}{3}$，k 为待定系数。

三相合成矢量

$$\boldsymbol{u}_{s} = \boldsymbol{u}_{AO} + \boldsymbol{u}_{BO} + \boldsymbol{u}_{CO} = ku_{AO} + ku_{BO}e^{j\gamma} + ku_{CO}e^{j2\gamma} \tag{6-58}$$

图 6-21 为某一时刻 $u_{AO} > 0$、$u_{BO} > 0$、$u_{CO} < 0$ 时的合成矢量。

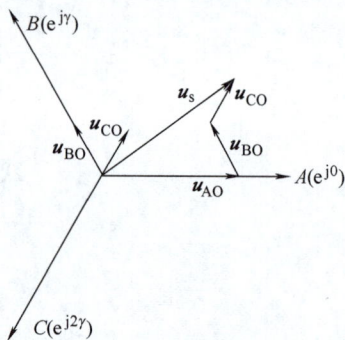

图 6-21　电压空间矢量

与定子电压空间矢量相仿，可以定义定子电流和磁链的空间矢量 $\boldsymbol{i}_{s}$ 和 $\boldsymbol{\psi}_{s}$ 分别为

$$\boldsymbol{i}_{s} = \boldsymbol{i}_{AO} + \boldsymbol{i}_{BO} + \boldsymbol{i}_{CO} = ki_{AO} + ki_{BO}e^{j\gamma} + ki_{CO}e^{j2\gamma} \tag{6-59}$$

$$\boldsymbol{\psi}_{s} = \boldsymbol{\psi}_{AO} + \boldsymbol{\psi}_{BO} + \boldsymbol{\psi}_{CO} = k\psi_{AO} + k\psi_{BO}e^{j\gamma} + k\psi_{CO}e^{j2\gamma} \tag{6-60}$$

由式（6-58）和式（6-59）可得空间矢量功率表达式为

$$p' = \mathrm{Re}(\boldsymbol{u}_{s}\boldsymbol{i}_{s}')$$
$$= \mathrm{Re}\left[k^2 (u_{AO} + u_{BO}e^{j\gamma} + u_{CO}e^{j2\gamma})(i_{AO} + i_{BO}e^{-j\gamma} + i_{CO}e^{-j2\gamma}) \right] \tag{6-61}$$

$\boldsymbol{i}_{s}'$ 和 $\boldsymbol{i}_{s}$ 是一对共轭矢量，将式（6-61）展开，得

$$p' = \mathrm{Re}(\boldsymbol{u}_{s}\boldsymbol{i}_{s}')$$
$$= \mathrm{Re}\left[k^2 (u_{AO} + u_{BO}e^{j\gamma} + u_{CO}e^{j2\gamma})(i_{AO} + i_{BO}e^{-j\gamma} + i_{CO}e^{-j2\gamma}) \right]$$
$$= k^2 (u_{AO}i_{AO} + u_{BO}i_{BO} + u_{CO}i_{CO}) + k^2 \mathrm{Re}\big[(u_{BO}i_{AO}e^{j\gamma} + u_{CO}i_{AO}e^{j2\gamma} + u_{AO}i_{BO}e^{-j\gamma} +$$
$$u_{CO}i_{BO}e^{j\gamma} + u_{AO}i_{CO}e^{-j2\gamma} + u_{BO}i_{CO}e^{-j\gamma})\big]$$

考虑到 $i_{AO} + i_{BO} + i_{CO} = 0$、$\gamma = \dfrac{2\pi}{3}$，得

$$\mathrm{Re}\big[(u_{BO}i_{AO}e^{j\gamma} + u_{CO}i_{AO}e^{j2\gamma} + u_{AO}i_{BO}e^{-j\gamma} + u_{CO}i_{BO}e^{j\gamma} + u_{AO}i_{CO}e^{-j2\gamma} + u_{BO}i_{CO}e^{-j\gamma})\big]$$

$$= (u_{BO}i_{AO}\cos\gamma + u_{CO}i_{AO}\cos2\gamma + u_{AO}i_{BO}\cos\gamma + u_{CO}i_{BO}\cos\gamma + u_{AO}i_{CO}\cos2\gamma + u_{BO}i_{CO}\cos\gamma)$$

$$= -(u_{AO}i_{AO} + u_{BO}i_{BO} + u_{CO}i_{CO})\cos\gamma = \frac{1}{2}(u_{AO}i_{AO} + u_{BO}i_{BO} + u_{CO}i_{CO})$$

由此可得

$$p' = \frac{3}{2}k^2(u_{AO}i_{AO} + u_{BO}i_{BO} + u_{CO}i_{CO}) = \frac{3}{2}k^2p \tag{6-62}$$

式中　p——三相瞬时功率，$p = u_{AO}i_{AO} + u_{BO}i_{BO} + u_{CO}i_{CO}$。

按空间矢量功率 p' 与三相瞬时功率 p 相等的原则，应使 $\frac{3}{2}k^2 = 1$，即 $k = \sqrt{\frac{2}{3}}$。空间矢量表达式为

$$\boldsymbol{u}_s = \sqrt{\frac{2}{3}}(u_{AO} + u_{BO}e^{j\gamma} + u_{CO}e^{j2\gamma}) \tag{6-63}$$

$$\boldsymbol{i}_s = \sqrt{\frac{2}{3}}(i_{AO} + i_{BO}e^{j\gamma} + i_{CO}e^{j2\gamma}) \tag{6-64}$$

$$\boldsymbol{\psi}_s = \sqrt{\frac{2}{3}}(\psi_{AO} + \psi_{BO}e^{j\gamma} + \psi_{CO}e^{j2\gamma}) \tag{6-65}$$

当定子相电压 u_{AO}、u_{BO}、u_{CO} 为三相平衡正弦电压时，三相合成矢量

$$
\begin{aligned}
\boldsymbol{u}_s &= \boldsymbol{u}_{AO} + \boldsymbol{u}_{BO} + \boldsymbol{u}_{CO} \\
&= \sqrt{\frac{2}{3}}\left[U_m\cos\omega_1 t + U_m\cos\left(\omega_1 t - \frac{2\pi}{3}\right)e^{j\gamma} + U_m\cos\left(\omega_1 t - \frac{4\pi}{3}\right)e^{j2\gamma} \right] \\
&= \sqrt{\frac{3}{2}}U_m e^{j\omega_1 t} = U_s e^{j\omega_1 t}
\end{aligned} \tag{6-66}
$$

$\boldsymbol{u}_s$ 是一个以电源角频率 ω_1 为角速度做恒速旋转的空间矢量，它的幅值是相电压幅值的 $\sqrt{\frac{3}{2}}$ 倍，当某一相电压为最大值时，合成电压矢量 $\boldsymbol{u}_s$ 就落在该相的轴线上。在三相平衡正弦电压供电时，若电动机转速已稳定，则定子电流和磁链的空间矢量 $\boldsymbol{i}_s$ 和 $\boldsymbol{\psi}_s$ 的幅值恒定，以电源角频率 ω_1 为电气角速度在空间做恒速旋转。

2. 电压与磁链空间矢量的关系

当异步电动机的三相对称定子绕组由三相电压供电时，对每一相都可写出一个电压平衡方程式，求三相电压平衡方程式的矢量和，即得用合成空间矢量表示的定子电压方程式

$$\boldsymbol{u}_s = R_s\boldsymbol{i}_s + \frac{d\boldsymbol{\psi}_s}{dt} \tag{6-67}$$

电压空间矢量与磁链空间矢量的关系

当电动机转速不是很低时，定子电阻压降所占的成分很小，可忽略不计，则定子合成电压与合成磁链空间矢量的近似关系为

$$\boldsymbol{u}_s \approx \frac{d\boldsymbol{\psi}_s}{dt} \tag{6-68}$$

或

$$\boldsymbol{\psi}_s \approx \int \boldsymbol{u}_s dt$$

当电动机由三相平衡正弦电压供电时，电动机定子磁链幅值恒定，其空间矢量以恒速旋转，磁链矢量顶端的运动轨迹呈圆形（简称为磁链圆）。定子磁链旋转矢量为

$$\boldsymbol{\psi}_s = \psi_s e^{j(\omega_1 t + \varphi)} \tag{6-69}$$

式中　ψ_s——定子磁链矢量幅值；

φ——定子磁链矢量的空间初始角度。

将式（6-69）对 t 求导得

$$\boldsymbol{u}_s \approx \frac{\mathrm{d}}{\mathrm{d}t}(\psi_s \mathrm{e}^{\mathrm{j}(\omega_1 t + \varphi)}) = \mathrm{j}\omega_1 \psi_s \mathrm{e}^{\mathrm{j}(\omega_1 t + \varphi)} = \omega_1 \psi_s \mathrm{e}^{\mathrm{j}(\omega_1 t + \frac{\pi}{2} + \varphi)} \tag{6-70}$$

式（6-70）表明，磁链幅值 ψ_s 等于电压与频率之比 $\dfrac{u_s}{\omega_1}$，$\boldsymbol{u}_s$ 的方向与磁链矢量 $\boldsymbol{\psi}_s$ 正交，即为磁链圆的切线方向，如图 6-22 所示。当磁链矢量在空间旋转一周时，电压矢量也连续地按磁链圆的切线方向运动 2π 弧度，若将电压矢量的参考点放在一起，则电压矢量的轨迹也是一个圆，如图 6-23 所示。因此，电动机旋转磁场的轨迹问题就可转化为电压空间矢量的运动轨迹问题。

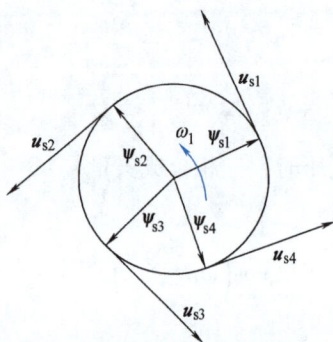

图 6-22　旋转磁场与电压空间矢量的运动轨迹　　　　图 6-23　电压矢量圆轨迹

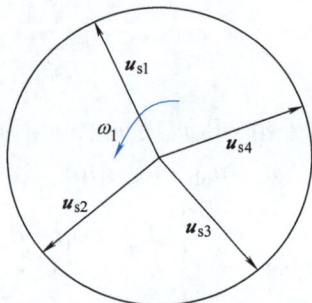

3. PWM 逆变器基本输出电压矢量

由式（6-63）得

$$\boldsymbol{u}_s = \boldsymbol{u}_{\mathrm{AO}} + \boldsymbol{u}_{\mathrm{BO}} + \boldsymbol{u}_{\mathrm{CO}} = \sqrt{\frac{2}{3}}(u_{\mathrm{AO}} + u_{\mathrm{BO}}\mathrm{e}^{\mathrm{j}\gamma} + u_{\mathrm{CO}}\mathrm{e}^{\mathrm{j}2\gamma})$$

$$= \sqrt{\frac{2}{3}}[(u_{\mathrm{A}} - u_{\mathrm{OO}'}) + (u_{\mathrm{B}} - u_{\mathrm{OO}'})\mathrm{e}^{\mathrm{j}\gamma} + (u_{\mathrm{C}} - u_{\mathrm{OO}'})\mathrm{e}^{\mathrm{j}2\gamma}]$$

$$= \sqrt{\frac{2}{3}}[u_{\mathrm{A}} + u_{\mathrm{B}}\mathrm{e}^{\mathrm{j}\gamma} + u_{\mathrm{C}}\mathrm{e}^{\mathrm{j}2\gamma} - u_{\mathrm{OO}'}(1 + \mathrm{e}^{\mathrm{j}\gamma} + \mathrm{e}^{\mathrm{j}2\gamma})] = \sqrt{\frac{2}{3}}(u_{\mathrm{A}} + u_{\mathrm{B}}\mathrm{e}^{\mathrm{j}\gamma} + u_{\mathrm{C}}\mathrm{e}^{\mathrm{j}2\gamma}) \tag{6-71}$$

式中，$\gamma = \dfrac{2\pi}{3}$，$1 + \mathrm{e}^{\mathrm{j}\gamma} + \mathrm{e}^{\mathrm{j}2\gamma} = 0$，$u_{\mathrm{A}}$、$u_{\mathrm{B}}$、$u_{\mathrm{C}}$ 是以直流电源中性点 O′ 为参考点的 PWM 逆变器三相输出电压。由式（6-71）可知，虽然直流电源中性点 O′ 和交流电动机中性点 O 的电位不等，但合成电压矢量的表达式相等。因此，三相合成电压空间矢量与参考点无关。

图 6-15 所示的 PWM 逆变器共有八种工作状态，当 $(S_{\mathrm{A}}, S_{\mathrm{B}}, S_{\mathrm{C}}) = (1, 0, 0)$ 时，$(u_{\mathrm{A}}, u_{\mathrm{B}}, u_{\mathrm{C}}) = \left(\dfrac{U_{\mathrm{d}}}{2}, -\dfrac{U_{\mathrm{d}}}{2}, -\dfrac{U_{\mathrm{d}}}{2}\right)$，代入式（6-63）得

$$\boldsymbol{u}_1 = \sqrt{\frac{2}{3}}\frac{U_{\mathrm{d}}}{2}(1 - \mathrm{e}^{\mathrm{j}\gamma} - \mathrm{e}^{\mathrm{j}2\gamma}) = \sqrt{\frac{2}{3}}\frac{U_{\mathrm{d}}}{2}(1 - \mathrm{e}^{\mathrm{j}\frac{2\pi}{3}} - \mathrm{e}^{\mathrm{j}\frac{4\pi}{3}})$$

$$= \sqrt{\frac{2}{3}}\frac{U_{\mathrm{d}}}{2}\left[\left(1 - \cos\frac{2\pi}{3} - \cos\frac{4\pi}{3}\right) - \mathrm{j}\left(\sin\frac{2\pi}{3} + \sin\frac{4\pi}{3}\right)\right]$$

$$= \sqrt{\frac{2}{3}}U_{\mathrm{d}} \tag{6-72}$$

同理，当 $(S_A, S_B, S_C) = (1, 1, 0)$ 时，$(u_A, u_B, u_C) = \left(\dfrac{U_d}{2}, \dfrac{U_d}{2}, -\dfrac{U_d}{2}\right)$，得

$$\boldsymbol{u}_2 = \sqrt{\frac{2}{3}}\frac{U_d}{2}(1 + e^{j\gamma} - e^{j2\gamma}) = \frac{U_d}{2}(1 + e^{j\frac{2\pi}{3}} - e^{j\frac{4\pi}{3}})$$

$$= \sqrt{\frac{2}{3}}\frac{U_d}{2}\left[\left(1 + \cos\frac{2\pi}{3} - \cos\frac{4\pi}{3}\right) + j\left(\sin\frac{2\pi}{3} - \sin\frac{4\pi}{3}\right)\right]$$

$$= \sqrt{\frac{2}{3}}\frac{U_d}{2}(1 + j\sqrt{3}) = \sqrt{\frac{2}{3}}U_d e^{j\frac{\pi}{3}} \tag{6-73}$$

依此类推，可得八个基本空间矢量，见表6-1，其中六个有效工作矢量 $\boldsymbol{u}_1 \sim \boldsymbol{u}_6$，幅值为直流电压 $\sqrt{\dfrac{2}{3}}U_d$，在空间互差 $\dfrac{\pi}{3}$，另两个为零矢量 $\boldsymbol{u}_0$ 和 $\boldsymbol{u}_7$，图6-24 为基本电压空间矢量图。

表6-1 基本空间电压矢量

	S_A	S_B	S_C	u_A	u_B	u_C	u_s
$\boldsymbol{u}_0$	0	0	0	$-\dfrac{U_d}{2}$	$-\dfrac{U_d}{2}$	$-\dfrac{U_d}{2}$	0
$\boldsymbol{u}_1$	1	0	0	$\dfrac{U_d}{2}$	$-\dfrac{U_d}{2}$	$-\dfrac{U_d}{2}$	$\sqrt{\dfrac{2}{3}}U_d$
$\boldsymbol{u}_2$	1	1	0	$\dfrac{U_d}{2}$	$\dfrac{U_d}{2}$	$-\dfrac{U_d}{2}$	$\sqrt{\dfrac{2}{3}}U_d e^{j\frac{\pi}{3}}$
$\boldsymbol{u}_3$	0	1	0	$-\dfrac{U_d}{2}$	$\dfrac{U_d}{2}$	$-\dfrac{U_d}{2}$	$\sqrt{\dfrac{2}{3}}U_d e^{j\frac{2\pi}{3}}$
$\boldsymbol{u}_4$	0	1	1	$-\dfrac{U_d}{2}$	$\dfrac{U_d}{2}$	$\dfrac{U_d}{2}$	$\sqrt{\dfrac{2}{3}}U_d e^{j\pi}$
$\boldsymbol{u}_5$	0	0	1	$-\dfrac{U_d}{2}$	$-\dfrac{U_d}{2}$	$\dfrac{U_d}{2}$	$\sqrt{\dfrac{2}{3}}U_d e^{j\frac{4\pi}{3}}$
$\boldsymbol{u}_6$	1	0	1	$\dfrac{U_d}{2}$	$-\dfrac{U_d}{2}$	$\dfrac{U_d}{2}$	$\sqrt{\dfrac{2}{3}}U_d e^{j\frac{5\pi}{3}}$
$\boldsymbol{u}_7$	1	1	1	$\dfrac{U_d}{2}$	$\dfrac{U_d}{2}$	$\dfrac{U_d}{2}$	0

4. 正六边形空间旋转磁场

令六个有效工作矢量按 $\boldsymbol{u}_1 \sim \boldsymbol{u}_6$ 的顺序分别作用 Δt 时间，并使

$$\Delta t = \frac{\pi}{3\omega_1} \tag{6-74}$$

也就是说，每个有效工作矢量作用 $\dfrac{\pi}{3}$ 弧度，六个有效工作矢量完成一个周期，输出基波电压角频率 $\omega_1 = \dfrac{\pi}{3\Delta t}$。

在 Δt 时间内，$\boldsymbol{u}_s$ 保持不变，式（6-68）可以用增量式表达为

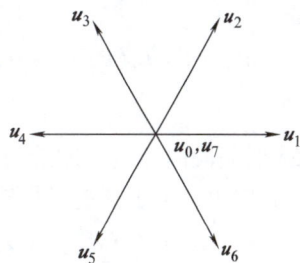

图6-24 基本电压空间矢量图

$$\Delta\boldsymbol{\psi}_\mathrm{s} = \boldsymbol{u}_\mathrm{s}\Delta t \tag{6-75}$$

根据式（6-75）可知，定子磁链矢量的增量为

$$\Delta\boldsymbol{\psi}_\mathrm{s}(k) = \boldsymbol{u}_\mathrm{s}(k)\Delta t = \sqrt{\frac{2}{3}}U_\mathrm{d}\Delta t\ \mathrm{e}^{\mathrm{j}\frac{(k-1)\pi}{3}} \qquad k=1,2,3,4,5,6 \tag{6-76}$$

定子磁链矢量运动方向与电压矢量相同，增量的幅值等于电压矢量的幅值 $\sqrt{\dfrac{2}{3}}U_\mathrm{d}$ 与作用时间 Δt 的乘积，定子磁链矢量的运动轨迹为

$$\boldsymbol{\psi}_\mathrm{s}(k+1) = \boldsymbol{\psi}_\mathrm{s}(k) + \Delta\boldsymbol{\psi}_\mathrm{s}(k) = \boldsymbol{\psi}_\mathrm{s}(k) + \boldsymbol{u}_\mathrm{s}(k)\Delta t \tag{6-77}$$

图 6-25 显示了定子磁链矢量增量 $\Delta\boldsymbol{\psi}_\mathrm{s}(k)$ 与电压矢量 $\boldsymbol{u}_\mathrm{s}(k)$ 和时间增量 Δt 的关系。

在一个周期内，六个有效工作矢量顺序各作用一次，将六个 $\Delta\boldsymbol{\psi}_\mathrm{s}(k)$ 首尾相接，定子磁链矢量是一个封闭的正六边形，如图 6-26 所示。由正六边形的性质可知

$$\begin{aligned}\left|\boldsymbol{\psi}_\mathrm{s}(k)\right| &= \left|\Delta\boldsymbol{\psi}_\mathrm{s}(k)\right| = \left|\boldsymbol{u}(k)\right|\Delta t = \sqrt{\frac{2}{3}}U_\mathrm{d}\Delta t \\ &= \sqrt{\frac{2}{3}}\frac{\pi U_\mathrm{d}}{3\omega_1}\end{aligned} \tag{6-78}$$

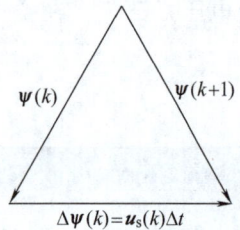

图 6-25 定子磁链矢量增量 $\Delta\boldsymbol{\psi}_\mathrm{s}(k)$ 与电压矢量 $\boldsymbol{u}_\mathrm{s}(k)$ 和时间增量 Δt 的关系

式（6-78）表明，正六边形定子磁链的大小与直流侧电压 U_d 成正比，而与电源角频率成反比。在基频以下调速时，应保持正六边形定子磁链的最大值恒定。若直流侧电压 U_d 恒定，则 ω_1 越小时，Δt 越大，势必导致 $\left|\boldsymbol{\psi}_\mathrm{s}(k)\right|$ 增大。因此，要保持正六边形定子磁链不变，必须使 $\dfrac{U_\mathrm{d}}{\omega_1}$ 为常数，这意味着在变频的同时必须调节直流电压 U_d，造成了控制的复杂性。

有效的方法是插入零矢量，由式（6-75）可知，当零矢量 $\boldsymbol{u}_\mathrm{s}=0$ 作用时，定子磁链矢量的增量 $\Delta\boldsymbol{\psi}_\mathrm{s}=0$，表明定子磁链矢量 $\boldsymbol{\psi}_\mathrm{s}$ 停留不动。如果让有效工作矢量的作用时间为 $\Delta t_1 < \Delta t$，其余的时间 $\Delta t_0 = \Delta t - \Delta t_1$ 用零矢量来补，当 $\omega_1\Delta t = \omega_1(\Delta t_1 + \Delta t_0) = \dfrac{\pi}{3}$ 时，在 $\dfrac{\pi}{3}$ 弧度内定子磁链矢量的增量为

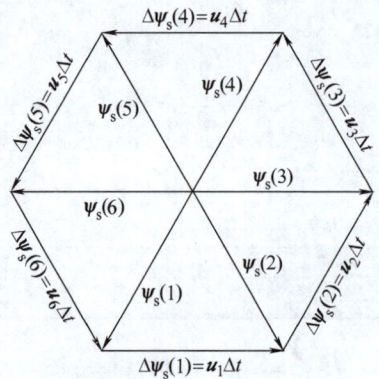

图 6-26 正六边形定子磁链轨迹

$$\Delta\boldsymbol{\psi}_\mathrm{s}(k) = \boldsymbol{u}_\mathrm{s}(k)\Delta t_1 + 0\Delta t_0 = \sqrt{\frac{2}{3}}U_\mathrm{d}\Delta t_1\ \mathrm{e}^{\mathrm{j}\frac{(k-1)\pi}{3}}$$
$$k=1,2,3,4,5,6 \tag{6-79}$$

在 Δt_1 时间段内，定子磁链矢量轨迹沿着有效工作电压矢量方向运行，在 Δt_0 时间段内，零矢量起作用，定子磁链矢量轨迹停留在原地，等待下一个有效工作矢量的到来。

正六边形定子磁链的最大值为

$$\left|\boldsymbol{\psi}_\mathrm{s}(k)\right| = \left|\Delta\boldsymbol{\psi}_\mathrm{s}(k)\right| = \left|\boldsymbol{u}_\mathrm{s}(k)\right|\Delta t_1 = \sqrt{\frac{2}{3}}U_\mathrm{d}\Delta t_1 \tag{6-80}$$

在直流电压 U_d 不变的条件下，要保持 $\left|\boldsymbol{\psi}_\mathrm{s}(k)\right|$ 恒定，只要使 Δt_1 为常数即可。电源角频率 ω_1 越低，$\Delta t = \dfrac{\pi}{3\omega_1}$ 越大，零矢量作用时间 $\Delta t_0 = \Delta t - \Delta t_1$ 也越大，定子磁链矢量轨迹停留的时间

越长。由此可知，零矢量的插入有效地解决了定子磁链矢量幅值与旋转速度的矛盾。

5. 期望电压空间矢量的合成

每个有效工作矢量在一个周期内只作用一次的方式只能生成正六边形的旋转磁场，与在正弦波供电时所产生的圆形旋转磁场相差甚远，六边形旋转磁场带有较大的谐波分量，这将导致转矩与转速的脉动。要获得更多边形或接近圆形的旋转磁场，就必须有更多的空间位置不同的电压空间矢量以供选择，但 PWM 逆变器只有八个基本电压矢量，能否用这八个基本矢量合成出其他多种不同的矢量呢？答案是肯定的，

SVPWM 控制的基本原理

按空间矢量的平行四边形合成法则，用相邻的两个有效工作矢量合成期望的输出矢量，这就是电压空间矢量 PWM（SVPWM）的基本思想。

按六个有效工作矢量将电压空间矢量分为对称的六个扇区，如图 6-27 所示，每个扇区对应 $\frac{\pi}{3}$，当期望输出电压矢量落在某个扇区内时，就用与期望输出电压矢量相邻的两个有效工作矢量等效地合成期望输出矢量。所谓等效是指在一个开关周期内，产生的定子磁链的增量近似相等。

以在第 I 扇区内的期望输出矢量为例，图 6-28 表示由基本电压空间矢量 u_1 和 u_2 的线性组合构成期望的电压矢量 u_s，θ 为期望输出电压矢量与扇区起始边的夹角。在一个开关周期 T_0 中，u_1 的作用时间为 t_1，u_2 的作用时间为 t_2，按矢量合成法则可得

$$u_s = \frac{t_1}{T_0}u_1 + \frac{t_2}{T_0}u_2 = \frac{t_1}{T_0}\sqrt{\frac{2}{3}}U_d + \frac{t_2}{T_0}\sqrt{\frac{2}{3}}U_d e^{j\frac{\pi}{3}} \tag{6-81}$$

由正弦定理可得

$$\frac{\frac{t_1}{T_0}\sqrt{\frac{2}{3}}U_d}{\sin\left(\frac{\pi}{3}-\theta\right)} = \frac{\frac{t_2}{T_0}\sqrt{\frac{2}{3}}U_d}{\sin\theta} = \frac{u_s}{\sin\frac{2\pi}{3}} \tag{6-82}$$

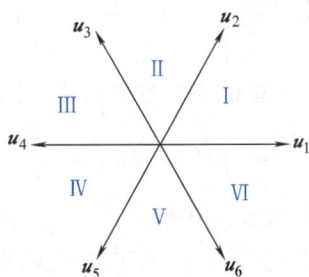

图 6-27 电压空间矢量的六个扇区

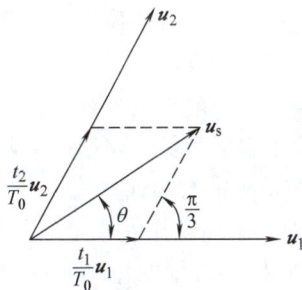

图 6-28 期望输出电压矢量的合成

由式（6-82）解得

$$t_1 = \frac{\sqrt{2}u_s T_0}{U_d}\sin\left(\frac{\pi}{3}-\theta\right) \tag{6-83}$$

$$t_2 = \frac{\sqrt{2}u_s T_0}{U_d}\sin\theta \tag{6-84}$$

一般说来 $t_1 + t_2 < T_0$，其余的时间可用零矢量 u_0 或 u_7 来填补，零矢量的作用时间为

$$t_0 = T_0 - t_1 - t_2 \qquad (6\text{-}85)$$

两个基本矢量作用时间之和应满足

$$\frac{t_1 + t_2}{T_0} = \frac{\sqrt{2}u_s}{U_d}\left[\sin\left(\frac{\pi}{3} - \theta\right) + \sin\theta\right] = \frac{\sqrt{2}u_s}{U_d}\cos\left(\frac{\pi}{6} - \theta\right) \leqslant 1 \qquad (6\text{-}86)$$

由式（6-86）可知，当 $\theta = \dfrac{\pi}{6}$ 时，$t_1 + t_2 = T_0$ 最大，输出电压矢量最大幅值为

$$u_{smax} = \frac{U_d}{\sqrt{2}} \qquad (6\text{-}87)$$

由式（6-66）可知，当定子相电压 u_{AO}、u_{BO}、u_{CO} 为三相平衡正弦电压时，三相合成矢量幅值是相电压幅值的 $\sqrt{\dfrac{3}{2}}$ 倍，$U_s = \sqrt{\dfrac{3}{2}}U_m$，故基波相电压最大幅值可达

$$U_{mmax} = \sqrt{\frac{2}{3}}u_{smax} = \frac{U_d}{\sqrt{3}} \qquad (6\text{-}88)$$

基波线电压最大幅值为

$$U_{lmmax} = \sqrt{3}U_{mmax} = U_d \qquad (6\text{-}89)$$

而 SPWM 的基波线电压最大幅值为 $U'_{lmmax} = \dfrac{\sqrt{3}U_d}{2}$，两者之比

$$\frac{U_{lmmax}}{U'_{lmmax}} = \frac{2}{\sqrt{3}} \approx 1.15 \qquad (6\text{-}90)$$

因此，SVPWM 方式的逆变器输出线电压基波最大值为直流侧电压，比 SPWM 逆变器输出电压提高了约 15%。

由于扇区的对称性，以上的分析可以推广到其他各个扇区。

6. SVPWM 的实现方法

由期望输出电压矢量的幅值及位置可确定相邻的两个基本电压矢量以及它们作用时间的长短，并由此得出零矢量的作用时间的大小，但尚未确定它们的作用顺序。这就给 SVPWM 的实现留下了很大的余地，通常以开关损耗和谐波分量都较小为原则，来安排基本矢量和零矢量的作用顺序，一般在减少开关次数的同时，尽量使 PWM 输出波形对称，以减少谐波分量。下面以第 Ⅰ 扇区为例，介绍两种常用的 SVPWM 实现方法。

（1）零矢量集中的实现方法

按照对称原则，将两个基本电压矢量 u_1、u_2 的作用时间 t_1、t_2 平分为二后，安放在开关周期的首端和末端，把零矢量的作用时间放在开关周期的中间，并按开关次数最少的原则选择零矢量。

图 6-29 给出了两种零矢量集中的 SVPWM 的实现：图 a 的作用顺序为 $u_1\left(\dfrac{t_1}{2}\right)$、$u_2\left(\dfrac{t_2}{2}\right)$、$u_7(t_0)$、$u_2\left(\dfrac{t_2}{2}\right)$、$u_1\left(\dfrac{t_1}{2}\right)$，在中间选用零矢量 u_7；图 b 的作用顺序为 $u_2\left(\dfrac{t_2}{2}\right)$、$u_1\left(\dfrac{t_1}{2}\right)$、$u_0(t_0)$、$u_1\left(\dfrac{t_1}{2}\right)$、$u_2\left(\dfrac{t_2}{2}\right)$，在中间选用零矢量 u_0。

从图 6-29 可知，在一个开关周期内，有一相的状态保持不变，始终为"1"或"0"，从一个矢量切换到另一个矢量时，只有一相状态发生变化，因而开关次数少，开关损耗小。

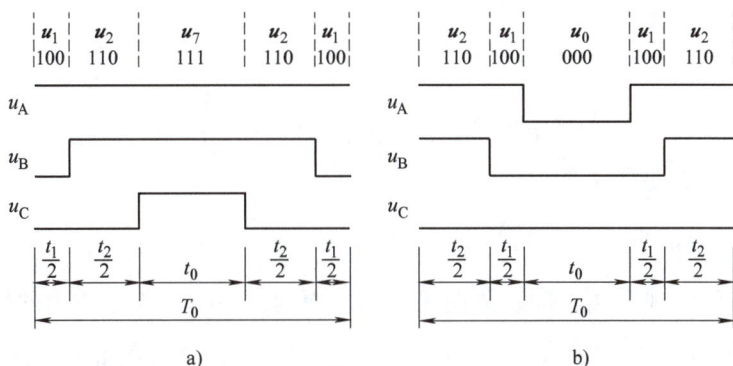

图 6-29 零矢量集中的 SVPWM 实现

用于电动机控制的 DSP 集成了 SVPWM 方法，能根据基本矢量的作用顺序和时间，按照开关损耗最小的原则，自动选取零矢量，并确定零矢量的作用时间，大大减少了软件的工作量[43]。

（2）零矢量分散的实现方法

将零矢量平均分为四份，在开关周期的首、尾各放一份，在中间放两份，将两个基本电压矢量 u_1、u_2 的作用时间 t_1、t_2 平分为二后，插在零矢量之间，按开关损耗较小的原则，首、尾的零矢量取 u_0，中间的零矢量取 u_7。

SVPWM 的顺序和作用时间为：$u_0\left(\dfrac{t_0}{4}\right)$、$u_1\left(\dfrac{t_1}{2}\right)$、$u_2\left(\dfrac{t_2}{2}\right)$、$u_7\left(\dfrac{t_0}{2}\right)$、$u_2\left(\dfrac{t_2}{2}\right)$、$u_1\left(\dfrac{t_1}{2}\right)$、$u_0\left(\dfrac{t_0}{4}\right)$，如图 6-30 所示。

这种实现方法的特点是：每个周期均以零矢量开始，并以零矢量结束，从一个矢量切换到另一个矢量时，只有一相状态发生变化，但在一个开关周期内，三相状态均各变化一次，开关损耗略大于零矢量集中的方法。

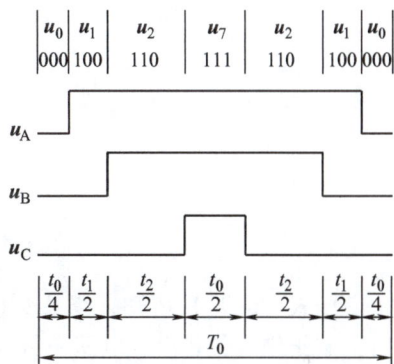

图 6-30 零矢量分布的 SVPWM 实现

7. SVPWM 控制的定子磁链

将占据 $\dfrac{\pi}{3}$ 的定子磁链矢量轨迹等分为 N 个小区间，每个小区间所占的时间为 $T_0 = \dfrac{\pi}{3\omega_1 N}$，则定子磁链矢量轨迹为正 $6N$ 边形，与正六边形的磁链矢量轨迹相比较，正 $6N$ 边形轨迹更接近于圆，谐波分量小，能有效减小转矩脉动。图 6-31 是 $N=4$ 时期望的定子磁链矢量轨迹，在每个小区间内，定子磁链矢量的增量为 $\Delta\boldsymbol{\psi}_s(k) = \boldsymbol{u}_s(k)T_0$，由于 $\boldsymbol{u}_s(k)$ 非基本电压矢量，必须用两个基本矢量合成。图中在定子磁链矢量 $\boldsymbol{\psi}_s(0)$ 顶端绘出六个工作电压空间矢量，可以看出，施加不同的电压矢量将产生不同的磁链增量，由于六个电压矢量的方向不同，不同的

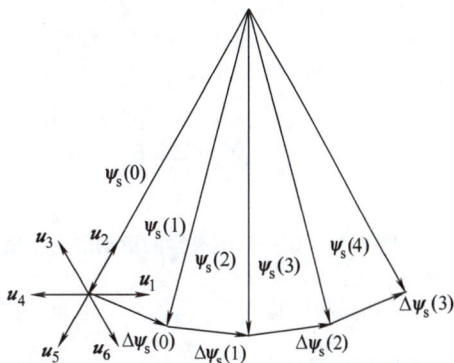

图 6-31 $N=4$ 时期望的定子磁链矢量轨迹

141

电压作用后产生的磁链变化也不一样。

由图 6-31 可以看出，当 $k=0$ 时，为了产生 $\Delta\boldsymbol{\psi}_{\mathrm{s}}(0)$，$\boldsymbol{u}_{\mathrm{s}}(0)$ 可用 $\boldsymbol{u}_6$ 和 $\boldsymbol{u}_1$ 合成：

$$\boldsymbol{u}_{\mathrm{s}}(0) = \frac{t_1}{T_0}\boldsymbol{u}_6 + \frac{t_2}{T_0}\boldsymbol{u}_1 = \frac{t_1}{T_0}\sqrt{\frac{2}{3}}U_{\mathrm{d}}\mathrm{e}^{\mathrm{j}\frac{5\pi}{3}} + \frac{t_2}{T_0}\sqrt{\frac{2}{3}}U_{\mathrm{d}} \tag{6-91}$$

则定子磁链矢量的增量为

$$\Delta\boldsymbol{\psi}_{\mathrm{s}}(0) = \boldsymbol{u}_{\mathrm{s}}(0)T_0 = t_1\boldsymbol{u}_6 + t_2\boldsymbol{u}_1 = t_1\sqrt{\frac{2}{3}}U_{\mathrm{d}}\mathrm{e}^{\mathrm{j}\frac{5\pi}{3}} + t_2\sqrt{\frac{2}{3}}U_{\mathrm{d}} \tag{6-92}$$

采用零矢量分布的实现方法，按开关损耗较小的原则，各基本矢量作用的顺序和时间为：$\boldsymbol{u}_0\left(\dfrac{t_0}{4}\right)$、$\boldsymbol{u}_1\left(\dfrac{t_2}{2}\right)$、$\boldsymbol{u}_6\left(\dfrac{t_1}{2}\right)$、$\boldsymbol{u}_7\left(\dfrac{t_0}{2}\right)$、$\boldsymbol{u}_6\left(\dfrac{t_1}{2}\right)$、$\boldsymbol{u}_1\left(\dfrac{t_2}{2}\right)$、$\boldsymbol{u}_0\left(\dfrac{t_0}{4}\right)$。因此，在 T_0 时间内，定子磁链矢量的运动轨迹分七步完成：

$$\Delta\boldsymbol{\psi}_{\mathrm{s}}(0,{}^{*}) = \begin{cases} 1)\ \Delta\boldsymbol{\psi}_{\mathrm{s}}(0,1) = 0 \\[2mm] 2)\ \Delta\boldsymbol{\psi}_{\mathrm{s}}(0,2) = \dfrac{t_2}{2}\boldsymbol{u}_1 \\[2mm] 3)\ \Delta\boldsymbol{\psi}_{\mathrm{s}}(0,3) = \dfrac{t_1}{2}\boldsymbol{u}_6 \\[2mm] 4)\ \Delta\boldsymbol{\psi}_{\mathrm{s}}(0,4) = 0 \\[2mm] 5)\ \Delta\boldsymbol{\psi}_{\mathrm{s}}(0,5) = \dfrac{t_1}{2}\boldsymbol{u}_6 \\[2mm] 6)\ \Delta\boldsymbol{\psi}_{\mathrm{s}}(0,6) = \dfrac{t_2}{2}\boldsymbol{u}_1 \\[2mm] 7)\ \Delta\boldsymbol{\psi}_{\mathrm{s}}(0,7) = 0 \end{cases} \tag{6-93}$$

由式（6-93）可知，当 $\Delta\boldsymbol{\psi}_{\mathrm{s}}(0,{}^{*}) = 0$ 时，定子磁链矢量停留在原地，$\Delta\boldsymbol{\psi}_{\mathrm{s}}(0,{}^{*}) \neq 0$ 时，定子磁链矢量沿着电压矢量的方向运动，如图 6-32 所示。

对于 $\Delta\boldsymbol{\psi}_{\mathrm{s}}(1)$ 的分析方法与 $\Delta\boldsymbol{\psi}_{\mathrm{s}}(0)$ 相同，对于 $\Delta\boldsymbol{\psi}_{\mathrm{s}}(2)$ 和 $\Delta\boldsymbol{\psi}_{\mathrm{s}}(3)$，需用 $\boldsymbol{u}_1$ 和 $\boldsymbol{u}_2$ 合成，图 6-33 是在 $\dfrac{\pi}{3}$ 弧度内实际的定子磁链矢量轨迹。

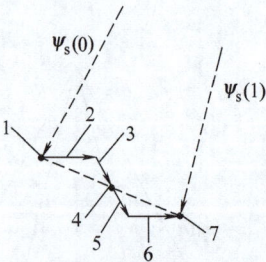

图 6-32　定子磁链矢量的运动的七步轨迹

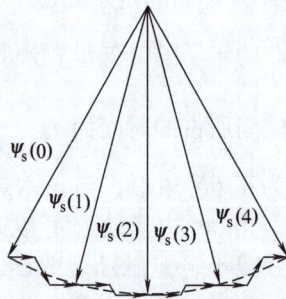

图 6-33　$N=4$ 时实际的定子磁链矢量轨迹

当磁链矢量位于其他的 $\dfrac{\pi}{3}$ 区域内时，可用不同的基本电压矢量合成期望的电压矢量。

图 6-34 是定子磁链矢量在 $0 \sim 2\pi$ 的轨迹，实际的定子磁链矢量轨迹在期望的磁链圆周围波动。N 越大，T_0 越小，磁链轨迹越接近于圆，但开关频率随之增大。由于 N 是有限的，所以

磁链轨迹只能接近于圆，而不可能等于圆。

归纳起来，SVPWM 控制模式有以下特点：

1）逆变器共有八个基本输出矢量，有六个有效工作矢量和两个零矢量，在一个旋转周期内，每个有效工作矢量只作用一次的方式只能生成正六边形的旋转磁链，谐波分量大，将导致转矩脉动。

2）用相邻的两个有效工作矢量，可合成任意的期望输出电压矢量，使磁链轨迹接近于圆。开关周期 T_0 越小，旋转磁场越接近于圆，但功率器件的开关频率越高。

3）利用电压空间矢量直接生成三相 PWM 波，计算简便。

4）与一般的 SPWM 相比较，SVPWM 控制方式的输出电压最多可提高 15%。

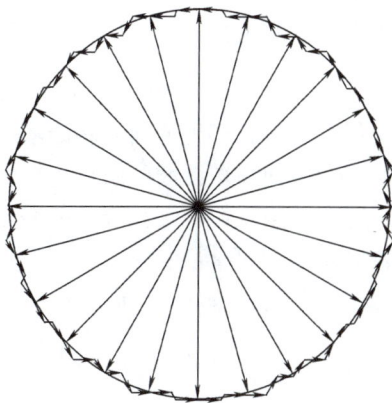

图 6-34　定子磁链矢量轨迹

*6.4.6　交流 PWM 变频器-异步电动机系统的特殊问题

由电力电子器件构成的 PWM 变频器具有结构紧凑、体积小、动态响应快、功率损耗小等优点，被广泛应用于交流电动机调速。PWM 变频器的输出电压为等幅不等宽的脉冲序列，该脉冲序列可分解为基波和一系列谐波分量，基波产生恒定的电磁转矩，而谐波分量则带来一些负面效应。

1. 转矩脉动

为减少谐波并简化控制，一般使 PWM 波正负半波镜对称和 $\frac{1}{4}$ 周期对称，则三相对称的电压 PWM 波可用傅里叶级数表示为

$$\left. \begin{array}{l} u_A(t) = \sum_{\substack{k=奇数}}^{\infty} U_{km}\sin(k\omega_1 t) \\[2mm] u_B(t) = \sum_{\substack{k=奇数}}^{\infty} U_{km}\sin(k\omega_1 t - \dfrac{2k\pi}{3}) \\[2mm] u_C(t) = \sum_{\substack{k=奇数}}^{\infty} U_{km}\sin(k\omega_1 t + \dfrac{2k\pi}{3}) \end{array} \right\} \tag{6-94}$$

式中　U_{km}——k 次谐波电压幅值；

　　　ω_1——基波角频率。

当谐波次数 k 是 3 的整数倍时，谐波电压为零序分量，不产生该次谐波电流。因此，三相电流可表示为

$$\left. \begin{array}{l} i_A(t) = \sum_{\substack{k=奇数 \\ k\neq3的整数倍}}^{\infty} \dfrac{U_{km}}{z_k}\sin(k\omega_1 t - \varphi_k) = \sum_{\substack{k=奇数 \\ k\neq3的整数倍}}^{\infty} I_{km}\sin(k\omega_1 t - \varphi_k) \\[4mm] i_B(t) = \sum_{\substack{k=奇数 \\ k\neq3的整数倍}}^{\infty} \dfrac{U_{km}}{z_k}\sin(k\omega_1 t - \dfrac{2k\pi}{3} - \varphi_k) = \sum_{\substack{k=奇数 \\ k\neq3的整数倍}}^{\infty} I_{km}\sin(k\omega_1 t - \dfrac{2k\pi}{3} - \varphi_k) \\[4mm] i_C(t) = \sum_{\substack{k=奇数 \\ k\neq3的整数倍}}^{\infty} \dfrac{U_{km}}{z_k}\sin(k\omega_1 t + \dfrac{2k\pi}{3} - \varphi_k) = \sum_{\substack{k=奇数 \\ k\neq3的整数倍}}^{\infty} I_{km}\sin(k\omega_1 t + \dfrac{2k\pi}{3} - \varphi_k) \end{array} \right\} \tag{6-95}$$

143

式中，谐波阻抗 $z_k = \sqrt{R^2 + (k\omega_1 L)^2}$，谐波功率因数角 $\varphi_k = \arctan\dfrac{k\omega_1 L}{R}$，$k = 6k' \pm 1$，$k'$ 为非负整数，取"＋"时，为正序分量，产生正向旋转磁场，如 7、13 次谐波；取"－"时，为负序分量，产生逆向旋转磁场，如 5、11 次谐波。

考虑到高次谐波的阻抗 z_k 较大，故高次谐波电压主要降落在谐波阻抗 z_k 上，因此，三相感应电动势近似为正弦波，忽略基波阻抗压降，其幅值约等于基波电压幅值 U_{1m}，由单相等效电路图 6-35 得

$$\left.\begin{aligned}
e_A(t) &\approx u_{A1} = U_{1m}\sin\omega_1 t \\
e_B(t) &\approx u_{B1} = U_{1m}\sin\left(\omega_1 t - \frac{2\pi}{3}\right) \\
e_C(t) &\approx u_{C1} = U_{1m}\sin\left(\omega_1 t + \frac{2\pi}{3}\right)
\end{aligned}\right\} \tag{6-96}$$

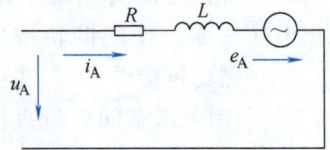

图 6-35 单相等效电路

基波感应电动势与 k 次谐波电流传输的瞬时功率为

$$\left.\begin{aligned}
p_{1,k} &= e_A(t)i_{Ak}(t) + e_B(t)i_{Bk}(t) + e_C(t)i_{Ck}(t) \\
&= \frac{1}{2}U_{1m}I_{km}\left[1 + 2\cos\left(\frac{2\pi}{3}(k-1)\right)\right]\cos((k-1)\omega_1 t - \varphi_k) \\
&\quad - \frac{1}{2}U_{1m}I_{km}\left[1 + 2\cos\left(\frac{2\pi}{3}(k+1)\right)\right]\cos((k+1)\omega_1 t - \varphi_k)
\end{aligned}\right\} \tag{6-97}$$

k 次谐波电流产生的电磁转矩为

$$\begin{aligned}
T_{1,k} \approx \frac{p_{1,k}}{\omega_1} &= \frac{1}{2\omega_1}U_{1m}I_{km}\left[1 + 2\cos\left(\frac{2\pi}{3}(k-1)\right)\right]\cos((k-1)\omega_1 t - \varphi_k) - \\
&\quad \frac{1}{2\omega_1}U_{1m}I_{km}\left[1 + 2\cos\left(\frac{2\pi}{3}(k+1)\right)\right]\cos((k+1)\omega_1 t - \varphi_k)
\end{aligned} \tag{6-98}$$

将 $k = 5$、7、11、13 代入式（6-98），得

$$\left.\begin{aligned}
T_{1,5} &\approx \frac{p_{1,5}}{\omega_1} = -\frac{3}{2\omega_1}U_{1m}I_{5m}\cos(6\omega_1 t - \varphi_5) \\
T_{1,7} &\approx \frac{p_{1,7}}{\omega_1} = \frac{3}{2\omega_1}U_{1m}I_{7m}\cos(6\omega_1 t - \varphi_7) \\
T_{1,11} &\approx \frac{p_{1,11}}{\omega_1} = -\frac{3}{2\omega_1}U_{1m}I_{11m}\cos(12\omega_1 t - \varphi_{11}) \\
T_{1,13} &\approx \frac{p_{1,13}}{\omega_1} = \frac{3}{2\omega_1}U_{1m}I_{13m}\cos(12\omega_1 t - \varphi_{13})
\end{aligned}\right\} \tag{6-99}$$

式（6-99）表明，5 次和 7 次谐波电流产生 6 次的脉动转矩，11 次和 13 次谐波电流产生 12 次的脉动转矩，因此，在 PWM 控制时，应抑制这些谐波分量。当 k 继续增大时，谐波电流较小，脉动转矩不大，可忽略不计。

2. 电压变化率

当电动机由三相平衡电压供电时，线电压 u_{AB} 的变化率为

$$\frac{du_{AB}}{dt} = \frac{d}{dt}(U_{ABm}\sin\omega_1 t) = \omega_1 U_{ABm}\cos\omega_1 t \tag{6-100}$$

式中　U_{ABm}——线电压幅值，线电压变化率最大值为 $\omega_1 U_{ABm}$。

采用 PWM 方式供电时，线电压的跳变幅值为 $\pm U_d$，几乎在瞬间完成，因此，$\dfrac{\mathrm{d}u_{AB}}{\mathrm{d}t}$ 很大，如此大的电压变化率将在电动机绕组的匝间和轴间产生较大的漏电流，不利于电动机的正常运行。采用多重化技术，可有效降低电压变化率，但变频器主回路和控制将复杂得多，一般用于中、高压交流电动机的调速。

过大的电压变化率将产生很大的电磁辐射，对其他仪器设备造成电磁干扰。

3. 能量回馈与泵升电压

采用不可控整流的交-直-交变频器，能量不能从直流侧回馈至电网，当交流电动机工作在发电制动状态时，能量从电动机侧回馈至直流侧，将导致直流电压上升，称为泵升电压。若电动机储存的动能较大、制动时间较短或电动机长时间工作在发电制动状态时，泵升电压很高，严重时将损坏变频器。

为了限制泵升电压，可采取下述两种方法：

1）在直流侧并入一个制动电阻，当泵升电压达到一定值时，开通与制动电阻相串联的功率器件，通过制动电阻释放电能，以降低泵升电压，如图 6-36 所示。

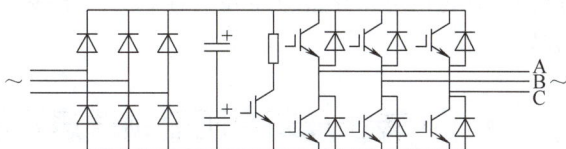

图 6-36　带制动电阻的交-直-交变频器主回路

2）在直流侧并入一组晶闸管有源逆变器（见图 6-37）或采用 PWM 可控整流（见图 6-38），当泵升电压升高时，将能量回馈至电网，以限制泵升电压。PWM 可控整流除了限制泵升电压外，还具有改善变频器输入侧功率因数和抑制输入电流谐波等功能[9,36,39,40]。

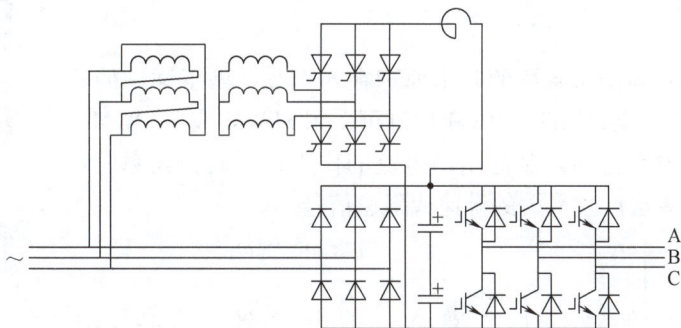

图 6-37　直流侧并晶闸管有源逆变器的交-直-交变频器主回路

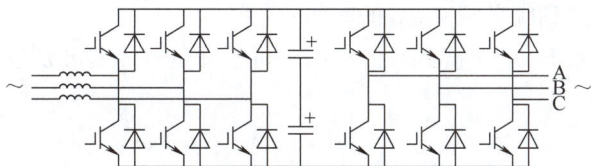

图 6-38　PWM 可控整流的交-直-交变频器主回路

145

4. 对电网的污染

二极管整流器是全波整流装置，但由于直流侧存在较大的滤波电容，只有当输入交流线电压幅值大于电容电压时，才有充电电流流通，交流电压低于电容电压时，电流便终止，因此输入电流呈脉冲形状，如图 6-39 所示。这样的电流波形具有较大的谐波分量，使电源受到污染。

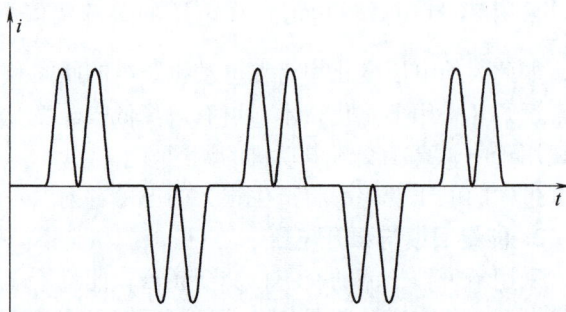

图 6-39　电网侧输入电流波形

为了抑制谐波电流，对于容量较大的 PWM 变频器，应在输入端设有进线电抗器，有时也可以在整流器和电容器之间串接直流电抗器，也可以采用图 6-38 的可控整流装置。

6.5　转速开环变压变频调速系统

风机、水泵等负载对调速性能要求不高，只要在一定范围内能实现高效率的调速即可，对于这类负载，可以根据电动机的稳态模型，采用转速开环电压频率协调控制的方案，这就是一般的通用变频器控制系统。所谓"通用"，包含两方面的含义：一是可以和通用的笼型异步电动机配套使用；二是具有多种可供选择的功能，适用于各种不同性质的负载。近年来，许多企业不断推出具有更多自动控制功能的变频器，使产品性能更加完善，质量不断提高。

6.5.1　转速开环变压变频调速系统的结构

转速开环变压变频调速系统的基本原理在 6.3 节已做了详细的论述，图 6-40 为控制系统结构图，PWM 控制可采用 SPWM 或 SVPWM。

由于系统本身没有自动限制起制动电流的作用，因此，频率设定必须通过给定积分算法产生平缓的升速或降速信号。

转速开环变压变频调速系统工作原理和系统组成

$$\omega_1(t) = \begin{cases} \omega_1^* & \omega_1 = \omega_1^* \\ \omega_1(t_0) + \int_{t_0}^{t} \dfrac{\omega_{1N}}{\tau_{up}} dt & \omega_1 < \omega_1^* \\ \omega_1(t_0) - \int_{t_0}^{t} \dfrac{\omega_{1N}}{\tau_{down}} dt & \omega_1 > \omega_1^* \end{cases} \quad (6\text{-}101)$$

式中　τ_{up}——从 0 上升到额定频率 ω_{1N} 的时间；

τ_{down}——从额定频率 ω_{1N} 下降到 0 的时间，可根据负载需要分别进行选择。

电压-频率特性为

$$U_s = f(\omega_1) = \begin{cases} U_N & \omega_1 \geqslant \omega_{1N} \\ f'(\omega_1) & \omega_1 < \omega_{1N} \end{cases} \quad (6\text{-}102)$$

当实际频率 ω_1 大于或等于额定频率 ω_{1N} 时，只能保持额定电压 U_N 不变。而当实际频率 ω_1 小

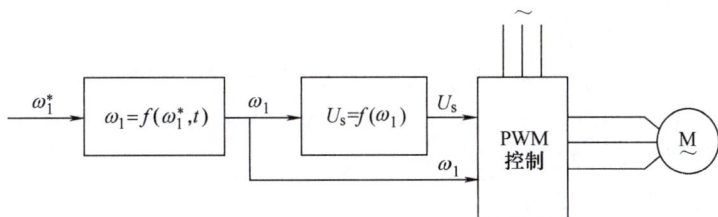

图 6-40　转速开环变压变频调速系统

于额定频率 ω_{1N} 时，$U_s = f'(\omega_1)$ 一般是带低频补偿的恒压频比控制。

调速系统的机械特性如图 6-11 所示，在负载扰动下，转速开环变压变频调速系统存在转速降落，属于有静差调速系统，只能用于调速性能要求不高的场合。

6.5.2　系统实现

图 6-41 为基于微机控制的数字控制通用变频器-异步电动机调速系统硬件结构图。它包括主电路、驱动电路、微机控制电路、信号采集与故障综合电路，图中未绘出开关器件的吸收电路和其他辅助电路。

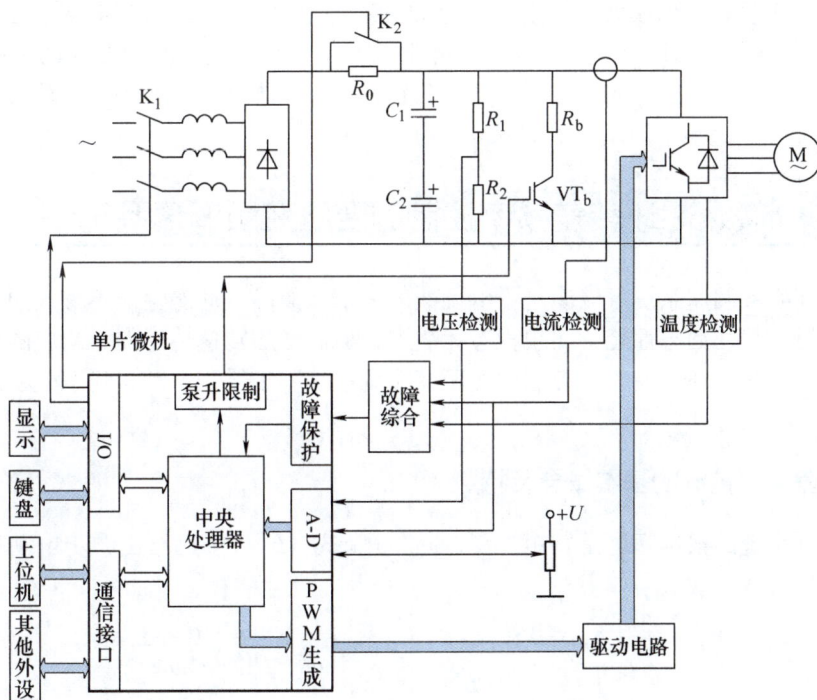

图 6-41　数字控制通用变频器-异步电动机调速系统硬件结构图

1. 主回路与驱动电路

现代通用变频器大都是采用二极管整流器和由全控开关器件 IGBT 或功率模块 IPM 组成的 PWM 逆变器，构成交-直-交电压源型变压变频器。VT_b 和 R_b 为泵升限制电路，为了便于散热，制动电阻器常作为附件单独装在变频器机箱外。

为了避免大电容在合上电源开关 K_1 后通电的瞬间产生过大的充电电流，在整流器和滤波电容间的直流回路上串入限流电阻 R_0（或电抗），刚通上电源时，由 R_0 限制充电电流，延时后经开关 K_2 将 R_0 短路，以免长期接入 R_0 时影响变频器的正常工作，并产生附加损耗。

驱动电路的作用是将微机控制电路产生的 PWM 信号经功率放大后，控制电力电子器件的开通或关断，起到弱电控制强电的作用。

2. 信号采集与故障综合电路

电压、电流、温度等检测信号经信号处理电路进行分压、光电隔离、滤波、放大等综合处理，再进入 A-D 转换器，输入给 CPU 作为控制算法的依据，并同时用作显示和故障保护。

3. 微机数字控制电路

现代 PWM 变频器的控制电路大都是以微处理器为核心的数字电路，其功能主要是接受各种设定信息和指令，再根据它们的要求形成驱动逆变器工作的 PWM 信号。微机芯片主要采用 8 位或 16 位的单片机，或用 32 位的 DSP，现在已有应用 RISC 的产品出现。PWM 信号可以由微机本身的软件产生，由 PWM 端口输出，也可采用专用的 PWM 生成电路芯片。

4. 控制软件

控制软件是系统的核心，除了 PWM 生成、给定积分和压频控制等主要功能软件外，还包括信号采集、故障综合及分析、键盘及给定电位器输入、显示和通信等辅助功能软件。

现代通用变频器功能强大，可设定或修改的参数达数百个，有多组压频比曲线可供选择，除了常用的带低频补偿的恒压频比控制外，还有带 S 型或二次型曲线的，或具有多段加、减速功能，每段的上升或下降斜率均可分别设定，还具有摆频、频率跟踪及逻辑控制和 PI 控制等功能，以满足不同用户的需求。

6.6 转速闭环转差频率控制的变压变频调速系统

转速开环变频调速系统可以满足平滑调速的要求，但静、动态性能不够理想。采用转速闭环控制可提高静、动态性能，实现稳态无静差，但需增加转速传感器、相应的检测电路和测速软件等。转速闭环转差频率控制的变压变频调速是基于异步电动机稳态模型的转速闭环控制系统。

6.6.1 转差频率控制的基本概念及特点

运动控制系统的根本问题是转矩控制，6.3.3 节式（6-49）已给出异步电动机恒气隙磁通的电磁转矩公式，现重写如下：

$$T_e = \frac{3 n_p}{\omega_1} \frac{E_g^2}{\left(\frac{R_r'}{s}\right)^2 + \omega_1^2 L_{lr}'^2} \frac{R_r'}{s} = 3 n_p \left(\frac{E_g}{\omega_1}\right)^2 \frac{s \omega_1 R_r'}{R_r'^2 + s^2 \omega_1^2 L_{lr}'^2}$$

将 $E_g = 4.44 f_1 N_s k_{Ns} \Phi_m = 4.44 \frac{\omega_1}{2\pi} N_s k_{Ns} \Phi_m = \frac{1}{\sqrt{2}} \omega_1 N_s k_{Ns} \Phi_m$ 代入上式，得

$$T_e = \frac{3}{2} n_p N_s^2 k_{Ns}^2 \Phi_m^2 \frac{s \omega_1 R_r'}{R_r'^2 + s^2 \omega_1^2 L_{lr}'^2} \tag{6-103}$$

式中，$\frac{3}{2} n_p N_s^2 k_{Ns}^2 = K_m$，是电动机的结构常数。定义转差角频率 $\omega_s = s \omega_1$，则

$$T_e = K_m \Phi_m^2 \frac{\omega_s R_r'}{R_r'^2 + (\omega_s L_{lr}')^2} \tag{6-104}$$

当电动机稳态运行时，转差率 s 较小，因而 ω_s 也较小，可以认为 $\omega_s L_{lr}' \ll R_r'$，则转矩可近似表示为

$$T_e \approx K_m \Phi_m^2 \frac{\omega_s}{R_r'} \tag{6-105}$$

由此可知，若能够保持气隙磁通 Φ_m 不变，且在 s 值较小的稳态运行范围内，异步电动机的转矩就近似与转差角频率 ω_s 成正比。也就是说，在保持气隙磁通 Φ_m 不变的前提下，可以通过控制转差角频率 ω_s 来控制转矩，这就是转差频率控制的基本思想。

式（6-105）的转矩表达式是在 ω_s 较小的条件下得到的，当 ω_s 较大时，就得采用式（6-104）的转矩公式。图 6-42 为转矩特性（即机械特性）$T_e = f(\omega_s)$，由图可见，在 ω_s 较小的稳定运行段，转矩 T_e 基本上与 ω_s 成正比。当 T_e 达到其最大值 T_{em} 时，ω_s 达到临界值 ω_{sm}。当 ω_s 继续增大时，转矩反而减小，此段特性对于恒转矩负载为不稳定工作区域。

对于式（6-104），取 $\dfrac{dT_e}{d\omega_s} = 0$，可得临界转差角频率

$$\omega_{sm} = \frac{R_r'}{L_{lr}'} = \frac{R_r}{L_{lr}} \tag{6-106}$$

对应的最大转矩（临界转矩）为

$$T_{em} = \frac{K_m \Phi_m^2}{2L_{lr}'} \tag{6-107}$$

要保证系统稳定运行，必须使 $\omega_s < \omega_{sm}$。因此，在转差频率控制系统中，必须对 ω_s 加以限制，使系统允许的最大转差频率小于临界转差频率

$$\omega_{smax} < \omega_{sm} = \frac{R_r}{L_{lr}} \tag{6-108}$$

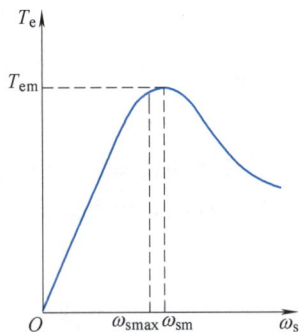

图 6-42　按恒 Φ_m 值控制的 $T_e = f(\omega_s)$ 特性

这样就可以保持 T_e 与 ω_s 的正比关系，也就可以用转差频率来控制转矩。这是转差频率控制的基本规律之一。

上述规律是在保持 Φ_m 恒定的前提下才成立的，那么如何保持 Φ_m 恒定，是转差频率控制系统要解决的第二个问题。按恒 E_g/ω_1 控制时可保持 Φ_m 恒定，由异步电动机等效电路可得定子电压为

$$\dot{U}_s = \dot{I}_s(R_s + j\omega_1 L_{ls}) + E_g = \dot{I}_s(R_s + j\omega_1 L_{ls}) + \left(\frac{\dot{E}_g}{\omega_1}\right)\omega_1 \tag{6-109}$$

由此可见，要实现恒 E_g/ω_1 控制，必须采用定子电压补偿控制，以抵消定子电阻和漏抗的压降。理论上说，定子电压补偿应该是幅值和相位的补偿，但这无疑使控制系统复杂，若忽略电流相量相位变化的影响，仅采用幅值补偿，则电压-频率特性为

$$U_s = f(\omega_1, I_s) = \sqrt{R_s^2 + (\omega_1 L_{ls})^2}\, I_s + E_g$$

$$= Z_{ls}(\omega_1) I_s + \left(\frac{E_{gN}}{\omega_{1N}}\right)\omega_1 = Z_{ls}(\omega_1) I_s + C_g \omega_1 \tag{6-110}$$

式中　$C_g = \dfrac{E_{gN}}{\omega_{1N}} = $ 常数；

ω_{1N}——额定角频率；

E_{gN}——额定气隙磁通 Φ_{mN} 在额定角频率下定子每相绕组中的感应电动势。

采用定子电压补偿恒 E_g/ω_1 控制的电压–频率特性 $U_s = f(\omega_1, I_s)$ 如图 6-43 所示，高频时，定子漏抗压降占主导地位，可忽略定子电阻，式（6-110）可简化为

$$U_s = f(\omega_1, I_s) \approx \omega_1 L_{ls} I_s + E_g = \omega_1 L_{ls} I_s + C_g \omega_1 \qquad (6-111)$$

电压-频率特性近似呈线性。低频时，R_s 的影响不可忽略，曲线呈现非线性性质。

因此，转差频率控制的规律可总结为：

1）在 $\omega_s \leqslant \omega_{sm}$ 的范围内，转矩 T_e 基本上与 ω_s 成正比，条件是气隙磁通不变。

2）在不同的定子电流值时，按图 6-43 的 $U_s = f(\omega_1, I_s)$ 函数关系控制定子电压和频率，就能保持气隙磁通 Φ_m 恒定。

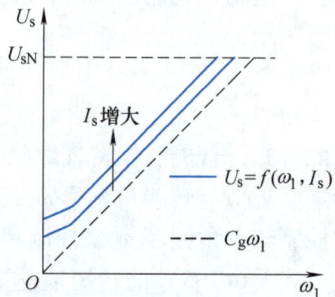

图 6-43　定子电压补偿恒 E_g/ω_1 控制的电压-频率特性

6.6.2　转差频率控制系统结构及性能分析

1. 系统结构

转速闭环转差频率控制的变压变频调速系统结构原理图如图 6-44 所示，系统共有两个转速反馈控制，以下分析两个转速反馈的控制作用。

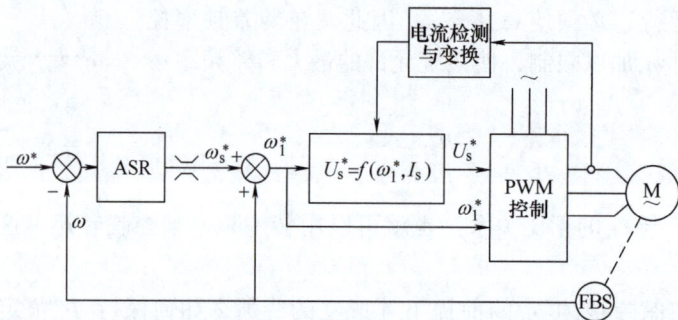

图 6-44　转速闭环转差频率控制的变压变频调速系统结构原理图

转速外环为负反馈，ASR 为转速调节器，一般选用 PI 调节器，转速调节器 ASR 的输出转差频率给定 ω_s^* 相当于电磁转矩给定 T_e^*。转速负反馈外环的作用与直流调速系统相当，不再重述。

内环为正反馈，将转速调节器 ASR 的输出信号转差频率给定 ω_s^* 与实际转速 ω 相加，得到定子频率给定信号 ω_1^*

$$\omega_1^* = \omega_s^* + \omega \qquad (6-112)$$

实际转速 ω 由速度传感器 FBS 测得。然后，根据式（6-110）或式（6-111）所给出的 $U_s = f(\omega_1, I_s)$ 函数，由给定频率 ω_1^* 和当前定子电流 I_s 求得定子电压给定信号 $U_s^* = f(\omega_1^*, I_s)$，用 U_s^* 和 ω_1^* 控制 PWM 变频器，即得异步电动机调速所需的定子电压和频率。由于正反馈是不稳定结构，必须设置转速负反馈外环，才能使系统稳定运行。

2. 起动过程

在 $t=0$ 时，突加给定，假定转速调节器 ASR 的比例系数足够大，则 ASR 很快进入饱和，输出为限幅值 ω_{smax}，由于转速和电流尚未建立，即 $\omega=0$、$I_\mathrm{s}=0$，给定定子频率 $\omega_1^* = \omega_{\mathrm{smax}}$，定子电压为

$$U_\mathrm{s} = C_\mathrm{g}\omega_{\mathrm{smax}} \tag{6-113}$$

电流与转矩快速上升，则

$$I_\mathrm{r}' = \frac{E_\mathrm{g}}{\sqrt{\left(\dfrac{R_\mathrm{r}'}{s}\right)^2 + \omega_1^2 L_{lr}'^{\,2}}} = \frac{E_\mathrm{g}}{\omega_1\sqrt{\left(\dfrac{R_\mathrm{r}'}{s\omega_1}\right)^2 + L_{lr}'^{\,2}}}$$

$$= \frac{E_\mathrm{g}/\omega_1}{\sqrt{\left(\dfrac{R_\mathrm{r}'}{\omega_\mathrm{s}}\right)^2 + L_{lr}'^{\,2}}} = \frac{C_\mathrm{g}}{\sqrt{\left(\dfrac{R_\mathrm{r}'}{\omega_\mathrm{s}}\right)^2 + L_{lr}'^{\,2}}} \tag{6-114}$$

当 $t=t_1$ 时，电流达到最大值，起动电流等于最大的允许电流

$$I_{\mathrm{smax}} = I_{\mathrm{sQ}} \approx I_{\mathrm{rQ}}' = \frac{E_\mathrm{g}/\omega_1}{\sqrt{\left(\dfrac{R_\mathrm{r}'}{\omega_{\mathrm{smax}}}\right)^2 + L_{lr}'^{\,2}}} = \frac{C_\mathrm{g}}{\sqrt{\left(\dfrac{R_\mathrm{r}'}{\omega_{\mathrm{smax}}}\right)^2 + L_{lr}'^{\,2}}} \tag{6-115}$$

起动转矩等于系统最大的允许输出转矩

$$T_{\mathrm{emax}} = T_{\mathrm{eQ}} \approx 3n_\mathrm{p}\left(\frac{E_\mathrm{g}}{\omega_1}\right)^2 \frac{\omega_{\mathrm{smax}}}{R_\mathrm{r}'} = 3n_\mathrm{p}C_\mathrm{g}^2\frac{\omega_{\mathrm{smax}}}{R_\mathrm{r}'} \tag{6-116}$$

随着电流 I_s 的建立和转速 ω 的上升，定子电压 U_s 和频率 ω_1 上升，但由于 $\omega_\mathrm{s}=\omega_{\mathrm{smax}}$ 不变，起动电流 I_{sQ} 和起动转矩 T_{eQ} 也不变，电动机在允许的最大输出转矩下加速运行。式（6-115）表明，ω_{smax} 与 I_{smax} 有唯一的对应关系，因此，转差频率控制变压变频调速系统通过最大转差频率间接限制了最大的允许电流。

当 $t=t_2$ 时，转速 ω 达到给定值 ω^*，ASR 开始退饱和，ω 略有超调后，到达稳态 $\omega=\omega^*$，定子电压频率 $\omega_1=\omega+\omega_\mathrm{s}$，转差频率 ω_s 与负载有关。

与直流调速系统相似，起动过程可分为转矩上升、恒转矩升速与转速调节三个阶段：在恒转矩升速阶段内，转速调节器 ASR 不参与调节，相当于转速开环，在正反馈内环的作用下，保持加速度恒定；转速超调后，ASR 退出饱和，进入转速调节阶段，最后达到稳态。

3. 加载过程

假定系统已进入稳定运行，转速等于给定值，电磁转矩等于负载转矩，即 $\omega=\omega^*$、$T_\mathrm{e}=T_\mathrm{L}$，定子电压频率 $\omega_1=\omega+\omega_\mathrm{s}$。在 $t=t_1$ 时，负载转矩由 T_L 增大为 T_L'，在负载转矩的作用下转速 ω 下降，正反馈内环的作用使 ω_1 下降。但在外环的作用下，给定转差频率 ω_s^* 上升，定子电压频率 ω_1 上升，电磁转矩 T_e 增大，转速 ω 回升。到达稳态时，转速 ω 仍等于给定值 ω^*，电磁转矩 T_e 等于负载转矩 T_L'。由式（6-105）可知，当 $T_\mathrm{L}' > T_\mathrm{L}$ 时，$\omega_\mathrm{s}' > \omega_\mathrm{s}$，定子电压频率 $\omega_1' = \omega+\omega_\mathrm{s}' > \omega_1 = \omega+\omega_\mathrm{s}$。与直流调速系统相似，在转速负反馈外环的控制作用下，转速稳态无静差，但对于交流电动机而言，定子电压频率和转差频率均大于轻载时的相应值，图 6-45 为转速闭环转差频率控制的变压变频

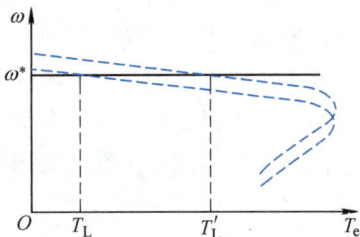

图 6-45　转速闭环转差频率控制的变压变频调速系统静态特性

调速系统静态特性。

6.6.3 最大转差频率 ω_{smax} 的计算

从理论上说，只要使系统最大的允许转差频率小于临界转差频率，即

$$\omega_{smax} < \omega_{sm} = \frac{R_r}{L_{lr}} \tag{6-117}$$

就可以保持 T_e 与 ω_s 的正比关系，使系统稳定运行，并通过转差频率来控制电磁转矩。

然而，由式（6-115）和式（6-116）可知，最大转差频率 ω_{smax} 与起动电流 I_{sQ} 和起动转矩 T_{eQ} 有关。若系统的额定电流为 I_{sN}，额定转矩为 T_{eN}，允许的过电流倍数为 $\lambda_I = \frac{I_{sq}}{I_{sN}}$，要求的起动转矩倍数为 $\lambda_T = \frac{T_{eq}}{T_{eN}}$，使系统具有一定的重载起动和过载能力，且起动电流小于允许电流，则最大转差频率 ω_{smax} 应满足

$$\frac{R_r' \lambda_T T_{eN}}{3 n_p C_g^2} < \omega_{smax} < \frac{\lambda_I R_r' I_{sN}}{\sqrt{C_g^2 - (\lambda_I L_{lr}' I_{sN})^2}} \tag{6-118}$$

具体计算时，可根据起动转矩倍数确定最大转差频率；然后由最大转差频率求得过电流倍数，并由此确定变频器主回路的容量。

6.6.4 转差频率控制系统的特点

转差频率控制系统突出的特点或优点是：转差频率 ω_s^* 与实测转速 ω 相加后得到定子频率 ω_1^*，在调速过程中，实际频率 ω_1 随着实际转速 ω 同步地上升或下降，有如水涨而船高，因此加、减速平滑而且稳定。同时，由于在动态过程中转速调节器 ASR 饱和，系统以对应于 ω_{smax} 的最大转矩 T_{emax} 起动、制动，并限制了最大电流 I_{smax}，保证了在允许条件下的快速性。

转速闭环转差频率控制的交流变压变频调速系统的静、动态性能接近转速、电流双闭环的直流电动机调速系统，是一个较好的控制策略。然而，它的性能还不能完全达到直流双闭环系统的水平，其原因如下：

1）转差频率控制系统是基于异步电动机稳态模型的，所谓的"保持磁通 Φ_m 恒定"的结论也只在稳态情况下才能成立。在动态中 Φ_m 难以保持磁通恒定，这将影响到系统的动态性能。

2）$U_s = f(\omega_1, I_s)$ 函数关系中只抓住了定子电流的幅值，没有控制到电流的相位，而在动态中电流的相位也是影响转矩变化的因素。

3）在频率控制环节中，取 $\omega_1 = \omega_s + \omega$，使频率 ω_1 得以与转速 ω 同步升降，这本是转差频率控制的优点。然而，如果转速检测信号不准确或存在干扰，也就会直接给频率造成误差，因为所有这些偏差和干扰都以正反馈的形式毫无衰减地传递到频率控制信号上了。

要进一步提高异步电动机调速性能，必须从异步电动机动态模型出发，研究其控制规律，高动态性能的异步电动机调速系统将在第 7 章做详细的讨论。

思 考 题

6-1 对于恒转矩负载，为什么调压调速的调速范围不大？电动机机械特性越软，调速范围越大吗？

6-2 异步电动机变频调速时，为何要电压协调控制？在整个调速范围内，保持电压恒定是否可行？为何在基频以下时，采用恒压频比控制，而在基频以上保存电压恒定？

6-3 异步电动机变频调速时，基频以下和基频以上分别属于恒功率还是恒转矩调速方式？为什么？所谓恒功率或恒转矩调速方式，是否指输出功率或转矩恒定？若不是，那么恒功率或恒转矩调速究竟是指什么？

6-4 基频以下调速可以是恒压频比控制、恒定子磁通 Φ_{ms}、恒气隙磁通 Φ_m 和恒转子磁通 Φ_{mr} 的控制方式，从机械特性和系统实现两个方面分析与比较四种控制方法的优缺点。

6-5 常用的交流 PWM 有三种控制方式，分别为 SPWM、CFPWM 和 SVPWM，论述它们的基本特征、各自的优缺点。

6-6 分析电流滞环跟踪 PWM 控制中，环宽 h 对电流波动与开关频率的影响。

6-7 三相异步电动机丫联结，能否将中性点与直流侧参考点短接？为什么？

6-8 当三相异步电动机由正弦对称电压供电，并达到稳态时，可以定义电压相量 $\dot{U}$、电流相量 $\dot{I}$ 等，用于分析三相异步电动机的稳定工作状态，4.2.4 节定义的空间矢量 u_s、i_s 与相量有何区别？在正弦稳态时，两者有何联系？

6-9 采用 SVPWM 控制，用有效工作电压矢量合成期望的输出电压矢量，由于期望输出电压矢量是连续可调的，因此，定子磁链矢量轨迹可以是圆，这种说法是否正确？为什么？

6-10 总结转速闭环转差频率控制系统的控制规律，若 $U_s = f(\omega_1, I_s)$ 设置不当，会产生什么影响？一般说来，正反馈系统是不稳定的，而转速闭环转差频率控制系统具有正反馈的内环，系统却能稳定，为什么？

习 题

6-1 一台三相笼型异步电动机的铭牌数据为：额定电压 $U_N = 380V$，额定转速 $n_N = 960r/min$，额定频率 $f_N = 50Hz$，定子绕组为丫联结。由实验测得定子电阻 $R_s = 0.35\Omega$，定子漏感 $L_{ls} = 0.006H$，定子绕组产生气隙主磁通的等效电感 $L_m = 0.26H$，转子电阻 $R'_r = 0.5\Omega$，转子漏感 $L'_{lr} = 0.007H$，转子参数已折合到定子侧，忽略铁心损耗。

(1) 画出异步电动机 T 形等效电路和简化等效电路。

(2) 额定运行时的转差率 s_N，定子额定电流 I_{1N} 和额定电磁转矩。

(3) 定子电压和频率均为额定值时，理想空载时的励磁电流 I_0。

(4) 定子电压和频率均为额定值时，临界转差率 s_m 和临界转矩 T_m，画出异步电动机的机械特性。

6-2 异步电动机参数如习题 6-1 所示，画出调压调速在 $\frac{1}{2}U_N$ 和 $\frac{2}{3}U_N$ 时的机械特性，计算临界转差率 s_m 和临界转矩 T_m，分析气隙磁通的变化，在额定电流下的电磁转矩，分析在恒转矩负载和风机类负载两种情况下，调压调速的稳定运行范围。

6-3 异步电动机参数如习题 6-1 所示，若定子每相绕组匝数 $N_s = 125$，定子基波绕组系数 $k_{N_s} = 0.92$，定子电压和频率均为额定值。求：

(1) 忽略定子漏阻抗，每极气隙磁通量 Φ_m 和气隙磁通在定子每相中异步电动势的有效值 E_g。

(2) 考虑定子漏阻抗，在理想空载和额定负载时的 Φ_m 和 E_g。

(3) 比较上述三种情况下 Φ_m 和 E_g 的差异，并说明原因。

6-4 接上题，求：

(1) 在理想空载和额定负载时的定子磁通 Φ_{ms} 和定子每相绕组感应电动势 E_s。

(2) 转子磁通 Φ_{mr} 和转子绕组中的感应电动势（折合到定子边）E_r。

(3) 分析与比较在额定负载时，Φ_m、Φ_{ms} 和 Φ_{mr} 的差异，E_g、E_s 和 E_r 的差异，并说明原因。

6-5 按基频以下和基频以上分析电压频率协调的控制方式，画出：

（1）恒压恒频正弦波供电时异步电动机的机械特性。

（2）基频以下电压-频率协调控制时异步电动机的机械特性。

（3）基频以上恒压变频控制时异步电动机的机械特性。

（4）电压频率特性曲线 $U = f(f)$。

6-6　异步电动机参数同习题 6-1，输出频率 f 等于额定频率 f_N 时，输出电压 U 等于额定电压 U_N，考虑低频补偿，若频率 $f=0$，输出电压 $U = 10\% U_N$。

（1）求出基频以下电压频率特性曲线 $U = f(f)$ 的表达式，并画出特性曲线。

（2）当 $f = 5\text{Hz}$ 时，比较补偿与不补偿的机械特性曲线，两种情况下的临界转矩 T_{emax}。

6-7　异步电动机基频下调速时，气隙磁通量 Φ_m、定子磁通 Φ_{ms} 和转子磁通 Φ_{mr} 随负载的变换而变化，要保持恒定需采用电压补偿控制。写出保持三种磁通恒定的电压补偿控制的相量表达式，若仅采用幅值补偿是否可行，比较两者的差异。

6-8　两电平 PWM 逆变器主回路，采用双极性调制时，用"1"表示上桥臂开通，"0"表示上桥臂关断，共有几种开关状态，写出其开关函数。根据开关状态写出其电压空间矢量表达式，画出空间电压矢量图。

6-9　若三相电压分别为 u_{AO}、u_{BO}、u_{CO}，如何定义三相定子电压空间矢量 $\boldsymbol{u}_{AO}$、$\boldsymbol{u}_{BO}$、$\boldsymbol{u}_{CO}$ 和合成矢量 $\boldsymbol{u}_s$？写出它们的表达式。

6-10　忽略定子电阻的影响，讨论定子电压空间矢量 $\boldsymbol{u}_s$ 与定子磁链 $\boldsymbol{\psi}_s$ 的关系。当三相电压 u_{AO}、u_{BO}、u_{CO} 为正弦对称时，写出电压空间矢量 $\boldsymbol{u}_s$ 与定子磁链 $\boldsymbol{\psi}_s$ 的表达式，画出各自的运动轨迹。

6-11　采用电压空间矢量 PWM 调制方法，若直流电压 u_d 恒定，如何协调输出电压与输出频率的关系。

6-12　两电平 PWM 逆变器主回路的输出电压矢量是有限的，若期望输出电压矢量 $\boldsymbol{u}_s$ 的幅值小于 $\sqrt{\dfrac{2}{3}} U_d$，空间角度 θ 任意，如何用有限的 PWM 逆变器输出电压矢量来逼近期望的输出电压矢量？

6-13　在转速开环变压变频调速系统中需要给定积分环节，论述给定积分环节的原理与作用。

6-14　论述转速闭环转差频率控制系统的控制规律、实现方法及系统的优缺点。

6-15　用习题 6-1 参数计算转差频率控制系统的临界转差频率 ω_{sm}。假定系统最大的允许转差频率 $\omega_{smax} = 0.9\omega_{sm}$，试计算起动时的定子电流和起动转矩。

第 7 章
基于动态模型的异步电动机调速系统

内容提要

异步电动机具有非线性、强耦合、多变量的性质，要获得高动态调速性能，必须从动态模型出发，分析异步电动机的转矩和磁链控制规律，研究高性能异步电动机的调速方案。矢量控制系统和直接转矩控制系统是已经获得成熟应用的两种基于动态模型的高性能交流电动机调速系统，矢量控制系统通过坐标变换和按转子磁链定向，得到等效直流电动机模型，然后模仿直流电动机控制策略设计控制系统；直接转矩控制系统利用转矩偏差和定子磁链幅值偏差的正、负符号，根据当前定子磁链矢量所在的位置，直接选取合适的定子电压矢量，实施电磁转矩和定子磁链的控制。两种交流电动机调速系统都能实现优良的静、动态性能，各有所长，也各有不足之处。

本章 7.1 节首先讨论异步电动机数学模型的非线性、强耦合、多变量性质。7.2 节论述异步电动机三相原始动态数学模型，证明三相原始模型的非独立性，说明简化的必要性和可能性。7.3 节讨论两种坐标变换及其物理意义。7.4 节讨论静止两相正交坐标系和旋转正交坐标系上的数学模型。7.5 节推导用状态方程描述的异步电动机动态数学模型，并给出相应的结构图。7.6 节分析按转子磁链定向矢量控制的基本原理，说明定子电流励磁分量和转矩分量的解耦作用，讨论矢量控制系统的多种实现方案。7.7 节讨论定子电压矢量对转矩和定子磁链的控制作用，介绍基于定子磁链控制的直接转矩控制系统。7.8 节对上述两类高性能的异步电动机调速系统进行比较，分析各自的优缺点。7.9 节简单介绍无速度传感器的异步电动机调速系统。

基于稳态数学模型的异步电动机调速系统虽然能够在一定范围内实现平滑调速，但对于轧钢机、数控机床、机器人、载客电梯等需要高动态性能的对象，就不能满足要求了。要实现高动态性能的调速系统和伺服系统，必须依据异步电动机的动态数学模型来设计。

7.1 异步电动机动态数学模型的性质

电磁耦合是机电能量转换的必要条件，电流与磁通的乘积产生转矩，转速与磁通的乘积得到感应电动势，无论是直流电动机，还是交流电动机均如此，但由于交、直流电动机结构和工作原理的不同，其表达式差异很大。

他励式直流电动机的励磁绕组和电枢绕组相互独立，励磁电流和电枢电流单独可控，若忽略电枢反应或通过补偿绕组抵消之，则励磁

异步电动机动态
数学模型的性质

和电枢绕组各自产生的磁动势在空间相差 $\frac{\pi}{2}$，无交叉耦合。气隙磁通由励磁绕组单独产生，而电磁转矩正比于磁通与电枢电流的乘积。不考虑弱磁调速时，可以在电枢合上电源以前建立磁通，并保持励磁电流恒定，这样就可认为磁通不参与系统的动态过程。因此，可以只通过电枢电流来控制电磁转矩。

在上述假定条件下，直流电动机的动态数学模型只有一个输入变量——电枢电压，和一个输出变量——转速，可以用单变量（单输入单输出）的线性系统来描述，完全可以应用线性控制理论和工程设计方法进行分析与设计。

而交流电动机的数学模型则不同，不能简单地采用同样的方法来分析与设计交流调速系统，这是由于以下几个原因。

1）异步电动机变压变频调速时需要进行电压（或电流）和频率的协调控制，有电压（或电流）和频率两种独立的输入变量。在输出变量中，除转速外，磁链（或磁通）也是一个输出变量，这是由于异步电动机输入为三相电源，磁链的建立和转速变化是同时进行的，为了获得良好的动态性能，也需要对磁链施加控制。因此异步电动机是一个多变量（多输入多输出）系统。

2）直流电动机在基速以下运行时，容易保持磁通恒定，可以视为常数。异步电动机无法单独对磁通进行控制，电流矢量与磁链矢量的矢积（叉积）产生转矩，转速与磁链矢量的乘积产生感应电动势，在数学模型中含有两个变量的乘积项。因此，即使不考虑磁路饱和等因素，数学模型也是非线性的。

3）三相异步电动机定子三相绕组在空间互差 $\frac{2\pi}{3}$，转子也可等效为空间互差 $\frac{2\pi}{3}$ 的三相绕组，各绕组间存在交叉耦合，每个绕组都有各自的电磁惯性，再考虑运动系统的机电惯性，转速与转角的积分关系等，动态模型是一个高阶系统。

总之，异步电动机的动态数学模型是一个高阶、非线性、强耦合的多变量系统。

7.2 异步电动机的三相数学模型

在研究异步电动机数学模型时，作如下的假设：

1）忽略空间谐波，设三相绕组对称，在空间互差 $\frac{2\pi}{3}$ 电角度，所产生的磁动势沿气隙按正弦规律分布。

2）忽略磁路饱和，各绕组的自感和互感都是恒定的。

3）忽略铁心损耗。

4）不考虑频率变化和温度变化对绕组电阻的影响。

无论异步电动机转子是绕线型还是笼型的，都可以等效成三相绕线转子，并折算到定子侧，折算后的定子和转子绕组匝数相等。异步电动机三相绕组可以是丫联结，也可以是△联结，以下均以丫联结进行讨论。若三相绕组为△联结，可先用△-丫变换，等效为丫联结，然后，按丫联结进行分析和设计。

三相异步电动机的物理模型如图7-1所示，定子三相绕组轴线 A、B、C 在空间是固定的，转子绕组轴线 a、b、

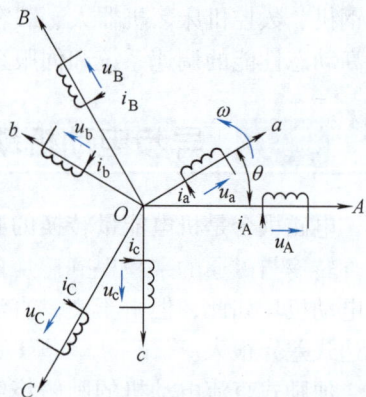

图7-1 三相异步电动机的物理模型

c 以角转速 ω 随转子旋转。如以 A 轴为参考坐标轴,转子 a 轴和定子 A 轴间的电角度 θ 为空间角位移变量。规定各绕组电压、电流、磁链的正方向符合电动机惯例和右手螺旋定则。

7.2.1 异步电动机三相动态模型的数学表达式

异步电动机的动态模型由磁链方程、电压方程、转矩方程和运动方程组成,其中磁链方程和转矩方程为代数方程,电压方程和运动方程为微分方程。

1. 磁链方程

异步电动机每个绕组的磁链是它本身的自感磁链和其他绕组对它的互感磁链之和,因此,六个绕组的磁链可用下式表示:

$$\begin{bmatrix} \psi_A \\ \psi_B \\ \psi_C \\ \psi_a \\ \psi_b \\ \psi_c \end{bmatrix} = \begin{bmatrix} L_{AA} & L_{AB} & L_{AC} & L_{Aa} & L_{Ab} & L_{Ac} \\ L_{BA} & L_{BB} & L_{BC} & L_{Ba} & L_{Bb} & L_{Bc} \\ L_{CA} & L_{CB} & L_{CC} & L_{Ca} & L_{Cb} & L_{Cc} \\ L_{aA} & L_{aB} & L_{aC} & L_{aa} & L_{ab} & L_{ac} \\ L_{bA} & L_{bB} & L_{bC} & L_{ba} & L_{bb} & L_{bc} \\ L_{cA} & L_{cB} & L_{cC} & L_{ca} & L_{cb} & L_{cc} \end{bmatrix} \begin{bmatrix} i_A \\ i_B \\ i_C \\ i_a \\ i_b \\ i_c \end{bmatrix} \tag{7-1a}$$

或写成

$$\boldsymbol{\psi} = \boldsymbol{Li} \tag{7-1b}$$

式中 i_A,i_B,i_C,i_a,i_b,i_c——定子和转子相电流的瞬时值;

ψ_A,ψ_B,ψ_C,ψ_a,ψ_b,ψ_c——各相绕组的全磁链。

$\boldsymbol{L}$——6×6 电感矩阵,其中对角线元素 L_{AA}、L_{BB}、L_{CC}、L_{aa}、L_{bb}、L_{cc} 是各绕组的自感,其余各项则是相应绕组间的互感。定子各相漏磁通所对应的电感称作定子漏感 L_{ls},转子各相漏磁通则对应于转子漏感 L_{lr},由于绕组的对称性,各相漏感值均相等。与定子一相绕组交链的最大互感磁通对应于定子互感 L_{ms},与转子一相绕组交链的最大互感磁通对应于转子互感 L_{mr},由于折算后定、转子绕组匝数相等,故 $L_{ms} = L_{mr}$。上述各量都已折算到定子侧,为了简单起见,表示折算的上角标 "′" 均省略,以下同此。

对于每一相绕组来说,它所交链的磁链是互感磁链与漏感磁链之和,因此,定子各相自感为

$$L_{AA} = L_{BB} = L_{CC} = L_{ms} + L_{ls} \tag{7-2}$$

转子各相自感为

$$L_{aa} = L_{bb} = L_{cc} = L_{ms} + L_{lr} \tag{7-3}$$

绕组之间的互感又分为两类:①定子三相彼此之间和转子三相彼此之间空间位置都是固定的,故互感为常值;②定子任一相与转子任一相之间的空间相对位置是变化的,互感是角位移 θ 的函数。

先讨论第一类,三相绕组轴线彼此在空间的位置差是 $\pm\dfrac{2\pi}{3}$,互感值应为 $L_{ms}\cos\dfrac{2\pi}{3} = L_{ms}\cos\left(-\dfrac{2\pi}{3}\right) = -\dfrac{1}{2}L_{ms}$,于是

$$\left.\begin{array}{l} L_{\mathrm{AB}} = L_{\mathrm{BC}} = L_{\mathrm{CA}} = L_{\mathrm{BA}} = L_{\mathrm{CB}} = L_{\mathrm{AC}} = -\dfrac{1}{2}L_{\mathrm{ms}} \\[2mm] L_{\mathrm{ab}} = L_{\mathrm{bc}} = L_{\mathrm{ca}} = L_{\mathrm{ba}} = L_{\mathrm{cb}} = L_{\mathrm{ac}} = -\dfrac{1}{2}L_{\mathrm{ms}} \end{array}\right\} \tag{7-4}$$

至于第二类,即定子、转子绕组间的互感,由于相互间位置的变化(见图7-1),可分别表示为

$$\left.\begin{array}{l} L_{\mathrm{Aa}} = L_{\mathrm{aA}} = L_{\mathrm{Bb}} = L_{\mathrm{bB}} = L_{\mathrm{Cc}} = L_{\mathrm{cC}} = L_{\mathrm{ms}}\cos\theta \\[2mm] L_{\mathrm{Ab}} = L_{\mathrm{bA}} = L_{\mathrm{Bc}} = L_{\mathrm{cB}} = L_{\mathrm{Ca}} = L_{\mathrm{aC}} = L_{\mathrm{ms}}\cos\left(\theta + \dfrac{2\pi}{3}\right) \\[2mm] L_{\mathrm{Ac}} = L_{\mathrm{cA}} = L_{\mathrm{Ba}} = L_{\mathrm{aB}} = L_{\mathrm{Cb}} = L_{\mathrm{bC}} = L_{\mathrm{ms}}\cos\left(\theta - \dfrac{2\pi}{3}\right) \end{array}\right\} \tag{7-5}$$

当定子、转子两相绕组轴线重合时,两者之间的互感值最大,L_{ms}就是最大互感。

将式(7-4)、式(7-5)代入式(7-1a),即得完整的磁链方程,用分块矩阵表示为

$$\begin{bmatrix} \boldsymbol{\psi}_{\mathrm{s}} \\ \boldsymbol{\psi}_{\mathrm{r}} \end{bmatrix} = \begin{bmatrix} \boldsymbol{L}_{\mathrm{ss}} & \boldsymbol{L}_{\mathrm{sr}} \\ \boldsymbol{L}_{\mathrm{rs}} & \boldsymbol{L}_{\mathrm{rr}} \end{bmatrix} \begin{bmatrix} \boldsymbol{i}_{\mathrm{s}} \\ \boldsymbol{i}_{\mathrm{r}} \end{bmatrix} \tag{7-6}$$

式中 $\boldsymbol{\psi}_{\mathrm{s}} = \begin{bmatrix} \psi_{\mathrm{A}} & \psi_{\mathrm{B}} & \psi_{\mathrm{C}} \end{bmatrix}^{\mathrm{T}}$;

$\boldsymbol{\psi}_{\mathrm{r}} = \begin{bmatrix} \psi_{\mathrm{a}} & \psi_{\mathrm{b}} & \psi_{\mathrm{c}} \end{bmatrix}^{\mathrm{T}}$;

$\boldsymbol{i}_{\mathrm{s}} = \begin{bmatrix} i_{\mathrm{A}} & i_{\mathrm{B}} & i_{\mathrm{C}} \end{bmatrix}^{\mathrm{T}}$;

$\boldsymbol{i}_{\mathrm{r}} = \begin{bmatrix} i_{\mathrm{a}} & i_{\mathrm{b}} & i_{\mathrm{c}} \end{bmatrix}^{\mathrm{T}}$。

其中,定子电感阵

$$\boldsymbol{L}_{\mathrm{ss}} = \begin{bmatrix} L_{\mathrm{ms}} + L_{ls} & -\dfrac{1}{2}L_{\mathrm{ms}} & -\dfrac{1}{2}L_{\mathrm{ms}} \\[2mm] -\dfrac{1}{2}L_{\mathrm{ms}} & L_{\mathrm{ms}} + L_{ls} & -\dfrac{1}{2}L_{\mathrm{ms}} \\[2mm] -\dfrac{1}{2}L_{\mathrm{ms}} & -\dfrac{1}{2}L_{\mathrm{ms}} & L_{\mathrm{ms}} + L_{ls} \end{bmatrix} \tag{7-7}$$

转子电感阵

$$\boldsymbol{L}_{\mathrm{rr}} = \begin{bmatrix} L_{\mathrm{ms}} + L_{lr} & -\dfrac{1}{2}L_{\mathrm{ms}} & -\dfrac{1}{2}L_{\mathrm{ms}} \\[2mm] -\dfrac{1}{2}L_{\mathrm{ms}} & L_{\mathrm{ms}} + L_{lr} & -\dfrac{1}{2}L_{\mathrm{ms}} \\[2mm] -\dfrac{1}{2}L_{\mathrm{ms}} & -\dfrac{1}{2}L_{\mathrm{ms}} & L_{\mathrm{ms}} + L_{lr} \end{bmatrix} \tag{7-8}$$

定转子互感阵 $\boldsymbol{L}_{\mathrm{rs}} = \boldsymbol{L}_{\mathrm{sr}}^{\mathrm{T}} = L_{\mathrm{ms}}\begin{bmatrix} \cos\theta & \cos\left(\theta - \dfrac{2\pi}{3}\right) & \cos\left(\theta + \dfrac{2\pi}{3}\right) \\[2mm] \cos\left(\theta + \dfrac{2\pi}{3}\right) & \cos\theta & \cos\left(\theta - \dfrac{2\pi}{3}\right) \\[2mm] \cos\left(\theta - \dfrac{2\pi}{3}\right) & \cos\left(\theta + \dfrac{2\pi}{3}\right) & \cos\theta \end{bmatrix} \tag{7-9}$

$\boldsymbol{L}_{\mathrm{rs}}$和$\boldsymbol{L}_{\mathrm{sr}}$互为转置,且均与转子位置$\theta$有关,它们的元素都是变参数。

2. 电压方程

三相定子绕组的电压平衡方程为

$$\left.\begin{array}{l} u_{\mathrm{A}} = i_{\mathrm{A}}R_{\mathrm{s}} + \dfrac{\mathrm{d}\psi_{\mathrm{A}}}{\mathrm{d}t} \\[2mm] u_{\mathrm{B}} = i_{\mathrm{B}}R_{\mathrm{s}} + \dfrac{\mathrm{d}\psi_{\mathrm{B}}}{\mathrm{d}t} \\[2mm] u_{\mathrm{C}} = i_{\mathrm{C}}R_{\mathrm{s}} + \dfrac{\mathrm{d}\psi_{\mathrm{C}}}{\mathrm{d}t} \end{array}\right\} \tag{7-10}$$

与此相应,三相转子绕组折算到定子侧后的电压方程为

$$\left.\begin{array}{l} u_{\mathrm{a}} = i_{\mathrm{a}}R_{\mathrm{r}} + \dfrac{\mathrm{d}\psi_{\mathrm{a}}}{\mathrm{d}t} \\[2mm] u_{\mathrm{b}} = i_{\mathrm{b}}R_{\mathrm{r}} + \dfrac{\mathrm{d}\psi_{\mathrm{b}}}{\mathrm{d}t} \\[2mm] u_{\mathrm{c}} = i_{\mathrm{c}}R_{\mathrm{r}} + \dfrac{\mathrm{d}\psi_{\mathrm{c}}}{\mathrm{d}t} \end{array}\right\} \tag{7-11}$$

式中　u_{A}, u_{B}, u_{C}, u_{a}, u_{b}, u_{c}——定子和转子相电压的瞬时值;

　　　　R_{s}, R_{r}——定子和转子绕组电阻。

将电压方程写成矩阵形式

$$\begin{bmatrix} u_{\mathrm{A}} \\ u_{\mathrm{B}} \\ u_{\mathrm{C}} \\ u_{\mathrm{a}} \\ u_{\mathrm{b}} \\ u_{\mathrm{c}} \end{bmatrix} = \begin{bmatrix} R_{\mathrm{s}} & 0 & 0 & 0 & 0 & 0 \\ 0 & R_{\mathrm{s}} & 0 & 0 & 0 & 0 \\ 0 & 0 & R_{\mathrm{s}} & 0 & 0 & 0 \\ 0 & 0 & 0 & R_{\mathrm{r}} & 0 & 0 \\ 0 & 0 & 0 & 0 & R_{\mathrm{r}} & 0 \\ 0 & 0 & 0 & 0 & 0 & R_{\mathrm{r}} \end{bmatrix} \begin{bmatrix} i_{\mathrm{A}} \\ i_{\mathrm{B}} \\ i_{\mathrm{C}} \\ i_{\mathrm{a}} \\ i_{\mathrm{b}} \\ i_{\mathrm{c}} \end{bmatrix} + \frac{\mathrm{d}}{\mathrm{d}t} \begin{bmatrix} \psi_{\mathrm{A}} \\ \psi_{\mathrm{B}} \\ \psi_{\mathrm{C}} \\ \psi_{\mathrm{a}} \\ \psi_{\mathrm{b}} \\ \psi_{\mathrm{c}} \end{bmatrix} \tag{7-12a}$$

或写成

$$\boldsymbol{u} = \boldsymbol{R}\boldsymbol{i} + \frac{\mathrm{d}\boldsymbol{\psi}}{\mathrm{d}t} \tag{7-12b}$$

如果把磁链方程代入电压方程,得展开后的电压方程为

$$\boldsymbol{u} = \boldsymbol{R}\boldsymbol{i} + \frac{\mathrm{d}}{\mathrm{d}t}(\boldsymbol{L}\boldsymbol{i}) = \boldsymbol{R}\boldsymbol{i} + \boldsymbol{L}\frac{\mathrm{d}\boldsymbol{i}}{\mathrm{d}t} + \frac{\mathrm{d}\boldsymbol{L}}{\mathrm{d}t}\boldsymbol{i}$$

$$= \boldsymbol{R}\boldsymbol{i} + \boldsymbol{L}\frac{\mathrm{d}\boldsymbol{i}}{\mathrm{d}t} + \frac{\mathrm{d}\boldsymbol{L}}{\mathrm{d}\theta}\omega\boldsymbol{i} \tag{7-13}$$

式中　$\boldsymbol{L}\dfrac{\mathrm{d}\boldsymbol{i}}{\mathrm{d}t}$——由于电流变化引起的脉变电动势(或称变压器电动势);

　　　$\dfrac{\mathrm{d}\boldsymbol{L}}{\mathrm{d}\theta}\omega\boldsymbol{i}$——由于定、转子相对位置变化产生的与转速 ω 成正比的旋转电动势。

3. 转矩方程

根据机电能量转换原理,在线性电感的条件下,磁场的储能 W_{m} 和磁共能 W'_{m} 为

$$W_{\mathrm{m}} = W'_{\mathrm{m}} = \frac{1}{2}\boldsymbol{i}^{\mathrm{T}}\boldsymbol{\psi} = \frac{1}{2}\boldsymbol{i}^{\mathrm{T}}\boldsymbol{L}\boldsymbol{i} \tag{7-14}$$

电磁转矩等于机械角位移变化时磁共能的变化率 $\dfrac{\partial W'_{\mathrm{m}}}{\partial \theta_{\mathrm{m}}}$ (电流约束为常值)[8],机械角位移

159

$\theta_{\mathrm{m}} = \dfrac{\theta}{n_{\mathrm{p}}}$，于是

$$T_{\mathrm{e}} = \left.\frac{\partial W'_{\mathrm{m}}}{\partial \theta_{\mathrm{m}}}\right|_{i = 常数} = n_{\mathrm{p}} \left.\frac{\partial W'_{\mathrm{m}}}{\partial \theta}\right|_{i = 常数} \tag{7-15}$$

将式（7-14）代入式（7-15），并考虑到电感的分块矩阵关系式，得

$$T_{\mathrm{e}} = \frac{1}{2} n_{\mathrm{p}} \boldsymbol{i}^{\mathrm{T}} \frac{\partial \boldsymbol{L}}{\partial \theta} \boldsymbol{i} = \frac{1}{2} n_{\mathrm{p}} \boldsymbol{i}^{\mathrm{T}} \begin{bmatrix} 0 & \dfrac{\partial \boldsymbol{L}_{\mathrm{sr}}}{\partial \theta} \\ \dfrac{\partial \boldsymbol{L}_{\mathrm{rs}}}{\partial \theta} & 0 \end{bmatrix} \boldsymbol{i} \tag{7-16}$$

又考虑到 $\boldsymbol{i}^{\mathrm{T}} = \begin{bmatrix} \boldsymbol{i}_{\mathrm{s}}^{\mathrm{T}} & \boldsymbol{i}_{\mathrm{r}}^{\mathrm{T}} \end{bmatrix} = \begin{bmatrix} i_{\mathrm{A}} & i_{\mathrm{B}} & i_{\mathrm{C}} & i_{\mathrm{a}} & i_{\mathrm{b}} & i_{\mathrm{c}} \end{bmatrix}$，代入式（7-16）得

$$T_{\mathrm{e}} = \frac{1}{2} n_{\mathrm{p}} \left[\boldsymbol{i}_{\mathrm{r}}^{\mathrm{T}} \frac{\partial \boldsymbol{L}_{\mathrm{rs}}}{\partial \theta} \boldsymbol{i}_{\mathrm{s}} + \boldsymbol{i}_{\mathrm{s}}^{\mathrm{T}} \frac{\partial \boldsymbol{L}_{\mathrm{sr}}}{\partial \theta} \boldsymbol{i}_{\mathrm{r}} \right] \tag{7-17}$$

将式（7-9）代入式（7-17）并展开后，得

$$T_{\mathrm{e}} = -n_{\mathrm{p}} L_{\mathrm{ms}} \left[(i_{\mathrm{A}} i_{\mathrm{a}} + i_{\mathrm{B}} i_{\mathrm{b}} + i_{\mathrm{C}} i_{\mathrm{c}}) \sin\theta + (i_{\mathrm{A}} i_{\mathrm{b}} + i_{\mathrm{B}} i_{\mathrm{c}} + i_{\mathrm{C}} i_{\mathrm{a}}) \sin\left(\theta + \frac{2}{3}\pi\right) \right.$$
$$\left. + (i_{\mathrm{A}} i_{\mathrm{c}} + i_{\mathrm{B}} i_{\mathrm{a}} + i_{\mathrm{C}} i_{\mathrm{b}}) \sin\left(\theta - \frac{2}{3}\pi\right) \right] \tag{7-18}$$

4. 运动方程

运动控制系统的运动方程式为

$$\frac{J}{n_{\mathrm{p}}} \frac{\mathrm{d}\omega}{\mathrm{d}t} = T_{\mathrm{e}} - T_{\mathrm{L}} \tag{7-19}$$

式中　J——机组的转动惯量；

　　T_{L}——包括摩擦阻转矩的负载转矩。

转角方程为

$$\frac{\mathrm{d}\theta}{\mathrm{d}t} = \omega \tag{7-20}$$

上述的异步电动机动态模型是在线性磁路、磁动势在空间按正弦分布的假定条件下得出来的，对定子、转子电压和电流未作任何假定，因此，该动态模型完全可以用来分析含有电压、电流谐波的三相异步电动机调速系统的动态过程。

7.2.2　异步电动机三相原始模型的性质

1. 异步电动机三相原始模型的非线性强耦合性

从 7.2.1 节分析的异步电动机三相动态模型可见，非线性耦合在电压方程、磁链方程与转矩方程中都有体现。既存在定子和转子间的耦合，也存在三相绕组间的交叉耦合。旋转电动势和电磁转矩中都包含变量之间的乘积，这是非线性的基本因素，由于定转子间的相对运动，导致其夹角 θ 不断变化，使得互感矩阵 $\boldsymbol{L}_{\mathrm{sr}}$ 和 $\boldsymbol{L}_{\mathrm{rs}}$ 均为非线性变参数矩阵。所有这些，都使异步电动机成为高阶、非线性、强耦合的多变量系统。

2. 异步电动机三相原始模型的非独立性

假定异步电动机三相绕组为无中性线 丫 联结，若为 △ 联结，可等效为 丫 联结。则定子和转子三相电流代数和

$$\left.\begin{array}{l} i_{\mathrm{A}} + i_{\mathrm{B}} + i_{\mathrm{C}} = 0 \\ i_{\mathrm{a}} + i_{\mathrm{b}} + i_{\mathrm{c}} = 0 \end{array}\right\} \tag{7-21}$$

由式（7-6）可得

$$
\begin{bmatrix} \psi_A \\ \psi_B \\ \psi_C \end{bmatrix} = \boldsymbol{L}_{ss} \begin{bmatrix} i_A \\ i_B \\ i_C \end{bmatrix} + \boldsymbol{L}_{sr} \begin{bmatrix} i_a \\ i_b \\ i_c \end{bmatrix}
$$

将式（7-7）和式（7-8）代入，并把矩阵展开后的所有元相加，可以证明三相定子磁链代数和为

$$\psi_A + \psi_B + \psi_C = 0 \tag{7-22}$$

再由电压方程式（7-10）可知三相定子电压代数和为

$$u_A + u_B + u_C = R_s(i_A + i_B + i_C) + \frac{\mathrm{d}}{\mathrm{d}t}(\psi_A + \psi_B + \psi_C) = 0 \tag{7-23}$$

因此，异步电动机三相数学模型中存在一定的约束条件

$$\left. \begin{array}{l} \psi_A + \psi_B + \psi_C = 0 \\ i_A + i_B + i_C = 0 \\ u_A + u_B + u_C = 0 \end{array} \right\} \tag{7-24}$$

同理转子绕组也存在相应的约束条件

$$\left. \begin{array}{l} \psi_a + \psi_b + \psi_c = 0 \\ i_a + i_b + i_c = 0 \\ u_a + u_b + u_c = 0 \end{array} \right\} \tag{7-25}$$

以上分析表明，对于无中性线丫／丫联结绕组的电动机，三相变量中只有两相是独立的，因此三相原始数学模型并不是物理对象最简洁的描述，完全可以而且也有必要用两相模型代替。

7.3 坐标变换

异步电动机三相原始动态模型相当复杂，分析和求解这组非线性方程组十分困难。在实际应用中必须予以简化，简化的基本方法就是坐标变换。异步电动机数学模型之所以复杂，关键是因为有一个复杂的电感矩阵和转矩方程，它们体现了异步电动机的电磁耦合和能量转换的复杂关系。因此，要简化数学模型，需从电磁耦合关系入手。

坐标变换的基本思路和基本原则

7.3.1 坐标变换的基本思路

直流电动机的数学模型比较简单，先看看直流电动机的磁链关系。图 7-2 中绘出了二极直流电动机的物理模型，图中 F 为励磁绕组，A 为电枢绕组，C 为补偿绕组。F 和 C 都在定子上，只有 A 是在转子上。把 F 的轴线称作直轴或 d 轴（direct axis），主磁通 Φ 的方向就是沿着 d 轴的；A 和 C 的轴线则称为交轴或 q 轴（quadrature axis）。虽然电枢本身是旋转的，但其绕组通过换向器电刷接到端接板上，电刷将闭合的电枢绕组分成两条支路。当一条支路中的导线经过正电刷归

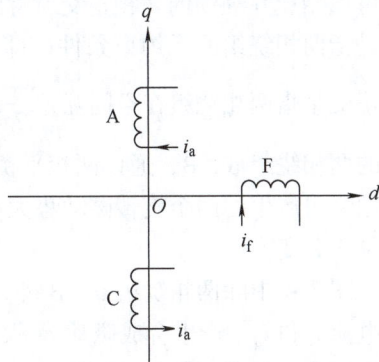

图 7-2 二极直流电动机的物理模型
F—励磁绕组 A—电枢绕组 C—补偿绕组

入另一条支路中时，在负电刷下又有一根导线补回来。这样，电刷两侧每条支路中导线的电流方向总是相同的，因此，当电刷位于磁极的中性线上时，电枢磁动势的轴线始终被电刷限定在 q 轴位置上，其效果好像一个在 q 轴上静止的绕组一样。但它实际上是旋转的，会切割 d 轴的磁通而产生旋转电动势，这又和真正静止的绕组不同，通常把这种等效的静止绕组称作"伪静止绕组"（pseudo-stationary coils）。电枢磁动势的作用可以用补偿绕组磁动势抵消，或者由于其作用方向与 d 轴垂直而对主磁通影响甚微，所以直流电动机的主磁通基本上由励磁绕组的励磁电流决定，这是直流电动机的数学模型及其控制系统比较简单的根本原因。

如果能将交流电动机的物理模型（见图 7-1）等效地变换成类似直流电动机的模型，分析和控制就可以大大简化。坐标变换正是按照这条思路进行的。在这里，不同坐标系中电动机模型等效的原则是：在不同坐标下绕组所产生的合成磁动势相等。

众所周知，在交流电动机三相对称的静止绕组 A、B、C 中，通以三相平衡的正弦电流 i_A、i_B、i_C 时，所产生的合成磁动势是旋转磁动势 F，它在空间呈正弦分布，以同步转速 ω_1（即电流的角频率）顺着 A—B—C 的相序旋转，如图 7-3 所示。

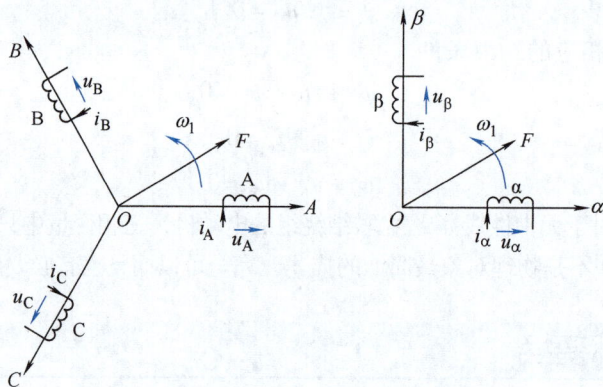

图 7-3　三相坐标系和两相坐标系物理模型

然而，旋转磁动势并不一定非要三相不可，除单相以外，二相、三相、四相……任意对称的多相绕组，通入平衡的多相电流，都能产生旋转磁动势，当然以两相最为简单。此外，在没有零线时，三相变量中只有两相为独立变量，完全可以也应该消去一相。所以，三相绕组可以用相互独立的两相正交对称绕组等效代替，等效的原则是产生的磁动势相等。所谓独立是指两相绕组间无约束条件，即不存在与式（7-24）和式（7-25）类似的约束条件。所谓正交是指两相绕组在空间互差 $\dfrac{\pi}{2}$，所谓对称是指两相绕组的匝数和阻值相等。图 7-3 中绘出的两相绕组 α、β，通以两相平衡交流电流 i_α 和 i_β，也能产生旋转磁动势。当三相绕组和两相绕组产生的两个旋转磁动势大小和转速都相等时，即认为两相绕组与三相绕组等效，这就是 3/2 变换。

图 7-4 中除两相绕组 α、β 外，还绘出两个匝数相等相互正交的绕组 d、q，分别通以直流电流 i_d 和 i_q，产生合成磁动势 F，其位置相对于绕组来说是固定的。如果人为地让包含两个绕组在内的整个铁心以同步转速旋转，则磁动势 F 自然也随之旋转起来，成为旋转磁动势。如果这个旋转磁动势的大小和转速与固定的交流绕组产生的旋转磁动势相等，那么这套旋转的直流绕组也就和前面两套固定的交流绕组都等效了。当观察者也站到铁心上和绕组一

起旋转时，在他看来，d 和 q 是两个通入直流而相互垂直的静止绕组。如果控制磁通的空间位置在 d 轴上，就和图 7-2 的直流电动机物理模型没有本质上的区别了。这时，绕组 d 相当于励磁绕组，q 相当于伪静止的电枢绕组。

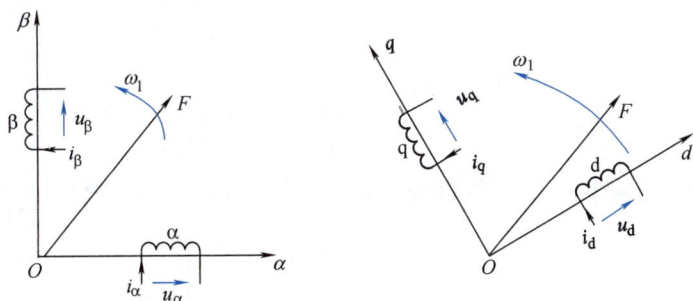

图 7-4　静止两相正交坐标系和旋转正交坐标系的物理模型

由此可见，以产生同样的旋转磁动势为准则，三相交流绕组、两相交流绕组和旋转的直流绕组彼此等效。或者说，在三相坐标系下的 i_A、i_B、i_C 和在两相坐标系下的 i_α、i_β 以及在旋转正交坐标系下的直流 i_d、i_q 产生的旋转磁动势相等。有意思的是，就图 7-4 中的 d、q 两个绕组而言，当观察者站在地面看上去，它们是与三相交流绕组等效的旋转直流绕组；如果跳到旋转着的铁心上看，它们就的的确确是一个直流电动机的物理模型了。这样，通过坐标系的变换，可以找到与交流三相绕组等效的直流电动机模型。现在的问题是，如何求出 i_A、i_B、i_C 与 i_α、i_β 和 i_d、i_q 之间准确的等效关系，这就是坐标变换的任务。

7.3.2　三相-两相变换（3/2 变换）

三相绕组 A、B、C 和两相绕组 α、β 之间的变换，称作三相坐标系和两相正交坐标系间的变换，简称 3/2 变换。

图 7-5 绘出了 ABC 和 $\alpha\beta$ 两个坐标系中的磁动势矢量，将两个坐标系原点重合，并使 A 轴和 α 轴重合。设三相绕组每相有效匝数为 N_3，两相绕组每相有效匝数为 N_2，各相磁动势为有效匝数与电流的乘积，其空间矢量均位于相关的坐标轴上。

按照磁动势相等的等效原则，三相合成磁动势与两相合成磁动势相等，故两套绕组磁动势在 α、β 轴上的投影都应相等。因此

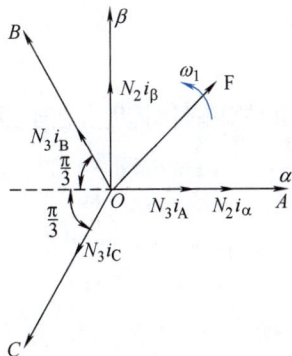

图 7-5　三相坐标系和两相正交坐标系中的磁动势矢量

$$N_2 i_\alpha = N_3 i_A - N_3 i_B \cos\frac{\pi}{3} - N_3 i_C \cos\frac{\pi}{3} = N_3\left(i_A - \frac{1}{2}i_B - \frac{1}{2}i_C\right)$$

$$N_2 i_\beta = N_3 i_B \sin\frac{\pi}{3} - N_3 i_C \sin\frac{\pi}{3} = \frac{\sqrt{3}}{2}N_3(i_B - i_C)$$

写成矩阵形式，得

$$\begin{bmatrix} i_\alpha \\ i_\beta \end{bmatrix} = \frac{N_3}{N_2}\begin{bmatrix} 1 & -\dfrac{1}{2} & -\dfrac{1}{2} \\ 0 & \dfrac{\sqrt{3}}{2} & -\dfrac{\sqrt{3}}{2} \end{bmatrix}\begin{bmatrix} i_A \\ i_B \\ i_C \end{bmatrix} \qquad (7-26)$$

按照变换前后总功率不变，可以证明，匝数比为

$$\frac{N_3}{N_2} = \sqrt{\frac{2}{3}}$$

(7-27)

代入式（7-26），得

$$\begin{bmatrix} i_\alpha \\ i_\beta \end{bmatrix} = \sqrt{\frac{2}{3}} \begin{bmatrix} 1 & -\dfrac{1}{2} & -\dfrac{1}{2} \\ 0 & \dfrac{\sqrt{3}}{2} & -\dfrac{\sqrt{3}}{2} \end{bmatrix} \begin{bmatrix} i_A \\ i_B \\ i_C \end{bmatrix}$$

(7-28)

令 $C_{3/2}$ 表示从三相坐标系变换到两相正交坐标系的变换矩阵，则

$$C_{3/2} = \sqrt{\frac{2}{3}} \begin{bmatrix} 1 & -\dfrac{1}{2} & -\dfrac{1}{2} \\ 0 & \dfrac{\sqrt{3}}{2} & -\dfrac{\sqrt{3}}{2} \end{bmatrix}$$

(7-29)

利用 $i_A + i_B + i_C = 0$ 的约束条件，将式（7-28）扩展为

$$\begin{bmatrix} i_\alpha \\ i_\beta \\ 0 \end{bmatrix} = \sqrt{\frac{2}{3}} \begin{bmatrix} 1 & -\dfrac{1}{2} & -\dfrac{1}{2} \\ 0 & \dfrac{\sqrt{3}}{2} & -\dfrac{\sqrt{3}}{2} \\ \dfrac{1}{\sqrt{2}} & \dfrac{1}{\sqrt{2}} & \dfrac{1}{\sqrt{2}} \end{bmatrix} \begin{bmatrix} i_A \\ i_B \\ i_C \end{bmatrix}$$

(7-30)

式（7-30）第三行的元素取作 $\dfrac{1}{\sqrt{2}}$，使相应的变换矩阵

$$\sqrt{\frac{2}{3}} \begin{bmatrix} 1 & -\dfrac{1}{2} & -\dfrac{1}{2} \\ 0 & \dfrac{\sqrt{3}}{2} & -\dfrac{\sqrt{3}}{2} \\ \dfrac{1}{\sqrt{2}} & \dfrac{1}{\sqrt{2}} & \dfrac{1}{\sqrt{2}} \end{bmatrix}$$

为正交矩阵，其优点在于逆矩阵等于矩阵的转置。由式（7-30）求得逆变换

$$\begin{bmatrix} i_A \\ i_B \\ i_C \end{bmatrix} = \sqrt{\frac{2}{3}} \begin{bmatrix} 1 & 0 & \dfrac{1}{\sqrt{2}} \\ -\dfrac{1}{2} & \dfrac{\sqrt{3}}{2} & \dfrac{1}{\sqrt{2}} \\ -\dfrac{1}{2} & -\dfrac{\sqrt{3}}{2} & \dfrac{1}{\sqrt{2}} \end{bmatrix} \begin{bmatrix} i_\alpha \\ i_\beta \\ 0 \end{bmatrix}$$

(7-31)

再除去第三列，即得两相正交坐标系变换到三相坐标系（简称 2/3 变换）的变换矩阵

$$C_{2/3} = \sqrt{\frac{2}{3}} \begin{bmatrix} 1 & 0 \\ -\dfrac{1}{2} & \dfrac{\sqrt{3}}{2} \\ -\dfrac{1}{2} & -\dfrac{\sqrt{3}}{2} \end{bmatrix}$$

(7-32)

考虑到 $i_A + i_B + i_C = 0$，代入式（7-28）并整理后得

$$\begin{bmatrix} i_\alpha \\ i_\beta \end{bmatrix} = \begin{bmatrix} \sqrt{\dfrac{3}{2}} & 0 \\ \dfrac{1}{\sqrt{2}} & \sqrt{2} \end{bmatrix} \begin{bmatrix} i_A \\ i_B \end{bmatrix} \tag{7-33}$$

相应的逆变换

$$\begin{bmatrix} i_A \\ i_B \end{bmatrix} = \begin{bmatrix} \sqrt{\dfrac{2}{3}} & 0 \\ -\dfrac{1}{\sqrt{6}} & \dfrac{1}{\sqrt{2}} \end{bmatrix} \begin{bmatrix} i_\alpha \\ i_\beta \end{bmatrix} \tag{7-34}$$

以上只推导了电流变换阵，在前述条件下，电压变换阵和磁链变换阵与电流变换阵相同，读者可自行推导。

7.3.3 静止两相-旋转正交变换 （2s/2r 变换）

从静止两相正交坐标系 $\alpha\beta$ 到旋转正交坐标系 dq 的变换，称作静止两相-旋转正交变换，简称 2s/2r 变换，其中 s 表示静止，r 表示旋转，变换的原则同样是产生的磁动势相等。

图 7-6 中绘出了 $\alpha\beta$ 和 dq 坐标系中的磁动势矢量，绕组每相有效匝数均为 N_2，磁动势矢量位于相关的坐标轴上。两相交流电流 i_α、i_β 和两个直流电流 i_d、i_q 产生同样的以角速度 ω_1 旋转的合成磁动势 $\boldsymbol{F}$。

由图 7-6 可见，i_α、i_β 和 i_d、i_q 之间存在下列关系：

$$\left. \begin{array}{l} i_d = i_\alpha \cos\varphi + i_\beta \sin\varphi \\ i_q = -i_\alpha \sin\varphi + i_\beta \cos\varphi \end{array} \right\} \tag{7-35}$$

写成矩阵形式，得

$$\begin{bmatrix} i_d \\ i_q \end{bmatrix} = \begin{bmatrix} \cos\varphi & \sin\varphi \\ -\sin\varphi & \cos\varphi \end{bmatrix} \begin{bmatrix} i_\alpha \\ i_\beta \end{bmatrix} = \boldsymbol{C}_{2s/2r} \begin{bmatrix} i_\alpha \\ i_\beta \end{bmatrix} \tag{7-36}$$

图 7-6 静止两相正交坐标系和旋转正交坐标系中的磁动势矢量

因此，静止两相正交坐标系到旋转正交坐标系的变换阵为

$$\boldsymbol{C}_{2s/2r} = \begin{bmatrix} \cos\varphi & \sin\varphi \\ -\sin\varphi & \cos\varphi \end{bmatrix} \tag{7-37}$$

则旋转正交坐标系到静止两相正交坐标系的变换阵是

$$\boldsymbol{C}_{2r/2s} = \begin{bmatrix} \cos\varphi & -\sin\varphi \\ \sin\varphi & \cos\varphi \end{bmatrix} \tag{7-38}$$

即

$$\begin{bmatrix} i_\alpha \\ i_\beta \end{bmatrix} = \begin{bmatrix} \cos\varphi & -\sin\varphi \\ \sin\varphi & \cos\varphi \end{bmatrix} \begin{bmatrix} i_d \\ i_q \end{bmatrix} \tag{7-39}$$

电压和磁链的旋转变换阵与电流旋转变换阵相同。

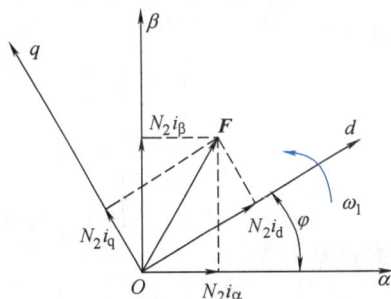

7.4 异步电动机在正交坐标系上的动态数学模型

异步电动机三相原始模型相当复杂，通过坐标变换能够简化数学模型，便于进行分析和

计算。按照从特殊到一般，首先推导静止两相正交坐标系中的数学模型，然后推广到旋转正交坐标系。由于运动方程不随坐标变换而变化，故仅讨论电压方程、磁链方程和转矩方程。在以下论述中，下标 s 表示定子，下标 r 表示转子。

7.4.1 静止两相正交坐标系中的动态数学模型

异步电动机定子绕组是静止的，只要进行 3/2 变换就行了，而转子绕组是旋转的，必须通过 3/2 变换和旋转到静止的变换，才能变换到静止两相正交坐标系。

1. 定子绕组和转子绕组的 3/2 变换

对静止的定子三相绕组和旋转的转子三相绕组进行相同的 3/2 变换，变换后的定子两相正交坐标系 $\alpha\beta$ 静止，而转子两相正交坐标系 $\alpha'\beta'$ 则以 ω 的角速度逆时针旋转，如图 7-7b 所示，相应的数学模型如下：

电压方程

$$
\begin{bmatrix} u_{s\alpha} \\ u_{s\beta} \\ u_{r\alpha'} \\ u_{r\beta'} \end{bmatrix} = \begin{bmatrix} R_s & 0 & 0 & 0 \\ 0 & R_s & 0 & 0 \\ 0 & 0 & R_r & 0 \\ 0 & 0 & 0 & R_r \end{bmatrix} \begin{bmatrix} i_{s\alpha} \\ i_{s\beta} \\ i_{r\alpha'} \\ i_{r\beta'} \end{bmatrix} + \frac{\mathrm{d}}{\mathrm{d}t} \begin{bmatrix} \psi_{s\alpha} \\ \psi_{s\beta} \\ \psi_{r\alpha'} \\ \psi_{r\beta'} \end{bmatrix} \tag{7-40}
$$

磁链方程

$$
\begin{bmatrix} \psi_{s\alpha} \\ \psi_{s\beta} \\ \psi_{r\alpha'} \\ \psi_{r\beta'} \end{bmatrix} = \begin{bmatrix} L_s & 0 & L_m\cos\theta & -L_m\sin\theta \\ 0 & L_s & L_m\sin\theta & L_m\cos\theta \\ L_m\cos\theta & L_m\sin\theta & L_r & 0 \\ -L_m\sin\theta & L_m\cos\theta & 0 & L_r \end{bmatrix} \begin{bmatrix} i_{s\alpha} \\ i_{s\beta} \\ i_{r\alpha'} \\ i_{r\beta'} \end{bmatrix} \tag{7-41}
$$

转矩方程

$$
T_e = -n_p L_m \left[(i_{s\alpha} i_{r\alpha'} + i_{s\beta} i_{r\beta'})\sin\theta + (i_{s\alpha} i_{r\beta'} - i_{s\beta} i_{r\alpha'})\cos\theta \right] \tag{7-42}
$$

式中　L_m——定子与转子同轴等效绕组间的互感，$L_m = \dfrac{3}{2}L_{ms}$；

$\quad\quad L_s$——定子等效两相绕组的自感，$L_s = \dfrac{3}{2}L_{ms} + L_{ls} = L_m + L_{ls}$；

$\quad\quad L_r$——转子等效两相绕组的自感，$L_r = \dfrac{3}{2}L_{ms} + L_{lr} = L_m + L_{lr}$。

3/2 变换将按 $\dfrac{2\pi}{3}$ 分布的三相绕组等效为互相垂直的两相绕组，从而消除了定子三相绕组、转子三相绕组间的相互耦合。但定子绕组与转子绕组间仍存在相对运动，因而定、转子绕组互感阵仍是非线性的变参数阵。输出转矩仍是定子、转子电流及其定子、转子夹角 θ 的函数。与三相原始模型相比，3/2 变换减少了状态变量的维数，简化了定子和转子的自感矩阵。

2. 静止两相正交坐标系中的矩阵方程

对图 7-7b 所示的转子坐标系 $\alpha'\beta'$ 做旋转变换（旋转正交坐标系到静止两相正交坐标系的变换），即将 $\alpha'\beta'$ 坐标系顺时针旋转 θ 角，使其与定子 $\alpha\beta$ 坐标系重合，且保持静止，即用静止的两相转子正交绕组等效代替原先转动的两相绕组，如图 7-7c 所示。

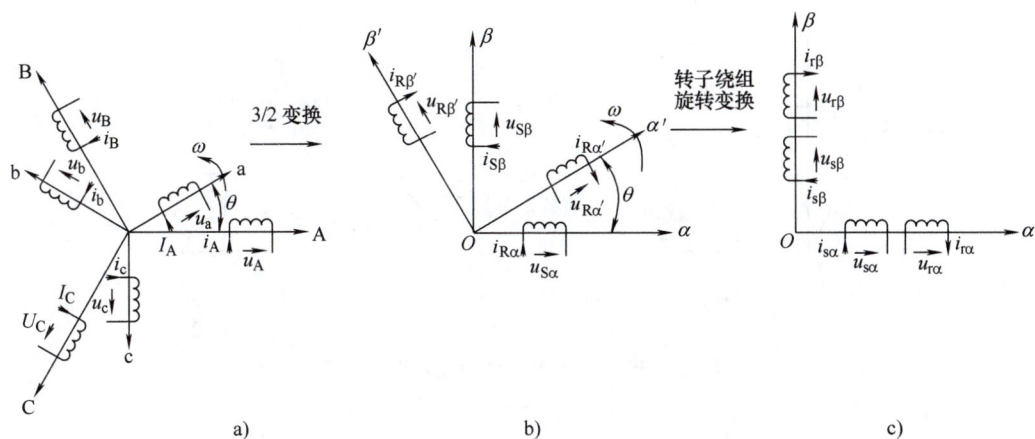

图7-7　三相坐标系到定子 αβ、转子 α′β′坐标系到静止两相正交坐标系的变换

a）三相坐标系　b）定子 αβ、转子 α′β′坐标系　c）静止两相正交坐标系

旋转变换阵为

$$C_{2r/2s}(\theta) = \begin{bmatrix} \cos\theta & -\sin\theta \\ \sin\theta & \cos\theta \end{bmatrix} \tag{7-43}$$

变换后的电压方程为

$$\begin{bmatrix} u_{s\alpha} \\ u_{s\beta} \\ u_{r\alpha} \\ u_{r\beta} \end{bmatrix} = \begin{bmatrix} R_s & 0 & 0 & 0 \\ 0 & R_s & 0 & 0 \\ 0 & 0 & R_r & 0 \\ 0 & 0 & 0 & R_r \end{bmatrix} \begin{bmatrix} i_{s\alpha} \\ i_{s\beta} \\ i_{r\alpha} \\ i_{r\beta} \end{bmatrix} + \frac{d}{dt}\begin{bmatrix} \psi_{s\alpha} \\ \psi_{s\beta} \\ \psi_{r\alpha} \\ \psi_{r\beta} \end{bmatrix} + \begin{bmatrix} 0 \\ 0 \\ \omega\psi_{r\beta} \\ -\omega\psi_{r\alpha} \end{bmatrix} \tag{7-44}$$

磁链方程为

$$\begin{bmatrix} \psi_{s\alpha} \\ \psi_{s\beta} \\ \psi_{r\alpha} \\ \psi_{r\beta} \end{bmatrix} = \begin{bmatrix} L_s & 0 & L_m & 0 \\ 0 & L_s & 0 & L_m \\ L_m & 0 & L_r & 0 \\ 0 & L_m & 0 & L_r \end{bmatrix} \begin{bmatrix} i_{s\alpha} \\ i_{s\beta} \\ i_{r\alpha} \\ i_{r\beta} \end{bmatrix} \tag{7-45}$$

转矩方程为

$$T_e = n_p L_m (i_{s\beta} i_{r\alpha} - i_{s\alpha} i_{r\beta}) \tag{7-46}$$

旋转变换改变了定子、转子绕组间的耦合关系，将相对运动的定子、转子绕组用相对静止的等效绕组来代替，从而消除了定子、转子绕组间夹角 θ 对磁链和转矩的影响。旋转变换的优点在于将非线性变参数的磁链方程转化为线性定常的方程，但却加剧了电压方程中的非线性耦合程度，将矛盾从磁链方程转移到电压方程中来了，并没有改变对象的非线性耦合性质。

7.4.2　旋转正交坐标系中的动态数学模型

以上讨论了将相对于定子旋转的转子坐标系 α′β′做旋转变换，得到统一正交坐标系 αβ，这只是旋转变换的一个特例。更广义的坐标旋转变换是对定子坐标系 αβ 和转子坐标系 α′β′同时施行旋转变换，把它们变换到同一个旋转正交坐标系 dq 上，dq 相对于定子的旋转角速

度为 ω_1，如图 7-8 所示。

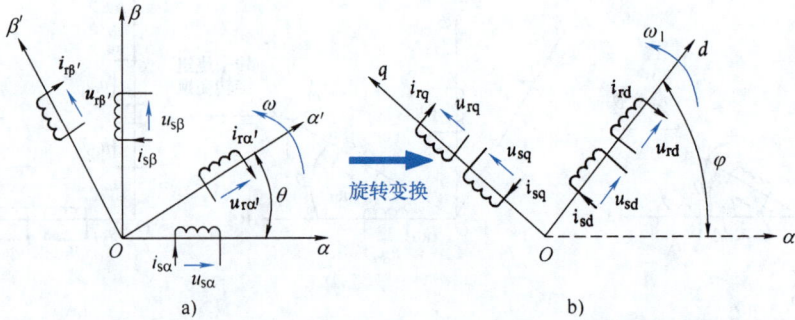

图 7-8　定子 $\alpha\beta$、转子 $\alpha'\beta'$ 坐标系到旋转正交坐标系的变换

a）定子 $\alpha\beta$、转子 $\alpha'\beta'$ 坐标系　b）旋转正交坐标系

定子旋转变换阵为

$$C_{2s/2r}(\varphi) = \begin{bmatrix} \cos\varphi & \sin\varphi \\ -\sin\varphi & \cos\varphi \end{bmatrix} \tag{7-47}$$

转子旋转变换阵为

$$C_{2r/2r}(\varphi-\theta) = \begin{bmatrix} \cos(\varphi-\theta) & \sin(\varphi-\theta) \\ -\sin(\varphi-\theta) & \cos(\varphi-\theta) \end{bmatrix} \tag{7-48}$$

旋转正交坐标系中的异步电动机的电压方程为

$$\begin{bmatrix} u_{sd} \\ u_{sq} \\ u_{rd} \\ u_{rq} \end{bmatrix} = \begin{bmatrix} R_s & 0 & 0 & 0 \\ 0 & R_s & 0 & 0 \\ 0 & 0 & R_r & 0 \\ 0 & 0 & 0 & R_r \end{bmatrix} \begin{bmatrix} i_{sd} \\ i_{sq} \\ i_{rd} \\ i_{rq} \end{bmatrix} + \frac{d}{dt} \begin{bmatrix} \psi_{sd} \\ \psi_{sq} \\ \psi_{rd} \\ \psi_{rq} \end{bmatrix} + \begin{bmatrix} -\omega_1\psi_{sq} \\ \omega_1\psi_{sd} \\ -(\omega_1-\omega)\psi_{rq} \\ (\omega_1-\omega)\psi_{rd} \end{bmatrix} \tag{7-49}$$

磁链方程为

$$\begin{bmatrix} \psi_{sd} \\ \psi_{sq} \\ \psi_{rd} \\ \psi_{rq} \end{bmatrix} = \begin{bmatrix} L_s & 0 & L_m & 0 \\ 0 & L_s & 0 & L_m \\ L_m & 0 & L_r & 0 \\ 0 & L_m & 0 & L_r \end{bmatrix} \begin{bmatrix} i_{sd} \\ i_{sq} \\ i_{rd} \\ i_{rq} \end{bmatrix} \tag{7-50}$$

转矩方程为

$$T_e = n_p L_m (i_{sq} i_{rd} - i_{sd} i_{rq}) \tag{7-51}$$

旋转变换是用旋转的绕组代替原来静止的定子绕组，并使等效的转子绕组与等效的定子绕组重合，且保持严格同步，等效后定子、转子绕组间不存在相对运动，故旋转正交坐标系中的磁链方程和转矩方程与静止两相正交坐标系中相同，仅下标发生变化。两相旋转正交坐标系的电压方程中旋转电动势非线性耦合作用更为严重，这是因为不仅对转子绕组进行了旋转变换，对定子绕组也进行了相应的旋转变换。

从表面上看来，旋转正交坐标系（dq 坐标系）中的数学模型还不如静止两相正交坐标系（$\alpha\beta$ 坐标系）中的简单，实际上旋转正交坐标系的优点在于增加了一个输入量 ω_1，提高了系统控制的自由度，磁场定向控制就是通过选择 ω_1 而实现的。旋转速度任意的正交坐标系无实际使用意义，常用的是同步旋转坐标系，将绕组中的交流量变为直流量，以便模拟直流电动机进行控制。如果令旋转正交坐标系的旋转速度 $\omega_1 = 0$，则旋转正交坐标系蜕化为静止两相正交坐标系，所以说，静止两相正交坐标系是两相旋转正交坐标系的特例。

7.5　异步电动机在正交坐标系上的状态方程

以上讨论了用矩阵方程表示的异步电动机动态数学模型，其中既有微分方程（电压方程与运动方程），又有代数方程（磁链方程和转矩方程），下面以正交旋转坐标系（以下简称 dq 坐标系）为例，讨论用状态方程描述的动态数学模型，然后，推广到静止两相正交坐标系（以下简称 $\alpha\beta$ 坐标系）。

7.5.1　状态变量的选取

旋转正交坐标系上的异步电动机具有四阶电压方程和一阶运动方程，因此需选取五个状态变量。可选的状态变量共有九个，这九个变量分为五组：①转速 ω；②定子电流 i_{sd} 和 i_{sq}；③转子电流 i_{rd} 和 i_{rq}；④定子磁链 ψ_{sd} 和 ψ_{sq}；⑤转子磁链 ψ_{rd} 和 ψ_{rq}。

转速作为输出变量必须选取，其余的四组变量可以任意选取两组，定子电流可以直接检测，应当选为状态变量，剩下的三组均不可直接检测或检测十分困难，考虑到磁链对电动机的运行很重要，可以在定子磁链和转子磁链中任选一组。

7.5.2　以 ω-i_s-ψ_r 为状态变量的状态方程

1. dq 坐标系中的状态方程

选取状态变量

$$X = \begin{bmatrix} \omega & \psi_{rd} & \psi_{rq} & i_{sd} & i_{sq} \end{bmatrix}^{\mathrm{T}} \tag{7-52}$$

输入变量

$$U = \begin{bmatrix} u_{sd} & u_{sq} & \omega_1 & T_L \end{bmatrix}^{\mathrm{T}} \tag{7-53}$$

输出变量

$$Y = \begin{bmatrix} \omega & \psi_r \end{bmatrix}^{\mathrm{T}} \tag{7-54}$$

dq 坐标系中的磁链方程如式（7-50），表述如下：

$$\left.\begin{aligned} \psi_{sd} &= L_s i_{sd} + L_m i_{rd} \\ \psi_{sq} &= L_s i_{sq} + L_m i_{rq} \\ \psi_{rd} &= L_m i_{sd} + L_r i_{rd} \\ \psi_{rq} &= L_m i_{sq} + L_r i_{rq} \end{aligned}\right\} \tag{7-55}$$

将式（7-49）的电压方程改写为

$$\left.\begin{aligned} \frac{\mathrm{d}\psi_{sd}}{\mathrm{d}t} &= -R_s i_{sd} + \omega_1 \psi_{sq} + u_{sd} \\ \frac{\mathrm{d}\psi_{sq}}{\mathrm{d}t} &= -R_s i_{sq} - \omega_1 \psi_{sd} + u_{sq} \\ \frac{\mathrm{d}\psi_{rd}}{\mathrm{d}t} &= -R_r i_{rd} + (\omega_1 - \omega)\psi_{rq} + u_{rd} \\ \frac{\mathrm{d}\psi_{rq}}{\mathrm{d}t} &= -R_r i_{rq} - (\omega_1 - \omega)\psi_{rd} + u_{rq} \end{aligned}\right\} \tag{7-56a}$$

考虑到笼型转子内部是短路的，则 $u_{rd} = u_{rq} = 0$，于是，电压方程可写成

$$
\left.
\begin{aligned}
\frac{\mathrm{d}\psi_{sd}}{\mathrm{d}t} &= -R_s i_{sd} + \omega_1 \psi_{sq} + u_{sd} \\
\frac{\mathrm{d}\psi_{sq}}{\mathrm{d}t} &= -R_s i_{sq} - \omega_1 \psi_{sd} + u_{sq} \\
\frac{\mathrm{d}\psi_{rd}}{\mathrm{d}t} &= -R_r i_{rd} + (\omega_1 - \omega)\psi_{rq} \\
\frac{\mathrm{d}\psi_{rq}}{\mathrm{d}t} &= -R_r i_{rq} - (\omega_1 - \omega)\psi_{rd}
\end{aligned}
\right\}
\tag{7-56b}
$$

由式（7-55）中第三、四两行可解出

$$
\left.
\begin{aligned}
i_{rd} &= \frac{1}{L_r}(\psi_{rd} - L_m i_{sd}) \\
i_{rq} &= \frac{1}{L_r}(\psi_{rq} - L_m i_{sq})
\end{aligned}
\right\}
\tag{7-57}
$$

代入转矩方程式（7-51），得

$$
\left.
\begin{aligned}
T_e &= \frac{n_p L_m}{L_r}(i_{sq}\psi_{rd} - L_m i_{sd}i_{sq} - i_{sd}\psi_{rq} + L_m i_{sd}i_{sq}) \\
&= \frac{n_p L_m}{L_r}(i_{sq}\psi_{rd} - i_{sd}\psi_{rq})
\end{aligned}
\right\}
\tag{7-58}
$$

将式（7-57）代入式（7-55）前两行，得

$$
\left.
\begin{aligned}
\psi_{sd} &= \sigma L_s i_{sd} + \frac{L_m}{L_r}\psi_{rd} \\
\psi_{sq} &= \sigma L_s i_{sq} + \frac{L_m}{L_r}\psi_{rq}
\end{aligned}
\right\}
\tag{7-59}
$$

式中 σ——电动机漏磁系数，$\sigma = 1 - \dfrac{L_m^2}{L_s L_r}$。

将式（7-57）和式（7-59）代入微分方程组式（7-56b），消去 i_{rd}、i_{rq}、ψ_{sd}、ψ_{sq}，再将转矩方程式（7-58）代入运动方程式（7-19），经整理后得状态方程

$$
\left.
\begin{aligned}
\frac{\mathrm{d}\omega}{\mathrm{d}t} &= \frac{n_p^2 L_m}{J L_r}(i_{sq}\psi_{rd} - i_{sd}\psi_{rq}) - \frac{n_p}{J}T_L \\[2mm]
\frac{\mathrm{d}\psi_{rd}}{\mathrm{d}t} &= -\frac{1}{T_r}\psi_{rd} + (\omega_1 - \omega)\psi_{rq} + \frac{L_m}{T_r}i_{sd} \\[2mm]
\frac{\mathrm{d}\psi_{rq}}{\mathrm{d}t} &= -\frac{1}{T_r}\psi_{rq} - (\omega_1 - \omega)\psi_{rd} + \frac{L_m}{T_r}i_{sq} \\[2mm]
\frac{\mathrm{d}i_{sd}}{\mathrm{d}t} &= \frac{L_m}{\sigma L_s L_r T_r}\psi_{rd} + \frac{L_m}{\sigma L_s L_r}\omega\psi_{rq} - \frac{R_s L_r^2 + R_r L_m^2}{\sigma L_s L_r^2}i_{sd} + \omega_1 i_{sq} + \frac{u_{sd}}{\sigma L_s} \\[2mm]
\frac{\mathrm{d}i_{sq}}{\mathrm{d}t} &= \frac{L_m}{\sigma L_s L_r T_r}\psi_{rq} - \frac{L_m}{\sigma L_s L_r}\omega\psi_{rd} - \frac{R_s L_r^2 + R_r L_m^2}{\sigma L_s L_r^2}i_{sq} - \omega_1 i_{sd} + \frac{u_{sq}}{\sigma L_s}
\end{aligned}
\right\}
\tag{7-60}
$$

式中 T_r——转子电磁时间常数，$T_r = \dfrac{L_r}{R_r}$。

输出方程

$$Y = \left[\, \omega \quad \sqrt{\psi_{rd}^2 + \psi_{rq}^2} \,\right]^T \tag{7-61}$$

图7-9是异步电动机在 dq 坐标系中，以 $\omega\text{-}i_s\text{-}\psi_r$ 为状态变量的动态结构图。

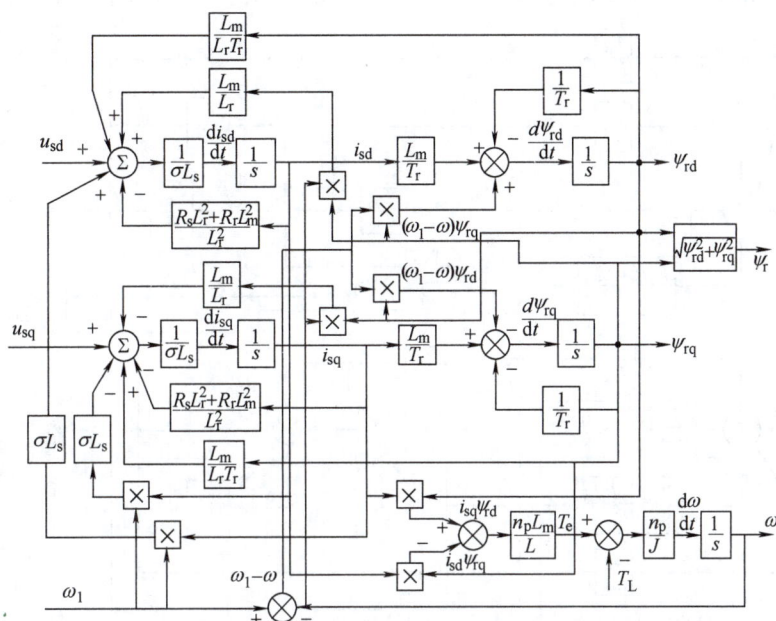

图7-9 以 $\omega\text{-}i_s\text{-}\psi_r$ 为状态变量在 dq 坐标系中的动态结构图

2. $\alpha\beta$ 坐标系中的状态方程

若令 $\omega_1 = 0$，dq 坐标系蜕化为 $\alpha\beta$ 坐标系，即可得 $\alpha\beta$ 坐标系中的状态方程

$$\left.\begin{aligned}
\frac{d\omega}{dt} &= \frac{n_p^2 L_m}{JL_r}(i_{s\beta}\psi_{r\alpha} - i_{s\alpha}\psi_{r\beta}) - \frac{n_p}{J}T_L \\[2mm]
\frac{d\psi_{r\alpha}}{dt} &= -\frac{1}{T_r}\psi_{r\alpha} - \omega\psi_{r\beta} + \frac{L_m}{T_r}i_{s\alpha} \\[2mm]
\frac{d\psi_{r\beta}}{dt} &= -\frac{1}{T_r}\psi_{r\beta} + \omega\psi_{r\alpha} + \frac{L_m}{T_r}i_{s\beta} \\[2mm]
\frac{di_{s\alpha}}{dt} &= \frac{L_m}{\sigma L_s L_r T_r}\psi_{r\alpha} + \frac{L_m}{\sigma L_s L_r}\omega\psi_{r\beta} - \frac{R_s L_r^2 + R_r L_m^2}{\sigma L_s L_r^2}i_{s\alpha} + \frac{u_{s\alpha}}{\sigma L_s} \\[2mm]
\frac{di_{s\beta}}{dt} &= \frac{L_m}{\sigma L_s L_r T_r}\psi_{r\beta} - \frac{L_m}{\sigma L_s L_r}\omega\psi_{r\alpha} - \frac{R_s L_r^2 + R_r L_m^2}{\sigma L_s L_r^2}i_{s\beta} + \frac{u_{s\beta}}{\sigma L_s}
\end{aligned}\right\} \tag{7-62}$$

输出方程

$$Y = \left[\, \omega \quad \sqrt{\psi_{r\alpha}^2 + \psi_{r\beta}^2} \,\right]^T \tag{7-63}$$

其中，状态变量

$$X = \left[\, \omega \quad \psi_{r\alpha} \quad \psi_{r\beta} \quad i_{s\alpha} \quad i_{s\beta} \,\right]^T \tag{7-64}$$

输入变量

$$\boldsymbol{U} = \begin{bmatrix} u_{s\alpha} & u_{s\beta} & T_L \end{bmatrix}^T \qquad (7\text{-}65)$$

电磁转矩

$$T_e = \frac{n_p L_m}{L_r}(i_{s\beta}\psi_{r\alpha} - i_{s\alpha}\psi_{r\beta}) \qquad (7\text{-}66)$$

图 7-10 是异步电动机在 $\alpha\beta$ 坐标系中，以 $\omega\text{-}\boldsymbol{i}_s\text{-}\boldsymbol{\psi}_r$ 为状态变量的动态结构图。

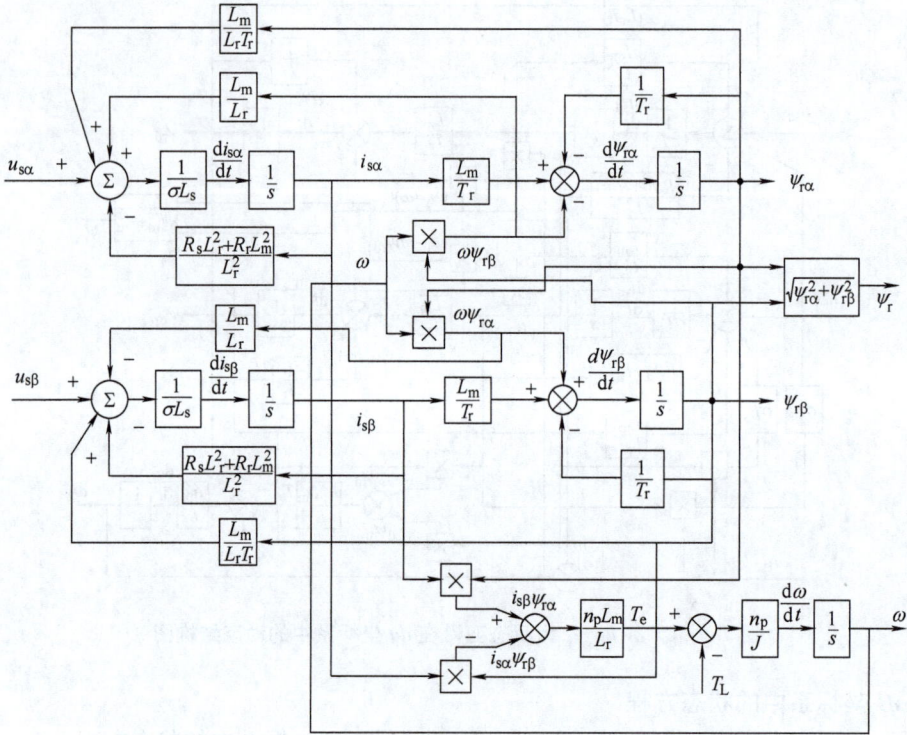

图 7-10　以 $\boldsymbol{\omega}\text{-}\boldsymbol{i}_s\text{-}\boldsymbol{\psi}_r$ 为状态变量在 $\alpha\beta$ 坐标系中的动态结构图

7.5.3　以 $\omega\text{-}i_s\text{-}\psi_s$ 为状态变量的状态方程

1. dq 坐标系中的状态方程

选取状态变量

$$\boldsymbol{X} = \begin{bmatrix} \omega & \psi_{sd} & \psi_{sq} & i_{sd} & i_{sq} \end{bmatrix}^T \qquad (7\text{-}67)$$

输入变量与式（7-53）相同，即

$$\boldsymbol{U} = \begin{bmatrix} u_{sd} & u_{sq} & \omega_1 & T_L \end{bmatrix}^T$$

输出变量

$$\boldsymbol{Y} = \begin{bmatrix} \omega & \psi_s \end{bmatrix}^T \qquad (7\text{-}68)$$

由式（7-55）中第一、二行解出

$$\left. \begin{aligned} i_{rd} &= \frac{1}{L_m}(\psi_{sd} - L_s i_{sd}) \\ i_{rq} &= \frac{1}{L_m}(\psi_{sq} - L_s i_{sq}) \end{aligned} \right\} \qquad (7\text{-}69)$$

代入转矩方程式（7-51），得

$$T_e = n_p (i_{sq} \psi_{sd} - L_s i_{sd} i_{sq} - i_{sd} \psi_{sq} + L_s i_{sq} i_{sd}) \tag{7-70}$$
$$= n_p (i_{sq} \psi_{sd} - i_{sd} \psi_{sq})$$

将式（7-69）代入式（7-55）后两行，得

$$\left. \begin{array}{l} \psi_{rd} = - \sigma \dfrac{L_r L_s}{L_m} i_{sd} + \dfrac{L_r}{L_m} \psi_{sd} \\[3mm] \psi_{rq} = - \sigma \dfrac{L_r L_s}{L_m} i_{sq} + \dfrac{L_r}{L_m} \psi_{sq} \end{array} \right\} \tag{7-71}$$

将式（7-69）和式（7-71）代入微分方程组式（7-56b），消去 i_{rd}、i_{rq}、ψ_{rd}、ψ_{rq}，再将式（7-70）代入运动方程式，经整理后得状态方程

$$\left. \begin{array}{l} \dfrac{d\omega}{dt} = \dfrac{n_p^2}{J} (i_{sq} \psi_{sd} - i_{sd} \psi_{sq}) - \dfrac{n_p}{J} T_L \\[4mm] \dfrac{d\psi_{sd}}{dt} = - R_s i_{sd} + \omega_1 \psi_{sq} + u_{sd} \\[4mm] \dfrac{d\psi_{sq}}{dt} = - R_s i_{sq} - \omega_1 \psi_{sd} + u_{sq} \\[4mm] \dfrac{d i_{sd}}{dt} = \dfrac{1}{\sigma L_s T_r} \psi_{sd} + \dfrac{1}{\sigma L_s} \omega \psi_{sq} - \dfrac{R_s L_r + R_r L_s}{\sigma L_s L_r} i_{sd} + (\omega_1 - \omega) i_{sq} + \dfrac{u_{sd}}{\sigma L_s} \\[4mm] \dfrac{d i_{sq}}{dt} = \dfrac{1}{\sigma L_s T_r} \psi_{sq} - \dfrac{1}{\sigma L_s} \omega \psi_{sd} - \dfrac{R_s L_r + R_r L_s}{\sigma L_s L_r} i_{sq} - (\omega_1 - \omega) i_{sd} + \dfrac{u_{sq}}{\sigma L_s} \end{array} \right\} \tag{7-72}$$

输出方程

$$\boldsymbol{Y} = \begin{bmatrix} \omega & \sqrt{\psi_{sd}^2 + \psi_{sq}^2} \end{bmatrix}^T \tag{7-73}$$

图 7-11 是异步电动机在 dq 坐标系中以 $\boldsymbol{\omega}\text{-}\boldsymbol{i}_s\text{-}\boldsymbol{\psi}_s$ 为状态变量的动态结构图。

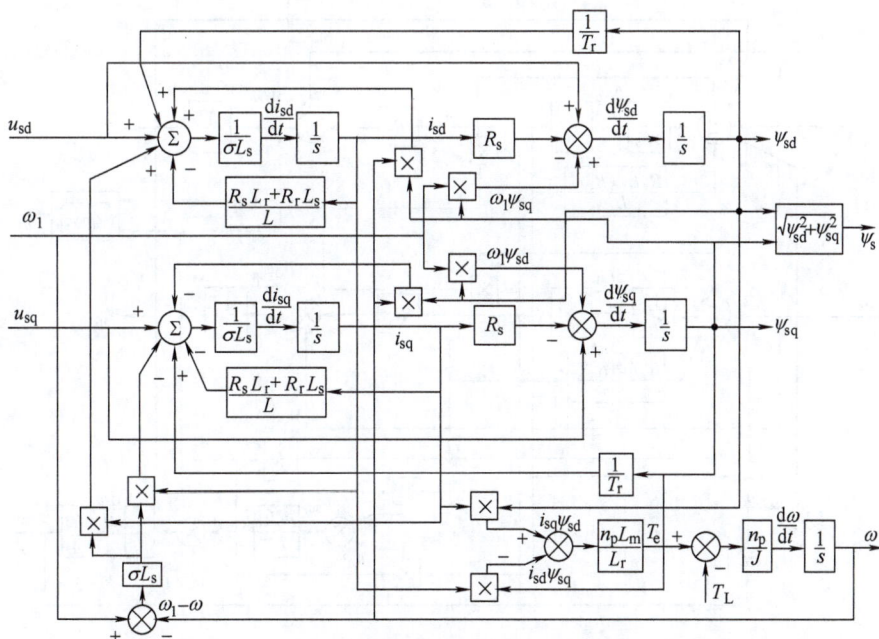

图 7-11　以 $\boldsymbol{\omega}\text{-}\boldsymbol{i}_s\text{-}\boldsymbol{\psi}_s$ 为状态变量在 dq 坐标系中的动态结构图

2. $\alpha\beta$ 坐标系中的状态方程

同样，若令 $\omega_1 = 0$，可得以 $\omega - \boldsymbol{i}_s - \boldsymbol{\psi}_s$ 为状态变量在 $\alpha\beta$ 坐标系中状态方程

$$\left. \begin{aligned}
\frac{\mathrm{d}\omega}{\mathrm{d}t} &= \frac{n_p^2}{J}(i_{s\beta}\psi_{s\alpha} - i_{s\alpha}\psi_{s\beta}) - \frac{n_p}{J}T_L \\[2mm]
\frac{\mathrm{d}\psi_{s\alpha}}{\mathrm{d}t} &= -R_s i_{s\alpha} + u_{s\alpha} \\[2mm]
\frac{\mathrm{d}\psi_{s\beta}}{\mathrm{d}t} &= -R_s i_{s\beta} + u_{s\beta} \\[2mm]
\frac{\mathrm{d}i_{s\alpha}}{\mathrm{d}t} &= \frac{1}{\sigma L_s T_r}\psi_{s\alpha} + \frac{1}{\sigma L_s}\omega\psi_{s\beta} - \frac{R_s L_r + R_r L_s}{\sigma L_s L_r}i_{s\alpha} - \omega i_{s\beta} + \frac{u_{s\alpha}}{\sigma L_s} \\[2mm]
\frac{\mathrm{d}i_{s\beta}}{\mathrm{d}t} &= \frac{1}{\sigma L_s T_r}\psi_{s\beta} - \frac{1}{\sigma L_s}\omega\psi_{s\alpha} - \frac{R_s L_r + R_r L_s}{\sigma L_s L_r}i_{s\beta} + \omega i_{s\alpha} + \frac{u_{s\beta}}{\sigma L_s}
\end{aligned} \right\} \tag{7-74}$$

输出方程

$$\boldsymbol{Y} = \begin{bmatrix} \omega & \sqrt{\psi_{s\alpha}^2 + \psi_{s\beta}^2} \end{bmatrix}^{\mathrm{T}} \tag{7-75}$$

电磁转矩

$$T_e = n_p(i_{s\beta}\psi_{s\alpha} - i_{s\alpha}\psi_{s\beta}) \tag{7-76}$$

状态变量

$$\boldsymbol{X} = \begin{bmatrix} \omega & \psi_{s\alpha} & \psi_{s\beta} & i_{s\alpha} & i_{s\beta} \end{bmatrix}^{\mathrm{T}} \tag{7-77}$$

输入变量同式（7-65），即

$$\boldsymbol{U} = \begin{bmatrix} u_{s\alpha} & u_{s\beta} & T_L \end{bmatrix}^{\mathrm{T}}$$

令 $\omega_1 = 0$，即为异步电动机在 $\alpha\beta$ 坐标系中，以 $\omega - \boldsymbol{i}_s - \boldsymbol{\psi}_s$ 为状态变量的动态结构图，如图 7-12 所示。

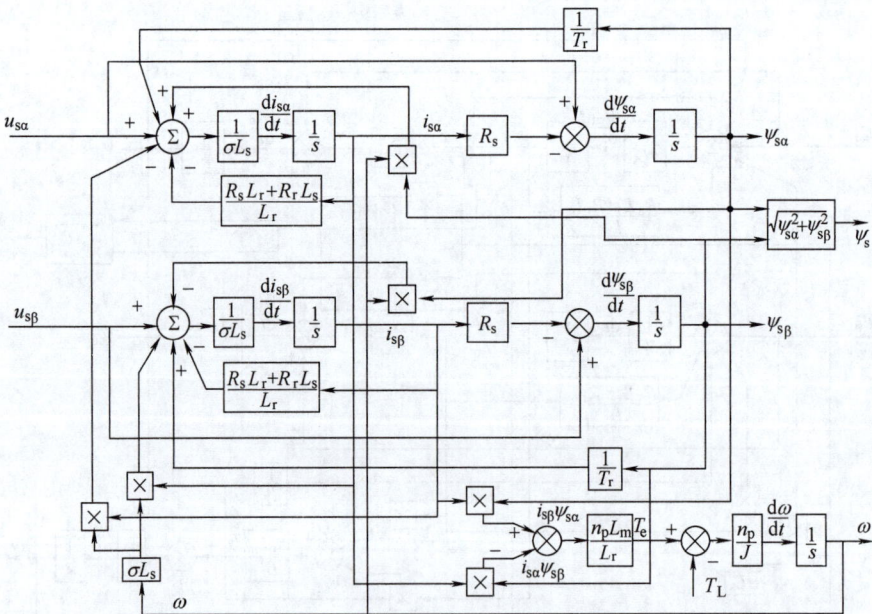

图 7-12　以 $\omega - \boldsymbol{i}_s - \boldsymbol{\psi}_s$ 为状态变量在 $\alpha\beta$ 坐标系中的动态结构图

7.6 异步电动机按转子磁链定向的矢量控制系统

按转子磁链定向矢量控制的基本思想是通过坐标变换，在按转子磁链定向同步旋转正交坐标系中，得到等效的直流电动机模型，仿照直流电动机的控制方法控制电磁转矩与磁链，然后将转子磁链定向坐标系中的控制量反变换得到三相坐标系的对应量，以实施控制。由于变换的是矢量，所以这样的坐标变换也可称作矢量变换，相应的控制系统称为矢量控制（Vector Control，VC）系统或按转子磁链定向控制（Flux Orientation Control，FOC）系统。

7.6.1 按转子磁链定向的同步旋转正交坐标系状态方程

将静止正交 $\alpha\beta$ 坐标系中的转子磁链旋转矢量写成复数形式

$$\boldsymbol{\psi}_r = \psi_{r\alpha} + j\psi_{r\beta} = \psi_r e^{j\arctg\frac{\psi_{r\beta}}{\psi_{r\alpha}}} = \psi_r e^{j\varphi} \qquad (7\text{-}78)$$

转子磁链旋转矢量 $\boldsymbol{\psi}_r$ 的空间角度为 φ，旋转角速度 $\omega_1 = \dfrac{\mathrm{d}\varphi}{\mathrm{d}t}$。

旋转正交 dq 坐标系的一个特例是与转子磁链旋转矢量 $\boldsymbol{\psi}_r$ 同步旋转的坐标系，若令 d 轴与转子磁链矢量重合，称作按转子磁链定向的同步旋转正交坐标系，简称 mt 坐标系，如图 7-13 所示，此时，d 轴改称 m 轴，q 轴改称 t 轴。

由于 m 轴与转子磁链矢量重合，因此

$$\left.\begin{array}{l} \psi_{rm} = \psi_{rd} = \psi_r \\ \psi_{rt} = \psi_{rq} = 0 \end{array}\right\} \qquad (7\text{-}79)$$

为了保证 m 轴与转子磁链矢量始终重合，还必须使

$$\frac{\mathrm{d}\psi_{rt}}{\mathrm{d}t} = \frac{\mathrm{d}\psi_{rq}}{\mathrm{d}t} = 0 \qquad (7\text{-}80)$$

图 7-13 静止正交坐标系与按转子磁链定向的同步旋转正交坐标系

异步电动机动态数学模型的简化思路

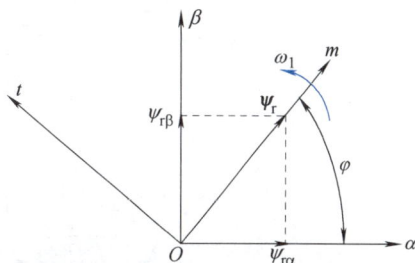

将式（7-79）、式（7-80）代入式（7-60），得到 mt 坐标系中的状态方程

$$\left.\begin{array}{l} \dfrac{\mathrm{d}\omega}{\mathrm{d}t} = \dfrac{n_p^2 L_m}{J L_r} i_{st} \psi_r - \dfrac{n_p}{J} T_L \\[3mm] \dfrac{\mathrm{d}\psi_r}{\mathrm{d}t} = -\dfrac{1}{T_r}\psi_r + \dfrac{L_m}{T_r} i_{sm} \\[3mm] \dfrac{\mathrm{d}i_{sm}}{\mathrm{d}t} = \dfrac{L_m}{\sigma L_s L_r T_r}\psi_r - \dfrac{R_s L_r^2 + R_r L_m^2}{\sigma L_s L_r^2} i_{sm} + \omega_1 i_{st} + \dfrac{u_{sm}}{\sigma L_s} \\[3mm] \dfrac{\mathrm{d}i_{st}}{\mathrm{d}t} = -\dfrac{L_m}{\sigma L_s L_r}\omega\psi_r - \dfrac{R_s L_r^2 + R_r L_m^2}{\sigma L_s L_r^2} i_{st} - \omega_1 i_{sm} + \dfrac{u_{st}}{\sigma L_s} \end{array}\right\} \qquad (7\text{-}81)$$

由式（7-60）第三行得

$$\frac{\mathrm{d}\psi_{rt}}{\mathrm{d}t} = -(\omega_1 - \omega)\psi_r + \frac{L_m}{T_r} i_{st} = 0$$

导出 mt 坐标系的旋转角速度

$$\omega_1 = \omega + \frac{L_m}{T_r \psi_r} i_{st} \qquad (7\text{-}82)$$

mt 坐标系旋转角速度与转子转速之差定义为转差角频率

$$\omega_\mathrm{s} = \omega_1 - \omega = \frac{L_\mathrm{m}}{T_\mathrm{r}\psi_\mathrm{r}} i_\mathrm{st} \tag{7-83}$$

将式（7-79）代入转矩方程式（7-58），得到 mt 坐标系中的电磁转矩表达式

$$T_\mathrm{e} = \frac{n_\mathrm{p} L_\mathrm{m}}{L_\mathrm{r}} i_\mathrm{st} \psi_\mathrm{r} \tag{7-84}$$

　　按转子磁链定向同步旋转正交坐标系上的数学模型是同步旋转正交坐标系模型的一个特例。通过按转子磁链定向，将定子电流分解为励磁分量 i_sm 和转矩分量 i_st，转子磁链 ψ_r 仅由定子电流励磁分量 i_sm 产生，而电磁转矩 T_e 正比于转子磁链和定子电流转矩分量的乘积 $i_\mathrm{st}\psi_\mathrm{r}$，实现了定子电流两个分量的解耦，而且还降低了微分方程组的阶次。这样，在按转子磁链定向同步旋转正交坐标系中的异步电动机数学模型与直流电动机动态模型相当。图 7-14 为按转子磁链定向的异步电动机动态结构图，点画线框内是等效直流电动机模型。

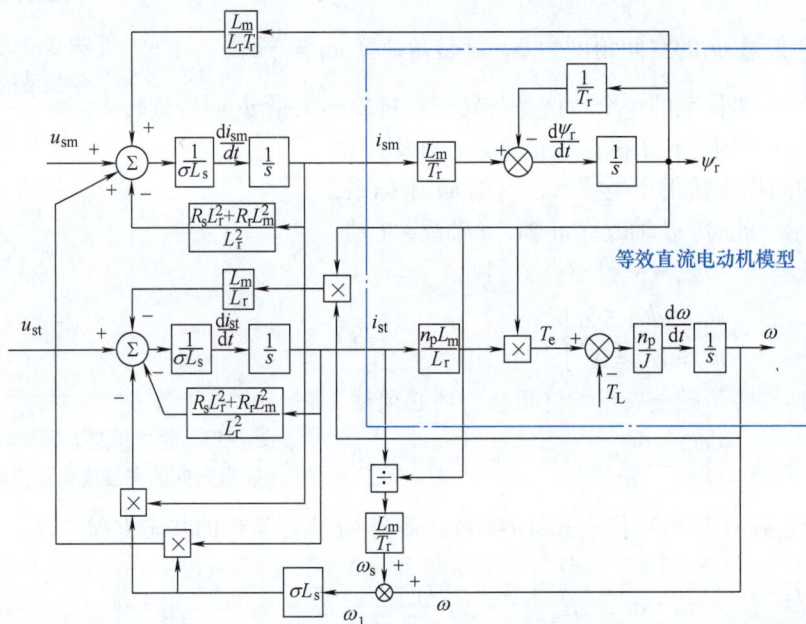

图 7-14　按转子磁链定向的异步电动机动态结构图

7.6.2　按转子磁链定向矢量控制的基本思想

　　在三相坐标系上的定子交流电流 i_A、i_B、i_C，通过 3/2 变换可以等效成两相静止正交坐标系上的交流电流 $i_\mathrm{s\alpha}$ 和 $i_\mathrm{s\beta}$，再通过与转子磁链同步的旋转变换，可以等效成同步旋转正交坐标系上的直流电流 i_sm 和 i_st。如上所述，以 i_sm 和 i_st 为输入的电动机模型就是等效直流电动机模型，见图 7-15。

　　从图 7-15 的输入输出端口看进去，输入为 A、B、C 三相电流，输出为转速 ω，是一台异步电动机。从内部看，经过 3/2 变换和旋转变换 2s/2r，变成一台以 i_sm 和 i_st 为输入、ω 为输出的直流电动机。m 绕组相当于直流电动机的励磁绕组，i_sm 相当于励磁电流，t 绕组相当于电枢绕组，i_st 相当于与转矩成正比的电枢电流，θ 为电动机内部

异步电动机的转矩磁链控制规律和矢量控制基本思想

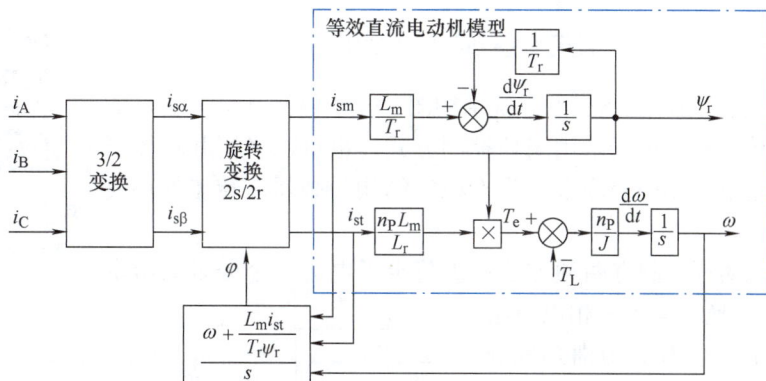

图7-15　异步电动机矢量变换及等效直流电动机模型

的旋转变换角。

由状态方程式（7-81）和动态结构图7-14可知，按转子磁链定向仅仅实现了定子电流两个分量的解耦，电流的微分方程中仍存在非线性和交叉耦合。采用电流闭环控制，可有效抑制这一现象，使实际电流快速跟随给定值，图7-16是基于电流跟随控制变频器的矢量控制系统示意图。首先在按转子磁链定向坐标系中计算定子电流励磁分量和转矩分量给定值 i_{sm}^* 和 i_{st}^*，经过反旋转变换 2r/2s 得到 $i_{s\alpha}^*$ 和 $i_{s\beta}^*$，再经过 2/3 变换得到 i_A^*、i_B^* 和 i_C^*，然后通过电流闭环的跟随控制，输出异步电动机所需的三相定子电流。

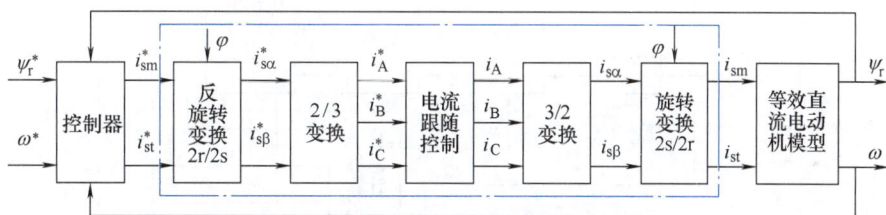

图7-16　矢量控制系统原理结构图

忽略变频器可能产生的滞后，认为电流跟随控制的近似传递函数为1，且2/3变换与电动机内部的3/2变换环节相抵消，反旋转变换 2r/2s 与电动机内部的旋转变换 2s/2r 相抵消，则图7-16中点画线框内的部分可以用传递函数为1的直线代替，那么，矢量控制系统的控制对象就相当于直流电动机了，图7-17为简化后的等效结构图。可以想象，这样的矢量控制交流变压变频调速系统在静、动态性能上可以与直流调速系统媲美。

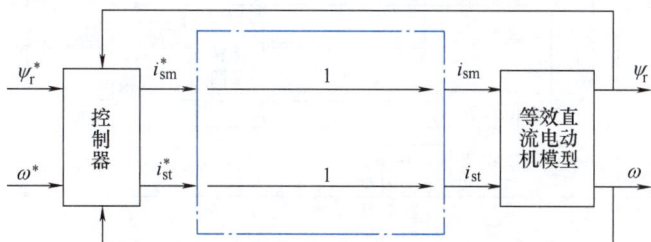

图7-17　简化后的等效结构图

7.6.3 按转子磁链定向矢量控制系统的电流闭环控制方式

图 7-18 为电流闭环控制后的系统结构图，转子磁链环节为稳定的惯性环节，对转子磁链可以采用闭环控制方式，也可以采用开环控制方式；而转速通道存在积分环节，为不稳定结构，必须加转速外环使之稳定。

常用的电流闭环控制有两种方法：①将定子电流两个分量的给定值 i_{sm}^* 和 i_{st}^* 施行变换，得到三相电流给定值 i_A^*、i_B^* 和 i_C^*，采用电流滞环控制型 PWM 变频器，在三相定子坐标系中完成电流闭环控制，如图 7-19 所示；②将检测到的三相电流（实际只要检测两相就够了）施行 3/2 变换和旋转变换，得到 mt 坐标系中的电流 i_{sm} 和 i_{st}，采用 PI 调节软件构成电流闭

异步电动机矢量控制系统的构建与分析

图 7-18 电流闭环控制后的系统结构图

环控制，电流调节器的输出为定子电压给定值 u_{sm}^* 和 u_{st}^*，经过反旋转变换得到静止两相坐标系的定子电压给定值 $u_{s\alpha}^*$ 和 $u_{s\beta}^*$，再经 SVPWM 控制逆变器输出三相电压，如图 7-20 所示。

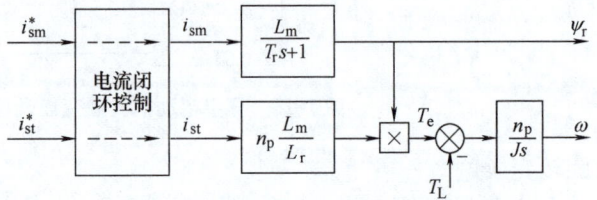

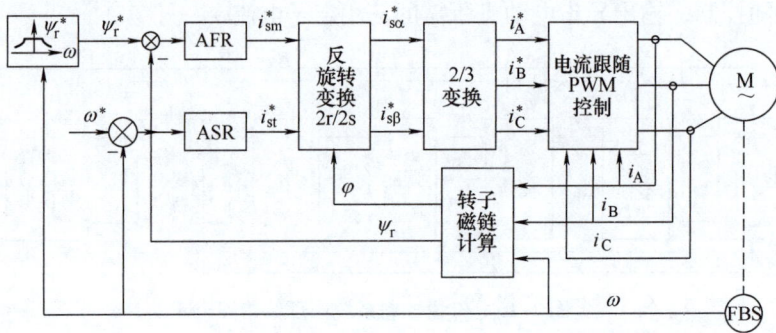

图 7-19   三相电流闭环控制的矢量控制系统结构图

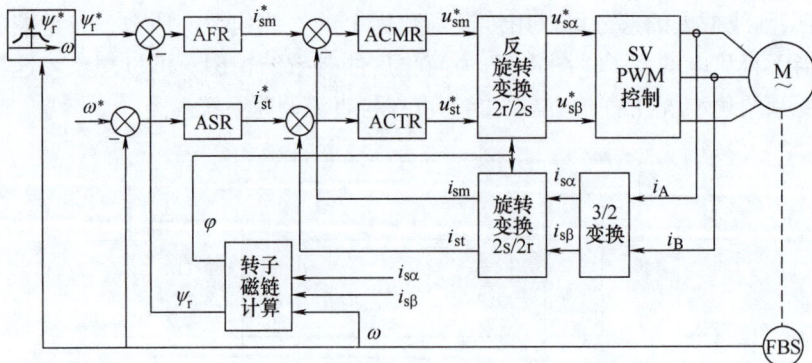

图 7-20   定子电流励磁分量和转矩分量闭环控制的矢量控制系统结构图

从理论上来说，两种电流闭环控制的作用相同，差异是前者采用电流的两点式控制，动

态响应快，但电流纹波相对较大；后者采用连续的 PI 控制，一般来说电流纹波略小（与 SVPWM 有关）。前者一般采用硬件电路，后者可用软件实现。由于受到微机运算速度的限制，早期的产品多采用前一种方案，随着计算机运算速度的提高、功能的强化，现代的产品多采用软件电流闭环。

在图 7-19 和图 7-20 中，ASR 为转速调节器，AFR（Automatic Flux Linkage Regulator）为转子磁链调节器，ACMR（Automatic Current/M Regulator）为定子电流励磁分量调节器，ACTR（Automatic Current/T Regulator）为定子电流转矩分量调节器，FBS 为转速传感器，转子磁链的计算将另行讨论。对转子磁链和转速而言，均表现为双闭环控制的系统结构，内环为电流环，外环为转子磁链或转速环。转子磁链给定 ψ_r^* 与实际转速有关，在额定转速以下，保持恒定，额定转速以上，转子磁链给定 ψ_r^* 相应减小。若采用转子磁链开环控制，则去掉转子磁链调节器 AFR，仅采用励磁电流闭环控制。

7.6.4　按转子磁链定向矢量控制系统的转矩控制方式

由图 7-18 可知，当转子磁链发生波动时，将影响电磁转矩，进而影响电动机转速。此时，转子磁链调节器力图使转子磁链恒定，而转速调节器则调节电流的转矩分量，以抵消转子磁链变化对电磁转矩的影响，最后达到平衡，转速 ω 等于给定值 ω^*，电磁转矩 T_e 等于负载转矩 T_L。以上分析表明，转速闭环控制能够通过调节电流转矩分量来抑制转子磁链波动所引起的电磁转矩变化，但这种调节只有当转速发生变化后才起作用。为了改善动态性能，可以采用转矩控制方式，常用的转矩控制方式有两种：转矩闭环控制和在转速调节器的输出增加除法环节。

图 7-21 是转矩闭环控制的矢量控制系统结构图，在转速调节器 ASR 和电流转矩分量调节器 ACTR 间增设了转矩调节器 ATR（Automatic Torque Regulator），当转子磁链发生波动时，通过转矩调节器及时调整电流转矩分量给定值，以抵消磁链变化的影响，尽可能不影响或少影响电动机转速。转矩闭环控制系统的原理框图如图 7-22 所示，转子磁链扰动的作用点是包含在转矩环内的，可以通过转矩反馈控制来抑制此扰动，若没有转矩闭环，就只能通过转速外环来抑制转子磁链扰动，控制作用相对比较滞后。显然，采用转矩内环控制可以有效地改善系统的动态性能。当然，系统结构较为复杂。由于电磁转矩的实测相对困难，往往通过式（7-84）间接计算得到。

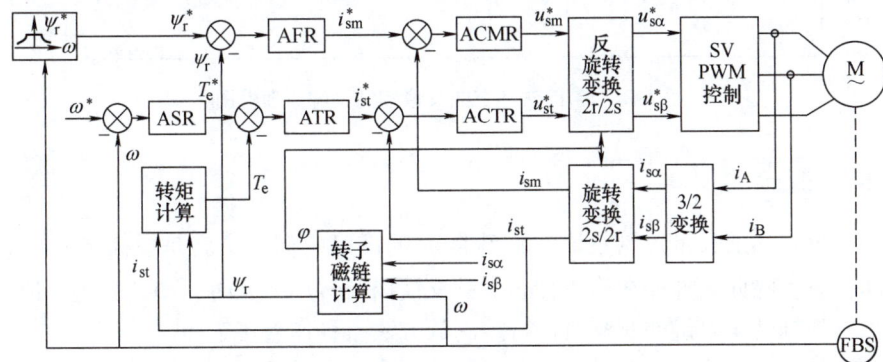

图 7-21　转矩闭环控制的矢量控制系统结构图

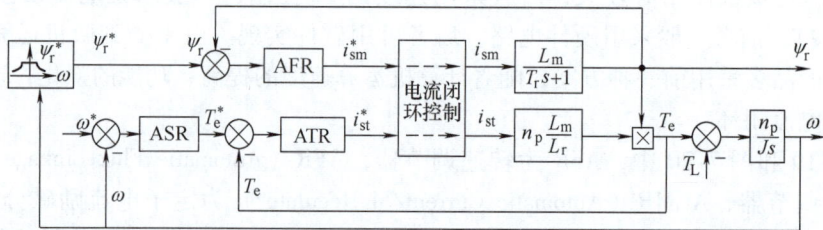

图 7-22　转矩闭环的矢量控制系统原理框图

图 7-23 是带除法环节的矢量控制系统结构图，转速调节器 ASR 的输出为转矩给定 T_e^*，除以转子磁链 ψ_r，得到电流转矩分量给定 i_{st}^*。由于某种原因使 ψ_r 减小时，通过除法环节可使 i_{st}^* 增大，尽可能保持电磁转矩不变。由图 7-24 控制系统原理框图可知，用除法环节消去对象中固有的乘法环节，实现了转矩与转子磁链的动态解耦。

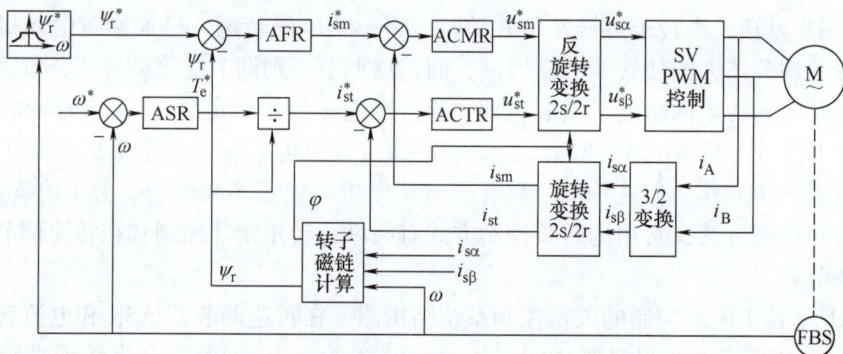

图 7-23　带除法环节的矢量控制系统结构图

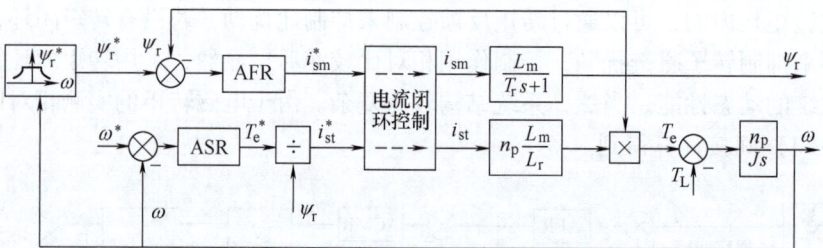

图 7-24　带除法环节的矢量控制系统原理框图

7.6.5　转子磁链计算

按转子磁链定向的矢量控制系统的关键是 ψ_r 的准确定向，也就是说需要获得转子磁链矢量的空间位置。除此之外，在构成转子磁链反馈以及转矩控制时，转子磁链幅值也是不可缺少的信息。根据转子磁链的实际值进行控制的方法，称作直接定向。

转子磁链的直接检测比较困难，现在实用的系统中多采用按模型计算的方法，即利用容易测得的电压、电流或转速等信号，借助于转子磁链模型，实时计算磁链的幅值与空间位置。转子磁链模型可以从电动机数学模型中推导出来，也可以利用状态观测器或状态估计理论得到闭环的观测模型。在实用中，多用比较简单的计算模型。在计算模型中，由于主要实测信号的不同，又分为电流模型和电压模型两种。

1. 计算转子磁链的电流模型

根据描述磁链与电流关系的磁链方程来计算转子磁链，所得出的模型叫做电流模型。电流模型可以在不同的坐标系上获得。

（1）在 $\alpha\beta$ 坐标系上计算转子磁链的电流模型

由实测的三相定子电流通过 3/2 变换得到静止两相正交坐标系上的电流 $i_{s\alpha}$ 和 $i_{s\beta}$，再利用 $\alpha\beta$ 坐标系中的数学模型式计算转子磁链在 α、β 轴上的分量

$$\left.\begin{aligned}
\frac{\mathrm{d}\psi_{r\alpha}}{\mathrm{d}t} &= -\frac{1}{T_r}\psi_{r\alpha} - \omega\psi_{r\beta} + \frac{L_m}{T_r}i_{s\alpha} \\
\frac{\mathrm{d}\psi_{r\beta}}{\mathrm{d}t} &= -\frac{1}{T_r}\psi_{r\beta} + \omega\psi_{r\alpha} + \frac{L_m}{T_r}i_{s\beta}
\end{aligned}\right\} \tag{7-85}$$

也可表述为

$$\left.\begin{aligned}
\psi_{r\alpha} &= \frac{1}{T_r s + 1}(L_m i_{s\alpha} - \omega T_r \psi_{r\beta}) \\
\psi_{r\beta} &= \frac{1}{T_r s + 1}(L_m i_{s\beta} + \omega T_r \psi_{r\alpha})
\end{aligned}\right\} \tag{7-86}$$

然后，采用直角坐标-极坐标变换，就可得到转子磁链矢量的幅值 ψ_r 和空间位置 φ，考虑到矢量变换中实际使用的是 φ 的正弦和余弦函数，故可以采用变换式

$$\left.\begin{aligned}
\psi_r &= \sqrt{\psi_{r\alpha}^2 + \psi_{r\beta}^2} \\
\sin\varphi &= \frac{\psi_{r\beta}}{\psi_r} \\
\cos\varphi &= \frac{\psi_{r\alpha}}{\psi_r}
\end{aligned}\right\} \tag{7-87}$$

图 7-25 是在静止两相正交坐标系上计算转子磁链的电流模型结构图。

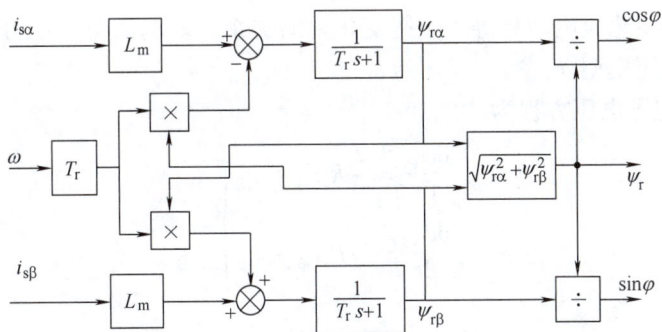

图 7-25 在 $\alpha\beta$ 坐标系上计算转子磁链的电流模型

在 $\alpha\beta$ 坐标系中计算转子磁链时，即使系统达到稳态，由于电压、电流和磁链均为正弦量，计算量大，程序复杂，对计算步长敏感。

（2）在 mt 坐标系上计算转子磁链的电流模型

由式（7-81）第二行和式（7-82）计算转子磁链：

$$\frac{\mathrm{d}\psi_r}{\mathrm{d}t} = -\frac{1}{T_r}\psi_r + \frac{L_m}{T_r}i_{sm}$$

$$\omega_1 = \omega + \frac{L_m}{T_r\psi_r}i_{st}$$

图 7-26 是在 mt 坐标系上计算转子磁链的电流模型。三相定子电流 i_A、i_B 和 i_C（实际上用 i_A、i_B 即可）经 3/2 变换变成两相电流 $i_{s\alpha}$、$i_{s\beta}$，再经同步旋转变换并按转子磁链定向，得到 mt 坐标系上的电流 i_{sm}、i_{st}，求得 ψ_r 和 ω_s 信号，由 ω_s 与实测转速 ω 相加得到转子磁链旋转角速度 ω_1，再经积分即为转子磁链的空间位置 φ，也就是同步旋转变换的变换角。和第一种模型相比，这种模型更适合于微机实时计算，容易收敛，也比较准确。

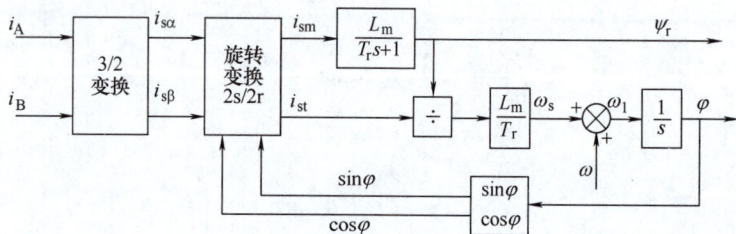

图 7-26　在 mt 坐标系上计算转子磁链的电流模型

在 mt 坐标系中计算转子磁链（见图 7-26），当系统达到稳态时，电压、电流和磁链均为直流量，与 $\alpha\beta$ 坐标系相比较，计算量相对较小，计算步长可适当大一些。但在计算同步角速度前，需要将电压、电流和磁链变换到 mt 坐标系，定向不准，导致 ω_1 计算不准，而 ω_1 的计算误差又影响下一步计算。

上述两种计算转子磁链的电流模型都需要实测的电流和转速信号，不论转速高低时都能适用，但都受电动机参数变化的影响。例如电动机温升和频率变化都会影响转子电阻 R_r，磁饱和程度将影响电感 L_m 和 L_r。这些影响都将导致磁链幅值与位置信号失真，而反馈信号的失真必然使控制系统的性能降低，这是电流模型的不足之处。

2. 计算转子磁链的电压模型

根据电压方程中感应电动势等于磁链变化率的关系，取电动势的积分就可以得到磁链，这样的模型叫作电压模型。

$\alpha\beta$ 坐标系上定子电压方程为

$$\left.\begin{array}{l} \dfrac{\mathrm{d}\psi_{s\alpha}}{\mathrm{d}t} = -R_s i_{s\alpha} + u_{s\alpha} \\[2mm] \dfrac{\mathrm{d}\psi_{s\beta}}{\mathrm{d}t} = -R_s i_{s\beta} + u_{s\beta} \end{array}\right\} \tag{7-88}$$

磁链方程为

$$\left.\begin{array}{l} \psi_{s\alpha} = L_s i_{s\alpha} + L_m i_{r\alpha} \\ \psi_{s\beta} = L_s i_{s\beta} + L_m i_{r\beta} \\ \psi_{r\alpha} = L_m i_{s\alpha} + L_r i_{r\alpha} \\ \psi_{r\beta} = L_m i_{s\beta} + L_r i_{r\beta} \end{array}\right\} \tag{7-89}$$

由式（7-89）前两行解出

$$i_{r\alpha} = \frac{\psi_{s\alpha} - L_s i_{s\alpha}}{L_m} \left.\begin{array}{c} \\ \\ \\ \\ \end{array}\right\}$$
$$i_{r\beta} = \frac{\psi_{s\beta} - L_s i_{s\beta}}{L_m}$$

$$(7\text{-}90)$$

代入式（7-89）后两行得

$$\psi_{r\alpha} = \frac{L_r}{L_m}(\psi_{s\alpha} - \sigma L_s i_{s\alpha}) \left.\begin{array}{c} \\ \\ \\ \\ \end{array}\right\}$$
$$\psi_{r\beta} = \frac{L_r}{L_m}(\psi_{s\beta} - \sigma L_s i_{s\beta})$$

$$(7\text{-}91)$$

由式（7-90）和式（7-91）得计算转子磁链的电压模型为

$$\psi_{r\alpha} = \frac{L_r}{L_m}\left[\int(u_{s\alpha} - R_s i_{s\alpha})\,\mathrm{d}t - \sigma L_s i_{s\alpha}\right] \left.\begin{array}{c} \\ \\ \\ \\ \end{array}\right\}$$
$$\psi_{r\beta} = \frac{L_r}{L_m}\left[\int(u_{s\beta} - R_s i_{s\beta})\,\mathrm{d}t - \sigma L_s i_{s\beta}\right]$$

$$(7\text{-}92)$$

计算转子磁链的电压模型如图 7-27 所示，其物理意义是：根据实测的电压和电流信号，计算定子磁链，然后再计算转子磁链。电压模型不需要转速信号，且算法与转子电阻 R_r 无关，只与定子电阻 R_s 有关，而 R_s 相对容易测得。和电流模型相比，电压模型受电动机参数变化的影响较小，而且算法简单，便于应用。但是，由于电压模型包含纯积分项，积分的初始值和累积误差都影响计算结果，在低速时，定子电阻压降变化的影响也较大。

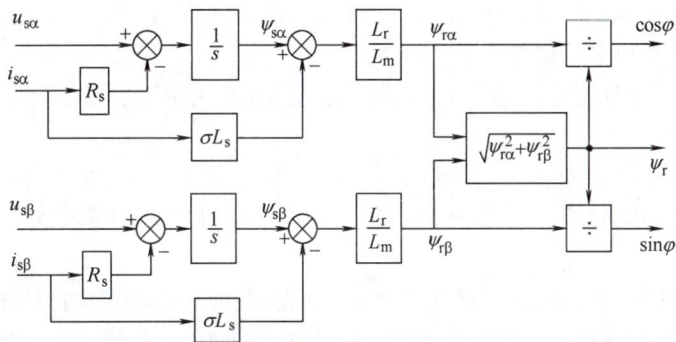

图 7-27 计算转子磁链的电压模型

比较起来，电压模型更适合于中、高速范围，而电流模型能适应低速。有时为了提高准确度，把两种模型结合起来，在低速（例如 $n \leqslant 15\% n_N$）时采用电流模型，在中、高速时采用电压模型，只要解决好如何过渡的问题，就可以提高整个运行范围中计算转子磁链的准确度。

7.6.6 磁链开环转差型矢量控制系统——间接定向

在以上介绍的转子磁链闭环控制的矢量控制系统中，转子磁链幅值和位置信号均由磁链模型计算获得，都受到电动机参数 T_r 和 L_m 变化的影响，造成控制的不准确性。采用磁链开环的控制方式，无需转子磁链幅值，但对于矢量变换而言，仍然需要转子磁链的位置信号，

**异步电动机矢量
控制系统运行分析**

183

转子磁链的计算仍然不可避免。如果利用给定值间接计算转子磁链的位置，可简化系统结构，这种方法称为间接定向。

间接定向的矢量控制系统借助于矢量控制方程中的转差公式，构成转差型的矢量控制系统（见图7-28）。它继承了基于稳态模型转差频率控制系统的优点，又利用基于动态模型的矢量控制规律克服了它大部分的不足之处。

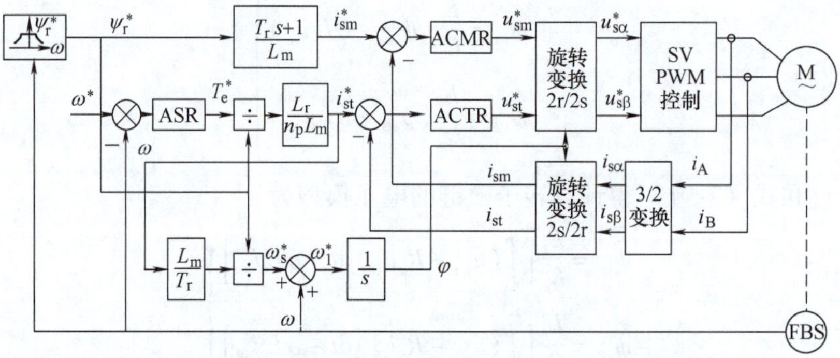

图7-28 磁链开环转差型矢量控制系统

该系统的主要特点如下：

1）用定子电流转矩分量 i_{st}^* 和转子磁链 ψ_r^* 计算转差频率给定信号 ω_s^*，即

$$\omega_s^* = \frac{L_m}{T_r \psi_r^*} i_{st}^* \tag{7-93}$$

将转差频率给定信号 ω_s^* 加上实际转速 ω，得到坐标系的旋转角速度 ω_1^*，经积分环节产生矢量变换角，实现转差频率控制功能。

2）定子电流励磁分量给定信号 i_{sm}^* 和转子磁链给定信号 ψ_r^* 之间的关系是靠

$$i_{sm} = \frac{T_r s + 1}{L_m} \psi_r \tag{7-94}$$

建立的，其中的比例微分环节 $(T_r s + 1)$ 使 i_{sm} 在动态中获得强迫励磁效应，从而克服实际磁通的滞后。

由以上特点可以看出，磁链开环转差型矢量控制系统的磁场定向由磁链和电流转矩分量给定信号确定，靠矢量控制方程保证，并没有用磁链模型实际计算转子磁链及其相位，所以属于间接的磁场定向。但由于矢量控制方程中包含电动机转子参数，定向精度仍受参数变化的影响，磁链和电流转矩分量给定值与实际值存在差异，将影响系统的性能。

7.6.7 矢量控制系统的特点与存在的问题

1. 矢量控制系统的特点

1）按转子磁链定向，实现了定子电流励磁分量和转矩分量的解耦，需要电流闭环控制。

2）转子磁链系统的控制对象是稳定的惯性环节，可以采用磁链闭环控制，也可以采用开环控制。

3）采用连续的 PI 控制，转矩与磁链变化平稳，电流闭环控制可有效地限制起、制动电流。矢量控制系统的调节器参数设计较为复杂，有兴趣的读者可参阅参考文献 [62]。

2. 矢量控制系统存在的问题

1）转子磁链计算精度受易于变化的转子电阻的影响，转子磁链的角度精度影响定向的准确性。

2）需要进行矢量变换，系统结构复杂，运算量大。

7.7　异步电动机按定子磁链控制的直接转矩控制系统

直接转矩控制系统简称 DTC（Direct Torque Control）系统，是继矢量控制系统之后发展起来的另一种高动态性能的交流电动机变压变频调速系统。在它的转速环里面，利用转矩反馈直接控制电动机的电磁转矩，因而得名。

直接转矩控制系统的基本思想是根据定子磁链幅值偏差 $\Delta\psi_s$ 的正负符号和电磁转矩偏差 ΔT_e 的正负符号，再依据当前定子磁链矢量 ψ_s 所在的位置，直接选取合适的电压空间矢量，减小定子磁链幅值的偏差和电磁转矩的偏差，实现电磁转矩与定子磁链的控制。

7.7.1　定子电压矢量对定子磁链与电磁转矩的控制作用

本节从按定子磁链定向的磁链和转矩模型出发，分析电压空间矢量对定子磁链与电磁转矩的控制作用。

1. 按定子磁链控制的磁链和转矩模型

将 7.5.3 节推导得到的式（7-72）以定子电流 i_s、定子磁链 ψ_s 和转速 ω 为状态变量的动态数学模型重写如下。

$$\frac{\mathrm{d}\omega}{\mathrm{d}t} = \frac{n_p^2}{J}(i_{sq}\psi_{sd} - i_{sd}\psi_{sq}) - \frac{n_p}{J}T_L$$

$$\frac{\mathrm{d}\psi_{sd}}{\mathrm{d}t} = -R_s i_{sd} + \omega_1\psi_{sq} + u_{sd}$$

$$\frac{\mathrm{d}\psi_{sq}}{\mathrm{d}t} = -R_s i_{sq} - \omega_1\psi_{sd} + u_{sq}$$

$$\frac{\mathrm{d}i_{sd}}{\mathrm{d}t} = \frac{1}{\sigma L_s T_r}\psi_{sd} + \frac{1}{\sigma L_s}\omega\psi_{sq} - \frac{R_s L_r + R_r L_s}{\sigma L_s L_r}i_{sd} + (\omega_1 - \omega)i_{sq} + \frac{u_{sd}}{\sigma L_s}$$

$$\frac{\mathrm{d}i_{sq}}{\mathrm{d}t} = \frac{1}{\sigma L_s T_r}\psi_{sq} - \frac{1}{\sigma L_s}\omega\psi_{sd} - \frac{R_s L_r + R_r L_s}{\sigma L_s L_r}i_{sq} - (\omega_1 - \omega)i_{sd} + \frac{u_{sq}}{\sigma L_s}$$

如图 7-29 所示，使 d 轴与定子磁链矢量重合，则 $\psi_s = \psi_{sd}$、$\psi_{sq} = 0$。得到异步电动机按定子磁链控制的动态模型

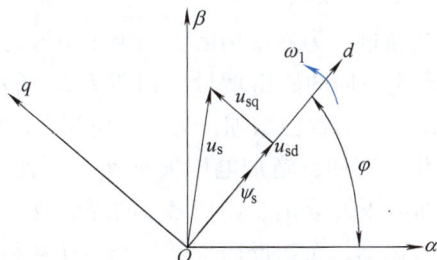

图 7-29　d 轴与定子磁链矢量重合

$$\frac{d\omega}{dt} = \frac{n_p^2}{J} i_{sq}\psi_s - \frac{n_p}{J} T_L$$

$$\frac{d\psi_s}{dt} = -R_s i_{sd} + u_{sd}$$

$$\frac{di_{sd}}{dt} = -\frac{L_s R_r + L_r R_s}{\sigma L_s L_r} i_{sd} + \frac{1}{\sigma L_s T_r}\psi_s + (\omega_1 - \omega)i_{sq} + \frac{u_{sd}}{\sigma L_s}$$

$$\frac{di_{sq}}{dt} = -\frac{L_s R_r + L_r R_s}{\sigma L_s L_r} i_{sq} - \frac{1}{\sigma L_s}\omega\psi_s - (\omega_1 - \omega)i_{sd} + \frac{u_{sq}}{\sigma L_s}$$

(7-95)

电磁转矩表达式为

$$T_e = n_p i_{sq}\psi_s \tag{7-96}$$

定子磁链矢量的旋转角速度 ω_1 为

$$\omega_1 = \frac{d\varphi}{dt} = \frac{u_{sq} - R_s i_{sq}}{\psi_s} \tag{7-97}$$

由式（7-97）得 $u_{sq} = \psi_s\omega_1 + R_s i_{sq}$，代入式（7-95）第四行，得

$$\frac{d\omega}{dt} = \frac{n_p^2}{J} i_{sq}\psi_s - \frac{n_p}{J} T_L$$

$$\frac{d\psi_s}{dt} = -R_s i_{sd} + u_{sd}$$

$$\frac{di_{sd}}{dt} = -\frac{L_s R_r + L_r R_s}{\sigma L_s L_r} i_{sd} + \frac{1}{\sigma L_s T_r}\psi_s + (\omega_1 - \omega)i_{sq} + \frac{u_{sd}}{\sigma L_s}$$

$$= -\frac{L_s R_r + L_r R_s}{\sigma L_s L_r} i_{sd} + \frac{1}{\sigma L_s T_r}\psi_s + \omega_s i_{sq} + \frac{u_{sd}}{\sigma L_s}$$

$$\frac{di_{sq}}{dt} = -\frac{1}{\sigma T_r} i_{sq} + \frac{1}{\sigma L_s}(\omega_1 - \omega)(\psi_s - \sigma L_s i_{sd})$$

$$= -\frac{1}{\sigma T_r} i_{sq} + \frac{1}{\sigma L_s}\omega_s(\psi_s - \sigma L_s i_{sd})$$

(7-98)

式中　ω_s——转差频率，$\omega_s = \omega_1 - \omega$。

为了分析方便起见，将旋转坐标 dq 按定子磁链 ψ_s 定向，把电压矢量分解为 u_{sd} 和 u_{sq} 分量，显然 u_{sd} 决定着定子磁链幅值的增减，而 u_{sq} 决定定子磁链矢量的旋转角速度，从而决定转差频率和电磁转矩。

2. 定子电压矢量的控制作用

两电平 PWM 逆变器可输出八个空间电压矢量，六个有效工作矢量 $u_1 \sim u_6$，两个零矢量 u_0 和 u_7。将期望的定子磁链圆轨迹分为六个扇区。在第 I 扇区的定子磁链矢量 ψ_{sI} 顶端施加六个工作电压空间矢量，将产生不同的磁链增量，如图 7-30 所示。由于六个电压矢量的方向不同，有的电压作用后会使磁链的幅值增加，另一些电压作用则使磁链幅值减小，磁链的空间矢量位置也都有相应变化。例如，施加电压矢量 u_2，可使定子磁链矢量 ψ_{sI} 的幅值增加，同时朝正向旋转；若施加电压矢量 u_4，则使 ψ_{sI} 的幅值减小，同样朝正向旋转；若施加电压矢量 u_5，则使 ψ_{sI} 的幅值减小，而朝反向旋转。当定子磁链矢量 $\psi_{sⅢ}$ 位于第 Ⅲ 扇区时，如同样施加电压矢量 u_2，将使磁链矢量 $\psi_{sⅢ}$ 的幅值减小，同时朝反向旋转；若施加电压矢

u_5，则使 $\psi_{s\text{III}}$ 的幅值增加，而朝正向旋转。在不同扇区，施加不同电压矢量，对磁链矢量也有不同的影响，其规律与此相仿。施加零矢量 u_7 和 u_0 时，定子磁链的幅值和位置均保持不变。

电压矢量分解图如图 7-31 所示，图 7-31a 表明，当定子磁链矢量 $\psi_{s\text{I}}$ 位于第 I 扇区时，施加电压 u_2，其分量 u_{sd} 和 u_{sq} 均为正值，即 u_2 的作用是使定子磁链幅值和电磁转矩都增加。图 7-31b 表明，当定子磁链矢量 $\psi_{s\text{III}}$ 位于第 III 扇区时，同样施加电压 u_2，其分量 u_{sd} 和 u_{sq} 均为负值，即 u_2 的作用是使定子磁链幅值和电磁转矩都减小。

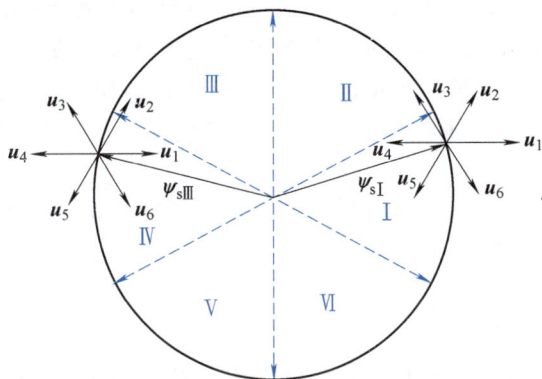

图 7-30 定子磁链圆轨迹扇区图

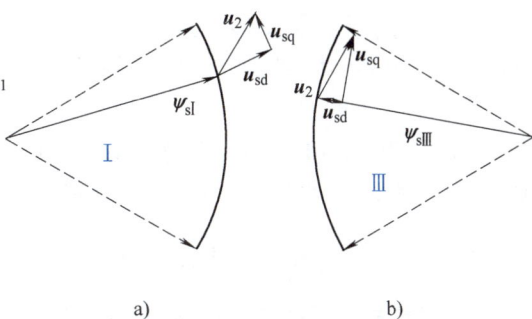

图 7-31 电压矢量分解图
a) 第 I 扇区 b) 第 III 扇区

图 7-32 为第 I 扇区的定子磁链与电压空间矢量图。转速 $\omega > 0$，电动机运行在正向电动状态，定子磁链矢量 ψ_{s1} 位于第 I 扇区。将六个电压空间矢量沿定子磁链矢量方向和垂直方向分解，得到分量 u_{sd} 和 u_{sq}。按照上面的分析，两个分量的极性及其作用效果如表 7-1 所示，前面的符号表示 u_{sd} 的极性，后面的表示 u_{sq} 的极性。

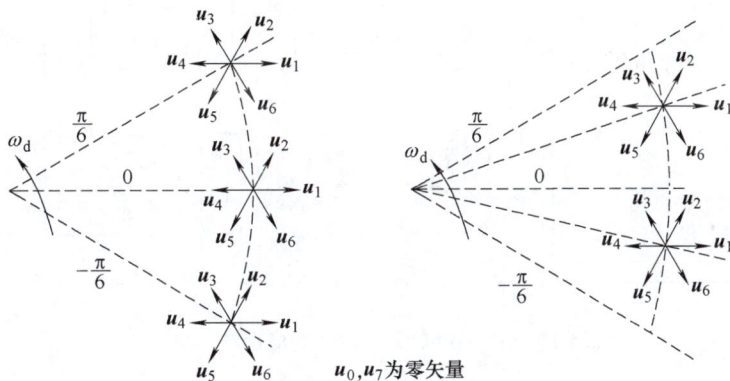

图 7-32 定子磁链与电压空间矢量图

表 7-1 电压空间矢量分量（u_{sd}，u_{sq}）的极性

磁链位置	u_1	u_2	u_3	u_4	u_5	u_6	u_0、u_7
$-\dfrac{\pi}{6}$	+, +	0, +	-, +	-, -	0, -	+, -	0, 0
$-\dfrac{\pi}{6} \sim 0$	+, +	+, +	-, +	-, -	-, -	+, -	0, 0

（续）

磁链位置	u_1	u_2	u_3	u_4	u_5	u_6	u_0、u_7
0	+，0	+，+	-，+	-，0	-，-	+，-	0，0
$0\sim\dfrac{\pi}{6}$	+，-	+，+	-，+	-，+	-，-	+，-	0，0
$\dfrac{\pi}{6}$	+，-	+，+	0，+	-，+	-，-	0，-	0，0

忽略定子电阻压降，当所施加的定子电压分量 u_{sd} 为 " + " 时，定子磁链幅值加大；当 $u_{sd}=0$，定子磁链幅值维持不变；当 u_{sd} 为 " - "，定子磁链幅值减小。当电压分量 u_{sq} 为 " + " 时，定子磁链矢量正向旋转，转差频率 ω_s 增大，电流转矩分量 i_{sq} 和电磁转矩 T_e 加大；当 $u_{sq}=0$，定子磁链矢量停在原地，$\omega_1=0$，转差频率 ω_s 为负，电流转矩分量 i_{sq} 和电磁转矩 T_e 减小；当 u_{sq} 为 " - "，定子磁链矢量反向旋转，电流转矩分量 i_{sq} 急剧变负，产生制动转矩。

图 7-32 和表 7-1 表明，在第 I 扇区内正向电动运行时，电压矢量对定子磁链与电磁转矩的控制作用，同样的方法可以推广到其他运行状态和另外五个扇区。

7.7.2　基于定子磁链控制的直接转矩控制系统

直接转矩控制系统的原理结构图如图 7-33 所示，图中 ASR、AFR 和 ATR 分别为速度调节器、定子磁链调节器和转矩调节器。速度调节器 ASR 采用 PI 调节器，定子磁链调节器 AFR 采用带有滞环的双位式控制器（图 7-34a），转矩调节器 ATR 采用带有滞环的三位式控制器（图 7-34b）。图中，定子磁链给定 ψ_s^* 与实际转速 ω 有关，在额定转速以下，ψ_s^* 保持恒定，在额定转速以上，ψ_s^* 随着 ω 的增加而减小。

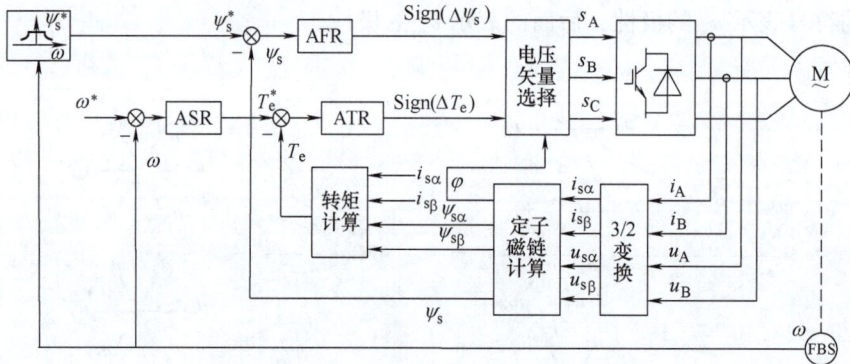

图 7-33　直接转矩控制系统原理结构图

定子磁链幅值偏差 $\Delta\psi_s$ 的符号函数

$$Sign(\Delta\psi_s)=\begin{cases}1 & \Delta\psi_s=\psi_s^*-\psi_s>c \\ 0 & \Delta\psi_s=\psi_s^*-\psi_s<-c\end{cases} \qquad(7\text{-}99)$$

当 $Sign(\Delta\psi_s)=1$ 时，选择合适的矢量使定子磁链加大；反之 $Sign(\Delta\psi_s)=0$ 时，选择合适的矢量使定子磁链减小。

电磁转矩偏差 ΔT_e 的符号函数

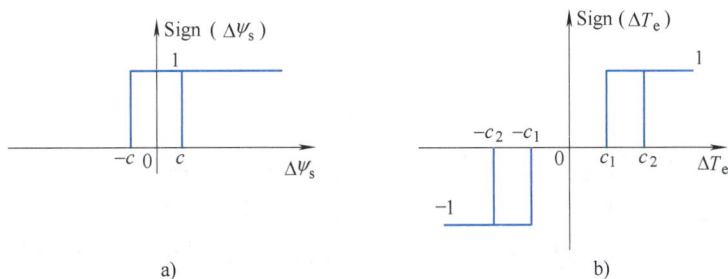

图 7-34 带有滞环的双位和三位式控制器

a）双位式控制器 b）三位式控制器

$$Sign(\Delta T_e) = \begin{cases} 1 & \Delta T_e = T_e^* - T_e > c_2 \\ 0 & -c_1 < \Delta T_e = T_e^* - T_e < c_1 \\ -1 & \Delta T_e = T_e^* - T_e < -c_2 \end{cases} \qquad (7\text{-}100)$$

当 $Sign(\Delta T_e) = 1$ 时，使定子磁场正向旋转，实际转矩 T_e 加大；当 $Sign(\Delta T_e) = 0$ 时，使定子磁场停止转动，电磁转矩减小；当 $Sign(\Delta T_e) = -1$ 时，使定子磁场反向旋转，实际电磁转矩 T_e 反向增大。

当定子磁链矢量位于第 I 扇区中的不同位置时，按 $Sign(\Delta\psi_s)$ 和 $Sign(\Delta T_e)$ 值用查表法（表7-2）选取电压空间矢量，如磁链控制与转矩控制发生冲突时，以转矩控制优先，零矢量可按开关损耗最小的原则选取。其他扇区磁链的电压空间矢量选择可依此类推。

表 7-2 电压空间矢量选择表

$Sign(\Delta\psi_s)$	$Sign(\Delta T_e)$	$-\dfrac{\pi}{6}$	$-\dfrac{\pi}{6} \sim 0$	0	$0 \sim \dfrac{\pi}{6}$	$\dfrac{\pi}{6}$
	1	u_1	u_2	u_2	u_2	u_2
1	0	u_0 或 u_7				
	-1	u_6	u_6	u_6	u_6	u_1
	1	u_3	u_3	u_3	u_3	u_4
0	0	u_0 或 u_7				
	-1	u_4	u_5	u_5	u_5	u_5

7.7.3 定子磁链和转矩计算模型

1. 定子磁链计算模型

直接转矩控制系统需采用两相静止坐标（$\alpha\beta$ 坐标）计算定子磁链，而避开旋转坐标变换。$\alpha\beta$ 坐标系上定子电压方程

$$\left.\begin{array}{l} \dfrac{\mathrm{d}\psi_{s\alpha}}{\mathrm{d}t} = -R_s i_{s\alpha} + u_{s\alpha} \\[2mm] \dfrac{\mathrm{d}\psi_{s\beta}}{\mathrm{d}t} = -R_s i_{s\beta} + u_{s\beta} \end{array}\right\} \qquad (7\text{-}101)$$

移项并积分后得

$$\left.\begin{array}{l} \psi_{s\alpha} = \int (u_{s\alpha} - R_s i_{s\alpha})\,\mathrm{d}t \\[2mm] \psi_{s\beta} = \int (u_{s\beta} - R_s i_{s\beta})\,\mathrm{d}t \end{array}\right\} \tag{7-102}$$

式（7-102）就是定子磁链计算模型，其结构如图 7-35 所示。显然，这是一个电压模型，如前所述，它适合于以中、高速运行的系统，在低速时误差较大，甚至无法应用。必要时，只好在低速时切换到电流模型，但这时上述能提高鲁棒性的优点就不得不丢弃了。

2. 转矩计算模型

由式（7-76）已知，在静止两相坐标系中电磁转矩表达式为

$$T = n_p(i_{s\beta}\psi_{s\alpha} - i_{s\alpha}\psi_{s\beta})$$

这就是转矩计算模型，其结构框图如图 7-36 所示。

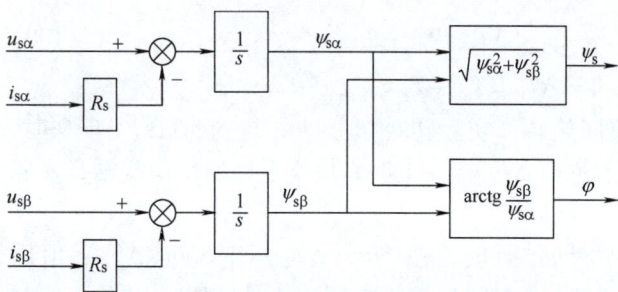

图 7-35 定子磁链计算模型   图 7-36 转矩计算模型

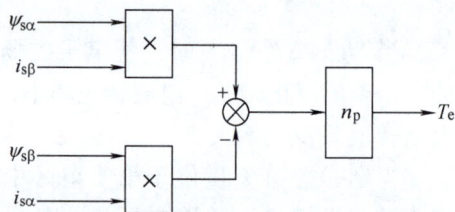

7.7.4 直接转矩控制系统的特点与存在的问题

1. 直接转矩控制系统的特点

1）转矩和磁链的控制采用多位式控制器，并在 PWM 逆变器中直接用这两个控制信号产生输出电压，省去了旋转变换和电流控制，简化了控制器的结构。

2）选择定子磁链作为被控量，计算磁链的模型可以不受转子参数变化的影响，提高了控制系统的鲁棒性。

3）由于采用了直接转矩控制，在加减速或负载变化的动态过程中，可以获得快速的转矩响应，但必须注意限制过大的冲击电流，以免损坏功率开关器件，因此实际的转矩响应也是有限的。

2. 直接转矩控制系统存在的问题

1）由于采用多位式控制，实际转矩必然在上下限内脉动。

2）由于磁链计算采用了带积分环节的电压模型，积分初值、累积误差和定子电阻的变化都会影响磁链计算的准确度。

这两个问题的影响在低速时都比较显著，因而系统的调速范围受到限制。因此抑制转矩脉动、提高低速性能便成为改进原始的直接转矩控制系统的主要方向，许多学者和研发工程师的辛勤工作使它们得到一定程度的改善，改进的方案有两种：

1）对磁链偏差和转矩偏差实行细化，使磁链轨迹接近圆形，减少转矩脉动[32,59]。

2）改多位式控制为连续控制，例如间接自控制（ISR）系统[37]和按定子磁链定向的控制系统[38,60,61]。

7.8 直接转矩控制系统与矢量控制系统的比较

直接转矩控制系统和矢量控制系统都是已获实际应用的高性能交流调速系统，两者都基于异步电动机动态数学模型，采用转矩（转速）和磁链分别控制，这是符合异步电动机高动态性能控制需要的，但两者在具体控制方法和实际性能上又各有千秋，表7-3列出了两种系统的特点与性能的比较。

表7-3 直接转矩控制系统和矢量控制系统特点与性能比较

性能与特点	直接转矩控制系统	矢量控制系统
磁链控制	定子磁链闭环控制	转子磁链可以闭环控制，也可以开环控制
转矩控制	多位式控制，有转矩脉动	连续控制，比较平滑
电流控制	无闭环控制	闭环控制
坐标变换	静止坐标变换，较简单	旋转坐标变换，较复杂
磁链定向	需知道定子磁链矢量的位置，但无需精确定向	按转子磁链定向
调速范围	不够宽	比较宽
转矩动态响应	较快	不够快

矢量控制系统通过电流闭环控制，实现定子电流的两个分量 i_{sm} 和 i_{st} 的解耦，进一步实现 T_e 与 ψ_r 的解耦，有利于分别设计转速与磁链调节器；实行连续控制，可获得较宽的调速范围；但按 ψ_r 定向受电动机转子参数变化的影响，降低了系统的鲁棒性。

直接转矩控制系统采用 T_e 和 ψ_s 多位式控制，根据定子磁链幅值偏差 $\Delta\psi_s$、电磁转矩偏差 ΔT_e 的符号，再依据当前定子磁链矢量 ψ_s 所在的位置，直接选取输出电压矢量，避开了旋转坐标变换，简化了控制结构；控制定子磁链而不是转子磁链，不受转子参数变化的影响；但不可避免地产生转矩脉动，影响低速性能，调速范围受到限制。

矢量控制与直接转矩控制的控制方法各有所长，也各有不足之处，如何取长补短，探索新型的控制方法是当前的研究课题之一，例如间接转矩控制[37]、按定子磁场定向控制[38]等，限于篇幅，此处不详细展开。

*7.9 异步电动机无速度传感器调速系统

高性能的交流调速系统需要转速调节和转速反馈，因而需要能提供转速检测信号的转速传感器，如测速发电机、光电或磁性编码器等。然而在电动机轴上安装转速传感器需要保证较好的同轴度，否则将影响测速的精度，在温差较大、湿度较高等恶劣环境下甚至无法工作；高精度的码盘价格昂贵，对于中、小容量的系统将显著增加硬件的投资。

用可以直接检测的电压、电流等信号间接计算转速，并用计算转速代替真实转速构成闭环控制，这就是无速度传感器的交流调速系统。按获得转速信号的方法大体上可以分成三类：①基于电动机数学模型计算转速或转差；②基于 PI 控制的特点闭环构造转速信号；③利用电动机结构上的特征产生转速信号。本节仅讨论第一类的一种转速计算方法，即利用转子电动势计算同步角转速，再求得转速的方法，对于其他方法感兴趣的读者可参阅参考文献［32，33，41］。

由式（7-55a）所表示的 dq 坐标系中的磁链方程为

$$\psi_{sd} = L_s i_{sd} + L_m i_{rd}$$

$$\psi_{sq} = L_s i_{sq} + L_m i_{rq}$$

$$\psi_{rd} = L_m i_{sd} + L_r i_{rd}$$

$$\psi_{rq} = L_m i_{sq} + L_r i_{rq}$$

可得式（7-59）所示的定子磁链与转子磁链之间的关系

$$\psi_{sd} = \sigma L_s i_{sd} + \frac{L_m}{L_r}\psi_{rd}$$

$$\psi_{sq} = \sigma L_s i_{sq} + \frac{L_m}{L_r}\psi_{rq}$$

代入式（7-55b）前两行所表示的同步旋转坐标系定子电压方程

$$\frac{d\psi_{sd}}{dt} = -R_s i_{sd} + \omega_1 \psi_{sq} + u_{sd}$$

$$\frac{d\psi_{sq}}{dt} = -R_s i_{sq} - \omega_1 \psi_{sd} + u_{sq}$$

并整理后得

$$\left.\begin{array}{l}
\sigma L_s \dfrac{di_{sd}}{dt} + \dfrac{L_m}{L_r}\dfrac{d\psi_{rd}}{dt} = -R_s i_{sd} + \omega_1\left(\sigma L_s i_{sq} + \dfrac{L_m}{L_r}\psi_{rq}\right) + u_{sd} \\[4mm]
\sigma L_s \dfrac{di_{sq}}{dt} + \dfrac{L_m}{L_r}\dfrac{d\psi_{rq}}{dt} = -R_s i_{sq} - \omega_1\left(\sigma L_s i_{sd} + \dfrac{L_m}{L_r}\psi_{rd}\right) + u_{sq}
\end{array}\right\} \tag{7-103}$$

在按转子磁链定向的矢量控制系统中，$\psi_{rd} = \psi_r$、$\psi_{rq} = 0$、$\dfrac{d\psi_{rq}}{dt} = 0$，则式（7-103）变成

$$\sigma L_s \frac{di_{sd}}{dt} + \frac{L_m}{L_r}\frac{d\psi_r}{dt} = -R_s i_{sd} + \omega_1 \sigma L_s i_{sq} + u_{sd}$$

$$\sigma L_s \frac{di_{sq}}{dt} = -R_s i_{sq} - \omega_1 \sigma L_s i_{sd} - \omega_1 \frac{L_m}{L_r}\psi_r + u_{sq}$$

转子电动势为

$$\left.\begin{array}{l}
e_{rd} = \dfrac{d\psi_r}{dt} = \dfrac{L_r}{L_m}\left(-R_s i_{sd} - \sigma L_s \dfrac{di_{sd}}{dt} + \omega_1 \sigma L_s i_{sq} + u_{sd}\right) \\[4mm]
e_{rq} = \omega_1 \psi_r = \dfrac{L_r}{L_m}\left(-R_s i_{sq} - \sigma L_s \dfrac{di_{sq}}{dt} - \omega_1 \sigma L_s i_{sd} + u_{sq}\right)
\end{array}\right\} \tag{7-104}$$

为了简单起见，认为转子磁链 ψ_r 已经达到稳态，即等于其给定值 ψ_r^*，因而 $\dfrac{d\psi_r}{dt} = 0$，于是 $e_{rd} = 0$，转子磁链产生的电动势的幅值为

$$e_r = \sqrt{e_{rd}^2 + e_{rq}^2} = e_{rq} \tag{7-105}$$

由式（7-104）第二行解得同步转速为

$$\hat{\omega}_1 = \frac{e_{rq}}{\psi_r^*} \tag{7-106}$$

在矢量控制系统中已计算出转差 ω_s，由 $\hat{\omega}_1$ 减去 ω_s 即得转速的计算值 $\hat{\omega} = \hat{\omega}_1 - \omega_s$。转速计算的结构图如图 7-37 所示。在静止两相正交坐标系上计算出转子电动势的幅值后，再计算 e_{rq}，会比直接在 dq 坐标系上计算更简单些。

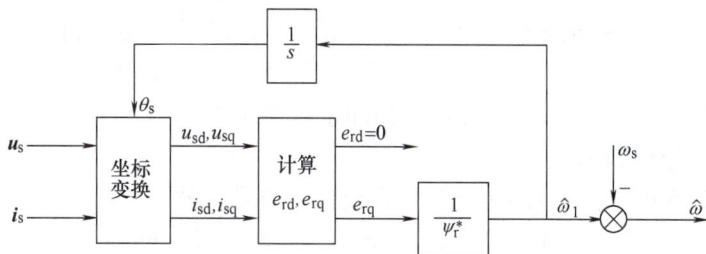

图 7-37　利用转子电动势计算转速的结构图

在 $\alpha\beta$ 坐标系中，式（7-92）所示的转子磁链为

$$\psi_{r\alpha} = \frac{L_r}{L_m}\Big[\int (u_{s\alpha} - R_s i_{s\alpha})\,\mathrm{d}t - \sigma L_s i_{s\alpha}\Big]$$

$$\psi_{r\beta} = \frac{L_r}{L_m}\Big[\int (u_{s\beta} - R_s i_{s\beta})\,\mathrm{d}t - \sigma L_s i_{s\beta}\Big]$$

对式（7-92）求导，转子磁链产生的电动势为

$$e_{r\alpha} = \frac{\mathrm{d}\psi_{r\alpha}}{\mathrm{d}t} = \frac{L_r}{L_m}\Big(u_{s\alpha} - R_s i_{s\alpha} - \sigma L_s \frac{\mathrm{d}i_{s\alpha}}{\mathrm{d}t}\Big)$$

$$e_{r\beta} = \frac{\mathrm{d}\psi_{r\beta}}{\mathrm{d}t} = \frac{L_r}{L_m}\Big(u_{s\beta} - R_s i_{s\beta} - \sigma L_s \frac{\mathrm{d}i_{s\beta}}{\mathrm{d}t}\Big) \qquad (7\text{-}107)$$

转子磁链产生的电动势的幅值为

$$e_r = \sqrt{e_{r\alpha}^2 + e_{r\beta}^2} \qquad (7\text{-}108)$$

电动势合成矢量的幅值在不同坐标系上是一样的，同上，认为 $e_{rd}=0$，因此

$$e_{rq} = \sqrt{e_{r\alpha}^2 + e_{r\beta}^2} \qquad (7\text{-}109)$$

再用式（7-106）可得到 $\hat{\omega}_1$。

利用转子电动势计算转速的方法简单实用，在无速度传感器的矢量控制通用变频器中常被采用。这种方法存在的问题是：①低速时电动势值很小，计算误差大，系统的低速性能不好；②为了简化计算，采用给定值 ψ_r^* 代替 ψ_r，动态转速不准确。因此，这种系统的精度不高，调速范围有限。

⚙ *7.10　异步电动机和交流调速系统仿真

MATLAB 是常用的一种计算机数字仿真软件，其中 Simulink/SimPowerSystems 中包含了大量的电动机、电力电子功率主电路和控制系统的仿真模块，以供选用。本节仅介绍利用这些模块进行仿真，对 MATLAB Simulink 仿真软件的使用不做详细的介绍，有兴趣的读者可查阅相关书籍。以下仿真内容基于 MATLAB 7.9.0（R2009b），不同的版本可能有所不同。

193

7.10.1 异步电动机的仿真

笼型异步电动机铭牌数据：额定功率 $P_N = 3kW$，额定电压 $U_N = 380V$，额定电流 $I_N = 6.9A$，额定转速 $n_N = 1400r/min$，额定频率 $f_N = 50Hz$，定子绕组 丫 联接。

由实验测得定子电阻 $R_s = 1.85\Omega$，转子电阻 $R_r = 2.658\Omega$，定子自感 $L_s = 0.294H$，转子自感 $L_r = 0.2898H$，定子、转子互感 $L_m = 0.2838H$，转子参数已折合到定子侧，系统的转动惯量 $J = 0.1284kg \cdot m^2$，$n_p = 2$，忽略阻转矩和扭转弹性转矩。

1. 异步电动机仿真模型

在 MATLAB 环境下建立异步电动机仿真模型，如图 7-38 所示，其中，Asynchronous Machines SI Unti（Squirrel-Cage 模式）选自 SimPowerSystems/Machines，Three-Phase Programmable Voltage Source 选自 SimPowerSystems/Electrical Sources，Three-Phase V-I Measurement 选自 SimPowerSystems/Measurements，powergui 选自 SimPowerSystems。将电动机参数输入相应的模块，并设置合适的仿真步长。

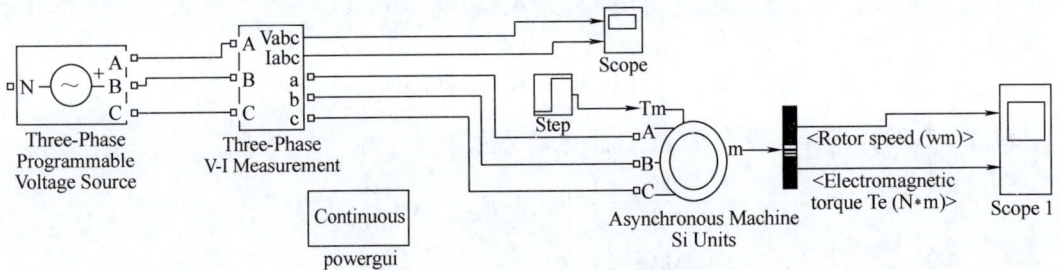

图 7-38　异步电动机仿真模型

2. 三相异步电动机仿真

异步电动机空载起动，在 3s 时突加额定负载 $T_N = \dfrac{P_N}{\Omega_n} = \dfrac{60P_N}{2\pi n_n} = \dfrac{3000 \times 30}{\pi \times 1400}N \cdot m$ 的仿真曲线，由于加额定电压直接起动，在起动过程中，电磁转矩出现剧烈的振荡。

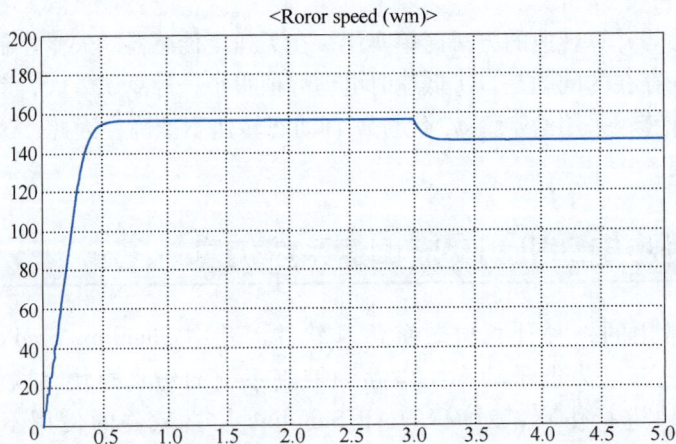

图 7-39　异步电动机转速（上）和转矩（下）曲线

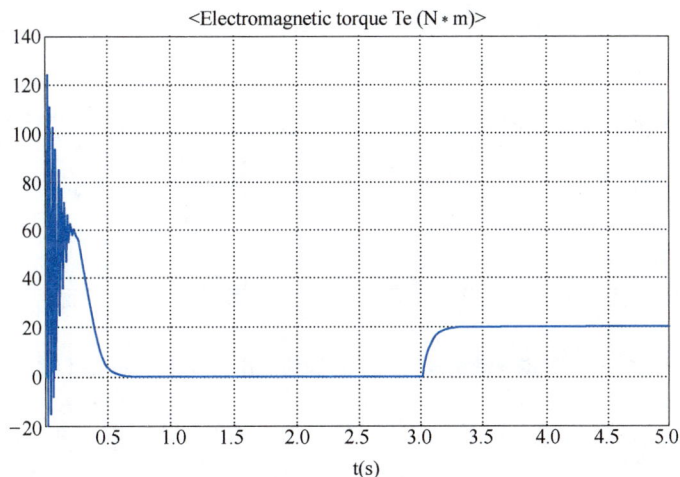

图 7-39 异步电动机转速（上）和转矩（下）曲线（续）

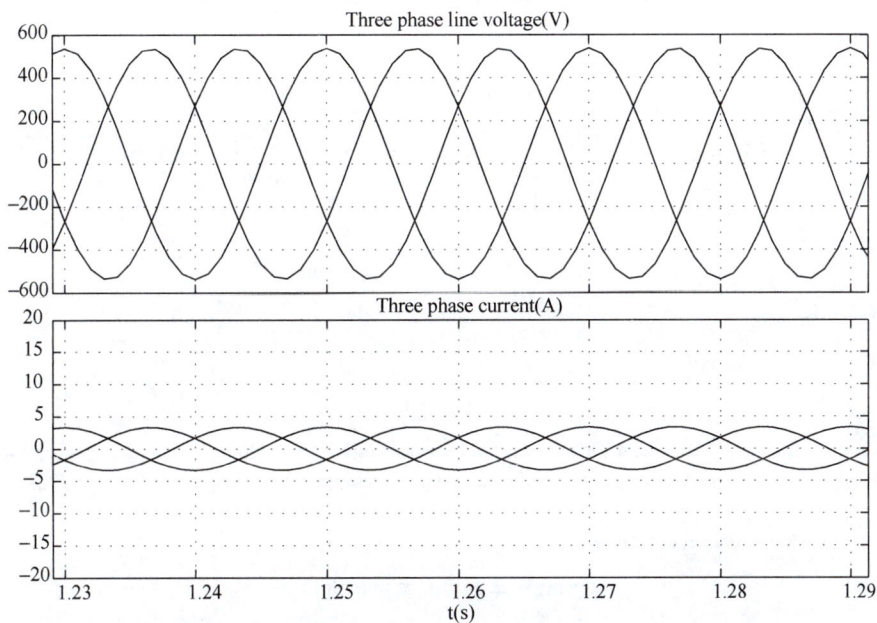

图 7-40 异步电动机电压（上）和空载电流（下）曲线

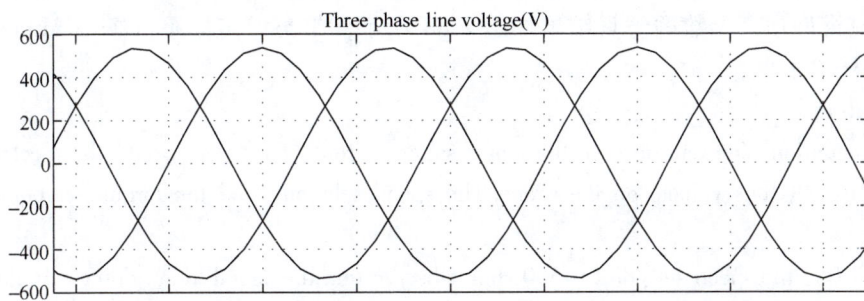

图 7-41 异步电动机电压（上）和负载电流（下）曲线

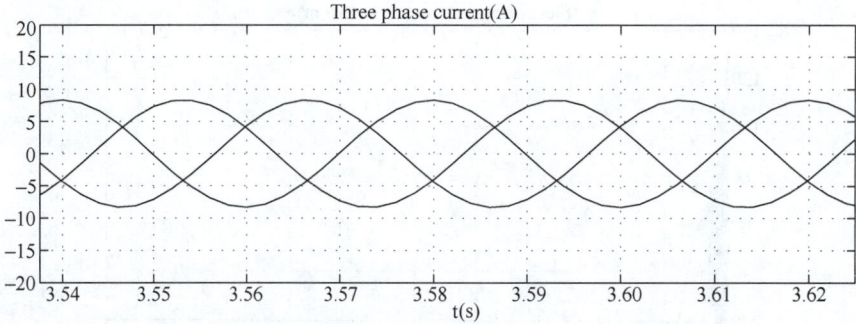

图7-41　异步电动机电压（上）和负载电流（下）曲线（续）

7.10.2　矢量控制系统仿真

在 MATLAB Help/Demos 菜单下，打开 SimPowerSystems/Demos/Electric Drive Models/AC3 - Field- Oriented Control Induction 200 HP Motor Drive（见图7-42），即可对矢量控制系统进行仿真研究。

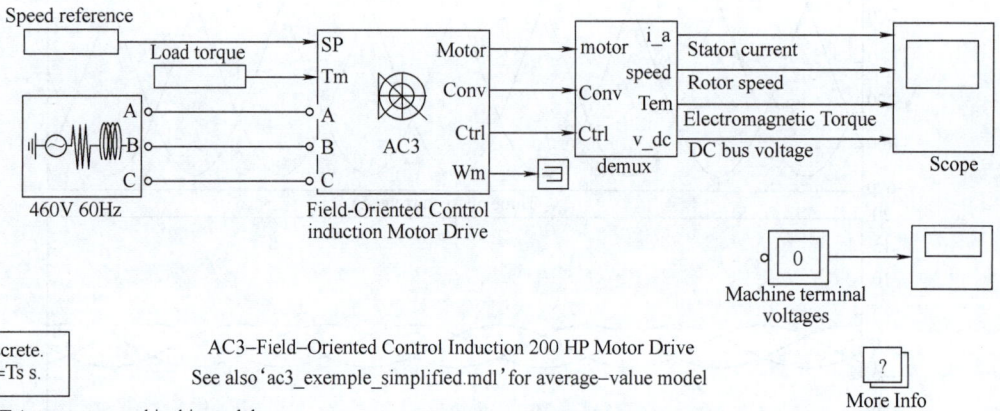

图7-42　矢量控制系统仿真模型

矢量控制器结构框图如图7-43所示，采用转速、转子磁链与电流闭环控制，其中转速与转子磁链采用 PI 调节器，电流闭环采用滞环控制模式。

用仿真模型预设参数的仿真结果如图7-44所示，工况设定如下（摘自 MATLAB 仿真软件）。

Demonstration

Start the simulation. You can observe the motor stator current, the rotor speed, the electromagnetic torque and the DC bus voltage on the scope. The speed set point and the torque set point are also shown.

At time t = 0s, the speed set point is 500 rpm. Observe that the speed follows precisely the acceleration ramp.

At t = 0.5s, the full load torque is applied to the motor shaft while the motor speed is still ramping

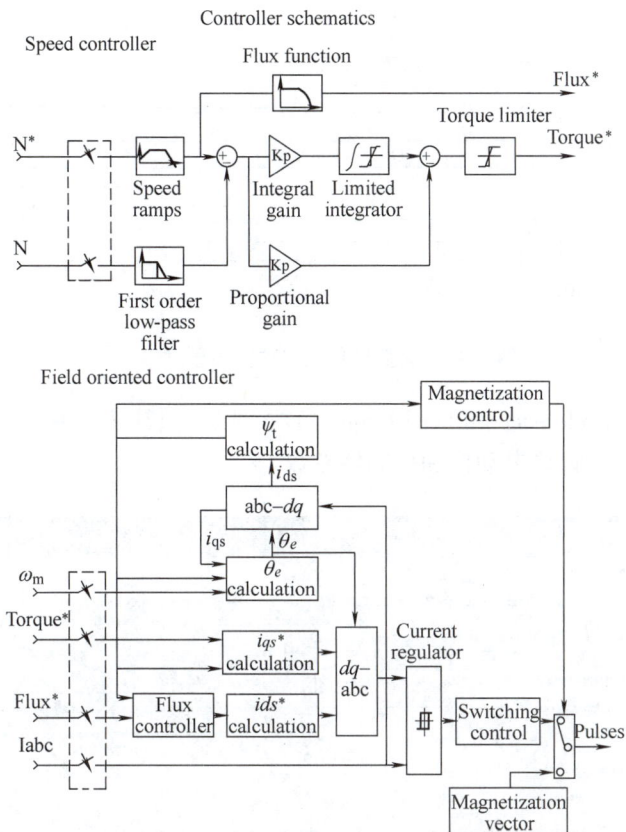

图7-43 矢量控制器结构框图

to its final value. This forces the electromagnetic torque to increase to the user- defined maximum value (1200N. m) and then to stabilize at 820N. m once the speed ramping is completed and the motor has reached 500 rpm.

At t = 1s, the speed set point is changed to 0 rpm. The speed decreases down to 0 rpm by following precisely the deceleration ramp even though the mechanical load is inverted abruptly, passing from 792N. m to −792N. m, at t = 1.5s. Shortly after, the motor speed stabilizes at 0 rpm.

Finally, note how well the DC bus voltage is regulated during the whole simulation period.

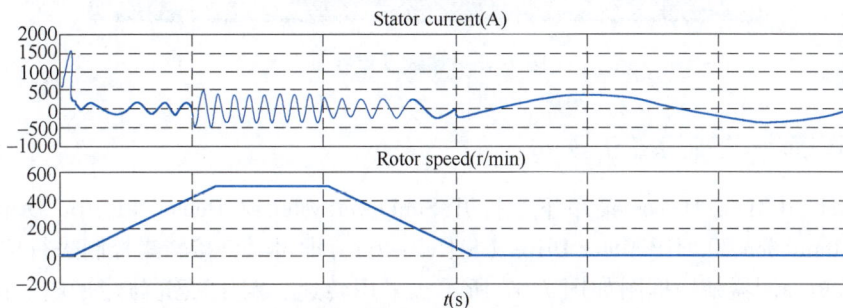

图7-44 矢量控制系统仿真结果

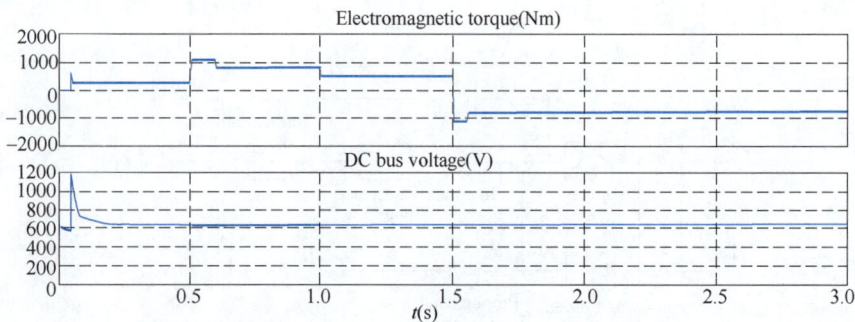

图7-44 矢量控制系统仿真结果（续）

读者可修改 Speed reference 和 Load torque 参数，以模拟其他各种工况，还可以在参数设置界面（见图7-45）中修改电动机和控制器参数。

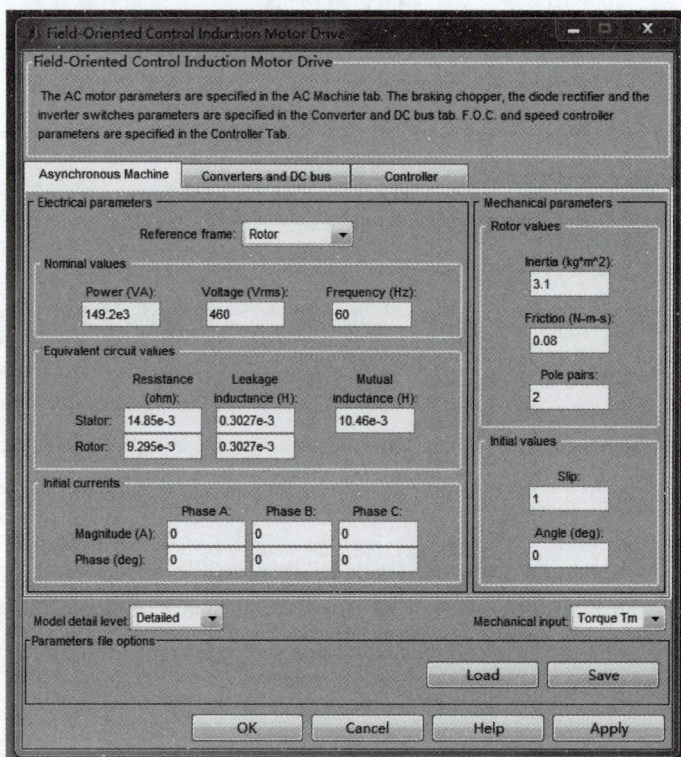

图7-45 参数设置界面

7.10.3 直接转矩控制系统仿真

在 MATLAB Help/Demos 菜单下，打开 SimPowerSystems/ Demos/Electric Drive Models/ AC4 - DTC Induction 200 HP Motor Drive（见图7-46），即可对直接转矩控制进行仿真研究。

直接转矩控制器结构框图如图7-47所示，采用转速、定子磁链与转矩电流闭环控制，其中转速闭环采用 PI 调节器，定子磁链闭环带有滞环的采用双位式控制器，转矩闭环采用带有滞环的三位式控制器。

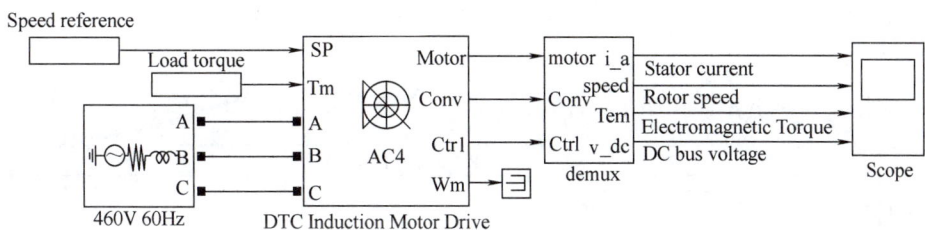

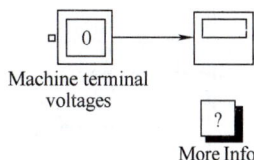

图 7-46　直接转矩控制进行仿真模型

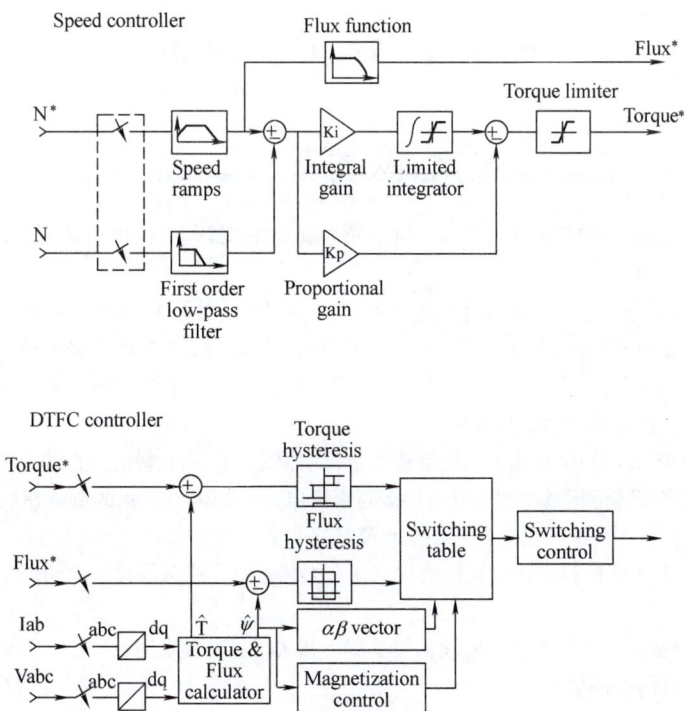

图 7-47　直接转矩控制器结构框图

用仿真模型预设参数的仿真结果如图 7-48 所示，工况设定同矢量控制系统仿真，参数修改方法同矢量控制系统的仿真。

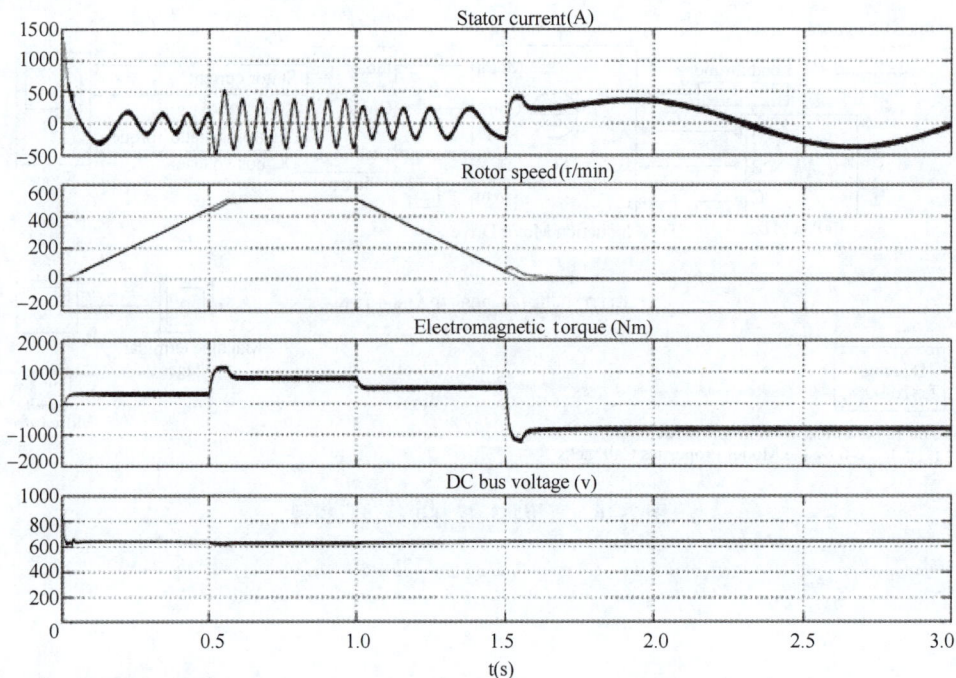

图7-48　直接转矩控制系统仿真结果

思考题

7-1　结合异步电动机三相原始动态模型，讨论异步电动机非线性、强耦合和多变量的性质，并说明具体体现在哪些方面？

7-2　三相原始模型是否存在约束条件？为什么说"三相原始数学模型并不是其物理对象最简洁的描述，完全可以且完全有必要用两相模型代替"？两相模型为什么相差90°？相差180°行吗？

7-3　3/2坐标变换的等效原则是什么？功率相等是坐标变换的必要条件吗？是否可以采用匝数相等的变换原则？如可以，变换前后的功率是否相等？

7-4　旋转变换的等效原则是什么？当磁动势矢量幅值恒定、匀速旋转时，在静止绕组中通入正弦对称的交流电流，而在同步旋转坐标系中的电流为什么是直流电流？如果坐标系的旋转速度大于或小于磁动势矢量的旋转速度时，绕组中的电流是交流量还是直流量？

7-5　坐标变换（3/2变换和旋转变换）的优点何在？能否改变或减弱异步电动机非线性、强耦合和多变量的性质？

7-6　论述矢量控制系统的基本工作原理，矢量变换和按转子磁链定向的作用，等效的直流机模型，矢量控制系统的转矩与磁链控制规律。

7-7　转子磁链计算模型有电压模型和电流模型两种，分析两种模型的基本原理，比较各自的优缺点。

7-8　讨论直接定向与间接定向矢量控制系统的特征，比较各自的优缺点，磁链定向的精度受哪些参数的影响？

7-9　分析与比较按转子磁链定向和按定子磁链定向异步电动机动态数学模型的特征，指出它们的相同点与不同之处。

7-10　分析定子电压矢量对定子磁链与转矩的控制作用，如何根据定子磁链和转矩偏差的符号以及当前定子磁链的位置选择电压空间矢量？转矩脉动的原因是什么？抑制转矩脉动有哪些方法？

7-11 直接转矩控制系统常用带有滞环的多位式控制器作为转矩和定子磁链的控制器，与 PI 调节器相比较，带有滞环的多位式控制器有什么优缺点？

7-12 分析直接转矩控制系统的定子磁链和转矩的计算模型，说明它们的不足之处。

7-13 按定子磁链控制的直接转矩控制（DTC）系统与磁链闭环控制的矢量控制（VC）系统在控制方法上有什么异同？

习 题

7-1 按磁动势等效、功率相等的原则，三相坐标系变换到两相静止坐标的变换矩阵为

$$\boldsymbol{C}_{3/2} = \sqrt{\frac{2}{3}} \begin{bmatrix} 1 & -\frac{1}{2} & -\frac{1}{2} \\ 0 & \frac{\sqrt{3}}{2} & -\frac{\sqrt{3}}{2} \end{bmatrix}$$

现有三相正弦对称电流 $i_A = I_m \cos(\omega t)$，$i_B = I_m \cos\left(\omega t - \frac{2\pi}{3}\right)$，$i_C = I_m \cos\left(\omega t + \frac{2\pi}{3}\right)$，求变换后两相静止坐标系中的电流 $i_{s\alpha}$ 和 $i_{s\beta}$，分析两相电流的基本特征与三相电流的关系。

7-2 两相静止坐标系到两相旋转坐标系的变换阵为

$$\boldsymbol{C}_{2s/2r} = \begin{bmatrix} \cos\varphi & \sin\varphi \\ -\sin\varphi & \cos\varphi \end{bmatrix}$$

将习题 7-1 中的两相静止坐标系中的电流 $i_{s\alpha}$ 和 $i_{s\beta}$ 变换到两相旋转坐标系中的电流 i_{sd} 和 i_{sq}，坐标系旋转速度 $\frac{d\varphi}{dt} = \omega_1$。分析当 $\omega_1 = \omega$ 时，i_{sd} 和 i_{sq} 的基本特征，电流矢量幅值 $i_s = \sqrt{i_{sd}^2 + i_{sq}^2}$ 与三相电流幅值 I_m 的关系，其中 ω 是三相电源角频率。

7-3 按转子磁链定向同步旋转坐标系中状态方程为

$$\frac{d\omega}{dt} = \frac{n_p^2 L_m}{J L_r} i_{st} \psi_r - \frac{n_p}{J} T_L$$

$$\frac{d\psi_r}{dt} = -\frac{1}{T_r} \psi_r + \frac{L_m}{T_r} i_{sm}$$

$$\frac{di_{sm}}{dt} = \frac{L_m}{\sigma L_s L_r T_r} \psi_r - \frac{R_s L_r^2 + R_r L_m^2}{\sigma L_s L_r^2} i_{sm} + \omega_1 i_{st} + \frac{u_{sm}}{\sigma L_s}$$

$$\frac{di_{st}}{dt} = -\frac{L_m}{\sigma L_s L_r} \omega \psi_r - \frac{R_s L_r^2 + R_r L_m^2}{\sigma L_s L_r^2} i_{st} - \omega_1 i_{sm} + \frac{u_{st}}{\sigma L_s}$$

坐标系的旋转角速度为

$$\omega_1 = \omega + \frac{L_m}{T_r \psi_r} i_{st}$$

假定电流闭环控制性能足够好，电流闭环控制的等效传递函数为惯性环节

$$\frac{di_{sm}}{dt} = -\frac{1}{T_i} i_{sm} + \frac{1}{T_i} i_{sm}^*$$

$$\frac{di_{st}}{dt} = -\frac{1}{T_i} i_{st} + \frac{1}{T_i} i_s^*$$

T_i 为等效惯性时间常数。画出电流闭环控制后系统的动态结构图，输入为 i_{sm}^* 和 i_s^*，输出为 ω 和 ψ_r，讨论系统的稳定性。

7-4 笼型异步电动机铭牌数据为：额定功率 $P_N = 3kW$，额定电压 $U_N = 380V$，额定电流 $I_N = 6.9A$，额定转速 $n_N = 1400r/min$，额定频率 $f_N = 50Hz$，定子绕组 丫 联结。由实验测得定子电阻 $R_s = 1.85\Omega$，转子电阻 $R_r = 2.658\Omega$，定子自感 $L_s = 0.294H$，转子自感 $L_r = 0.2898H$，定子、转子互感 $L_m = 0.2838H$，转子参数

已折合到定子侧，系统的转动惯量 $J = 0.1284\text{kg} \cdot \text{m}^2$，电动机稳定运行在额定工作状态，假定电流闭环控制性能足够好，试求转子磁链 ψ_r 和按转子磁链定向的定子电流两个分量 i_{sm}、i_{st}。

7-5 根据习题 7-3 得到电流闭环控制后系统的动态结构图，电流闭环控制等效惯性时间常数 $T_i = 0.001\text{s}$，设计矢量控制系统转速调节器 ASR 和磁链调节器 AFR，其中，ASR 按典型 II 型系统设计，AFR 按典型 I 型系统设计，调节器的限幅按两倍过电流计算，电动机参数同习题 7-4。

7-6 用 MATLAB 仿真软件，分析起动、加载电动机的过渡过程，电动机参数同习题 7-4。

7-7 接上题，对异步电动机矢量控制系统进行仿真，分析仿真结果，观察在不同坐标系中的电流曲线，转速调节器 ASR 和磁链调节器 AFR 参数变化对系统的影响。

7-8 接习题 7-7，用 MATLAB 仿真软件，对直接转矩控制系统进行仿真，分析仿真结果，观察转矩与磁链双位式控制器环宽对系统性能的影响。

7-9 根据仿真结果，对矢量控制系统直接转矩控制系统做分析与比较。

第 8 章
绕线转子异步电机转子变频控制系统

内容提要

绕线转子异步电动机可在转子侧进行控制，常用的控制设备是转子变频器。8.1 节首先阐明转子变频控制原理，其本质就是在转子侧外接电动势以控制输入或输出的转差功率。8.2 节介绍转子变频控制的次同步、超同步、电动、发电组合而成的四种基本工况。8.3 节全面分析次同步状态下的电动系统，即串级调速系统，以及该系统的双闭环控制。8.4 节介绍转子变频的双馈控制系统，包括双馈调速系统和双馈风力发电系统。从总体上看，本章从转子变频控制的角度分析绕线电机的控制及其应用，是对本书前几版分析方法的更新。

异步电机的转子绕组有笼型和绕线型两类。笼型转子异步电机结构简单、制造方便、经济耐用，所以应用极广。但笼型转子是自行闭合的多相绕组，造好以后就不能改变，而绕线转子可以通过集电环和电刷连接到外部电气设备，因而除在定子侧控制外，在转子侧也能进行控制，从而拓展出各种用途。

1）绕线转子电路外接三相可调电阻，利用改变电阻值获得电动机的不同机械特性，用于起动和调速。

2）绕线转子电路外接三相整流器，并在直流端连接到晶闸管逆变器，或可控开关器件 PWM 逆变器，从而输出转差功率，构成转子变频的串级调速系统。

3）绕线转子电路外接双 PWM 的交-直-交变频器，通过变频器输出或输入转差功率，形成双馈系统，可以调节电动机的转速或者发电。

8.1 绕线转子异步电机转子变频控制原理

绕线转子异步电机定子由电网供电时，转子电路的频率是转差频率，与外部电力电子装置连接时，改变转子侧外接的电动势，可以控制转差频率，同时控制转子侧输出或输入的电功率，只增加不多的转子电路损耗。

8.1.1 异步电机转子附加电动势的作用

异步电机运行时的转子相电动势为

$$E_r = sE_{r0} \tag{8-1}$$

式中　　s——异步电机的转差率；

E_{r0}——绕线转子异步电机在转子不动时的相电动势，或称转子开路电动势，也就是转子额定相电压值。

式（8-1）表明，绕线转子异步电机工作时，其转子电动势 E_r 值与转差率 s 成正比。此外，转子频率 f_2 也与 s 成正比，$f_2 = sf_1$。

当转子短路时，转子相电流 I_r 的稳态表达式为

$$I_r = \frac{sE_{r0}}{\sqrt{R_r^2 + (sX_{r0})^2}} \tag{8-2}$$

式中　R_r——转子绕组每相电阻；

　　X_{r0}——$s = 1$ 时的转子绕组每相漏抗。

如果在转子绕组回路中串入一个可控的交流附加电动势 E_{add}（见图 8-1），且令 E_{add} 与转子电动势 E_r 有相同的频率，并与 E_r 同相串接（$+E_{add}$），或反相串接（$-E_{add}$），则转子相电流为

$$I_r = \frac{sE_{r0} \pm E_{add}}{\sqrt{R_r^2 + (sX_{r0})^2}} \tag{8-3}$$

当电机处于电动状态时，转子电流 I_r 值与负载大小有直接关系。如果电动机带有恒定的负载转矩 T_L，则不论转速高低，可以近似地认为转子电流都不变，这时在不同 s 值下的式（8-2）与式（8-3）应相等。设在未串入附加电动势前，电动机原在某一转差率 s_1 下稳定运行。

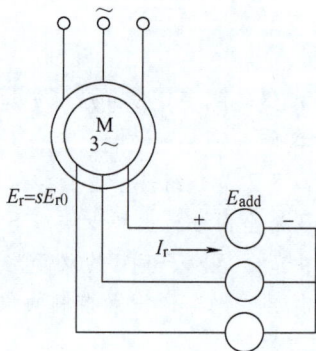

图 8-1　绕线转子异步电机转子串入附加电动势的原理图

引入同相串接的附加电动势后，电动机转子电路的合成电动势增大了，转子电流和电磁转矩也相应增大，由于负载转矩未变，电动机必然加速，因而 s 降低，转子电动势 $E_r = sE_{r0}$ 随之减小，转子电流也逐渐减小；直至转差率降低到 s_2（$<s_1$）时，转子电流 I_r 又恢复到负载所需的原值，电动机便进入新的更高转速的稳定状态。同理可知，若减小 $+E_{add}$ 或串入反相的附加电动势 $-E_{add}$，则可使电动机的转速降低。此时式（8-2）与式（8-3）的电流方程为

$$I_r = \frac{s_1 E_{r0}}{\sqrt{R_r^2 + (s_1 X_{r0})^2}} = \frac{s_2 E_{r0} \pm E_{add}}{\sqrt{R_r^2 + (s_2 X_{r0})^2}}$$

所以，在绕线转子异步电动机的转子侧引入可控的附加电动势可以调节转差频率和电动机的转速。

8.1.2　转子电路变频器

异步电机转子电动势与电流的频率在不同转速下有不同的数值（$f_2 = sf_1$），其值与交流电网的频率往往相差很多，所以不能把电机转子直接与交流电网相连，必须通过一个中间变换环节才能连接到交流电网。换言之，恒压恒频（工频）的交流电网不能直接向电机转子提供可变压变频的附加电动势，需要通过中间变换环节来解决，常用的中间变换环节是交-直-交电压型变频器。在早期的交-直-交变频器中（见图 8-2），转子绕组先通过一组不可控的二极管整流器 CU1，输出直流电压，然后再用一组处于有源逆变状态的晶闸管变流器 CU2，把随转子频率 f_2 变化的直流电压逆变成交流电压，再通过逆变变压器 TI 变成电网电压，接入电网，在中间直流电路中采用平波电抗器滤波。变频器的整体作用是将异步电机转子侧传递过来的转差功率送回电网，取得节能的效果。

上述由二极管不控整流器和晶闸管有源逆变器组成的转子电路功率变换装置只能用于由转子电路馈出电功率的系统，又称作串级调速系统（详见第 8.3 节）。对于既需要由转子电路馈入电功率又需要馈出电功率的双馈系统，功率变换装置必须是可逆的，常用由 IGBT 等可控开关器件组成的双 PWM 电压型交-直-交变频器，采用电容滤波，如图 8-3 所示，其中 CU_1 和 CU_2 都可兼作可控整流和逆变单元。

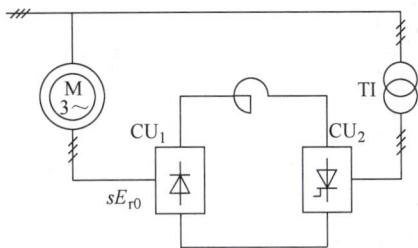

图 8-2　转子电路连接不控整流器和
晶闸管有源逆变器用以馈出电功率

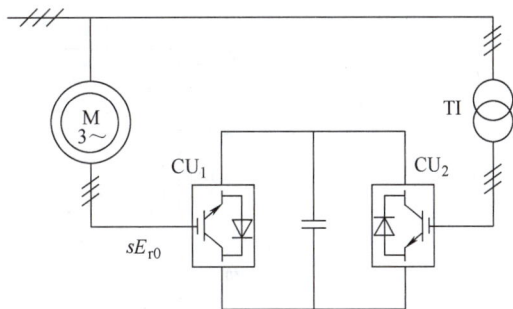

图 8-3　转子电路连接可馈出或
馈入电功率的双 PWM 交-直-交变频器

8.2　绕线转子异步电机转子变频控制的四种基本工况

绕线转子异步电机的定子绕组直接接交流电网，转子绕组连接双 PWM 交-直-交变频器，则电功率可以由转子绕组馈入或馈出，同时也可以由定子绕组馈入或馈出，使电机产生不同工况。

异步电机在任何工况下的功率关系都可写作

$$P_m = sP_m + (1-s)P_m \tag{8-4a}$$

式中　P_m——从电机定子传入转子或由转子传给定子的电磁功率；

sP_m——输入或输出转子电路的功率，即转差功率；

$(1-s)P_m$——从电机轴上输出或输入的功率。

当电机工作在电动状态时，P_m 和 s 均为正值。

当转子变频器传输功率的方向不同时，s 和 P_m 可正可负，使绕线转子异步电机转子变频控制系统产生次同步电动、超同步电动、次同步发电、超同步发电四种基本工作状况。

1. 次同步转速电动状态

设异步电机定子接交流电网，转子接变频器，并使 CU1 处于整流、CU2 处于逆变状态，且轴上带有反抗性负载（对应的转子电流为 I_r），此时电机在 $T_e - n$ 坐标系的第一象限作电动运行，转差率为 $0 < s < 1$，s 和 P_m 都是正值。对照式（8-4a）可知，定子绕组从电网输入功率 P_1，扣除铁损和定子铜损后，将电磁功率 P_m 传入转子；然后分成两部分：一部分机械功率 $(1-s)P_m$ 扣除机械损耗后从电机轴上输出，另一部分转差功率 sP_m 扣除转子铜损后通过转子变频器回送给电网，功率流程如图 8-4a 所示。由于电机在低于同步转速下工作，故称作次同步转速的电动状态。

若通过转子变频器使转子侧每相串入反相的附加电动势 $-E_{add}$，根据式（8-3），转子电流 I_r 将减少，从而使电机减速，转差率 s 增大到 s_1，使 I_r 恢复到原值，进入新的稳态运行。

此时转子回路的电流方程式为

$$I_r = \frac{s_1 E_{r0} - E_{add}}{\sqrt{R_r^2 + s_1^2 X_{r0}^2}}$$

如果不断加大 $|-E_{add}|$ 值，将使 s 值不断增大，实现了对电机的调速。

以下讨论都以图 8-4a 中箭头所示方向作为功率传输的正方向。

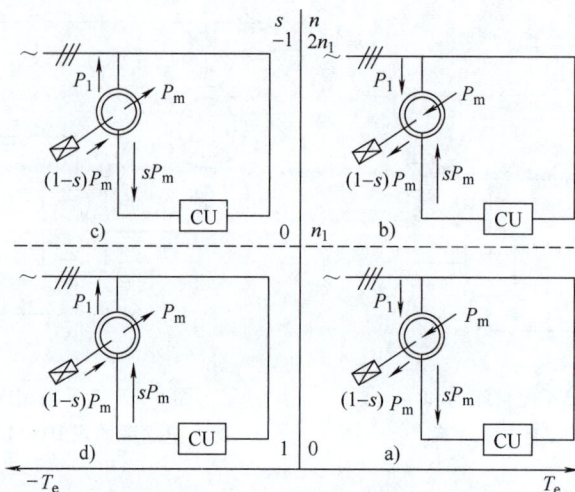

图 8-4　绕线转子异步电机在转子附加电动势时的工况及其功率流程

a）次同步转速电动状态　b）超同步转速电动状态　c）超同步转速发电状态　d）次同步转速发电状态

2. 超同步转速电动状态

若转子变频器的网侧变换器工作在整流状态，电机转子侧变换器转变成逆变状态，使电网通过变频器向转子绕组馈入电功率，相当于在转子侧加入电动势 $+E_{add}$，由式（8-3）可知，电机将加速到 $s<0$ 的新的稳态下工作，即电机在超过其同步转速下稳定运行。此时电机转速虽然超过了其同步转速，但它仍拖动负载作电动运行，而定子绕组仍输入电功率 P_1，电机轴上可以输出比其铭牌所示额定功率还要高的功率。式（8-4a）可以改写成

$$P_m + |s|P_m = (1 + |s|)P_m \qquad (s \text{ 本身为负值}) \qquad (8\text{-}4b)$$

此式表明，电机轴上的输出功率是由定子侧与转子侧两部分输入功率合成的，电机处于定子、转子双输入状态，或称"双馈状态"，其功率流程如图 8-4b 所示。此时所用电机的超速能力和机械的承受能力都应允许超同步转速运行。

3. 超同步转速发电状态

进入超同步转速发电运行状态的必要条件是有机械外力作用在电机轴上，推动电机运行，典型的应用是风力发电机。当转子转速超过电机的同步转速 n_1 时，转差率 $s<0$，电机处于发电状态，定子电流 I_s、转子电流 I_r 和转子电动势 sE_{r0} 的相位都与电动运行时相反（见图 8-5），定子绕组向电网馈出功率，s 和 P_m 都是负值，因而转差功率 sP_m 仍为正值，转子绕组经变频器仍向电网馈出功率。从电机轴上输入的机械功率为定子和转子馈出功率之和，式（8-4a）可改写为

$$|P_m| + |sP_m| = (1 + |s|)|P_m| \qquad (8\text{-}4c)$$

超同步转速发电状态的功率流程如图 8-4c 所示。

4. 次同步转速发电状态

如果外力较弱，使转子运行的转速低于同步转速 n_1，转差率 $s>0$，电机仍处于发电状态。与次同步转速电动运行状态相比，两者的主要区别是转子电流 I_r 改变了方向，如图 8-5 所示电机相量图。此时，定子电压相量与定子电流相量之间的夹角 $\varphi_s>90°$，异步电机的输入功率 $P_1=3U_sI_s\cos\varphi_s$ 变负，说明是由电机定子侧输出功率给电网，输出的功率一部分由机械轴上输入的 $(1-s)|P_m|$ 承担，不足部分由转子提供的转差功率 $s|P_m|$ 补足。于是，式（8-4a）可改成

$$|P_m|=(1-s)|P_m|+s|P_m|\qquad(8\text{-}4d)$$

此时的功率流程图如图 8-4d 所示。

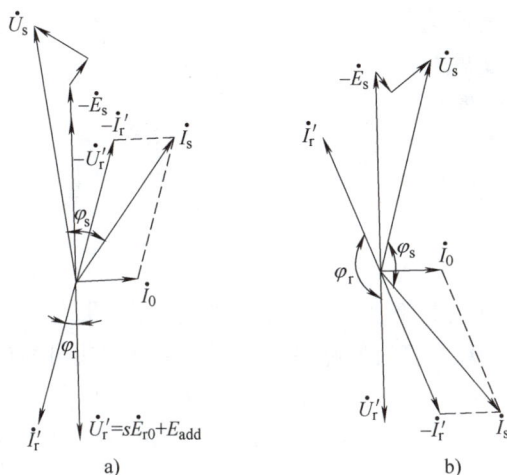

图 8-5　异步电机在次同步转速下运行时的相量图

a）电动状态　b）发电状态

8.3　绕线转子异步电机转子变频串级调速系统

常用的绕线转子异步电机调速系统工作于 8.2.1 小节所述的次同步电动状态，称作绕线转子异步电动机的串级调速系统。当异步电动机转子输出的转差功率通过交-直-交变频器和逆变变压器回馈电网时（见图 8-2 和图 8-3），转差功率以电气形式回馈电网，称作电气串级调速系统，国际上常以其发明者命名，又称为 Scherbius 系统。如果异步电动机转子整流后给一台直流电动机供电，把这台直流电动机安装在绕线转子异步电动机的同轴上，如图 8-6 所示，使转差功率得以机械形式帮助异步电动机拖动负载，则称为机械串级调速系统，又称为 Kramer 系统。由于制造与维护直流电动机不如电力电子逆变器和变压器方便，所以电气串级调速系统的应用更为普遍。

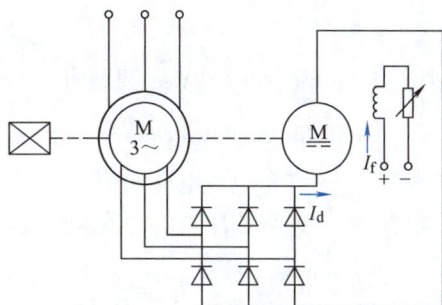

图 8-6　机械串级调速系统

（Kramer 系统）原理图

207

8.3.1 电气串级调速系统的组成

按照上述原理组成的异步电动机电气串级调速系统如图8-7所示。图中，M 为三相绕线转子异步电动机，其转子相电动势 sE_{r0} 经三相不可控整流装置 UR 整流，输出直流电压 U_d，带电容器滤波后，连接到全控开关器件组成的逆变器 UI，相当于由 UI 提供可调的直流电压 U_i 作为电动机调速所需的附加直流电动势，同时将转差功率逆变后回馈到交流电网，TI 为逆变变压器。U_d 和 U_i 的极性以及直流电路电流 I_d 的方向如图8-7 中所示。

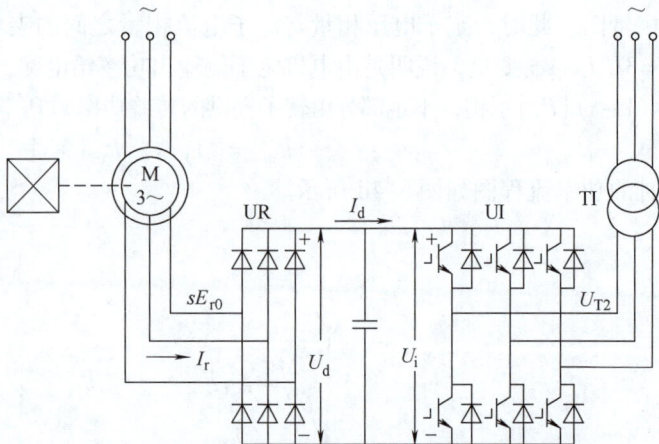

图 8-7　绕线转子异步电机电气串级调速系统原理图

实际上 UR 和 UI 都含有内阻，假定把内阻都集中到直流电路上，用直流回路总电阻 R 表示，则理想空载整流电压为 U_{d0}，理想空载逆变电压为 U_{i0}，直流回路稳态电压平衡方程式可写成

$$U_{d0} = U_{i0} + I_d R \qquad (8-5)$$

根据电力电子技术原理[10, 39, 41]，三相二极管整流电路输出直流平均电压的理想空载值 U_{d0} 为

$$U_{d0} = \frac{3\sqrt{6}}{\pi} sE_{r0} = 2.34 sE_{r0} \qquad (8-6)$$

式中　sE_{r0}——转子相电压有效值。

三相电压型 SPWM 逆变器输入电压的理想空载值为 U_{i0}，输出相电压基波有效值为 U_{T2}，且

$$U_{T2} = \frac{M}{2\sqrt{2}} U_{i0} = 0.354 M U_{i0} \qquad (8-7)$$

式中　M——调制度（PWM 调制时，$0 < M < 1$），$M = \dfrac{U_{rm}}{U_{tm}}$；

　　　U_{rm}——正弦波调制信号的幅值；

　　　U_{tm}——三角载波电压峰值；

　　　U_{T2}——逆变变压器的二次相电压，对于既定的电气串级调速系统它是恒值。

因而　　　　$U_{i0} = \dfrac{1}{0.354 M} U_{T2} = \dfrac{2.828}{M} U_{T2}$，或 $U_{i0} = \dfrac{2\sqrt{2}}{M} U_{T2}$　　　　(8-8)

将式（8-6）、式（8-8）代入转子回路电压平衡方程式（8-5），得

$$2.34 sE_{r0} = \frac{2.828}{M} U_{T2} + I_d R \qquad (8-9)$$

需注意：式中 E_{r0} 和 U_{T2} 都是相电压，否则要改变它们前面的系数。

从式（8-9）可以看出，s 是电动机的转差率，而 I_d 间接反映电动机电磁转矩的大小，

调制度 M 是控制变量，所以该式可以当作串级调速系统中异步电动机机械特性的间接表达式 $s = f(I_d, M)$。但式（8-9）只反映了机械特性的线性段，当 I_d 增大到一定程度以后，转子绕组电抗压降的影响增大，出现和一般异步电动机机械特性一样的非线性性质，式（8-9）就不再适用了。

若降低调制度 M，按式（8-8）将提高逆变器的输入电压 U_{i0}，在动态中首先反映的是减少电流 I_d，使电磁转矩减小，迫使电动机转速降低，实现调速。与此同时，转差率 s 增大，使 sE_{r0} 相应提高，从而恢复 I_d 与负载电流平衡，使串级调速系统达到新的稳态。

8.3.2 异步电动机串级调速机械特性的特征

在 8.3.1 节中已经表明，式（8-9）可以间接反映串级调速系统中异步电动机的机械特性，绕线转子异步电动机正常接线或转子回路串电阻调速时，其机械特性的特点是：理想空载转速是恒值的同步转速，而在串级调速系统中却不然，理想空载转速和同步转速是不同的，机械特性的特征体现在以下两点。

1. 理想空载转速可以连续平滑调节

在串级调速系统中，由于电动机的极对数与旋转磁场转速都不变，同步转速是恒定的。但其理想空载转速却能连续平滑地调节，根据式（8-9），当系统在理想空载状态下运行时，$I_d = 0$，转子直流回路的电压平衡方程式可写成

$$2.34 s_0 E_{r0} = \frac{2.828}{M} U_{T2}$$

式中　s_0——异步电动机在串级调速时对应于某一调制度 M 的理想空载转差率。
则

$$s_0 = \frac{1.209}{M} \frac{U_{T2}}{E_{r0}} \tag{8-10}$$

相应的理想空载转速 n_0 为

$$n_0 = n_{syn}(1 - s_0) = n_{syn}\left(1 - \frac{1.209 U_{T2}}{M E_{r0}}\right) \tag{8-11}$$

式中　n_{syn}——异步电动机的同步转速。

由式（8-11）可知，串级调速系统的理想空载转速 n_0 与同步转速 n_{syn} 是不同的。n_{syn} 是恒值，而改变逆变器的调制度 M 时，就改变了逆变器的理想空载输入电压 U_{i0} 和电动机转子电动势 sE_{r0}，理想空载转差率 s_0 和理想空载转速 n_0 都相应改变。由式（8-9）还可看出，调制度 M 不同时，异步电动机串级调速时的机械特性是近似平行的，如图 8-8 所示，其工作段类似于直流电动机变压调速时的机械特性。

当 M 最低时，s_0 最大，而 n_0 最低，式（8-10）可写成式（8-12）。

$$s_{0max} = \frac{1.209 U_{T2}}{M_{min} E_{r0}} \tag{8-12}$$

当 M 最高时，s_0 最小，n_0 最大，因此，调制度 M 的变化决定了串级调速系统的调速范围，s_0 和 n_0 值对应于图 8-8 中各条机械特性与纵轴的交点。

需注意，即使 $M = 1$ 时，最小的 s_0 也不是 0，而是

$$s_{0min} = \frac{1.209 U_{T2}}{E_{r0}} \tag{8-13}$$

得到串级调速系统的最高转速特性。只有 $U_{T2}=0$ 时才能使 $s_0=0$。这就是说，只有使转子电路短路，才能获得图中 $s_0=0$ 这条特性。

2. 机械特性的斜率与最大转矩

绕线转子异步电动机转子回路串电阻调速时，机械特性变软，调速性能差。接入电动势串级调速时，转子回路没有调速电阻，机械特性应该硬一些，但串级调速装置包括整流器和逆变器、逆变变压器等，实际上还具有一定数量的电阻和电抗，它们的影响还存在。由于这些等效阻抗的影响，机械特性比异步电动机的固有特性软得多，而且转速再降低时转矩会出现转折，具有最大转矩值，即使电动机在最高转速的机械特性上带额定负载运行，也难以达到其额定转速。一般异步电动机在固有机械特性上的额定转差率约为 0.03 ~ 0.05，而在串级调速时却可达到 0.10 左右。另外，由于转子回路电抗的影响，二极管整流电路的换相重叠角将加大，并产生强迫延迟导通现象，使串级调速时的最大电磁转矩比电动机正常接线时的最大转矩大约降低了 17.3%。图 8-8 绘出了异步电动机串级调速时的机械特性，图中还绘有异步电动机的固有机械特性作为比较。

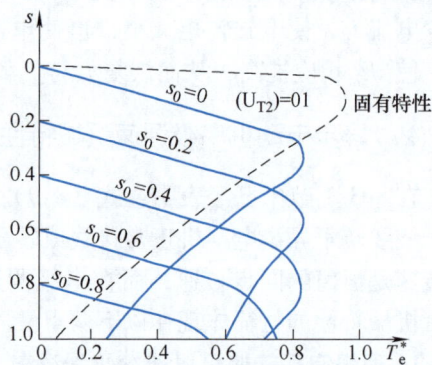

图 8-8　异步电动机串级调速时的机械特性

8.3.3　转子变频器的电压和容量与串级调速系统的效率

串级调速装置是指在整个串级调速系统中，除异步电动机以外，为实现串级调速而附加的所有功率部件，包括转子整流器、逆变器和逆变变压器。从经济角度出发，必须正确合理地选择这些附加设备的电压和容量，以提高整个调速系统的性价比。

1. 转子变频器的电压

转子变频器的额定电压取决于异步电动机转子的额定相电压 E_{r0}（即转子开路电动势）和串级调速系统所需的调速范围 D。为了简便起见，按理想空载状态最高和最低转速比来定义调速范围，并认为异步电动机的同步转速 n_{syn} 就是其最大的理想空载转速，于是有

$$D = \frac{n_{syn}}{n_{0min}}$$

式中　n_{0min}——调速系统的最低理想空载转速，对应于最大理想空载转差率 s_{0max}。

在式（8-11）中，当 $n_0=n_{0min}$ 时，$s_0=s_{0max}$，可得

$$n_{0min} = n_{syn}(1 - s_{0max})$$

所以

$$s_{0max} = 1 - \frac{1}{D} \tag{8-14}$$

此式表明，系统所需的调速范围 D 越低时，s_{0max} 也越小，代入式（8-12）并整理后可得

$$U_{T2} = \left[1 - \frac{1}{D}\right]\frac{M_{min}E_{r0}}{1.209} \tag{8-15}$$

此时，转子变频器所承受的电压最低。由此可见，对于只需要低调速范围的生产机械，如风机、水泵等，采用串级调速系统时，只用低电压小功率的变频器就够了。

2. 转子变频器的容量

转子变频器和逆变变压器容量的选择主要依据其电流与电压的定额。电压定额取决于系统的调速范围，电流定额取决于异步电动机转子的额定电流 I_{rN} 和所拖动的负载。

用伏安数表示的逆变变压器容量为 $S_T \approx 3U_{T2}I_{T2}$，将式（8-15）代入，则得

$$S_T \approx 2.481M_{min}E_{r0}I_{T2}\left[1 - \frac{1}{D}\right] \tag{8-16}$$

由式（8-16）可见，当系统调速范围降低时，逆变变压器和整个串级调速装置的容量都相应减小。这在物理概念上是很容易理解的，因为随着系统调速范围的降低，通过串级调速装置回馈电网的转差功率也减小，只需有较小容量的串级调速装置来传递与变换这些转差功率就可以了。从这一点出发，串级调速系统往往被推荐用于有限调速范围的场合（例如 $D = 1.5 \sim 2.0$ 范围内的无级调速），而很少用于从零转速到额定转速全范围调速的系统。

应该注意，采用小容量的串级调速装置时，系统合闸时对应于最低转速，不是零转速，而实际转子是静止不动的，因此必须具备起动装置（如起动电阻、频敏变阻器），使转子从零速起动到最低转速，然后才能投入转子变频器运行。

3. 串级调速系统的效率

异步电动机正常运行时，由定子输入电动机的有功功率用 P_1 表示，扣除定子铜损 p_{Cus} 和铁损 p_{Fe} 后经气隙传送到电动机转子的功率就是电磁功率 P_m。电磁功率在转子中分成两部分，即机械功率 P_{mech} 和转差功率 P_s，其中 $P_{mech} = (1-s)P_m$，而 $P_s = sP_m$。在正常接线或转子串电阻调速时，P_s 全部消耗在转子回路中，而在串级调速时，P_s 并未被全部消耗掉，而是扣除了转子铜损 p_{Cur}、杂散损耗 p_s 和附加的串级传动（Tandem Drive）装置损耗 p_{tan} 后再回馈电网，这部分返回电网的功率称作回馈功率 P_f（见图 8-9a）。对整个串级调速系统来说，它从电网吸收的净有功功率应为 $P_{in} = P_1 - P_f$，而机械功率 P_{mech} 扣除机械损耗 p_{mech} 后就是轴上输出功率 P_2。这样可以画出系统的功率流程图如图 8-9b 所示。

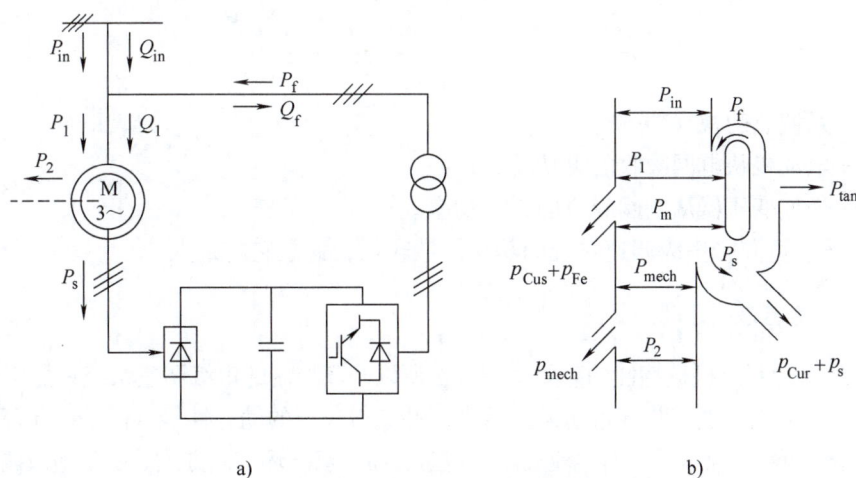

a)   b)

图8-9 串级调速系统效率分析
a）系统的功率传递 b）功率流程图

串级调速系统的总效率 η_{sch}（下角标 sch 是电气串级调速 Scherbius 系统的缩写）是指电

动机轴上的输出功率 P_2 与系统从电网输入的净有功功率 P_{in} 之比，可用下式表示：

$$\eta_{sch} = \frac{P_2}{P_{in}} \times 100\% = \frac{P_{mech} - p_{mech}}{P_1 - P_f} \times 100\%$$

$$= \frac{P_m(1-s) - p_{mech}}{(P_m + p_{Cus} + p_{Fe}) - (P_s - p_{Cur} - p_s - p_{tan})} \times 100\%$$

$$= \frac{P_m(1-s) - p_{mech}}{P_m(1-s) + p_{Cus} + p_{Fe} + p_{Cur} + p_s + p_{tan}} \times 100\%$$

$$= \frac{P_m(1-s) - p_{mech}}{P_m(1-s) - p_{mech} + \sum p + p_{tan}} \times 100\% \qquad (8\text{-}17)$$

式中 $\sum p$ ——异步电动机内的总损耗，$\sum p = p_{Cus} + p_{Fe} + p_{Cur} + p_s + p_{mech}$。

由式（8-17）可见，串级调速系统的总效率是比较高的，且当电动机转速降低，即 s 增大时，式（8-17）分子和分母中的 $P_m(1-s)$ 项随着 s 的增大而同时减小，对效率 η_{sch} 的影响并不太大。

如果异步电动机采用转子串电阻调速，转子回路中增加了外接电阻损耗 p_R，则串电阻调速系统的效率 η_R 是

$$\eta_R = \frac{P_m(1-s) - p_{mech}}{P_m(1-s) - p_{mech} + \sum p + p_R} \times 100\% \qquad (8\text{-}18)$$

由于 p_R 要比串级传动装置损耗 p_{tan} 大，因此 η_R 比 η_{sch} 低。转速越低时，η_R 几乎随着转速成比例地减小。图 8-10 比较了这两种调速方法的效率与转差率之间的关系。

另外，在串级调速系统中，从交流电网吸收的总有功功率是电动机吸收的有功功率与逆变器回馈至电网的有功功率之差，然而从交流电网吸收的总无功功率却是电动机和逆变器所吸收的无功功率之和（见图 8-9a），串级调速系统的功率因数可用下式表示：

$$\cos\varphi_{sch} = \frac{P_{in}}{S} = \frac{P_1 - P_f}{\sqrt{(P_1 - P_f)^2 + (Q_1 + Q_f)^2}} \qquad (8\text{-}19)$$

式中 S ——系统总的视在功率；

Q_1 ——电动机从电网吸收的无功功率；

Q_f ——逆变变压器从电网吸收的无功功率。

由上述分析可知，串级调速系统的功率因数较低，这是它的缺点。

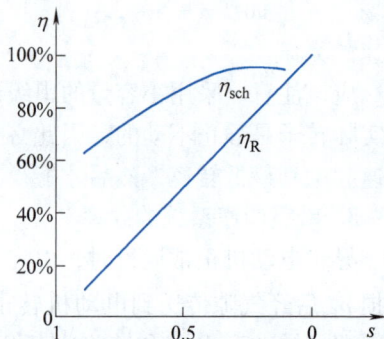

图 8-10 电气串级调速系统与转子串电阻调速系统效率 $\eta = f(s)$ 的比较

8.3.4 串级调速系统的双闭环控制

由于串级调速系统机械特性的静差率较大，所以开环控制的串级调速系统只能用于对调速精度要求不高的场合。为了提高静态调速精度，并获得较好的动态性能，需采用闭环控制。和直流调速系统一样，通常采用具有电流反馈与转速反馈的双闭环控制方式。由于串级调速系统的转子整流器是不可控的，系统本身不能产生电气制动作用，所谓动态性能的改善只是起动与加速过程性能的改善，减速时只能靠负载自由降速。

双闭环控制的串级调速系统原理如图 8-11 所示。图中，转速反馈信号取自异步电动机轴上连接的测速发电机，电流反馈信号取自逆变器交流侧的电流互感器，也可通过霍尔变换

器或直流互感器取自转子直流回路。双闭环控制的串级调速系统和直流不可逆双闭环调速系统的工作原理和两个调节器的作用完全相同，所不同的只是其控制作用都是通过异步电动机的转子变频器实现的。

在转子直流回路稳态电压方程式（8-5）的基础上可以写出转子直流电压的动态方程式（忽略直流电路滤波电容的充放电电流）

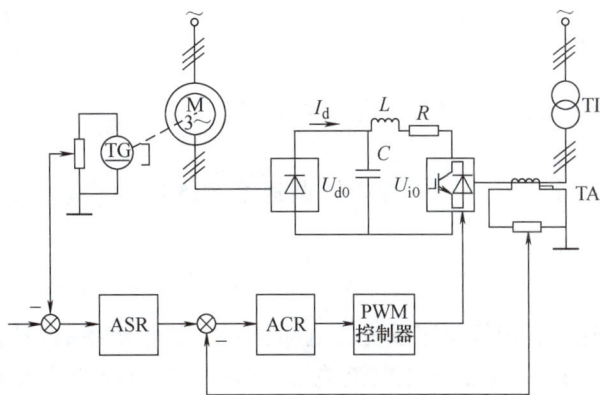

图8-11　双闭环控制串级调速系统原理图

$$sU_{d0} - U_{i0} = L\frac{dI_d}{dt} + RI_d \qquad (8-20)$$

式中　U_{d0}——当 $s=1$ 时，转子整流器输出的理想空载电压，由式（8-6），$U_{d0} = 2.34E_{r0}$；

　　　U_{i0}——逆变器输入的理想空载直流电压，由式（8-8），$U_{i0} = \dfrac{2.828}{M}U_{T2}$；

　　　U_{T2}——逆变变压器的二次相电压；

　　　M——SPWM 逆变器的调制度；

　　　L——转子电路的总电感，包括转子绕组和逆变变压器绕组的漏感；

　　　R——转子电路的总电阻，包括绕组电阻和整流器的换向电阻，换向电阻与转差率 s 有关，暂时忽略其变化的影响，认为总电阻 R 是常值。

代入转差率 s 与转速 n 的关系，式（8-20）可改写成

$$U_{d0} - \frac{n}{n_0}U_{d0} - U_{i0} = L\frac{dI_d}{dt} + RI_d = R\Big[T_r\frac{dI_d}{dt} + I_d \Big] \qquad (8-21)$$

将式（8-21）等号两边取拉普拉斯变换，整理后可得转子直流回路的传递函数为

$$\frac{I_d(s)}{U_{d0} - \dfrac{U_{d0}}{n_0}n(s) - U_{i0}} = \frac{K_r}{T_r s + 1} \qquad (8-22)$$

式中　K_r——转子直流回路的放大系数，$K_r = \dfrac{1}{R}$；

　　　T_r——转子直流回路的时间常数，$T_r = \dfrac{L}{R}$。

按式（8-22）绘出的串级调速系统转子直流回路的线性化动态结构框图如图8-12所示。

式（8-22）和图8-12只反映了串级调速系统机械特性的线性段，由于双闭环控制调节器的饱和限幅作用，超出线性段的作用被截止住了，对系统的动态过程影响不大。

在转子直流回路中传输的异步电动机转差功率为 $P_s = sU_{d0}I_d$，而电动机的电磁功率为

$$P_m = \frac{P_s}{s} = U_{d0}I_d$$

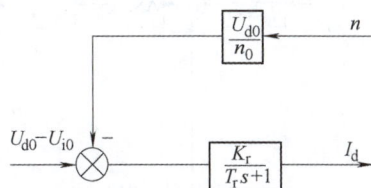

图8-12　串级调速系统转子直流回路的线性化动态结构框图

因此，电磁转矩为

$$T_e = \frac{P_m}{\Omega_0} = \frac{U_{d0}I_d}{\Omega_0} = \frac{30 U_{d0}}{\pi n_0} I_d$$

式中 Ω_0——理想空载机械角速度，$\Omega_0 = \frac{2\pi n_0}{60} \mathrm{rad/s}$

定义 $C_E = \frac{U_{d0}}{n_0}$ 为串级调速系统的电动势系数，$C_M = \frac{30}{\pi} C_E$ 为串级调速系统的转矩系数，则

$$T_e = C_M I_d \tag{8-23}$$

在这里，串级调速系统的电动势系数和转矩系数与直流调速系统中的相关系数相似，而式（8-23）所示的转矩电流关系在形式上与直流调速系统完全相同。但需注意，在上述分析中忽略了异步电动机的许多非线性因素。在直流调速系统中，励磁磁通是恒定的，而在异步电动机串级调速系统中，气隙磁通的大小会随着电机的工作状态而变化，因此所定义的 C_E 和 C_M 实际上不是常数，把它们视作常数所得到的电机模型只是近似的线性模型。

众所周知，电力拖动系统的运动方程式为

$$T_e - T_L = \frac{GD^2}{375} \frac{\mathrm{d}n}{\mathrm{d}t}$$

或写成

$$C_M(I_d - I_L) = \frac{GD^2}{375} \frac{\mathrm{d}n}{\mathrm{d}t} \tag{8-24}$$

式中 I_L——负载转矩 T_L 对应的转子直流电流。

由此可得异步电动机在串级调速时的传递函数为

$$\frac{n(s)}{I_d(s) - I_L(s)} = \frac{375 C_M}{GD^2 s} \tag{8-25}$$

再定义 T_M 为串级调速系统的机电时间常数，$T_M = \frac{GD^2 R}{375 C_E C_M}$，代入式（8-25），得

$$\frac{n(s)}{I_d(s) - I_L(s)} = \frac{R}{C_E T_M s} \tag{8-26}$$

把式（8-22）和式（8-26）画成近似的线性动态结构框图，再考虑两个调节器 ASR 和 ACR，以及给定滤波环节和反馈滤波环节，就成为双闭环控制串级调速系统近似的动态结构框图，如图 8-13 所示。

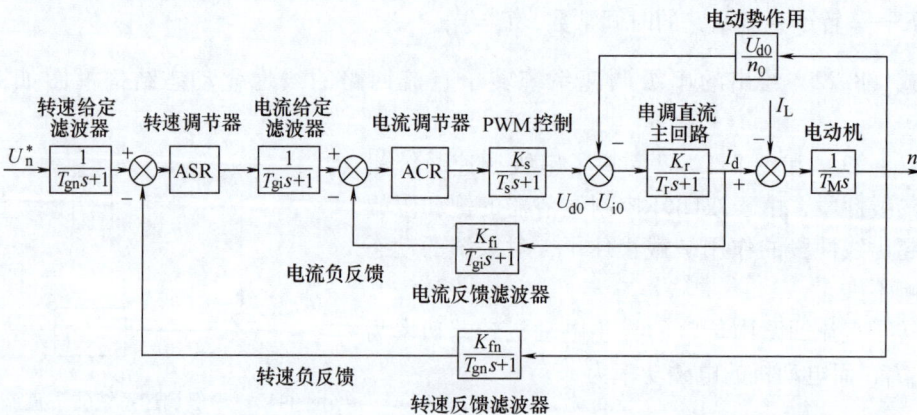

图 8-13 双闭环控制串级调速系统的近似动态结构框图

8.4 绕线转子异步电机转子变频双馈控制系统

8.4.1 双馈控制变频调速系统

把图 8-7 所示的绕线转子异步电机电气串级调速系统中的三相二极管整流器 UR 换成 IGBT 的三相 PWM 整流器，则 UR 和 UI 两个变换单元都是可逆的，转差功率既可以从电机转子馈出，也可以馈入，成为异步电机的双馈变频调速系统，如图 8-14 所示。

绕线转子异步电机双馈变频调速系统常用于要求大起动转矩、有限调速范围的场合。当定子输入三相功率，转子变换器 UR 工作在整流状态、UI 工作在逆变状态时，

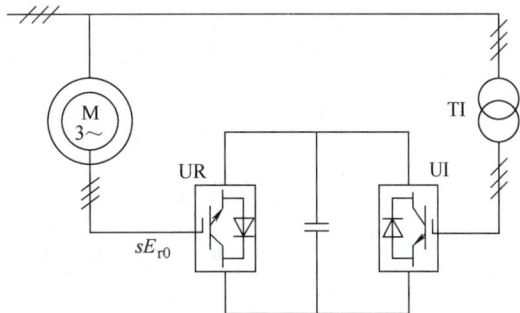

图 8-14 绕线转子异步电机双馈变频调速系统

转子馈出转差功率，电机处于次同步转速电动状态；若 UI 工作在整流状态、UR 工作在逆变状态，则转子馈入转差功率，且定子同样输入功率时，电机处于超同步电动状态。从两种状态总体上看，双馈调速系统工作在第一象限同步转速上下各一段的电动运行范围。为了限制转子变频器的容量，同步转速上下的调速范围都不大，因此这样的双馈调速系统适用于在同步转速上下调速的大功率有限调速范围的生产机械，如大型球磨机。

双馈变频调速系统更适用于大功率带位势负载的可逆调速系统，例如矿井提升机。需要提升满载车厢时，电机多工作在次同步电动状态；下放车厢时，电机反转，多工作在超同步发电状态，传动系统回馈发电。

为了提高运行性能，可采用按气隙磁链定向的矢量控制。将三相异步电动机的数学模型变换到以同步转速旋转的 dq 两相坐标系后，可以绘出异步电动机 d 轴和 q 轴上的动态等值电路，如图 8-15 所示。图中，L_m 是定转子间的互感，对应的磁链 ψ_m 在 d、q 两轴上的分量是 ψ_{md} 和 ψ_{mq}，流过 L_m 的电流分量是励磁电流 i_{md} 和 i_{mq}，等效电路中定子电流在 d、q 两轴上的分量是 i_{sd} 和 i_{sq}，转子电流的分量是 i_{rd} 和 i_{rq}，各电流的关系为

$$i_{md} = i_{sd} + i_{rd} \tag{8-27}$$

$$i_{mq} = i_{sq} + i_{rq} \tag{8-28}$$

在 dq 轴上气隙磁链分量的关系为

$$\psi_{md} = \psi_{sd} + \psi_{rd} = L_m i_{md} \tag{8-29}$$

$$\psi_{mq} = \psi_{sq} + \psi_{rq} = L_m i_{mq} \tag{8-30}$$

按气隙磁链 ψ_m 定向时，把 d 轴取在 ψ_m 方向上，则

$$\psi_{md} = \psi_m \tag{8-31}$$

$$\psi_{mq} = 0 \tag{8-32}$$

将式（8-29）、式（8-31）代入式（8-27）并整理得

$$i_{sd} = \frac{\psi_m}{L_m} - i_{rd} \tag{8-33}$$

将式（8-30）、式（8-32）代入式（8-28）并整理得

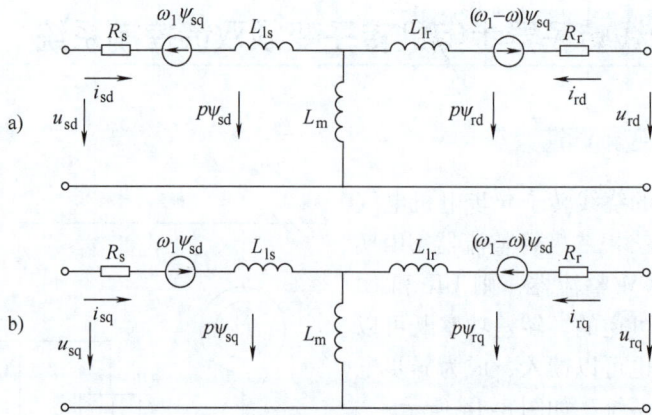

图 8-15 异步电动机在 d 轴和 q 轴上的动态等效电路

a) d 轴电路 b) q 轴电路

$$i_{sq} = -i_{rq} \tag{8-34}$$

异步电动机在 dq 坐标系上电磁转矩的表达式为（参见第 7 章）

$$T_e = n_p L_m (i_{sq} i_{rd} - i_{sd} i_{rq}) \tag{8-35}$$

将式（8-33）、式（8-34）代入式（8-35），即得异步电动机按气隙磁链 ψ_m 定向的电磁转矩方程为

$$T_e = n_p L_m \left[-i_{rq} i_{rd} - \left(\frac{\psi_m}{L_m} - i_{rd} \right) i_{rq} \right] = -n_p \psi_m i_{rq} \tag{8-36}$$

式（8-36）中所带的负号，是由于在推导过程中电磁转矩的正值定义在恒磁链时使磁能减小的方向，而实际上应是推动运动的方向。由式（8-36）可见，电磁转矩 T_e 的幅值与 ψ_m 和 i_{rq} 成正比。在矢量控制的双馈调速系统中，应设置气隙磁链调节器和转子电流 q 轴分量调节器。

8.4.2 双馈控制风力发电系统

风能是一类无污染的可再生能源，全球风能总蕴藏量达 2.74×10^9 MW，其中可利用的风能为 2×10^7 MW。我国风能储量大，分布面广，开发利用潜力巨大，近几年装机总量居世界前茅。

自然风速是随机变化的，变化范围可能很大，因此风力发电机组的转速会随时变化，而用电电源却需要恒压恒频，所以要求风力发电机实现"变速恒频"控制。双馈控制的绕线转子异步发电机（Double-Fed Induction Generator, DFIG）是能够实现变速恒频控制的一种方案。此时绕线转子异步电机运行在双馈发电工作状态，图 8-16 显示了绕线转子异步风力发电机组的原理图。

图 8-16 所示绕线转子异步电机转子由风机带动作发电机运行，由于风机叶片的转速不高，而异步电机转速一般在 1000r/min 以上，故必须经齿轮箱升速。发电机定子绕组直接连接交流电源，转子绕组则经滑环通过可逆的（背靠背）转子 PWM 变频器和变压器连接电源。转子变频器由电机侧 PWM 变换器 CU_1、直流母线、电网侧 PWM 变换器 CU_2 组成。当风速较高，发电机转速 n 大于其定子旋转磁场同步转速 n_1 时，控制 CU_1 整流而 CU_2 逆变，

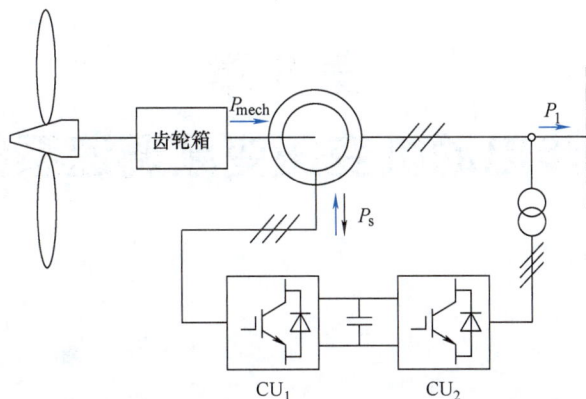

图 8-16　绕线转子异步风力发电机组原理图

电机处于超同步发电状态，发电机轴上输入功率通过定子绕组和转子绕组同时馈入电网。而当风速较低时，发电机转速 n 小于其定子旋转磁场同步转速 n_1，控制 CU_1 逆变而 CU_2 整流，电网通过 CU_2 和 CU_1 向发电机转子提供转差功率，电机处于次同步发电机状态，轴上输入功率与转子侧输入的转差功率通过定子绕组馈送入电网。在超同步和次同步两种不同状态下，转差功率的传递方向是不同的。

采用绕线转子异步发电机的风力发电系统时，由于风机转速低而电机转速高，必须在塔架上的风机和电机之间安装增速齿轮箱，安装与维护都很麻烦。近年来，常采用低速的多极永磁同步发电机和全功率的 PWM 变频器构成风力发电系统，可以省去齿轮箱。

217

*第9章
同步电动机变压变频调速系统

内容提要

同步电动机直接投入电网运行时，存在失步与起动困难两大问题，曾制约着同步电动机的应用。同步电动机的稳态转速恒等于同步转速，所以同步电动机的调速只能是变频调速。变频技术的发展与成熟不仅实现了同步电动机的调速，同时也解决了失步与起动困难问题，使之不再是限制同步电动机运行的障碍。随着变频技术的发展，同步电动机调速系统的应用日益广泛。同步电动机调速可分为自控式和他控式两种，适用于不同的应用场合。

本章9.1节介绍同步电动机的基本特征与调速方法，讨论同步电动机的转矩角特性和稳定运行，分析同步电动机的失步与起动困难问题。9.2节介绍他控式同步电动机调速系统。9.3节介绍自控式同步电动机的构成，详细分析梯形波永磁同步电动机（无刷直流电动机）的工作原理及调速系统。9.4节推导同步电动机的动态数学模型，分析可控励磁同步电动机按气隙磁链定向和正弦波永磁同步电动机按转子磁链定向的矢量控制系统。9.5节介绍了可控励磁同步电动机和正弦波永磁同步电动机的直接转矩控制系统。

9.1　同步电动机的稳态模型与调速方法

本节介绍同步电动机的基本特征与调速方法，讨论同步电动机的转矩角特性和稳定运行，分析同步电动机的失步与起动困难问题，最后，讨论同步电动机变频调速的机械特性。

9.1.1　同步电动机的特点

与异步电动机相比，同步电动机具有以下特点：

1）交流电机旋转磁场的同步转速 n_1 与定子电源频率 f_1 有确定的关系

$$n_1 = \frac{60f_1}{n_p} = \frac{60\omega_1}{2\pi n_p}$$

异步电动机的稳态转速总是低于同步转速的，而同步电动机的稳态转速恒等于同步转速。因此，同步电动机机械特性很硬。

2）异步电动机的转子磁动势靠感应产生，而同步电动机除定子磁动势外，在转子侧还有独立的直流励磁，或者靠永久磁钢励磁。

3）同步电动机和异步电动机的定子都有同样的交流绕组，一般都是三相的，而转子绕组则不同，同步电动机转子具有明确的极对数和极性，此外还可能有自身短路的阻尼绕组。

4）异步电动机的气隙是均匀的，而同步电动机则有隐极与凸极之分。隐极电动机气隙均匀；凸极电动机的气隙则不均匀，磁极直轴磁阻小，极间交轴磁阻大，两轴的电感系数不等，使数学模型更复杂一些。凸极效应能产生同步转矩，单靠凸极效应运行的同步电动机称作磁阻式同步电动机。

5）由于同步电动机转子有独立励磁，在极低的电源频率下也能运行，因此，在同样条件下，同步电动机的调速范围比异步电动机更宽。

6）异步电动机要靠加大转差才能提高转矩，而同步电动机只需加大转矩角就能增大转矩，同步电动机比异步电动机对转矩扰动具有更强的承受能力，动态响应快。

9.1.2　同步电动机的分类

同步电动机按励磁方式分为可控励磁同步电动机和永磁同步电动机两种。

可控励磁同步电动机在转子侧有独立的直流励磁，可以通过调节转子的直流励磁电流，改变输入功率因数，可以滞后，也可以超前。当 $\cos\varphi = 1.0$ 时，电枢铜损最小。

永磁同步电动机的转子用永磁材料制成，无需直流励磁。永磁同步电动机具有以下突出的优点，被广泛应用于调速和伺服系统。

1）由于采用了永磁材料磁极，特别是采用了稀土金属永磁体，如钕铁硼（NdFeB）、钐钴（SmCo）等，其磁能积高，可得较高的气隙磁通密度，因此容量相同的电动机体积小、重量轻。

2）转子没有铜损和铁损，又没有集电环和电刷的摩擦损耗，运行效率高。

3）转动惯量小，允许脉冲转矩大，可获得较高的加速度，动态性能好。

4）结构紧凑，运行可靠。

永磁同步电动机按气隙磁场分布又可分为两种：

1）正弦波永磁同步电动机。磁极采用永磁材料，输入三相正弦波电流时，气隙磁场为正弦分布，称作正弦波永磁同步电动机，或简称永磁同步电动机（Permanent Magnet Synchronous Motor，PMSM）。

2）梯形波永磁同步电动机。磁极仍为永磁材料，但输入方波电流，气隙磁场呈梯形波分布，性能更接近于直流电动机。用梯形波永磁同步电动机构成的自控变频同步电动机又称作无刷直流电动机（Brushless DC Motor，BLDM）。

9.1.3　同步电动机的转矩角特性

在忽略定子电阻 R_s 时，图9-1是凸极同步电动机稳定运行且功率因数超前时的相量图，同步电动机从定子侧输入的电磁功率[7,8]为

$$P_M = P_1 = 3U_s I_s \cos\varphi \tag{9-1}$$

由图9-1得 $\varphi = \phi - \theta$，于是

$$P_M = P_1 = 3U_s I_s \cos\varphi = 3U_s I_s \cos(\phi - \theta) \tag{9-2}$$
$$= 3U_s I_s \cos\phi\cos\theta + 3U_s I_s \sin\phi\sin\theta$$

令

$$I_{sd} = I_s \sin\phi$$
$$I_{sq} = I_s \cos\phi$$
$$x_d I_{sd} = E_s - U_s \cos\theta$$
$$x_q I_{sq} = U_s \sin\theta$$

$$(9-3)$$

将式（9-3）代入式（9-2），得

$$\begin{aligned}
P_M &= 3U_s I_s \cos\phi\cos\theta + 3U_s I_s \sin\phi\sin\theta \\
&= 3U_s I_{sq}\cos\theta + 3U_s I_{sd}\sin\theta \\
&= 3U_s \frac{U_s \sin\theta}{x_q}\cos\theta + 3U_s \frac{(E_s - U_s\cos\theta)}{x_d}\sin\theta \\
&= 3U_s \frac{E_s}{x_d}\sin\theta + 3U_s^2\left(\frac{1}{x_q} - \frac{1}{x_d}\right)\cos\theta\sin\theta \\
&= \frac{3U_s E_s}{x_d}\sin\theta + \frac{3U_s^2(x_d - x_q)}{2x_d x_q}\sin2\theta
\end{aligned}$$

$$(9-4)$$

图 9-1 凸极同步电动机稳定运行相量图（功率因数超前时）

式中　U_s——定子相电压有效值；

　　　I_s——定子相电流有效值；

　　　E_s——转子磁动势在定子绕组产生的感应电动势；

　　　x_d——定子直轴电抗；

　　　x_q——定子交轴电抗；

　　　φ——功率因数角；

　　　ϕ——$\dot{I}_s$ 与 $\dot{E}_s$ 间的相位角；

　　　θ——$\dot{U}_s$ 与 $\dot{E}_s$ 间的相位角，在 U_s 和 E_s 恒定时，同步电动机的电磁功率和电磁转矩由 θ 确定，故称 θ 为功率角或转矩角。

在式（9-4）两边除以机械角速度 ω_m，得电磁转矩

$$T_e = \frac{3U_s E_s}{\omega_m x_d}\sin\theta + \frac{3U_s^2(x_d - x_q)}{2\omega_m x_d x_q}\sin2\theta \tag{9-5}$$

电磁转矩由两部分组成，第一部分由转子磁动势产生，是同步电动机的主转矩；第二部分由于磁路不对称产生，称作磁阻反应转矩。式（9-4）和式（9-5）是凸极同步电动机的功率角特性和转矩角特性。按式（9-5）可画出凸极电励磁同步电动机的转矩角特性，如图 9-2 所示。由于 $x_d > x_q$，磁阻反应转矩正比于 $\sin2\theta$，使最大转矩位置提前。

对于隐极同步电动机，$x_d = x_q$，故隐极同步电动机的电磁功率为

$$P_M = \frac{3U_s E_s}{x_d}\sin\theta \tag{9-6}$$

电磁转矩为

$$T_e = \frac{3U_s E_s}{\omega_m x_d}\sin\theta \tag{9-7}$$

图 9-3 为隐极同步电动机的转矩角特性，当 $\theta = \dfrac{\pi}{2}$ 时，电磁转矩最大，为

$$T_{emax} = \frac{3U_s E_s}{\omega_m x_d} \tag{9-8}$$

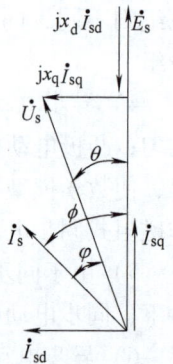

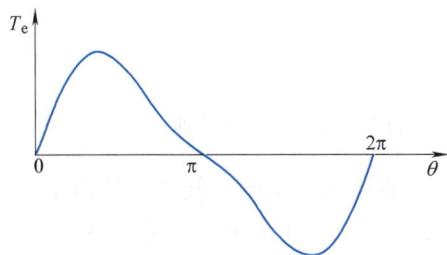

图 9-2　凸极同步电动机的转矩角特性

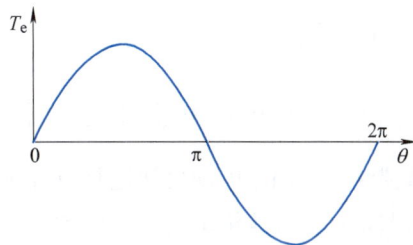

图 9-3　隐极同步电动机的转矩角特性

9.1.4　同步电动机的稳定运行

以隐极同步电动机为例，分析同步电动机恒频恒压时的稳定运行问题。

1. 在 $0 < \theta < \dfrac{\pi}{2}$ 范围内

在图 9-4 中，若同步电动机稳定运行于 θ_1，$0 < \theta_1 < \dfrac{\pi}{2}$，此时电磁转矩 T_{e1} 和负载转矩 T_{L1} 相平衡，即 $T_{e1} = T_{L1} = \dfrac{3U_s E_s}{\omega_m x_d}\sin\theta_1$。当负载转矩加大为 T_{L2} 时，转子速度减慢，转子感应电动势滞后，θ 角增大，当 $\theta = \theta_2 < \dfrac{\pi}{2}$ 时，电磁转矩 T_{e2} 和负载转矩 T_{L2} 又达到平衡，即 $T_{e2} = T_{L2} = \dfrac{3U_s E_s}{\omega_m x_d}\sin\theta_2$，同步电动机仍以同步转速稳定运行。若负载转矩又恢复为 T_{L1}，则 θ 角恢复为 θ_1，电磁转矩恢复为 T_{e1}。因此，在 $0 < \theta < \dfrac{\pi}{2}$ 范围内同步电动机能够稳定运行。

2. 在 $\dfrac{\pi}{2} < \theta < \pi$ 范围内

若同步电动机运行于 θ_3，$\dfrac{\pi}{2} < \theta_3 < \pi$，电磁转矩 $T_{e3} = \dfrac{3U_s E_s}{\omega_m x_d}\sin\theta_3$ 和负载转矩 T_{L3} 相等。当负载转矩加大为 T_{L4} 时，转子减速，使 θ 角增加，但随着 θ 角增加，电磁转矩 T_{e4} 反而减小，如图 9-5 所示。由于电磁转矩的减小，导致 θ 角继续增加，电磁转矩的持续减小，最终，同步电动机转速偏离同步转速，这种现象称为"失步"。总之，在 $\dfrac{\pi}{2} < \theta < \pi$ 范围内同步电动机不能稳定运行，产生失步现象。

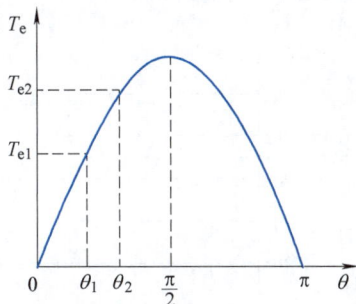

图 9-4　在 $0 < \theta < \dfrac{\pi}{2}$ 范围内隐极
同步电动机的转矩角特性

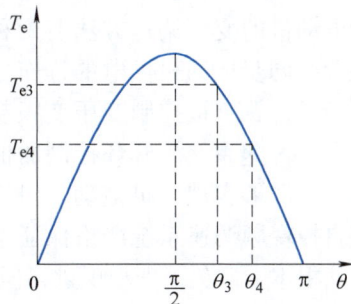

图 9-5　在 $\dfrac{\pi}{2} < \theta < \pi$ 范围内隐极
同步电动机的转矩角特性

221

9.1.5 同步电动机的起动

当同步电动机在工频电源下起动时,定子磁动势 $\boldsymbol{F}_s$ 立即以同步转速 $n_1 = \dfrac{60f_N}{n_p}$ 旋转。由于机械惯性的作用,电动机转速具有较大的滞后,不能快速跟上同步转速;转矩角 θ 以 2π 为周期变化,电磁转矩呈正弦规律变化,如图 9-3 所示。在一个周期内,电磁转矩的平均值等于零,即 $T_{eav} = 0$,故同步电动机不能起动。在实际的同步电动机中转子都有类似笼型异步电动机中的起动绕组,使电动机按异步电动机的方式起动,当转速接近同步转速时再通入励磁电流牵入同步[8,46]。

9.1.6 同步电动机的调速

同步电动机的失步和起动问题限制了其应用场合,采用变频技术,不仅实现了同步电动机的调速,也解决了失步和起动问题。

同步电动机的转速 n 等于同步转速 n_1,即

$$n = n_1 = \frac{60f_1}{n_p} \tag{9-9}$$

而同步电动机有确定的极对数 n_p,所以同步电动机的调速只能是改变电源频率的变频调速。同步电动机的定子结构与异步电动机相同,若忽略定子漏阻抗压降,则定子电压

$$U_s \approx 4.44 f_1 N_s k_{N_s} \Phi_m \tag{9-10}$$

因此,同步电动机变频调速的电压频率特性与异步电动机变频调速相同,基频以下采用带定子压降补偿的恒压频比控制方式,基频以上采用电压恒定的控制方式。

由式(9-8)可知,当 $\theta = \dfrac{\pi}{2}$ 时,电磁转矩最大。基频以下采用带定子压降补偿的恒压频比控制方式,$\dfrac{U_s}{\omega_m} =$ 常数,最大电磁转矩

$$T_{emax} = \frac{3E_s}{x_d}\frac{U_s}{\omega_m} = 常数$$

基频以上采用电压恒定的控制方式,最大电磁转矩

$$T_{emax} = \frac{3U_{sN}E_s}{\omega_m x_d} \propto \frac{1}{\omega_m} \propto \frac{1}{n_1}$$

随着电源频率 f_1 的上升而下降。同步电动机变频调速的机械特性如图 9-6 所示。

同步电动机的变频调速方法有两种:用独立的变压变频装置给同步电动机供电的称作他控变频调速系统,根据转子位置直接控制变压变频装置的输出频率称作自控变频调速系统。开环控制的他控变频调速系统比较简单,能够实现多机拖动,但仍有可能产生失步现象。自控变频调速系统严格保证电源频率与转速的同步,从根本上避免了失步现象,但系统结构复杂,需要转子位置检测器或根据电动机反电动势波形推算转子的位置。

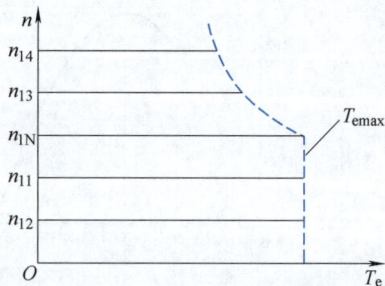

图 9-6 同步电动机变频调速机械特性

9.2 他控变频同步电动机调速系统

他控变频调速的特点是电源频率与同步电动机的实际转速<u>无直接</u>的必然联系，优点是控制系统结构简单，可以同时实现多台同步电动机调速，缺点是没有从根本上消除失步问题。

9.2.1 转速开环恒压频比控制的同步电动机群调速系统

图 9-7 所示是转速开环恒压频比控制的同步电动机群调速系统，是一种最简单的他控变频调速系统，常用于化工纺织工业小容量多电动机拖动系统中。多台永磁或磁阻同步电动机并联在公共的变频器上，由统一的频率给定信号 f^* 同时调节各台电动机的转速。图中的变频器采用电压源型 PWM 变压变频器，缓慢地调节频率给定信号 f^* 可以逐渐地同时改变各台电动机的转速。这种开环调速系统存在一个明显的缺点，就是转子振荡和失步问题并未解决，因此各台同步电动机的负载不能太大，否则会造成负载大的同步电动机失步，进而使整个调速系统崩溃。

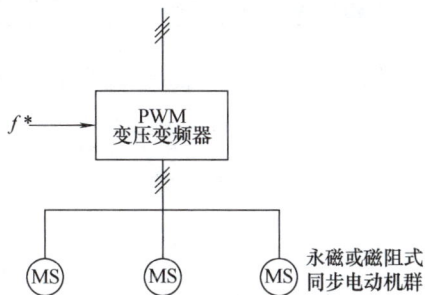

图 9-7 多台同步电动机的恒压频比控制调速系统

9.2.2 大功率同步电动机调速系统

大功率同步电动机转子上一般都有励磁绕组，通过集电环由直流励磁电源供电，或者由交流励磁发电机经过随转子一起旋转的整流器供电，如图 9-8 所示。

一类大型同步电动机变压变频调速系统用于低速的电力拖动，如无齿轮传动的可逆轧机、矿井提升机、水泥转窑等。由交-交变压变频器（又称周波变换器）供电，其输出频率为 20~25Hz（当电网频率为50Hz 时），对于一台 20 极的同步电动机，同步转速为 120~150r/min，直接用来拖动轧钢机等设备是合适的，可以省去庞大的齿轮传动装置。

大功率同步电动机可以采用恒压频比控制，在起动过程中，同步电动机定子电源频率按斜坡规律变化，将动态转差限制在允许的范围内，以保证同步电动机顺利起动，待起动结束后，同步电动机转速等于同步转速，

图 9-8 变压变频器供电的同步电动机调速系统

稳态转差等于零。一般来说，大功率同步电动机带有阻尼绕组，起动或制动时，阻尼绕组相当于异步电动机的转子绕组，有利于起动、制动，达到稳态时，同步电动机转差等于零，阻尼绕组不起作用。

大功率同步电动机也可以采用转速闭环控制的矢量控制[47,48]或直接转矩控制，在运行过程中，及时调整同步电动机定子电源频率，将转矩角限制在 $0 < \theta < \frac{\pi}{2}$ 的范围内，有

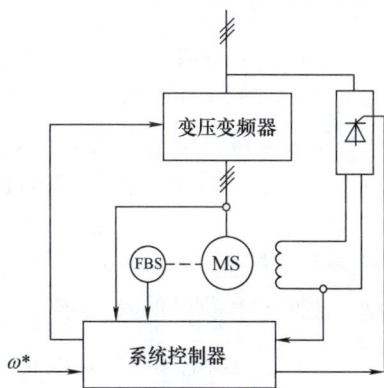

效地抑制了失步现象。变频调速既能解决起动问题，又可抑制失步现象，可谓"一举两得"。转速闭环控制的同步电动机依据转速给定和转速反馈值，控制变频器输出的频率。从这个角度看来，转速闭环的同步电动机调速系统也是一种自控变频的同步电动机调速系统。

除了转速闭环控制外，还可能带有电枢（定子）电流、励磁（转子）电流、转矩和磁链的闭环控制，如同步电动机矢量控制系统和直接转矩控制系统（本章9.4节和9.5节讨论），图9-8绘出了这种系统的硬件结构图。

9.3 自控变频同步电动机调速系统

他控变频同步电动机调速系统变频器的输出频率与转子转速或位置无直接的关系，若控制不当，仍然会造成失步。如果能根据转子位置直接控制变频装置的输出电压或电流的相位，使转矩角小于 $\frac{\pi}{2}$，就能从根本上杜绝失步现象，这就是采用自控变频同步电动机的初衷。

9.3.1 自控变频同步电动机

自控变频同步电动机的特点是在电动机轴端装有一台转子位置检测器 BQ，由它发出的转子位置信号控制变频装置，保证转子转速与供电频率同步。如图9-9所示，自控变频同步电动机共由四个部分组成：同步电动机 MS，转子位置检测器 BQ，逆变器 UI 和控制器。

转子位置检测器与电动机同轴安装，当转子转动时，转子位置检测器能正确反映转子磁极的位置，根据转子磁极的位置信号控制逆变器输出电压的频率和相位，使同步电动机的转矩角（或功率

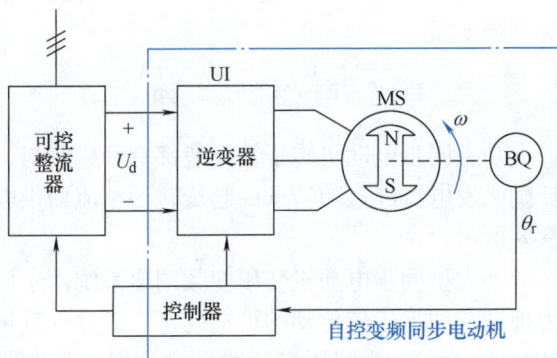

图9-9 自控变频同步电动机调速原理图
UI—逆变器 BQ—转子位置检测器

角）θ 小于 $\frac{\pi}{2}$。当电动机转速变化时，逆变器输出电压频率与转速同步变化，从根本上消除了失步现象，保证同步电动机稳定运行。

由式（9-10）可知，在基频以下调速时，需要电压频率协调控制。因此，除了逆变器外，还需要一套调压装置，为逆变器提供可调的直流电源。可控整流器完成调压的功能，调速时改变直流电压，转速将随之变化，逆变器的输出频率自动跟踪转速。虽然在表面上只控制了电压，实际上也自动地控制了频率，这就是自控变频同步电动机变压变频调速。

图9-9中需要两套可控功率单元，系统结构复杂。现在可以改用 PWM 变频器取代原来的逆变器，既完成变频，又实现调压，可控整流器就可以用不可控整流器来代替，或直接由直流母线供电，系统结构简单，只需一套可控功率单元。改进的自控变频同步电动机及调速

原理如图 9-10 所示。

从电动机本身看，自控变频同步电动机是一台同步电动机，可以是永磁式的，容量大时也可以用励磁式的。如果把它和逆变器、转子位置检测器 BQ 合起来看，如同是一台直流电动机。从外部看来，改变直流电压 U_d，就可实现调速，相当于直流电动机的调压调速。实际上，在直流电动机内部，电枢电流本来就是交变的，只是经过换向器和电刷才在外部电路表现为直流，换向器相当于机械式的逆变器，电刷相当于磁极位置检测器。与此相应，在自控变频同步电动机中采用的电力电子逆变器和转子位置检测器就相当于电子式换向器，用静止的电力电子电路代替了容易产生火花的旋转接触式换向器，用电子换向取代机械换向。稍有不同的是，直流电动机的磁极在定子上，电枢是旋转的，而同步电动机的磁极一般都在转子上，电枢却是静止的，这只是运动形式上的不同，没有本质上的区别。

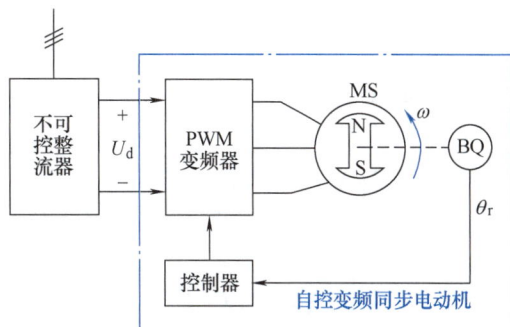

图 9-10　PWM 控制的自控变频同步电动机及调速原理图

自控变频同步电动机因其核心部件的不同，略有差异：

1）无换向器电动机。由于采用电子换相取代了机械式的换向器，因而得名，多用于带直流励磁的同步电动机。

2）正弦波永磁自控变频同步电动机。以正弦波永磁同步电动机为核心，构成的自控变频同步电动机。正弦波永磁同步电动机是指当输入三相正弦波电流、气隙磁场为正弦分布，磁极采用永磁材料的同步电动机。

3）梯形波永磁自控变频同步电动机即无刷直流电动机。以梯形波永磁同步电动机为核心的自控变频同步电动机，由于输入方波电流，气隙磁场呈梯形波分布，性能更接近于直流电动机，但没有电刷，故称无刷直流电动机。

尽管在名称上有区别，但本质上都是一样的，所以统称做"自控变频同步电动机"。

9.3.2　梯形波永磁同步电动机（无刷直流电动机）的自控变频调速系统

无刷直流电动机实质上是一种特定类型的永磁同步电动机，转子磁极采用瓦形磁钢，经专门的磁路设计，可获得梯形波的气隙磁场，感应的电动势也是梯形波的。由逆变器提供与电动势严格同相的 $\frac{2\pi}{3}$ 方波电流，同一相（例如 A 相）的电动势 e_A 和近似的电流 i_A 的波形如图 9-11 所示。

由三相桥式 PWM 逆变器供电的 Y 型梯形波永磁同步电动机的等效电路及逆变器主电路原理图如图 9-12 所示。U_d 为恒定的直流电压，PWM 逆变器输出电压为 $\frac{2\pi}{3}$ 的方波序列，换相的顺序与三相桥式晶闸管可控整流电路相同，并用直流 PWM 的方法对 $\frac{2\pi}{3}$ 的方波进行调制，同时完成变压变频功能。图 9-13 为以直流母线负极为参考点的 PWM 逆变器 A 相输出电压波形。

225

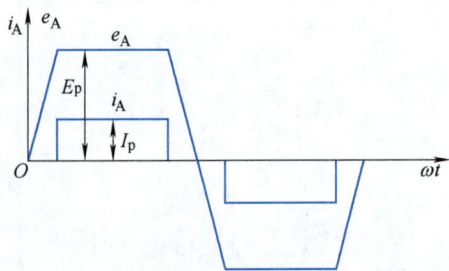

图 9-11 梯形波永磁同步电动机的电动势和
近似的电流波形图

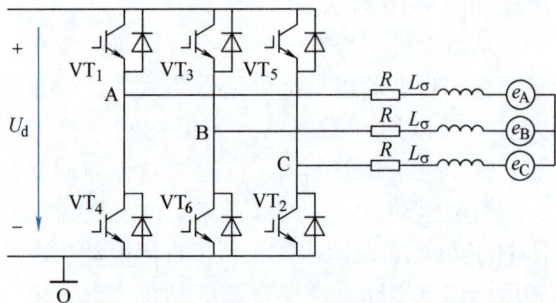

图 9-12 梯形波永磁同步电动机的等效电路及
逆变器主电路原理图

由于各相电流都是方波，逆变器的控制比交流 PWM 控制要简单得多，这是设计梯形波永磁同步电动机的初衷。然而由于绕组电感的作用，换相时电流波形不可能突跳，其波形实际上只能是近似梯形的，因而通过气隙传送到转子的电磁功率也是梯形波。每次换相时平均电磁转矩都会降低一些，如图 9-14 所示。由于 PWM 逆变器每隔 $\frac{\pi}{3}$ 换相一次，故实际的转矩波形每隔 $\frac{\pi}{3}$ 出现一个缺口，而用 PWM 调压的方式使电流出现纹波，这样的转矩脉动使梯形波永磁同步电动机的调速性能低于真正的直流电动机和正弦波永磁同步电动机。

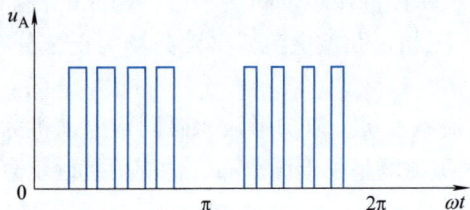

图 9-13 PWM 逆变器 A 相输出电压

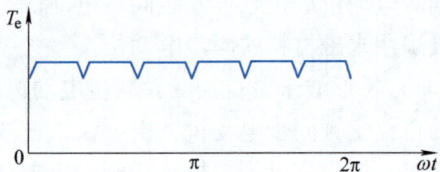

图 9-14 梯形波永磁同步电动机的转矩脉动

梯形波永磁同步电动机的电压方程可以用下式表示：

$$\begin{bmatrix} u_A \\ u_B \\ u_C \end{bmatrix} = \begin{bmatrix} R_s & 0 & 0 \\ 0 & R_s & 0 \\ 0 & 0 & R_s \end{bmatrix} \begin{bmatrix} i_A \\ i_B \\ i_C \end{bmatrix} + \begin{bmatrix} L_\sigma & 0 & 0 \\ 0 & L_\sigma & 0 \\ 0 & 0 & L_\sigma \end{bmatrix} \frac{d}{dt} \begin{bmatrix} i_A \\ i_B \\ i_C \end{bmatrix} + \begin{bmatrix} e_A \\ e_B \\ e_C \end{bmatrix} \tag{9-11}$$

式中　u_A、u_B、u_C——三相输入电压；

　　　i_A、i_B、i_C——三相电流；

　　　e_A、e_B、e_C——三相电动势；

　　　R_s——定子绕组每相电阻；

　　　L_σ——定子绕组各相漏磁通所对应的电感。

设图 9-11 中方波电流的峰值为 I_p，梯形波电动势的峰值为 E_p，在非换相情况下，同时只有两相导通，从逆变器直流侧看进去，为两相绕组串联，则电磁功率为 $P_m = 2E_p I_p$。电磁转矩为

$$T_e = \frac{P_m}{\omega_m} = \frac{P_m}{\omega/n_p} = \frac{2n_p E_p I_p}{\omega} = 2n_p \psi_p I_p \tag{9-12}$$

式中　ψ_p——梯形波励磁磁链的峰值；

　　　ω_m——电源角频率；

　　　ω——电动机转子旋转角速度。

由此可见，梯形波永磁同步电动机（即无刷直流电动机）的转矩与电流 I_p 成正比，和一般的直流电动机相当。这样，其控制系统也和直流调速系统一样，要求不高时，可采用开环调速，对于动态性能要求较高的负载，可采用转速、电流双闭环控制系统。无论是开环系统还是闭环系统，都必须检测转子位置，并根据转子位置发出换相信号，使变频器输出与电动势严格同相的 $\frac{2\pi}{3}$ 方波电压，而通过对 $\frac{2\pi}{3}$ 方波电压的 PWM 调制控制方波电流的幅值，进而控制无刷直流电动机的电磁转矩。

不考虑换相过程及 PWM 调制等因素的影响，当图 9-12 中的 VT_1 和 VT_6 导通时，A、B 两相导通，而 C 相关断，则 $i_A = -i_B = I_p$，$i_C = 0$，且 $e_A = -e_B = E_p$，由式（9-11）可得无刷直流电动机的电压方程为

$$u_A - u_B = 2R_s I_p + 2L_\sigma \frac{dI_p}{dt} + 2E_p \tag{9-13}$$

其中，$(u_A - u_B)$ 是 A、B 两相之间输入的平均线电压，采用 PWM 控制时，设占空比为 ρ，则 $u_A - u_B = \rho U_d$，于是，式（9-13）可改写为

$$2R_s I_p + 2L_\sigma \frac{dI_p}{dt} = \rho U_d - 2E_p \tag{9-14}$$

或写成状态方程

$$\frac{dI_p}{dt} = -\frac{1}{T_l} I_p - \frac{E_p}{L_\sigma} + \frac{\rho U_d}{2L_\sigma} \tag{9-15}$$

式中　T_l——电枢漏磁时间常数，$T_l = \dfrac{L_\sigma}{R_s}$。

其他五种工作状态均与此相同。

根据电机和电力拖动系统基本理论，可知

$$E_p = k_e \omega \tag{9-16}$$

$$T_e = \frac{n_p}{\omega} 2E_p I_p = 2n_p k_e I_p \tag{9-17}$$

$$\frac{d\omega}{dt} = \frac{n_p}{J}(T_e - T_L) \tag{9-18}$$

由式（9-15）~式（9-18），可以得到无刷直流电动机的状态方程

$$\frac{d\omega}{dt} = \frac{n_p^2}{J} 2k_e I_p - \frac{n_p}{J} T_L$$

$$\frac{dI_p}{dt} = -\frac{1}{T_l} I_p - \frac{k_e \omega}{L_\sigma} + \frac{\rho U_d}{2L_\sigma} \tag{9-19}$$

无刷直流电动机动态结构图如图 9-15 所示。

实际上，换相过程中电流和转矩的变化、关断相电动势所引起的电流、PWM 调压对电流和转矩的影响等都是使动态模型产生时变和非线性的因素，其后果是造成转矩和转速的脉动，严重时会使电动机无法正常运行，必须设法予以抑制或消除。

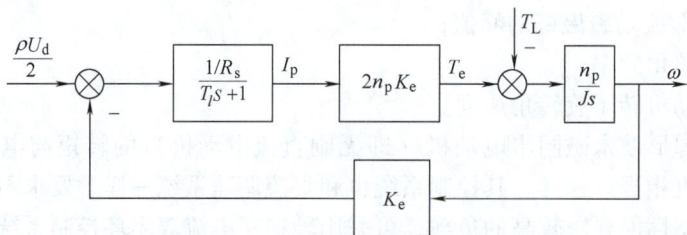

图 9-15   无刷直流电动机的动态结构图

无刷直流电动机调速系统如图 9-16 所示，图 9-17 为无刷直流电动机调速系统结构图，其中，转速调节器 ASR 和电流调节器 ACR 均为带有积分和输出限幅的 PI 调节器，调节器可参照直流调速系统的方法设计。

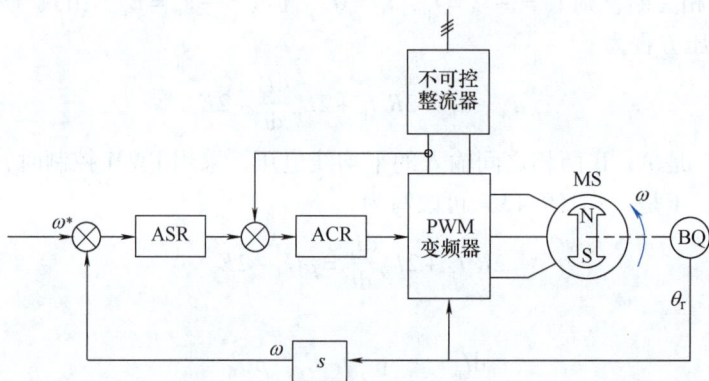

图 9-16   无刷直流电动机调速系统

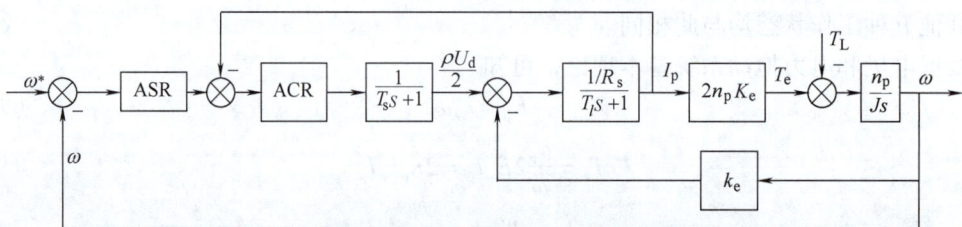

图 9-17   无刷直流电动机调速系统结构图

最后，简单介绍一下用于无刷直流电动机的无位置传感器技术。由图 9-9 和图 9-10 可见，位置传感器 BQ 是构成自控变频同步电动机调速系统不可缺少的环节，但在某些场合在电机轴上安装位置传感器并增加额外的引线会感到十分不便，于是便产生能否除去位置传感器的要求。前已指出，在 $\frac{2\pi}{3}$ 导通型的逆变器中，在任何时刻，三相中总有一相是被关断的，但该相绕组仍在切割转子磁场并产生电动势，如果能够检测出关断相电动势波形的过零点，就可以得到转子位置的信息，从而代替位置传感器的作用，完成无刷直流电动机的频率控制，这样的电动机称作无位置传感器的无刷直流电动机。

*9.4　同步电动机矢量控制系统

前面介绍了他控变频调速与直流无刷电动机的调速方法，为了获得高动态性能，应当从同步电动机的动态模型出发，研究同步电动机的调速系统，其基本原理和异步电动机相似，通过坐标变换，把同步电动机等效成直流电动机，再模仿直流电动机的控制方法进行控制。同步电动机的定子绕组与异步电动机相同，主要差异在转子部分，同步电动机转子为直流励磁或永磁体，为了解决起动问题和抑制失步现象，有些同步电动机在转子侧带有阻尼绕组。本节讨论可控励磁和正弦波永磁同步电动机的矢量控制系统。

在同步电动机矢量控制系统中，为了准确地定向，需要检测转子位置。因此，同步电动机矢量控制变频调速也可归属于自控变频同步电动机调速系统。

9.4.1　基于转子旋转正交坐标系的可控励磁同步电动机动态数学模型

与异步电动机相似，做如下假定：

1）忽略空间谐波，设定子三相绕组对称，在空间中互差$\dfrac{2\pi}{3}$电角度，所产生的磁动势沿气隙按正弦规律分布。

2）忽略磁路饱和，各绕组的自感和互感都是恒定的。

3）忽略铁心损耗。

4）不考虑频率变化和温度变化对绕组电阻的影响。

如图 9-18 所示，定子三相绕组轴线 A、B、C 是静止的，u_A、u_B、u_C 为三相定子电压，i_A、i_B、i_C 为三相定子电流，转子以角速度 ω 旋转，转子上的励磁绕组在励磁电压 U_f 供电下流过励磁电流 I_f。沿励磁磁极的轴线为 d 轴，与 d 轴正交的是 q 轴，dq 坐标系固定在转子上，与转子同步旋转，d 轴与 A 轴之间的夹角为变量 θ_r。阻尼绕组是多导条类似笼型的绕组，把它等效成在 d 轴和 q 轴各自短路的两个独立的绕组，i_{rd}、i_{rq} 分别为阻尼绕组的 d 轴和 q 轴电流。

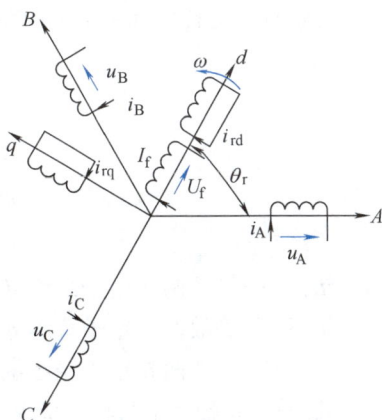

图 9-18　带有阻尼绕组的同步电动机物理模型

考虑同步电动机的凸极效应和阻尼绕组，同步电动机的定子电压方程为

$$\left. \begin{aligned} u_A &= R_s i_A + \frac{\mathrm{d}\psi_A}{\mathrm{d}t} \\ u_B &= R_s i_B + \frac{\mathrm{d}\psi_B}{\mathrm{d}t} \\ u_C &= R_s i_C + \frac{\mathrm{d}\psi_C}{\mathrm{d}t} \end{aligned} \right\} \tag{9-20}$$

式中　　　R_s——定子电阻；

ψ_A、ψ_B 和 ψ_C——三相定子磁链。

转子电压方程为

$$\left.\begin{array}{l} U_{\mathrm{f}} = R_{\mathrm{f}}I_{\mathrm{f}} + \dfrac{\mathrm{d}\psi_{\mathrm{f}}}{\mathrm{d}t} \\[2mm] 0 = R_{\mathrm{rd}}i_{\mathrm{rd}} + \dfrac{\mathrm{d}\psi_{\mathrm{rd}}}{\mathrm{d}t} \\[2mm] 0 = R_{\mathrm{rq}}i_{\mathrm{rq}} + \dfrac{\mathrm{d}\psi_{\mathrm{rq}}}{\mathrm{d}t} \end{array}\right\} \tag{9-21}$$

转子电压方程中第一个方程是励磁绕组直流电压方程，R_{f} 是励磁绕组电阻，永磁同步电动机无此方程，后两个方程是阻尼绕组的等效电压方程，R_{rd}、R_{rq} 分别为阻尼绕组的 d 轴和 q 轴电阻。

采用基于 "X_{ad} 基准" 的标么值表示[8]，为了简化，省去标么值的 "$*$" 号上标。将定子电压方程从 ABC 三相坐标系变换到 dq 两相旋转坐标系，则三个定子电压方程变换成两个方程：

$$\left.\begin{array}{l} u_{\mathrm{sd}} = R_{\mathrm{s}}i_{\mathrm{sd}} + \dfrac{\mathrm{d}\psi_{\mathrm{sd}}}{\mathrm{d}t} - \omega\psi_{\mathrm{sq}} \\[2mm] u_{\mathrm{sq}} = R_{\mathrm{s}}i_{\mathrm{sq}} + \dfrac{\mathrm{d}\psi_{\mathrm{sq}}}{\mathrm{d}t} + \omega\psi_{\mathrm{sd}} \end{array}\right\} \tag{9-22}$$

由式（9-22）可以看出，从三相静止坐标系变换到二相旋转正交坐标系以后，dq 轴的电压方程等号右侧由电阻压降、脉变电动势和旋转电动势三项构成，其物理意义与异步电动机中相同。

在 dq 两相旋转坐标系上的磁链方程为

$$\left.\begin{array}{l} \psi_{\mathrm{sd}} = L_{\mathrm{sd}}i_{\mathrm{sd}} + L_{\mathrm{md}}I_{\mathrm{f}} + L_{\mathrm{md}}i_{\mathrm{rd}} \\[2mm] \psi_{\mathrm{sq}} = L_{\mathrm{sq}}i_{\mathrm{sq}} + L_{\mathrm{mq}}i_{\mathrm{rq}} \\[2mm] \psi_{\mathrm{f}} = L_{\mathrm{md}}i_{\mathrm{sd}} + L_{\mathrm{f}}I_{\mathrm{f}} + L_{\mathrm{md}}i_{\mathrm{rd}} \\[2mm] \psi_{\mathrm{rd}} = L_{\mathrm{md}}i_{\mathrm{sd}} + L_{\mathrm{md}}I_{\mathrm{f}} + L_{\mathrm{rd}}i_{\mathrm{rd}} \\[2mm] \psi_{\mathrm{rq}} = L_{\mathrm{mq}}i_{\mathrm{sq}} + L_{\mathrm{rq}}i_{\mathrm{rq}} \end{array}\right\} \tag{9-23}$$

式中　L_{sd}——等效两相定子绕组 d 轴自感，$L_{\mathrm{sd}} = L_{ls} + L_{\mathrm{md}}$；

　　　L_{sq}——等效两相定子绕组 q 轴自感，$L_{\mathrm{sq}} = L_{ls} + L_{\mathrm{mq}}$；

　　　L_{ls}——等效两相定子绕组漏感；

　　　L_{md}——d 轴定子与转子绕组间的互感，相当于同步电动机原理中的 d 轴电枢反应电感；

　　　L_{mq}——q 轴定子与转子绕组间的互感，相当于 q 轴电枢反应电感；

　　　L_{f}——励磁绕组自感，$L_{\mathrm{f}} = L_{lf} + L_{\mathrm{md}}$；

　　　L_{lf}——励磁绕组漏感；

　　　L_{rd}——d 轴阻尼绕组自感，$L_{\mathrm{rd}} = L_{lrd} + L_{\mathrm{md}}$；

　　　L_{lrd}——d 轴阻尼绕组漏感；

　　　L_{rq}——q 轴阻尼绕组自感，$L_{\mathrm{rq}} = L_{lrq} + L_{\mathrm{mq}}$；

　　　L_{lrq}——q 轴阻尼绕组漏感。

由于凸极效应，d 轴和 q 轴上的电感是不一样的。此外，由于阻尼绕组沿转子表面不对称分布，阻尼绕组 d 轴和 q 轴的等效电阻和漏感也不同。

同步电动机在 dq 坐标系上的转矩和运动方程分别为

$$T_{\mathrm{e}} = n_{\mathrm{p}}(\psi_{\mathrm{sd}}i_{\mathrm{sq}} - \psi_{\mathrm{sq}}i_{\mathrm{sd}}) \tag{9-24}$$

$$\frac{\mathrm{d}\omega}{\mathrm{d}t} = \frac{n_{\mathrm{p}}}{J}(T_{\mathrm{e}} - T_{\mathrm{L}}) = \frac{n_{\mathrm{p}}^2}{J}(\psi_{\mathrm{sd}}i_{\mathrm{sq}} - \psi_{\mathrm{sq}}i_{\mathrm{sd}}) - \frac{n_{\mathrm{p}}}{J}T_{\mathrm{L}} \tag{9-25}$$

把式（9-23）中的 ψ_{sd} 和 ψ_{sq} 表达式代入式（9-24）的转矩方程并整理后得

$$T_e = n_p L_{md} I_f i_{sq} + n_p (L_{sd} - L_{sq}) i_{sd} i_{sq} + n_p (L_{md} i_{rd} i_{sq} - L_{mq} i_{rq} i_{sd}) \qquad (9\text{-}26)$$

观察式（9-26），不难看出每一项转矩的物理意义。第一项 $n_p L_{md} I_f i_{sq}$ 是转子励磁磁动势和定子电枢反应磁动势转矩分量相互作用所产生的转矩，是同步电动机主要的电磁转矩。第二项 $n_p (L_{sd} - L_{sq}) i_{sd} i_{sq}$ 是由凸极效应造成的磁阻变化在电枢反应磁动势作用下产生的转矩，称作反应转矩或磁阻转矩，这是凸极电动机特有的转矩，在隐极电动机中，$L_{sd} = L_{sq}$，该项为零。第三项 $n_p (L_{md} i_{rd} i_{sq} - L_{mq} i_{rq} i_{sd})$ 是电枢反应磁动势与阻尼绕组磁动势相互作用的转矩，如果没有阻尼绕组，或者在稳态运行时阻尼绕组中没有感应电流，该项都是零。只有在动态过程中，产生阻尼电流，才有阻尼转矩，帮助同步电动机尽快达到新的稳态。

对式（9-23）求导后，代入式（9-21）和式（9-22），整理后可得同步电动机的电压矩阵方程式

$$
\begin{bmatrix} u_{sd} \\ u_{sq} \\ U_f \\ 0 \\ 0 \end{bmatrix} =
\begin{bmatrix}
R_s & -\omega L_{sq} & 0 & 0 & -\omega L_{mq} \\
\omega L_{sd} & R_s & \omega L_{md} & \omega L_{md} & 0 \\
0 & 0 & R_f & 0 & 0 \\
0 & 0 & 0 & R_{rd} & 0 \\
0 & 0 & 0 & 0 & R_{rq}
\end{bmatrix}
\begin{bmatrix} i_{sd} \\ i_{sq} \\ I_f \\ i_{rd} \\ i_{rq} \end{bmatrix} +
\begin{bmatrix}
L_{sd} & 0 & L_{md} & L_{md} & 0 \\
0 & L_{sq} & 0 & 0 & L_{mq} \\
L_{md} & 0 & L_f & L_{md} & 0 \\
L_{md} & 0 & L_{md} & L_{rd} & 0 \\
0 & L_{mq} & 0 & 0 & L_{rq}
\end{bmatrix}
\frac{d}{dt}
\begin{bmatrix} i_{sd} \\ i_{sq} \\ I_f \\ i_{rd} \\ i_{rq} \end{bmatrix} \qquad (9\text{-}27)
$$

相应的运动方程为

$$\frac{d\omega}{dt} = \frac{n_p}{J}(T_e - T_L) = \frac{n_p^2}{J}\left[L_{md} I_f i_{sq} + (L_{sd} - L_{sq}) i_{sd} i_{sq} + (L_{md} i_{rd} i_{sq} - L_{mq} i_{rq} i_{sd}) \right] - \frac{n_p}{J} T_L \qquad (9\text{-}28)$$

式（9-27）和式（9-28）是带有阻尼绕组的凸极同步电动机动态数学模型。与笼型异步电动机相比较，励磁绕组的存在，增加了状态变量的维数，提高了微分方程的阶次，而凸极效应则使得 d 轴和 q 轴参数不等，这无疑增加了数学模型的复杂性。

隐极式同步电动机的 dq 轴对称，故 $L_{sd} = L_{sq} = L_s$，$L_{md} = L_{mq} = L_m$，若忽略阻尼绕组的作用，则动态数学模型为

$$
\begin{bmatrix} u_{sd} \\ u_{sq} \\ U_f \end{bmatrix} =
\begin{bmatrix}
R_s & -\omega L_s & 0 \\
\omega L_s & R_s & \omega L_m \\
0 & 0 & R_f
\end{bmatrix}
\begin{bmatrix} i_{sd} \\ i_{sq} \\ I_f \end{bmatrix} +
\begin{bmatrix}
L_s & 0 & L_m \\
0 & L_s & 0 \\
L_m & 0 & L_f
\end{bmatrix}
\frac{d}{dt}
\begin{bmatrix} i_{sd} \\ i_{sq} \\ I_f \end{bmatrix} \qquad (9\text{-}29)
$$

$$\frac{d\omega}{dt} = \frac{n_p}{J}(T_e - T_L) = \frac{n_p^2}{J} L_m I_f i_{sq} - \frac{n_p}{J} T_L \qquad (9\text{-}30)$$

以 ω、i_{sd}、i_{sq}、I_f 为状态变量，u_{sd}、u_{sq}、U_f 为输入变量，T_L 为扰动输入，忽略阻尼绕组的作用时，隐极同步电动机的状态方程为

$$
\left.
\begin{aligned}
\frac{d\omega}{dt} &= \frac{n_p}{J}(T_e - T_L) = \frac{n_p^2}{J} L_m I_f i_{sq} - \frac{n_p}{J} T_L \\[6pt]
\frac{d i_{sd}}{dt} &= -\frac{R_s}{\sigma L_s} i_{sd} + \frac{1}{\sigma}\omega i_{sq} + \frac{L_m R_f}{\sigma L_s L_f} I_f + \frac{1}{\sigma L_s} u_{sd} - \frac{L_m}{\sigma L_s L_f} U_f \\[6pt]
\frac{d i_{sq}}{dt} &= -\omega i_{sd} - \frac{R_s}{L_s} i_{sq} - \frac{L_m}{L_s}\omega I_f + \frac{1}{L_s} u_{sq} \\[6pt]
\frac{d I_f}{dt} &= \frac{L_m R_s}{\sigma L_s L_f} i_{sd} - \frac{L_m}{\sigma L_s}\omega i_{sq} - \frac{R_f}{\sigma L_f} I_f - \frac{L_m}{\sigma L_s L_f} u_{sd} + \frac{1}{\sigma L_f} U_f
\end{aligned}
\right\} \qquad (9\text{-}31)
$$

231

其中，漏磁系数 $\sigma = 1 - \dfrac{L_m^2}{L_s L_f}$。隐极同步电动机动态结构图如图 9-19 所示。由式（9-31）和图 9-19 可知，同步电动机也是个非线性、强耦合的多变量系统，若考虑阻尼绕组的作用和凸极效应时，动态模型更为复杂，与异步电动机相比，其非线性、强耦合的程度有过之而无不及。为了达到良好的控制效果，往往采用电流闭环控制的方式，实现对象的近似解耦。

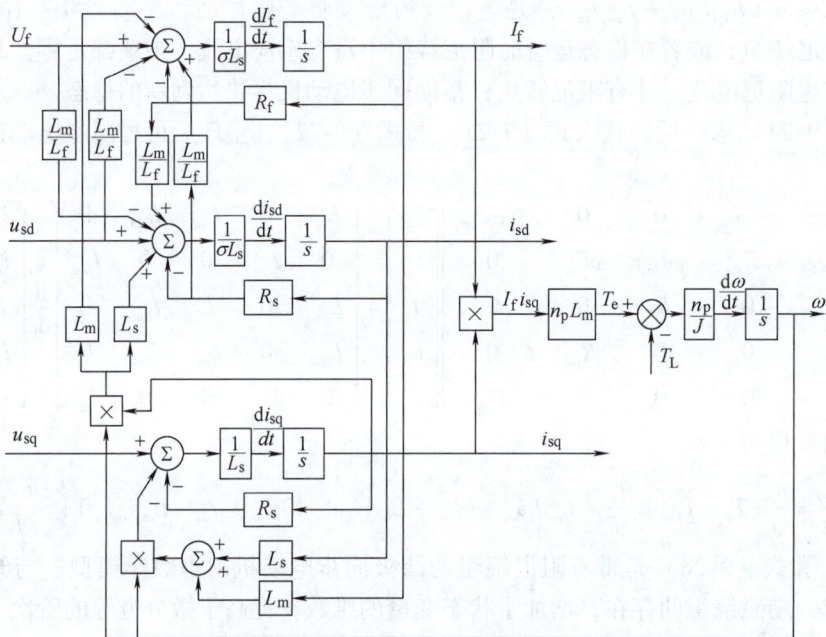

图 9-19　隐极同步电动机动态结构图

9.4.2　可控励磁同步电动机按气隙磁链定向矢量控制系统

根据上述的同步电动机数学模型，可以求出矢量控制算法，得到相应的同步电动机矢量控制系统。可以选择不同的磁链矢量作为定向坐标轴，如按气隙磁链定向、按定子磁链定向、按转子磁链定向、按阻尼磁链定向等。

现以可控励磁隐极同步电动机为例，论述同步电动机按气隙磁链定向的矢量控制系统。在正常运行时，多希望保持同步电动机的气隙磁链恒定，因此采用按气隙磁链定向。忽略阻尼绕组的作用，在可控励磁同步电动机中，除转子直流励磁外，定子磁动势还产生电枢反应，直流励磁与电枢反应合成起来产生气隙磁链。

同步电动机气隙磁链 $\boldsymbol{\psi}_g$ 是指与定子和转子交链的主磁链，沿 dq 轴分解得 $\boldsymbol{\psi}_g$ 在 dq 坐标系的表达式

$$\left.\begin{array}{l}\psi_{gd} = L_m i_{sd} + L_m I_f \\ \psi_{gq} = L_m i_{sq}\end{array}\right\} \tag{9-32}$$

将定子磁链

$$\left.\begin{array}{l}\psi_{sd} = L_{ls} i_{sd} + L_m i_{sd} + L_m I_f = L_{ls} i_{sd} + \psi_{gd} \\ \psi_{sq} = L_{ls} i_{sq} + L_m i_{sq} = L_{ls} i_{sq} + \psi_{gq}\end{array}\right\} \tag{9-33}$$

代入式（9-24）得电磁转矩为

$$T_e = n_p(\psi_{gd} i_{sq} - \psi_{gq} i_{sd}) \tag{9-34}$$

气隙磁链矢量可以用其幅值和角度来表示：

$$\boldsymbol{\psi}_g = \psi_g e^{j\theta_g} = \sqrt{\psi_{gd}^2 + \psi_{gq}^2}\, e^{j\arctan\frac{\psi_{gq}}{\psi_{gd}}} \tag{9-35}$$

式中 θ_g——气隙磁链矢量与 d 轴的夹角。

定义 mt 坐标系，使 m 轴与气隙合成磁链矢量重合，t 轴与 m 轴正交。再将定子三相电流合成矢量 $\boldsymbol{i}_s$ 沿 m、t 轴分解为励磁分量 i_{sm} 和转矩分量 i_{st}，同样，将励磁电流矢量 $\boldsymbol{I}_f$ 分解成 i_{fm} 和 i_{ft}，参见图9-20。其中，ψ_g 是气隙磁链，i_g 是忽略铁损时的等效励磁电流。

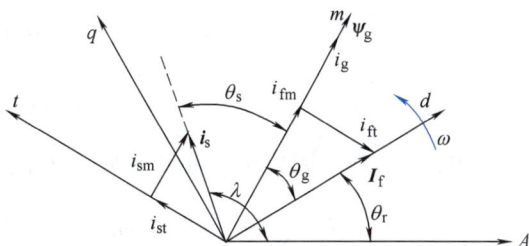

图 9-20 可控励磁同步电动机空间矢量图

将定子电流矢量 $\boldsymbol{i}_s$ 和励磁电流矢量 $\boldsymbol{I}_f$ 变换到 mt 坐标系，即将这两个矢量沿气隙磁链方向分解，得到励磁分量和转矩分量与在 dq 坐标系中相应分量的关系为

$$\begin{bmatrix} i_{sm} \\ i_{st} \end{bmatrix} = \begin{bmatrix} \cos\theta_g & \sin\theta_g \\ -\sin\theta_g & \cos\theta_g \end{bmatrix} \begin{bmatrix} i_{sd} \\ i_{sq} \end{bmatrix} \tag{9-36}$$

$$\begin{bmatrix} i_{fm} \\ i_{ft} \end{bmatrix} = \begin{bmatrix} \cos\theta_g & \sin\theta_g \\ -\sin\theta_g & \cos\theta_g \end{bmatrix} \begin{bmatrix} I_f \\ 0 \end{bmatrix} \tag{9-37}$$

考虑到按气隙磁链定向，则

$$\begin{bmatrix} \psi_{gm} \\ \psi_{gt} \end{bmatrix} = \begin{bmatrix} \cos\theta_g & \sin\theta_g \\ -\sin\theta_g & \cos\theta_g \end{bmatrix} \begin{bmatrix} \psi_{gd} \\ \psi_{gq} \end{bmatrix} = \begin{bmatrix} L_m i_{sm} + L_m i_{fm} \\ L_m i_{st} + L_m i_{ft} \end{bmatrix} = \begin{bmatrix} L_m i_g \\ 0 \end{bmatrix} \tag{9-38}$$

由此导出

$$\left.\begin{array}{l} i_g = i_{sm} + i_{fm} \\ i_{st} = -i_{ft} \end{array}\right\} \tag{9-39}$$

式（9-36）和式（9-38）的逆变换分别为

$$\begin{bmatrix} i_{sd} \\ i_{sq} \end{bmatrix} = \begin{bmatrix} \cos\theta_g & -\sin\theta_g \\ \sin\theta_g & \cos\theta_g \end{bmatrix} \begin{bmatrix} i_{sm} \\ i_{st} \end{bmatrix} \tag{9-40}$$

$$\begin{bmatrix} \psi_{gd} \\ \psi_{gq} \end{bmatrix} = \begin{bmatrix} \cos\theta_g & -\sin\theta_g \\ \sin\theta_g & \cos\theta_g \end{bmatrix} \begin{bmatrix} \psi_{gm} \\ \psi_{gt} \end{bmatrix} \tag{9-41}$$

将式（9-40）和式（9-41）代入式（9-34）并整理得到同步电动机的电磁转矩

$$T_e = n_p \psi_{gm} i_{st} = -n_p \psi_{gm} i_{ft} \tag{9-42}$$

同步电动机由三相平衡正弦电压供电，当电动机处于稳定运行状态时，定子相电压为

$$\left.\begin{array}{l} u_A = U_m \cos(\omega_1 t) \\[2mm] u_B = U_m \cos\left(\omega_1 t - \dfrac{2\pi}{3}\right) \\[2mm] u_C = U_m \cos\left(\omega_1 t - \dfrac{4\pi}{3}\right) \end{array}\right\} \tag{9-43}$$

按第 6 章定义的空间矢量表达式，三相合成电压矢量为

$$u_s = \sqrt{\frac{3}{2}} U_m e^{j\omega_1 t} = U_s e^{j\omega_1 t} \tag{9-44}$$

定子相电流为

$$\left. \begin{aligned} i_A &= I_m \cos(\omega_1 t - \varphi) \\ i_B &= I_m \cos\left(\omega_1 t - \varphi - \frac{2\pi}{3}\right) \\ i_C &= I_m \cos\left(\omega_1 t - \varphi - \frac{4\pi}{3}\right) \end{aligned} \right\} \tag{9-45}$$

其中，φ 为功率因数角。可以证明，三相合成电流矢量为

$$i_s = \sqrt{\frac{2}{3}} \left[I_m \cos(\omega_1 t - \varphi) + I_m \cos\left(\omega_1 t - \varphi - \frac{2\pi}{3}\right) e^{j\gamma} \right.$$
$$\left. + I_m \cos\left(\omega_1 t - \varphi - \frac{4\pi}{3}\right) e^{j2\gamma} \right] = \sqrt{\frac{3}{2}} I_m e^{j(\omega_1 t - \varphi)} = I_s e^{j(\omega_1 t - \varphi)} \tag{9-46}$$

以上分析表明，电压相量与电流相量的相位差等于合成矢量的夹角。忽略定子电阻和漏抗，则电压相量 $\dot{U}_m$ 超前气隙磁通相量 $\dot{\Phi}_g$（或磁链相量 $\dot{\Psi}_g$）$\frac{\pi}{2}$。将气隙磁通相量 $\dot{\Phi}_g$ 与气隙磁链矢量 ψ_g 重合，可得如图 9-21 所示的可控励磁同步电动机空间矢量图和时间相量图。根据图 9-21 可知，功率因数角 $\varphi = \frac{\pi}{2} - \theta_s$。

由式（9-42）可知，按气隙磁链定向后，同步电动机的转矩公式与直流电动机转矩表达式相同。只要保证气隙磁链 ψ_{gm} 恒定，控制定子电流的转矩分量 i_{st} 就可以方便灵活地控制同步电动机的电磁转矩，问题是如何能够保证气隙磁链恒定和准确地按气隙磁链定向。

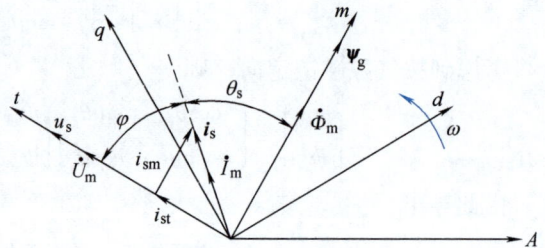

图 9-21　可控励磁同步电动机空间矢量图和时间相量图

第一个问题是如何保证气隙磁链恒定，由式（9-38）可知，要保证气隙磁链 ψ_{gm} 恒定，只要使 $i_g = i_{sm} + i_{fm}$ 恒定即可，定子电流的励磁分量 i_{sm} 可以从同步电动机期望的功率因数值求出。一般说来，希望功率因数 $\cos\varphi = 1$，即 $\theta_s = \frac{\pi}{2}$，也就是说，希望 $i_{sm} = 0$。因此，由期望功率因数确定的 i_{sm} 可作为矢量控制系统的一个给定值。

第二个问题是如何准确地按气隙磁链定向，由图 9-20 和图 9-21 得

$$i_s = \sqrt{i_{sm}^2 + i_{st}^2} \tag{9-47}$$

$$\theta_s = \arctan \frac{i_{st}}{i_{sm}} \tag{9-48}$$

$$I_f = \sqrt{i_{fm}^2 + i_{ft}^2} \tag{9-49}$$

$$\theta_g = \arctan \frac{-i_{ft}}{i_{fm}} = \arctan \frac{i_{st}}{i_{fm}} \tag{9-50}$$

考虑到 θ_g 逆时针为正，故式（9-50）中 i_{ft} 前取负号。

以 A 轴为参考坐标轴，则 d 轴的位置角为 $\theta_r = \int \omega dt$，可以通过电机轴上的位置传感器 BQ 测得或通过 ω 积分得到。于是，定子电流空间矢量 i_s 与 A 轴的夹角 λ 为

$$\lambda = \theta_r + \theta_g + \theta_s \tag{9-51}$$

因此，定子电流空间矢量 i_s 与 A 轴夹角的期望值

$$\lambda^* = \theta_r + \theta_g^* + \theta_s^* = \theta_r + \arctan \frac{i_{st}^*}{i_{fm}^*} + \arctan \frac{i_{st}^*}{i_{sm}^*} \tag{9-52}$$

若使功率因数 $\cos\varphi = 1$，$\theta_s = \dfrac{\pi}{2}$，则

$$\lambda^* = \theta_r + \theta_g^* + \theta_s^* = \theta_r + \arctan \frac{i_{st}^*}{i_{fm}^*} + \frac{\pi}{2} \tag{9-53}$$

由定子电流空间矢量的期望值 i_s^* 和相位角的期望值 λ^* 可以求出三相定子电流给定值

$$\left. \begin{aligned} i_A^* &= i_s^* \cos\lambda^* \\ i_B^* &= i_s^* \cos\left(\lambda^* - \frac{2\pi}{3}\right) \\ i_C^* &= i_s^* \cos\left(\lambda^* + \frac{2\pi}{3}\right) \end{aligned} \right\} \tag{9-54}$$

235

按照式（9-47）~ 式（9-54）构成同步电动机矢量运算器，如图 9-22 所示，用以控制同步电动机的定子电流和励磁电流，即可实现同步电动机的矢量控制。由于采用了电流计算，所以又称之为基于电流模型的同步电动机矢量控制系统。

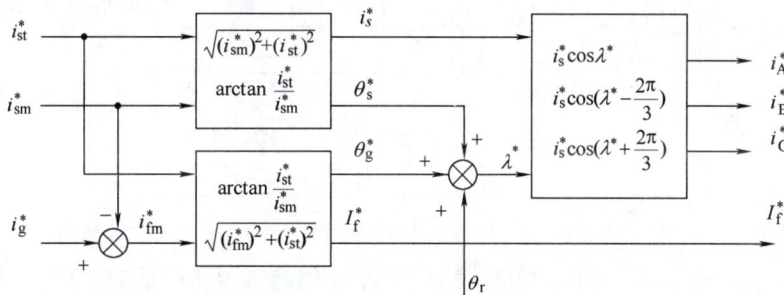

图9-22 同步电动机矢量运算器

已知定子电流空间矢量 i_s 与 A 轴的夹角 $\lambda = \theta_r + \theta_g + \theta_s$，对 λ 求导，并将式（9-48）~ 式（9-50）代入，得定子电流空间矢量 i_s 的旋转角速度为

$$\begin{aligned} \omega_{is} &= \frac{d\lambda}{dt} = \frac{d\theta_r}{dt} + \frac{d\theta_g}{dt} + \frac{d\theta_s}{dt} = \omega + \frac{d}{dt}\left(\arctan\frac{i_{st}}{i_{fm}}\right) + \frac{d}{dt}\left(\arctan\frac{i_{st}}{i_{sm}}\right) \\ &= \omega + \frac{i_{fm}}{i_{fm}^2 + i_{st}^2}\frac{di_{st}}{dt} - \frac{i_{st}}{i_{fm}^2 + i_{st}^2}\frac{di_{fm}}{dt} + \frac{i_{sm}}{i_{sm}^2 + i_{st}^2}\frac{di_{st}}{dt} - \frac{i_{st}}{i_{sm}^2 + i_{st}^2}\frac{di_{sm}}{dt} \end{aligned} \tag{9-55}$$

而 mt 坐标系旋转角速度为

$$\omega_1 = \frac{d\theta_r}{dt} + \frac{d\theta_g}{dt} = \omega + \frac{d}{dt}\left(\arctan\frac{i_{st}}{i_{fm}}\right)$$

$$= \omega + \frac{i_{fm}}{i_{fm}^2 + i_{st}^2}\frac{di_{st}}{dt} - \frac{i_{st}}{i_{fm}^2 + i_{st}^2}\frac{di_{fm}}{dt} \tag{9-56}$$

式（9-55）和式（9-56）表明：在动态过程中，电流角频率 ω_{is} 和气隙磁链的角频率 ω_1 并不等于转子旋转角速度 ω，即动态转差 $\Delta\omega \neq 0$，只有达到稳态时，三者才相等，$\omega_1 = \omega = \omega_{is}$，达到同步状态。

图 9-23 所示的可控励磁同步电动机矢量控制系统采用了和直流电动机调速系统相仿的双闭环控制结构。转速调节器 ASR 的输出是转矩给定信号 T_e^*，按照式（9-42），T_e^* 除以气隙磁链 ψ_g^* 得到定子电流转矩分量的给定信号 i_{st}^*，ψ_g^* 除以 L_m 得到气隙励磁电流的给定信号 i_g^*；另外，按功率因数要求得到定子电流励磁分量给定信号 i_{sm}^*。将 i_g^*、i_{st}^*、i_{sm}^* 和来自位置传感器 BQ 的 d 轴位置 θ_r 角一起送入矢量运算器，计算出定子三相电流的给定信号 i_A^*、i_B^*、i_C^* 和励磁电流给定信号 I_f^*。通过 ACR 和 AFR 实行电流闭环控制，使实际电流 i_A、i_B、i_C 及 I_f 跟随其给定值变化，获得良好的动态性能。当负载变化时，及时地调节定子电流和励磁电流，以保持同步电动机的气隙磁通、定子电动势及功率因数不变。

当同步电动机运行在基速以上，即 $\omega > \omega_N$ 时，应减小气隙磁链给定值 ψ_g^*，使得 i_g^* 和 I_f^* 减小，系统工作在弱磁状态，如图 9-23 所示。

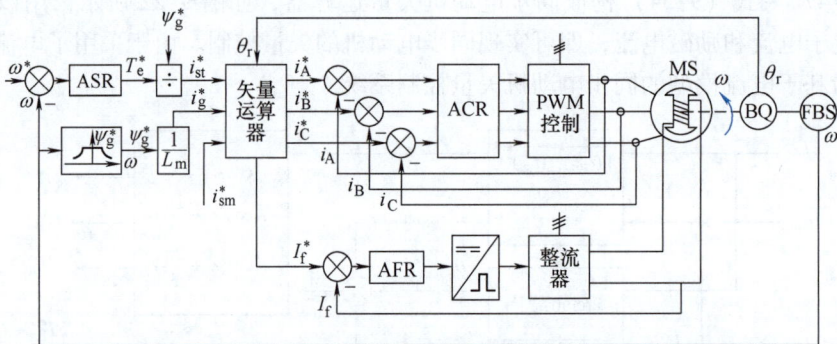

图 9-23　可控励磁同步电动机基于电流模型的矢量控制系统
ASR—转速调节器　ACR—三相电流调节器　AFR—励磁电流调节器　BQ—位置传感器
FBS—测速反馈环节

上述的矢量控制系统是在一定的近似条件下得到的。实际上，同步电动机常常是凸极的，其直轴（d 轴）和交轴（q 轴）磁路不同，因而电感值也不一样，而且转子中的阻尼绕组对系统性能有一定影响，定子绕组电阻及漏抗也有影响。考虑到这些因素以后，实际系统矢量运算器的算法要复杂得多。对于凸极同步电动机除了 $i_{sm} = 0$ 的控制外，还有最大转矩/电流控制、最大输出功率控制等其他控制方式[48]。

9.4.3　正弦波永磁同步电动机矢量控制系统

正弦波永磁同步电动机具有定子三相分布绕组和永磁转子，在磁路结构和绕组分布上保证定子绕组中的感应电动势具有正弦波形，外施的定子电压和电流也应为正弦波，一般靠交流 PWM 变压变频器提供。永磁同步电动机一般没有阻尼绕组，转子由永磁体材料构成，无励磁绕组。永磁同步电动机具有幅值恒定、方向随转子位置变化（位于 d 轴）的**转子磁动势** F_r，图 9-24 为永磁同步电动机物理模型。

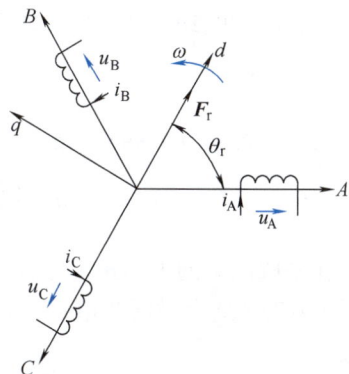

假想永磁同步电动机的转子由一般导磁材料构成，转子带有一个**虚拟的励磁绕组**，该绕组在通以虚拟的励磁电流 I_f 时，产生的转子磁动势与永磁同步电动机的转子磁动势 F_r 相等，L_f 为虚拟励磁绕组的等效电感。由此可知，永磁同步电动机可以与一般的电励磁同步电动机

图 9-24　永磁同步电动机物理模型

等效，唯一的差别是虚拟励磁电流 I_f 恒定，即 $I_f =$ 常数，且 $\dfrac{\mathrm{d}I_f}{\mathrm{d}t}=0$，相当于虚拟励磁绕组由恒定的电流源供电。

由于定子绕组与电励磁同步电动机相同，故定子电压方程式（9-22）也适用于永磁同步电动机，现重写如下：

$$u_{sd} = R_s i_{sd} + \frac{\mathrm{d}\psi_{sd}}{\mathrm{d}t} - \omega\psi_{sq}$$

$$u_{sq} = R_s i_{sq} + \frac{\mathrm{d}\psi_{sq}}{\mathrm{d}t} + \omega\psi_{sd}$$

考虑凸极效应时，磁链方程为

$$\left.\begin{aligned}
\psi_{sd} &= L_{sd} i_{sd} + L_{md} I_f \\
\psi_{sq} &= L_{sq} i_{sq} \\
\psi_f &= L_{md} i_{sd} + L_f I_f
\end{aligned}\right\} \tag{9-57}$$

转矩方程为

$$T_e = n_p(\psi_{sd} i_{sq} - \psi_{sq} i_{sd}) = n_p\left[L_{md} I_f i_{sq} + (L_{sd} - L_{sq}) i_{sd} i_{sq}\right] \tag{9-58}$$

将磁链方程式（9-57）代入电压方程式（9-22），并考虑到 $\dfrac{\mathrm{d}I_f}{\mathrm{d}t}=0$，得

$$\begin{bmatrix} u_{sd} \\ u_{sq} \end{bmatrix} = \begin{bmatrix} R_s & -\omega L_{sq} \\ \omega L_{sd} & R_s \end{bmatrix}\begin{bmatrix} i_{sd} \\ i_{sq} \end{bmatrix} + \begin{bmatrix} L_{sd} & 0 \\ 0 & L_{sq} \end{bmatrix}\frac{\mathrm{d}}{\mathrm{d}t}\begin{bmatrix} i_{sd} \\ i_{sq} \end{bmatrix} + \begin{bmatrix} 0 \\ \omega L_{md} \end{bmatrix} I_f \tag{9-59}$$

以 ω、i_{sd}、i_{sq} 为状态变量，u_{sd}、u_{sq}、I_f 为输入变量，T_L 为扰动输入，则永磁同步电动机的状态方程为

$$\left.\begin{aligned}
\frac{\mathrm{d}\omega}{\mathrm{d}t} &= \frac{n_p}{J}(T_e - T_L) = \frac{n_p^2}{J}\left[L_{md} I_f i_{sq} + (L_{sd} - L_{sq}) i_{sd} i_{sq}\right] - \frac{n_p}{J} T_L \\
\frac{\mathrm{d}i_{sd}}{\mathrm{d}t} &= -\frac{R_s}{L_{sd}} i_{sd} + \frac{L_{sq}}{L_{sd}}\omega i_{sq} + \frac{1}{L_{sd}} u_{sd} \\
\frac{\mathrm{d}i_{sq}}{\mathrm{d}t} &= -\frac{L_{sd}}{L_{sq}}\omega i_{sd} - \frac{R_s}{L_{sq}} i_{sq} - \frac{L_{md}}{L_{sq}}\omega I_f + \frac{1}{L_{sq}} u_{sq}
\end{aligned}\right\} \tag{9-60}$$

与电励磁的同步电动机相比较，永磁同步电动机的数学模型阶次低，非线性强，耦合程度有所减弱。

237

永磁同步电动机常采用按转子磁链定向控制，由式（9-57）求得

$$I_f = \frac{\psi_f - L_{md} i_{sd}}{L_f} \tag{9-61}$$

代入转矩方程式（9-58），得

$$T_e = n_p \left[\frac{L_{md}}{L_f} \psi_f i_{sq} - \frac{L_{md}^2}{L_f} i_{sd} i_{sq} + (L_{sd} - L_{sq}) i_{sd} i_{sq} \right] \tag{9-62}$$

在基频以下的恒转矩工作区中，控制定子电流矢量使之落在 q 轴上，即令 $i_{sd} = 0$，$i_{sq} = i_s$，图 9-25a 是永磁同步电动机按转子磁链定向并使 $i_{sd} = 0$ 时空间矢量图。此时，磁链方程成为

$$\left. \begin{array}{l} \psi_{sd} = L_{md} I_f \\ \psi_{sq} = L_{sq} i_s \\ \psi_f = L_f I_f \end{array} \right\} \tag{9-63}$$

电磁转矩方程为

$$T_e = n_p \frac{L_{md}}{L_f} \psi_f i_s \tag{9-64}$$

由于 ψ_f 恒定，电磁转矩与定子电流的幅值成正比，控制定子电流幅值就能很好地控制电磁转矩，和直流电动机完全一样。问题是要准确地检测出转子 d 轴的空间位置，控制逆变器使三相定子的合成电流矢量位于 q 轴上$\left(\text{领先于 } d \text{ 轴} \frac{\pi}{2}\right)$就可以了，比异步电动机矢量控制要简单得多。

由图 9-25a 的空间矢量图可知，三相电流给定值为

$$\left. \begin{array}{l} i_A^* = i_s^* \cos\left(\frac{\pi}{2} + \theta_r \right) = -i_s^* \sin\theta_r \\ i_B^* = i_s^* \cos\left(\frac{\pi}{2} + \theta_r - \frac{2\pi}{3} \right) = -i_s^* \sin\left(\theta_r - \frac{2\pi}{3} \right) \\ i_B^* = i_s^* \cos\left(\frac{\pi}{2} + \theta_r + \frac{2\pi}{3} \right) = -i_s^* \sin\left(\theta_r + \frac{2\pi}{3} \right) \end{array} \right\} \tag{9-65}$$

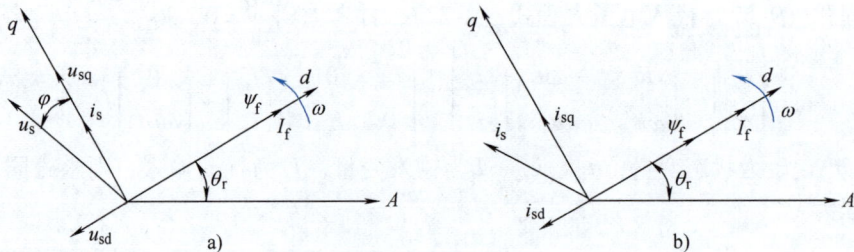

图 9-25　永磁同步电动机转子磁链定向空间矢量图
a）$i_{sd} = 0$，恒转矩调速　b）$i_{sd} < 0$，弱磁恒功率调速

θ_r 角是旋转的 d 轴与静止的 A 轴之间的夹角，由转子位置检测器测出。电流给定信号 i_s^* 经过正弦调制后，得三相电流给定信号 i_A^*、i_B^*、i_C^*，相应的矢量运算器如图 9-26 所示。经三相电流闭环控制使实际电流快速跟随给定值，达到期望的控制效果。

　　按转子磁链定向并使 $i_{sd}=0$ 的永磁同步电动机矢量控制系统原理框图示于图9-27，和直流电动机调速系统一样，转速调节器ASR的输出正比于电磁转矩的定子电流给定值。

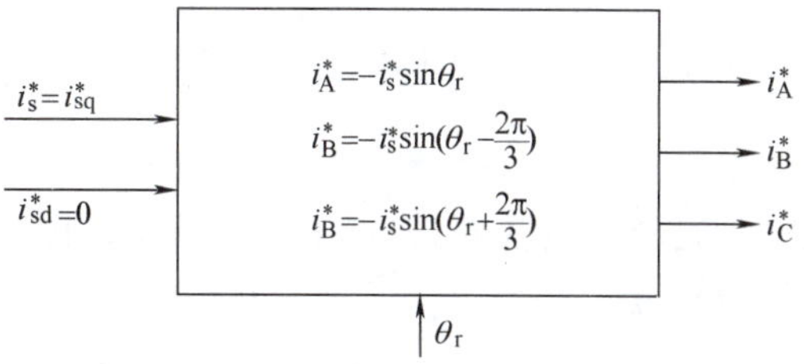

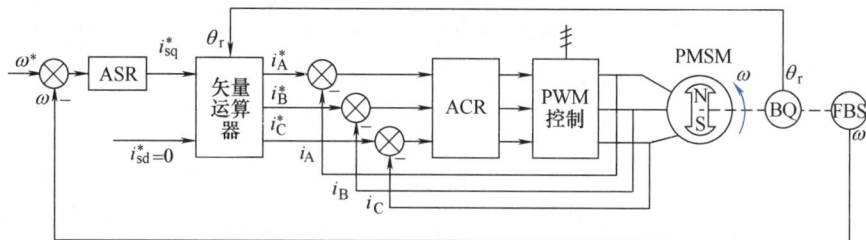

　　系统到达稳态时，电压方程为

$$\left.\begin{array}{l} u_{sd} = -\omega\psi_{sq} = -\omega L_{sq}i_s \\ u_{sq} = R_s i_{sq} + \omega\psi_{sd} = R_s i_s + \omega L_{md}I_f \end{array}\right\} \quad (9\text{-}66)$$

图9-26　按转子磁链定向并使 $i_{sd}=0$ 的永磁同步电动机矢量运算器

由式（9-63）和式（9-66）可知，当负载增加时，定子电流 i_s 增大，使定子磁链和反电动势加大，迫使定子电压升高。定子电压矢量和电流矢量的夹角 φ 也会增大，造成功率因数降低，其空间矢量图如图9-25a所示。

图9-27　按转子磁链定向并使 $i_{sd}=0$ 的永磁同步电动机矢量控制系统

　　如果需要基速以上的弱磁调速，最简单的办法是利用电枢反应削弱励磁，使定子电流的直轴分量 $i_{sd}<0$，其励磁方向与转子磁动势 $\boldsymbol{F}_r$ 相反，起去磁作用，这时的矢量图如图9-25b所示，图9-26的矢量运算器也应作相应的变化。但是，由于稀土永磁材料的磁导率与空气相仿，磁阻很大，相当于定转子间有很大的等效气隙，利用电枢反应弱磁的方法需要较大的定子电流直轴去磁分量，因此常规的正弦波永磁同步电动机在弱磁恒功率区运行的效果很差，只有在短期运行时才可以接受。如果要长期弱磁工作，必须采用特殊的弱磁方法，这是永磁同步电动机设计的专门问题。

　　在按转子磁链定向并使 $i_{sd}=0$ 的正弦波永磁同步电动机自控变频调速系统中，定子电流与转子永磁磁通互相独立，控制系统简单，转矩恒定性好，脉动小，可以获得很宽的调速范围，适用于要求高性能的数控机床、机器人等场合。但是，它的缺点是：

　　1）当负载增加时，定子电压升高。为了保证足够的电源电压，电控装置需有足够的容量，而有效利用率却不大。

　　2）负载增加时，定子电压矢量和电流矢量的夹角也会增大，造成功率因数降低。

　　3）在常规情况下，弱磁恒功率的长期运行范围不大。

　　由于上述缺点，这种控制系统的适用范围受到限制，这是当前研究工作需要解决的问题。

*9.5　同步电动机直接转矩控制系统

　　前面介绍了同步电动机的矢量控制，同步电动机也可采用直接转矩控制，以下分析可控励磁同步电动机和正弦波永磁同步电动机的直接转矩控制系统。

9.5.1 可控励磁同步电动机直接转矩控制系统

以可控励磁隐极同步电动机为例，论述同步电动机直接转矩控制系统。同步电动机定子磁链

$$\boldsymbol{\psi}_s = \psi_s e^{j\theta} = \sqrt{\psi_{sd}^2 + \psi_{sq}^2}\, e^{j\arctan\frac{\psi_{sq}}{\psi_{sd}}} \quad (9\text{-}67)$$

按定子定向磁链坐标系（仍称作 mt 坐标系），使 m 轴与定子合成磁链矢量重合，t 轴与 m 轴正交，如图 9-28 所示。

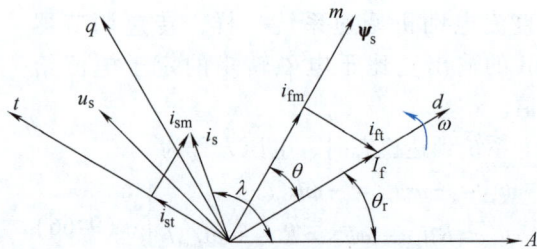

图 9-28 可控励磁隐极同步电动机空间矢量图

考虑到按定子磁链定向，则

$$\begin{bmatrix} \psi_{sm} \\ \psi_{st} \end{bmatrix} = \begin{bmatrix} \cos\theta & \sin\theta \\ -\sin\theta & \cos\theta \end{bmatrix}\begin{bmatrix} \psi_{sd} \\ \psi_{sq} \end{bmatrix} = \begin{bmatrix} L_s i_{sm} + L_m i_{fm} \\ L_s i_{st} + L_m i_{ft} \end{bmatrix} = \begin{bmatrix} L_s i_{sm} + L_m i_{fm} \\ 0 \end{bmatrix} = \begin{bmatrix} \psi_s \\ 0 \end{bmatrix} \quad (9\text{-}68)$$

由此导出

$$i_{st} = -\frac{L_m}{L_s} i_{ft} \quad (9\text{-}69)$$

将

$$\begin{bmatrix} i_{sd} \\ i_{sq} \end{bmatrix} = \begin{bmatrix} \cos\theta & -\sin\theta \\ \sin\theta & \cos\theta \end{bmatrix}\begin{bmatrix} i_{sm} \\ i_{st} \end{bmatrix}$$

$$\begin{bmatrix} \psi_{sd} \\ \psi_{sq} \end{bmatrix} = \begin{bmatrix} \cos\theta & -\sin\theta \\ \sin\theta & \cos\theta \end{bmatrix}\begin{bmatrix} \psi_s \\ 0 \end{bmatrix}$$

代入式（9-24），整理得到同步电动机的电磁转矩为

$$T_e = n_p \psi_s i_{st} = -n_p \frac{L_m}{L_s} \psi_s i_{ft} \quad (9\text{-}70)$$

按定子磁链定向坐标系（mt 坐标系）的状态方程为

$$\left.\begin{aligned} \frac{d\omega}{dt} &= \frac{n_p^2}{J} i_{st}\psi_s - \frac{n_p}{J} T_L \\[2mm] \frac{d\psi_s}{dt} &= -R_s i_{sm} + u_{sm} \\[2mm] \frac{di_{sm}}{dt} &= \frac{1}{\sigma L_s T_r}\psi_s - \frac{R_s L_r + R_r L_s}{\sigma L_s L_r} i_{sm} + (\omega_1 - \omega) i_{st} - \frac{L_m}{\sigma L_r L_s} u_{fm} + \frac{u_{sm}}{\sigma L_s} \\[2mm] \frac{di_{st}}{dt} &= -\frac{1}{\sigma L_s}\omega\psi_s - \frac{R_s L_r + R_r L_s}{\sigma L_s L_r} i_{st} - (\omega_1 - \omega) i_{sm} - \frac{L_m}{\sigma L_r L_s} u_{ft} + \frac{u_{st}}{\sigma L_s} \end{aligned}\right\} \quad (9\text{-}71)$$

坐标系旋转角速度为

$$\omega_1 = \frac{u_{st} - R_s i_{st}}{\psi_s} \quad (9\text{-}72)$$

由式（9-71）和式（9-72）可知，定子电压矢量对磁链和转矩的控制作用与异步电动机相同，不再重述，这里着重讨论励磁电流的控制。

励磁电流为

$$I_\mathrm{f} = \sqrt{i_\mathrm{fm}^2 + i_\mathrm{ft}^2} = \sqrt{i_\mathrm{fm}^2 + i_\mathrm{st}^2} \tag{9-73}$$

在理想空载时，$T_\mathrm{e}^* = 0$，$i_\mathrm{st} = 0$，$I_\mathrm{f} = i_\mathrm{fm}$，$\psi_\mathrm{sm} = L_\mathrm{s} i_\mathrm{sm} + L_\mathrm{m} i_\mathrm{fm}$，$i_\mathrm{fm}$ 对定子磁链起主导作用，通过电压矢量的作用，对 i_sm 做适当调整，把定子磁链 ψ_sm 限定在一定的范围内。当 $T_\mathrm{e}^* \neq 0$，定子侧施加合适的电压矢量，使电磁转矩快速跟随给定值，由于 $T_\mathrm{e} = n_\mathrm{p} \psi_\mathrm{sm} i_\mathrm{st} = -n_\mathrm{p} \dfrac{L_\mathrm{m}}{L_\mathrm{s}} \psi_\mathrm{sm} i_\mathrm{ft}$，所以，必须及时调整 i_ft。由此可知，励磁电流给定为

$$I_\mathrm{f}^* = \sqrt{i_\mathrm{fm}^{*2} + i_\mathrm{ft}^{*2}} = \sqrt{\left(\frac{\psi_\mathrm{s}^*}{L_\mathrm{m}}\right)^2 + \left(\frac{T_\mathrm{e}^*}{n_\mathrm{p} \psi_\mathrm{s}^*}\right)^2} \tag{9-74}$$

图 9-29 为可控励磁隐极同步电动机直接转矩控制系统，采用励磁电流 I_f 闭环控制，其他与异步电动机直接转矩控制系统相同，不再重复。

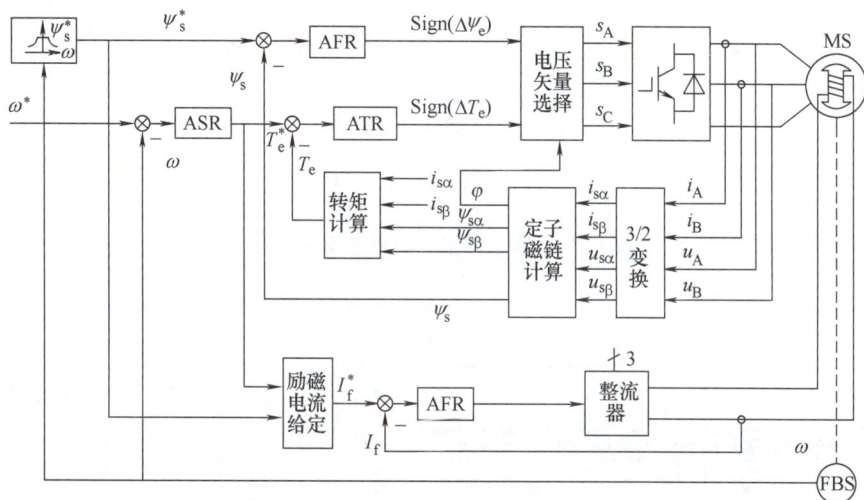

图 9-29　可控励磁隐极同步电动机直接转矩控制系统

9.5.2　永磁同步电动机直接转矩控制系统

与 9.4.3 节相同，永磁同步电动机的转子磁动势为 $\boldsymbol{F}_\mathrm{r}$，虚拟励磁电流为 I_f，虚拟励磁绕组的等效电感为 L_f。

永磁同步电动机的状态方程式（9-60）为

$$\frac{\mathrm{d}\omega}{\mathrm{d}t} = \frac{n_\mathrm{p}}{J}(T_\mathrm{e} - T_\mathrm{L}) = \frac{n_\mathrm{p}^2}{J}\left[L_\mathrm{md} I_\mathrm{f} i_\mathrm{sq} + (L_\mathrm{sd} - L_\mathrm{sq}) i_\mathrm{sd} i_\mathrm{sq}\right] - \frac{n_\mathrm{p}}{J} T_\mathrm{L}$$

$$\frac{\mathrm{d}i_\mathrm{sd}}{\mathrm{d}t} = -\frac{R_\mathrm{s}}{L_\mathrm{sd}} i_\mathrm{sd} + \frac{L_\mathrm{sq}}{L_\mathrm{sd}} \omega i_\mathrm{sq} + \frac{1}{L_\mathrm{sd}} u_\mathrm{sd}$$

$$\frac{\mathrm{d}i_\mathrm{sq}}{\mathrm{d}t} = -\frac{L_\mathrm{sd}}{L_\mathrm{sq}} \omega i_\mathrm{sd} - \frac{R_\mathrm{s}}{L_\mathrm{sq}} i_\mathrm{sq} - \frac{L_\mathrm{md}}{L_\mathrm{sq}} \omega I_\mathrm{f} + \frac{1}{L_\mathrm{sq}} u_\mathrm{sq}$$

转矩方程式（9-58）为

$$T_e = n_p (\psi_{sd} i_{sq} - \psi_{sq} i_{sd}) = n_p [L_{md} I_f i_{sq} + (L_{sd} - L_{sq}) i_{sd} i_{sq}]$$

其主导转矩为

$$T_{e1} = n_p L_{md} I_f i_{sq} \tag{9-75}$$

由于虚拟励磁电流 I_f 为常数，无法改变，只能通过 i_{sq} 控制转矩。图 9-30 为永磁同步电动机空间矢量图，与异步电动机分析方法相同，选取合适的电压矢量就可控制转矩。永磁同步电动机直接转矩控制系统如图 9-31 所示，定子磁链计算与异步电动机相同，依据式（9-58）计算电磁转矩 T_e，控制部分与异步电动机直接转矩控制相同。

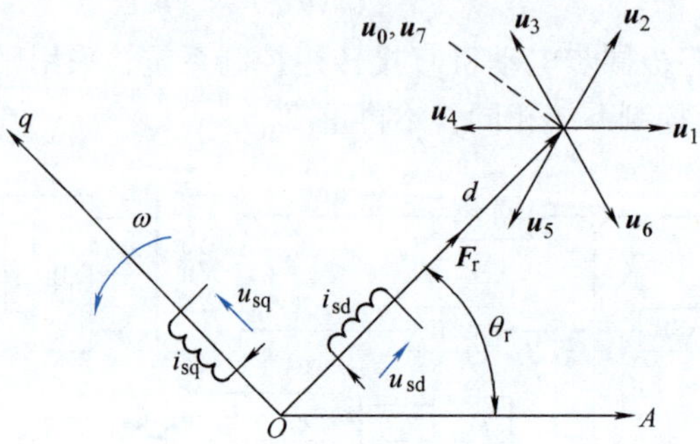

图 9-30　永磁同步电动机空间矢量图

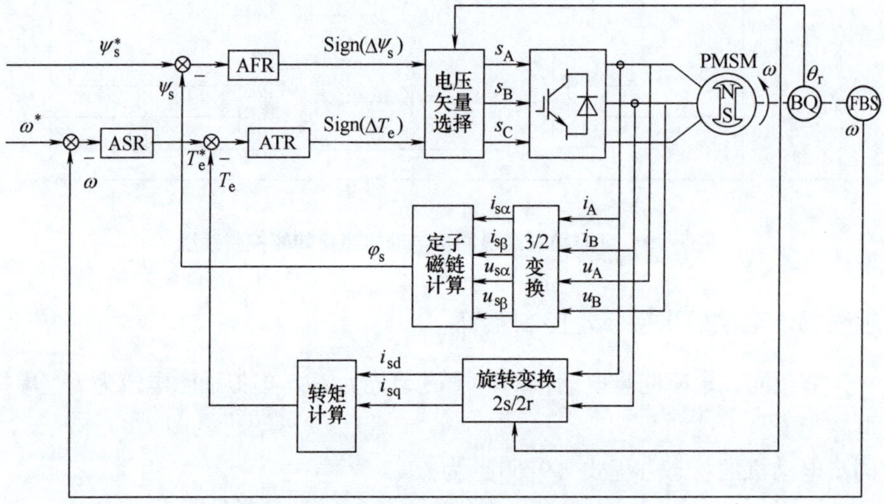

图 9-31　永磁同步电动机直接转矩控制系统

思考题

9-1　比较同步电动机与异步电动机的本质差异。

9-2　同步电动机稳定运行时，转速 n 等于同步转速 n_1，电磁转矩的变化体现在哪里？

9-3　何谓同步电动机的失步与起动问题，如何克服解决？

9-4　电励磁同步电动机的功率因数是否可调，如何调？

9-5　从非线性、强耦合、多变量的基本特征出发，比较同步电动机和异步电动机的动态数学模型。

9-6　论述同步电动机按气隙磁链定向和按转子磁链定向矢量控制系统的工作原理，并与异步电动机矢量控制系统做比较。

9-7　论述同步电动机直接转矩控制系统的工作原理，并与异步电动机直接转矩控制系统做比较。

9-8　分析与比较无刷直流电机和有刷直流电机与相应的调速系统的相同与不同之处。

习　题

9-1　三相隐极同步电动机的参数为：额定电压 $U_N = 380V$，额定电流 $I_N = 23A$，额定频率 $f_N = 50Hz$，额定功率因数 $\cos\varphi = 0.8$（超前），定子绕组 Y 联结，电机极对数 $n_p = 2$，同步电抗 $x_c = 10.4\Omega$，忽略定子电阻。

（1）求这台同步电动机运行在额定状态时的电磁功率 P_M、电磁转矩 T_e、转矩角 θ、转子磁动势在定子绕组产生的感应电动势 E_s、最大转矩 T_{emax}。

（2）若电磁转矩为额定值，功率因数 $\cos\varphi = 1$，求电磁功率 P_M、定子电流 I_s、转矩角 θ、转子磁动势在定子绕组产生的感应电动势 E_s、最大转矩 T_{emax}。

9-2　从电压频率协调控制而言，同步电动机的调速与异步电动机的调速有何差异？

9-3　同步电动机调速系统可分为他控式和自控式，分析并比较两种方法的基本特征，各自的优缺点。

9-4　在动态过程中，同步电动机的电流角频率 ω_{is}、气隙磁链的角频率 ω_1 和转子旋转角速度 ω 是否相等？达到稳态时，三者是否相等？

第 3 篇

伺 服 系 统

在生产实践中，伺服系统的应用领域非常广泛，例如：轧钢机轧辊压下量的自动控制、数控机床的定位控制和加工轨迹控制、船舵的自动操纵、火炮和雷达的自动跟踪、宇航设备的自动驾驶、机器人的动作控制、打印机、复印机、磁纪录仪、磁盘驱动器等。随着机电一体化技术的发展，伺服系统已成为现代工业、国防和高科技领域中不可缺少的设备，是运动控制系统的一个重要分支。

伺服（Servo）意味着"伺候"和"服从"，广义的伺服系统是精确地跟踪或复现某个给定过程的控制系统，也可称作随动系统。而狭义伺服系统又称位置随动系统，其被控制量（输出量）是负载机械空间位置的线位移或角位移，当位置给定量（输入量）做任意变化时，系统的主要任务是使输出量快速而准确地复现给定量的变化。

伺服系统和调速系统一样，可以是开环控制，也可以是闭环控制。开环控制无法保证精确的定位精度，高精度的伺服系统需要位置闭环控制，构成反馈控制系统。伺服系统和调速系统的主要区别在于，调速系统的给定量是转速，对位置不作要求，系统的主要作用是保证稳定和抵抗扰动；而伺服系统的给定量是随机变化的，要求输出量准确跟随给定量的变化，系统在保证稳定的基础上，更突出快速响应能力。总体来看，稳态精度和动态稳定性是两种系统都必须具备的，但在动态性能中，调速系统强调抗扰性，而伺服系统则更强调快速跟随性能。

*第10章
伺 服 系 统

内容提要

本章10.1节介绍伺服系统的基本要求和特征、伺服系统的构成及几种常用的位置传感器。分析了在不同的给定和扰动作用下伺服系统的跟随能力，为伺服系统控制器结构设计奠定了基础。10.2节介绍伺服系统控制对象的数学模型，得到电流闭环控制下交、直流伺服系统控制对象的统一模型。10.3节介绍伺服系统的设计方法，讨论伺服系统稳定运行的条件。

10.1 伺服系统的特征及组成

10.1.1 伺服系统的基本要求及特征

1. 伺服系统的基本要求

伺服系统的功能是使输出快速而准确地跟随给定，对伺服系统具有以下基本要求：

1）稳定性好。伺服系统在给定输入和外界干扰下，能在短暂的过渡过程后，达到新的平衡状态，或者恢复到原先的平衡状态。

2）精度高。伺服系统的精度是指输出量跟随给定值的精确程度，如精密加工的数控机床，要求很高的定位精度。

3）动态响应快。动态响应是伺服系统重要的动态性能指标，要求系统对给定的跟随速度足够快、超调小，甚至要求无超调。

4）抗扰动能力强。在各种扰动作用时，系统输出动态变化小，恢复时间快，振荡次数少，甚至要求无振荡。

2. 伺服系统的基本特征

根据上述基本要求，伺服系统应具备以下基本特征：

1）必须具备高精度的传感器，能准确地给出输出量的电信号。

2）功率放大器及控制系统都必须是可逆的。

3）足够大的调速范围及足够强的低速带载性能。

4）快速的响应能力和较强的抗干扰能力。

10.1.2 伺服系统的组成

伺服系统由伺服电动机、功率驱动器、控制器和传感器四大部分组成，除了位置传感器外，可能还需要电压、电流和速度传感器。本节对伺服电动机、功率驱动器和系统控制器做简要的介绍，10.1.3节将详细介绍位置传感器，电压、电流和速度传感器的作用与调速系统相同，不重复论述。

图10-1a所示的伺服系统为开环控制方式，开环伺服系统完全根据指令驱动伺服电动机和传动机构，不对实际的位置进行反馈控制，所以无需位置检测，结构简单，成本较低，但控制精度只能靠伺服系统本身的传动精度来保证。开环伺服系统一般采用步进电动机，控制器将指令信号转变成与步进电动机步进角对应的脉冲，功率放大装置为电力电子器件构成的主电路，将脉冲信号变换成步进电动机的驱动信号。步进电动机还存在失步危险，控制精度有限，所以开环伺服系统主要用于早期简易数控机床及其他对位置控制精度要求不高的场合。

闭环伺服系统在开环伺服的基础上增加了位置反馈装置，通过位置反馈装置实现位置的闭环控制，以得到更高的位置控制精度。一般闭环伺服系统还对转速和转矩（电流）进行反馈和闭环控制，作为位置控制的内环。位置反馈装置实现位置的检测，根据位置反馈信号的来源可将系统分为半闭环位置伺服系统（见图10-1b）、全闭环位置伺服系统（见图10-1c）。位置反馈信号来源于传动机构输出环节的系统，称为全闭环位置伺服系统；位置反馈信号来源于执行机构即电动机转轴的系统，称为半闭环位置伺服系统。

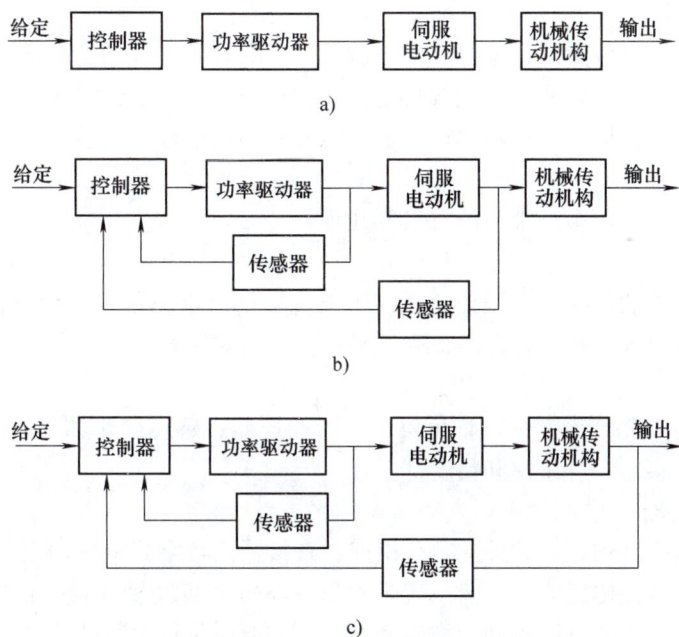

图10-1 位置伺服系统结构示意图
a）开环系统　b）半闭环系统　c）全闭环系统

1. 伺服电动机与功率驱动器

伺服电动机是伺服系统的执行机构，在小功率伺服系统中多用永磁式伺服电动机，如永磁式直流伺服电动机、直流无刷伺服电动机、永磁式交流伺服电动机，也可采用步进式伺服电动机。在大功率或较大功率的情况下也可采用电励磁的直流或交流伺服电动机。

从电动机结构和数学模型看来，伺服电动机与调速电动机无本质上的区别，一般说来，伺服电动机的转动惯量小于调速电动机，低速和零速带载性能优于调速电动机。由于直流伺服电动机具有机械换向器，应用场合受到限制，维护工作量大，目前常用的是交流伺服电动机或直流无刷伺服电动机。

功率驱动器主要起功率放大的作用，根据不同伺服电动机的需要，输出合适的电压和频率（对于交流伺服电动机），控制伺服电动机的转矩和转速，满足伺服系统的实际需求，达到预期的性能指标。由于伺服电动机需要四象限运行，故功率驱动器必须是可逆的，中、小功率的伺服系统常用 IGBT 或 Power-MOSFET 构成的 PWM 变换器。

2. 控制器

控制器是伺服系统的关键所在，伺服系统的控制规律体现在控制器上，控制器应根据位置给定和反馈信号，经过必要的控制算法，产生功率驱动器的控制信号。与调速系统相同，伺服系统的控制器也经历了由模拟控制向计算机数字控制的发展过程。

早期的伺服控制系统采用模拟控制器和模拟位置传感器，系统定位精度和性能不够理想。随着计算机控制技术的发展，计算机数字控制的伺服系统已取代模拟控制的伺服系统，现在计算机数字控制的伺服系统已占据主导地位。计算机数字控制具有一般模拟控制难以实现的数据通信、复杂的逻辑和数据处理、故障判别等功能，配以高精度的数字位置传感器，可提高伺服系统的定位精度，改善伺服系统的动态性能。

3. 位置传感器

精确而可靠地发出位置给定信号并检测被控对象的实际位置是位置伺服系统工作良好的基本保证。位置传感器将具体的直线或转角位移转换成模拟的或数字的电量，再通过信号处理电路或相应的算法，形成与控制器输入量相匹配的位置信号，然后根据位置偏差信号实施控制，最终消除偏差。

位置传感器的种类很多，常用的有以下几种：

（1）电位器

电位器是最简单的位移—电压传感器，可以直接给出电压信号，价格便宜，使用方便，但滑臂与电阻间有滑动接触，容易磨损和接触不良，可靠性较差。

（2）基于电磁感应原理的位置传感器

属于这一类的位置传感器有自整角机、旋转变压器、感应同步器等[50]，是应用比较普遍的模拟式位置传感器，可靠性和精度都较好。

（3）光电编码器

由光源、光栅码盘和光敏元件三部分组成，直接输出数字式电脉冲信号，是现代数字伺服系统主要采用的位置传感器。码盘一般为圆形，与电动机同轴连接，由电动机带动旋转，也有用直线形的，由移动机构传动。按照输出脉冲与对应位置关系的不同，光电编码器有增量式和绝对值式两种，也有将两者结合为一体的混合式编码器[50]。

1）增量式编码器。脉冲数直接与位移的增量成正比的编码器称做增量式编码器，常用的圆形增量式编码器每转发出 $500 \sim 5000$ 个脉冲，高精度编码器可达数万个脉冲，其结构示意图见第 5 章。通过信号处理电路和可逆计数器输出位置增量信号，对位置增量进行累加即得位置信号，一般增量式编码器带有零（Z）和零非（$\bar{Z}$）信号，用于消除积分累计误差。经过测速算法还可以给出转速信号，详见第 5 章。

2）绝对值式编码器。绝对值式编码器码盘的图案由若干个同心圆环构成，称作码道，码道的道数与二进制的位数相同，有固定的零点，每个位置对应着距零点不同的位置绝对值。绝对值式码盘一周的总计数为 $N = 2^n$，n 为码道数，一般 $n = 4 \sim 12$，粗精结合的码盘可达 $n = 20$。绝对值式编码器的码盘又分二进制码盘和循环码码盘两种，如图 10-2 所示。

① 二进制码盘。在二进制码盘中，码道从外到里按二进制刻制，外层为最低位，里层为最高位，如图 10-2a 所示，轴位置与数码的对照表如表 10-1 所示。二进制码盘在转动时，可能出现两位以上的数字同时改变，导致"粗大误差"的产生，例如，当数码由 0111（即十进制 7）变到 1000（即十进制 8）时，由于光电管排列不齐或特性不一致，有可能产生高位偏移，本来是 1000 的数，读成了 0000，误差达到 8，这就是"粗大误差"。为了克服这一缺点，可改用双排光电管组成双读出端，对进位和不进位的情况实行"选读"，这样一来，"粗大误差"虽可消除，结构和电路上却要复杂得多。

② 循环码码盘（格雷码盘）。为了从根本上消除"粗大误差"，可用循环码码盘，又称格雷码盘。其特点是在相邻的两个码道之间只有一个码发生变化，因而当读数改变时，只可能有一个光电管处于交界上，如图 10-2b 所示。循环码码盘轴位与数码的对照也列在表 10-1 中。循环码的缺点是在读出后必须先通过逻辑电路换算成自然二进制码，然后才能参加运算。

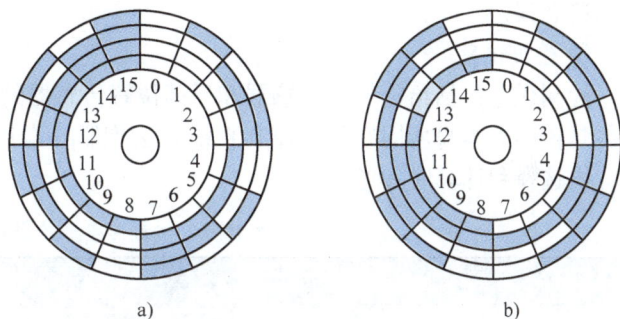

图 10-2 绝对值式编码器的码盘
a) 二进制码盘　b) 循环码码盘

表 10-1 绝对值式码盘轴位与数码对照表

轴 的 位 置	二进制码	循环码	轴 的 位 置	二进制码	循环码
0	0000	0000	8	1000	1100
1	0001	0001	9	1001	1101
2	0010	0011	10	1010	1111
3	0011	0010	11	1011	1110
4	0100	0110	12	1100	1010
5	0101	0111	13	1101	1011
6	0110	0101	14	1110	1001
7	0111	0100	15	1111	1000

（4）磁性编码器

和光电编码器一样，磁性编码器也是将位移量变换成数字式电脉冲信号的传感器[50]，近年来发展相当迅速，已有磁敏电阻式、励磁磁环式、霍耳元件式等多种类型。与光电编码器相比，磁性编码器的突出优点是：适应环境能力强，不怕灰尘、油污和水露，结构简单，坚固耐用，响应速度快，寿命长。不足之处是制成高分辨率有一定困难，抗电磁干扰能力略低于光电编码器。磁性编码器也可做成增量式或绝对值式，在数字伺服系统中有很好的应用前景。

10.1.3 伺服系统的性能指标

与调速系统相似,伺服系统的性能指标分为稳态性能指标和动态性能指标,两者之间既有区别,又有联系。当系统达到稳定运行时,伺服系统实际位置与目标值之间的误差,称作系统的稳态跟踪误差。由系统结构和参数决定的稳态跟踪误差可分为三类:位置误差、速度误差和加速度误差。伺服系统在动态调节过程中的性能指标称为动态性能指标,诸如超(过)调量、跟随速度及跟随时间、调节时间、振荡次数、抗扰动能力等。

影响伺服系统稳态精度,导致系统产生稳态误差的因素主要有检测误差和系统误差,检测误差来源于反馈通道的检测元件,而系统误差则与伺服系统控制结构有关,本节仅讨论系统的稳态误差。

1. 检测误差

检测误差包括给定位置传感器和反馈位置传感器的误差,取决于传感器的原理和制造精度,是传感器本身所固有的,控制系统无法克服。常用的位置传感器误差量级列于表 10-2 中,供选择和计算时参考。

表 10-2   位置传感器的误差范围

位置传感器	误差量级
电位器	度(°)
自整角机	≤1°
旋转变压器	[角]分(′)
圆盘式感应同步器	[角]秒(″)
直线式感应同步器	微米(μm)
光电和磁性编码器	$360°/N$[1]

① 对于增量式码盘,N 是每转脉冲数,对于绝对值式码盘,$N = 2^n$,n 为二进制位数。

2. 系统误差

系统误差包括由系统本身的结构和参数造成的稳态给定误差和在扰动作用下的稳态扰动误差,与系统的结构、参数,以及给定输入和扰动输入量的类型、大小与作用点有关。实际的伺服系统可能承受的扰动有:负载变化、电源电压变化、参数变化、噪声干扰等,它们在系统上的作用点各不相同,分析时可以用一种扰动作为代表。

假定系统是线性的,考虑某一种扰动作用时位置伺服系统的一般动态结构图如图 10-3 所示。图中,θ_m^* 和 θ_m 是给定输入和系统输出的转角,$e_s = \Delta\theta_m = \theta_m^* - \theta_m$ 是输入和输出之间的系统误差,F 代表扰动输入,$W_1(s)$ 和 $W_2(s)$ 是系统在扰动作用点以前和以后部分的传递函数,系统的开环传递函数为

$$W(s) = W_1(s)W_2(s) \tag{10-1}$$

在给定 θ_m^* 和扰动输入 F 的共同作用下,系统输出为

$$\theta_m(s) = \frac{W_1(s)W_2(s)}{1 + W_1(s)W_2(s)}\theta_m^*(s) - \frac{W_2(s)}{1 + W_1(s)W_2(s)}F(s)$$

$$= \frac{W(s)}{1 + W(s)}\theta_{\mathrm{m}}^*(s) - \frac{W_2(s)}{1 + W(s)}F(s) \tag{10-2}$$

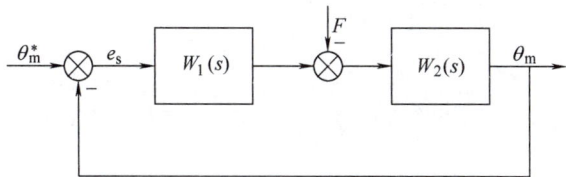

图 10-3　线性位置伺服系统一般动态结构图

系统误差的象函数为

$$E_{\mathrm{s}}(s) = \theta_{\mathrm{m}}^*(s) - \theta_{\mathrm{m}}(s) \tag{10-3}$$

将式（10-2）代入式（10-3），整理后得

$$E_{\mathrm{s}}(s) = \frac{1}{1 + W(s)}\theta_{\mathrm{m}}^*(s) + \frac{W_2(s)}{1 + W(s)}F(s) = E_{\mathrm{sr}}(s) + E_{\mathrm{sf}}(s) \tag{10-4}$$

式中　$E_{\mathrm{sr}}(s) = \dfrac{1}{1 + W(s)}\theta_{\mathrm{m}}^*(s)$，$E_{\mathrm{sf}}(s) = \dfrac{W_2(s)}{1 + W(s)}F(s)$。

　　由式（10-4）可以看出，系统误差由给定误差 $E_{\mathrm{sr}}(s)$ 和扰动误差 $E_{\mathrm{sf}}(s)$ 两部分组成，它们分别取决于给定输入和扰动输入信号，也和系统本身的结构与参数有关。根据拉普拉斯变换的终值定理，可以求出如下给定误差和扰动误差的稳态值：

$$e_{\mathrm{sr}}(\infty) = \lim_{t \to \infty}e_{\mathrm{sr}}(t) = \lim_{s \to 0}sE_{\mathrm{sr}}(s) = \lim_{s \to 0}\frac{s\theta_{\mathrm{m}}^*(s)}{1 + W(s)} \tag{10-5}$$

$$e_{\mathrm{sf}}(\infty) = \lim_{t \to \infty}e_{\mathrm{sf}}(t) = \lim_{s \to 0}sE_{\mathrm{sf}}(s) = \lim_{s \to 0}\frac{sW_2(s)F(s)}{1 + W(s)} \tag{10-6}$$

　　将传递函数的分母和分子都写成积分环节与 s 多项式的乘积，则线性传递函数 $W_1(s)$ 和 $W_2(s)$ 可分别写成

$$W_1(s) = \frac{K_1 N_1(s)}{s^p D_1(s)}, \qquad W_2(s) = \frac{K_2 N_2(s)}{s^q D_2(s)}$$

式中　　　　　　　　p、q——$W_1(s)$、$W_2(s)$中所含积分环节的数目；

$N_1(s)$ 和 $N_2(s)$、$D_1(s)$ 和 $D_2(s)$——常数项为 1 的 s 多项式；

　　　　　　　　K_1、K_2——$W_1(s)$、$W_2(s)$的增益，且令 $K_1 K_2 = K$。

　　当 s 趋近于 0 时，$N_1(s)$、$N_2(s)$、$D_1(s)$、$D_2(s)$多项式均趋近于 1，则给定误差和扰动误差表达式可改写为

$$e_{\mathrm{sr}}(\infty) = \lim_{s \to 0}\frac{s\theta_{\mathrm{m}}^*(s)}{1 + \dfrac{K_1 K_2 N_1(s)N_2(s)}{s^{p+q}D_1(s)D_2(s)}}$$

$$= \lim_{s \to 0}\frac{s^{p+q+1}D_1(s)D_2(s)\theta_{\mathrm{m}}^*(s)}{s^{p+q}D_1(s)D_2(s) + K_1 K_2 N_1(s)N_2(s)} \tag{10-7}$$

$$= \frac{\lim\limits_{s \to 0}\left[s^{p+q+1}\theta_{\mathrm{m}}^*(s)\right]}{K}$$

$$e_{\text{sf}}(\infty) = \lim_{s \to 0} \frac{\dfrac{K_2 N_2(s)}{s^q D_2(s)} \cdot s F(s)}{1 + \dfrac{K_1 K_2 N_1(s) N_2(s)}{s^{p+q} D_1(s) D_2(s)}}$$

$$= \lim_{s \to 0} \frac{s^{p+1} K_2 D_1(s) N_2(s) F(s)}{s^{p+q} D_1(s) D_2(s) + K_1 K_2 N_1(s) N_2(s)} \quad (10\text{-}8)$$

$$= \frac{\lim_{s \to 0} [s^{p+1} F(s)]}{K_1}$$

式（10-7）和式（10-8）表明：①给定误差 $e_{\text{sr}}(\infty)$ 与系统的开环增益 K 和前向通道中所有积分环节的总数 $p + q$ 有关；②扰动误差 $e_{\text{sf}}(\infty)$ 则只与扰动作用点以前部分的增益 K_1 和积分环节个数 p 有关。

系统误差取决于系统开环传递函数中积分环节的个数 $p + q$，对于 $p + q = 0$，1，2，…等不同数值，分别称作 0 型、Ⅰ型、Ⅱ型、…系统。因此，系统类型决定了系统稳态误差，或者说系统类型决定了系统稳态跟随能力。对于位置伺服系统来说，由于转角是转速对时间的积分，控制对象中的最后一个环节是积分环节，所以 $p + q > 0$，不可能出现 0 型系统；而Ⅲ型和Ⅲ型以上的系统是很难稳定的，因此，通常多用Ⅰ型和Ⅱ型系统。但是，$e_{\text{sr}}(\infty)$ 和 $e_{\text{sf}}(\infty)$ 最终为何值还与 $\theta_{\text{m}}^*(s)$ 和 $F(s)$ 中所含 s 的阶次有关，也就是说，还取决于给定输入和扰动输入信号的类型。

位置伺服系统的典型给定输入信号有以下三种类型：

1）位置输入（阶跃输入）。$\theta_{\text{m}}^*(t) = |\theta_{\text{m}}^*| \times 1(t)$，如图 10-4a 所示。点位控制的数控机床和轧钢机压下装置的位置伺服系统都具有位置输入。

2）速度输入（斜坡输入）。$\theta_{\text{m}}^*(t) = \omega_{\text{m}} t \times 1(t)$，如图 10-4b 所示。$\omega_{\text{m}}$ 是信号变化的角速度，例如直线插补时的数控机床进给系统和连轧机后面的飞剪随动系统的输入信号。

3）加速度输入（抛物线输入）。$\theta_{\text{m}}^*(t) = a_{\text{m}} t^2 \times 1(t)$，如图 10-4c 所示。$a_{\text{m}}$ 是信号变化的角加速度，雷达随动系统跟踪空中目标时，输入信号有时接近于加速度输入。

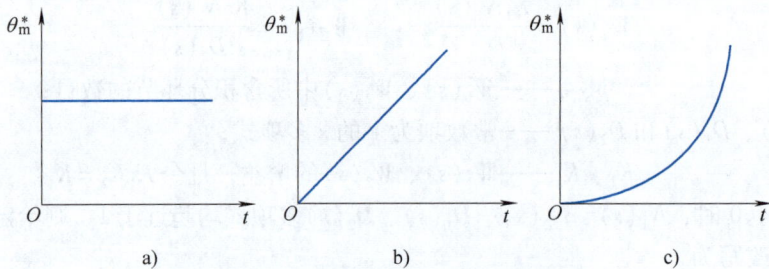

图 10-4　位置伺服系统的典型输入信号
a）位置输入　b）速度输入　c）加速度输入

下面分析在三种单位输入信号的作用下不同类型系统产生的给定误差：

1）位置输入误差。单位位置输入 $\theta_{\text{m}}^*(t) = 1(t)$，因而 $\theta_{\text{m}}^*(s) = \dfrac{1}{s}$，代入式（10-7），得

$$e_{\text{sr}}(\infty) = \frac{\lim_{s \to 0} \left[s^{p+q+1} \cdot \dfrac{1}{s} \right]}{K} = \frac{\lim_{s \to 0} [s^{p+q}]}{K}$$

对于 I 型系统，$p + q = 1$，则 $e_{sr}(\infty) = \dfrac{\lim\limits_{s \to 0} s}{K} = 0$；

对于 II 型系统，$p + q = 2$，则 $e_{sr}(\infty) = \dfrac{\lim\limits_{s \to 0} s^2}{K} = 0$。

2）速度输入误差。单位速度输入信号 $\theta_m^*(t) = t \times 1(t)$，则 $\theta_m^*(s) = \dfrac{1}{s^2}$

$$e_{sr}(\infty) = \frac{\lim\limits_{s \to 0}\left[s^{p+q+1} \cdot \dfrac{1}{s^2}\right]}{K} = \frac{\lim\limits_{s \to 0} s^{p+q-1}}{K}$$

对于 I 型系统，$p + q = 1$，则 $e_{sr}(\infty) = \dfrac{\lim\limits_{s \to 0} s^0}{K} = \dfrac{1}{K}$；

对于 II 型系统，$p + q = 2$，则 $e_{sr}(\infty) = \dfrac{\lim\limits_{s \to 0} s}{K} = 0$。

3）加速度输入误差。单位加速度输入信号 $\theta_m^*(t) = \dfrac{t^2}{2} \times 1(t)$，则 $\theta_m^*(s) = \dfrac{1}{s^3}$

$$e_{sr}(\infty) = \frac{\lim\limits_{s \to 0}\left[s^{p+q+1} \cdot \dfrac{1}{s^3}\right]}{K} = \frac{\lim\limits_{s \to 0} s^{p+q-2}}{K}$$

对于 I 型系统，$p + q = 1$，则 $e_{sr}(\infty) = \dfrac{\lim\limits_{s \to 0} \dfrac{1}{s}}{K} = \infty$；

对于 II 型系统，$p + q = 2$，则 $e_{sr}(\infty) = \dfrac{\lim\limits_{s \to 0} s^0}{K} = \dfrac{1}{K}$。

不同系统在三种单位输入信号的作用下给定稳态误差列于表10-3。

表 10-3　给定稳态误差 e_{sr}

给定误差　系统类型　输入信号	单位阶跃输入 $\theta_m^*(s) = \dfrac{1}{s}$	单位速度输入 $\theta_m^*(s) = \dfrac{1}{s^2}$	单位加速度输入 $\theta_m^*(s) = \dfrac{1}{s^3}$
I 型系统	0	$\dfrac{1}{K}$	∞
II 型系统	0	0	$\dfrac{1}{K}$

以上分析表明，只要 $p + q > 0$，对阶跃输入信号就具有足够的跟踪能力；对于速度输入信号，I 型系统跟踪能力大大减弱，跟随误差与开环传递函数的比例系数成反比，II 型系统仍具有优良的跟踪能力；对于加速度输入信号，I 型系统完全丧失了跟踪能力，II 型系统勉强能跟随。

系统给定误差的物理意义是：I 型的位置伺服系统只有由转速到位移之间的一个积分环节，在位置阶跃输入下，只要 $\Delta\theta_m \neq 0$，伺服电动机就要转动，当不考虑任何扰动作用时，电动机将一直转到偏差电压等于零时为止，因此稳态的给定误差为零；如果是速度输入，给定位置信号 θ_m^* 不断增长，要实现跟踪，必须提高伺服电动机的转速，偏差 $\Delta\theta_m$ 就必须维持一定的数值，即输入信号 θ_m^* 与输出信号 θ_m 之间一定是有差的，系统开环增益 K 值越大，误差越小，所以给定误差是开环增益的倒数；如果是 II 型系统，则在控制器中还有一个积分环节，可以在 $\Delta\theta_m = 0$ 的情况下保持一定的控制电压，以满足电动机不断转动的需要，因而给定误差最终为零。

和给定误差相似，扰动误差也可以根据扰动信号的形式、系统类型及扰动信号作用点求得，在此不详细介绍，读者可自行推导。

10.2　伺服系统控制对象的数学模型

根据伺服电动机的种类，伺服系统可分为直流和交流两大类，以下分析两种伺服系统控制对象的数学模型。伺服系统控制对象包括伺服电动机、驱动装置和机械传动机构。

10.2.1　直流伺服系统控制对象的数学模型

直流伺服系统的执行元件为直流伺服电动机，中、小功率的伺服系统采用直流永磁伺服电动机，当功率较大时，也可采用电励磁的直流伺服电动机，直流无刷电动机与直流电动机有相同的控制特性，也可归入直流伺服系统。

直流伺服电动机的数学模型与调速电动机无本质的区别，假定气隙磁通恒定，则直流伺服电动机的状态方程为

$$\left.\begin{array}{l} \dfrac{\mathrm{d}\omega}{\mathrm{d}t} = \dfrac{1}{J}T_e - \dfrac{1}{J}T_L \\[2mm] \dfrac{\mathrm{d}I_d}{\mathrm{d}t} = -\dfrac{R_\Sigma}{L_\Sigma}I_d - \dfrac{1}{L_\Sigma}E + \dfrac{1}{L_\Sigma}U_{d0} \end{array}\right\} \tag{10-9}$$

式中　I_d——电枢电流；

R_Σ——包括驱动器内阻的电枢回路电阻；

L_Σ——电枢回路电感；

ω——以角速度衡量的伺服电动机转速。

感应电动势 $E = C_e\omega$（C_e 为伺服电动机电动势系数），电磁转矩 $T_e = C_T I_d$（C_T 为伺服电动机转矩系数），机械传动机构的状态方程为

$$\dfrac{\mathrm{d}\theta_m}{\mathrm{d}t} = \dfrac{\omega}{j} \tag{10-10}$$

式中　θ_m——伺服系统输出机械转角；

j——机械传动机构的传动比。

驱动装置的近似等效传递函数为 $\dfrac{K_s}{T_s s + 1}$，写成状态方程

$$\dfrac{\mathrm{d}U_{d0}}{\mathrm{d}t} = -\dfrac{1}{T_s}U_{d0} + \dfrac{K_s}{T_s}u_c \tag{10-11}$$

式中　U_{d0}——驱动器理想空载电压；

u_c——驱动装置的控制输入；

T_s——驱动装置的等效惯性时间常数；

K_s——驱动装置的放大系数。

综合式（10-9）～式（10-11）可得控制对象的数学模型为

$$\left.\begin{array}{l} \dfrac{\mathrm{d}\theta_{\mathrm{m}}}{\mathrm{d}t} = \dfrac{\omega}{j} \\[3mm] \dfrac{\mathrm{d}\omega}{\mathrm{d}t} = \dfrac{C_{\mathrm{T}}}{J}I_{\mathrm{d}} - \dfrac{1}{J}T_{\mathrm{L}} \\[3mm] \dfrac{\mathrm{d}I_{\mathrm{d}}}{\mathrm{d}t} = -\dfrac{1}{T_{l}}I_{\mathrm{d}} - \dfrac{C_{\mathrm{e}}}{L_{\Sigma}}\omega + \dfrac{1}{L_{\Sigma}}U_{\mathrm{d}0} \\[3mm] \dfrac{\mathrm{d}U_{\mathrm{d}0}}{\mathrm{d}t} = -\dfrac{1}{T_{\mathrm{s}}}U_{\mathrm{d}0} + \dfrac{K_{\mathrm{s}}}{T_{\mathrm{s}}}u_{\mathrm{c}} \end{array}\right\} \tag{10-12}$$

式中 J——系统的转动惯量;

     T_{L}——系统的负载转矩;

     T_{l}——电枢回路电磁时间常数,$T_{l} = \dfrac{L_{\Sigma}}{R_{\Sigma}}$。

控制对象结构如图10-5所示,输入为 u_{c},输出为转角 θ_{m},与调速系统相比,控制对象状态方程的阶次高于直流调速系统。

由式(10-12)和图10-5可知,电枢电流 I_{d} 受到感应电动势 E 或转速 ω 的影响,采用电流闭环控制可有效抑制感应电动势或转速的扰动,改善系统的动态响应,限制最大的起、制动电流。电流闭环控制的作用和电流环的设计与直流调速系统相同,可参阅第4章相关内容。

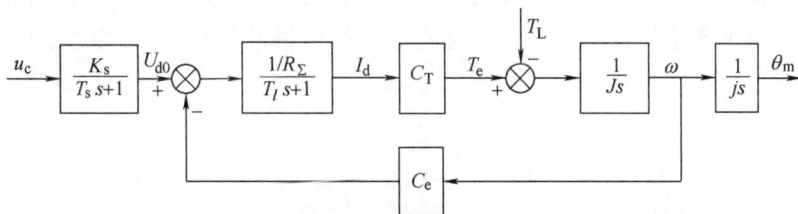

图 10-5   直流伺服系统控制对象结构图

采用电流闭环后,电流环的等效传递函数为惯性环节,故带有电流闭环控制的对象数学模型为

$$\left.\begin{array}{l} \dfrac{\mathrm{d}\theta_{\mathrm{m}}}{\mathrm{d}t} = \dfrac{\omega}{j} \\[3mm] \dfrac{\mathrm{d}\omega}{\mathrm{d}t} = \dfrac{C_{\mathrm{T}}}{J}I_{\mathrm{d}} - \dfrac{1}{J}T_{\mathrm{L}} \\[3mm] \dfrac{\mathrm{d}I_{\mathrm{d}}}{\mathrm{d}t} = -\dfrac{1}{T_{\mathrm{i}}}I_{\mathrm{d}} + \dfrac{1}{T_{\mathrm{i}}}I_{\mathrm{d}}^{*} \end{array}\right\} \tag{10-13}$$

式中 T_{i}——电流环的等效惯性时间常数;

     I_{d}^{*}——电枢电流给定。

对象结构如图10-6所示。电流闭环控制使电枢电流快速跟随给定值,简化了对象结构。

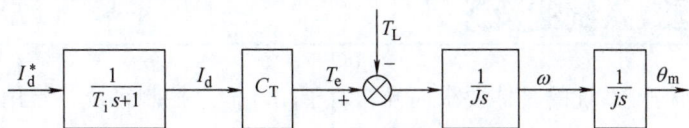

图 10-6   带有电流闭环控制的对象结构图

10.2.2 交流伺服系统控制对象的数学模型

用交流伺服电动机作为伺服系统的执行电动机，称作交流伺服系统。常用的交流伺服电动机有三相异步电动机、永磁式同步电动机和磁阻式步进电动机等，也可用电励磁的同步伺服电动机。无论是异步电动机，还是同步电动机，经过矢量变换、磁链定向和电流闭环控制均可等效为电流控制的直流电动机，现以三相异步伺服电动机为例分析之。

异步电动机按转子磁链定向的数学模型为

$$\left.\begin{aligned}
\frac{\mathrm{d}\omega}{\mathrm{d}t} &= \frac{n_{\mathrm{p}}^2 L_{\mathrm{m}}}{JL_{\mathrm{r}}} i_{\mathrm{st}}\psi_{\mathrm{r}} - \frac{n_{\mathrm{p}}}{J} T_{\mathrm{L}} \\[2mm]
\frac{\mathrm{d}\psi_{\mathrm{r}}}{\mathrm{d}t} &= -\frac{1}{T_{\mathrm{r}}}\psi_{\mathrm{r}} + \frac{L_{\mathrm{m}}}{T_{\mathrm{r}}} i_{\mathrm{sm}} \\[2mm]
\frac{\mathrm{d}i_{\mathrm{sm}}}{\mathrm{d}t} &= \frac{L_{\mathrm{m}}}{\sigma L_{\mathrm{s}} L_{\mathrm{r}} T_{\mathrm{r}}}\psi_{\mathrm{r}} - \frac{R_{\mathrm{s}} L_{\mathrm{r}}^2 + R_{\mathrm{r}} L_{\mathrm{m}}^2}{\sigma L_{\mathrm{s}} L_{\mathrm{r}}^2} i_{\mathrm{sm}} + \omega_1 i_{\mathrm{st}} + \frac{u_{\mathrm{sm}}}{\sigma L_{\mathrm{s}}} \\[2mm]
\frac{\mathrm{d}i_{\mathrm{st}}}{\mathrm{d}t} &= -\frac{L_{\mathrm{m}}}{\sigma L_{\mathrm{s}} L_{\mathrm{r}}}\omega\psi_{\mathrm{r}} - \frac{R_{\mathrm{s}} L_{\mathrm{r}}^2 + R_{\mathrm{r}} L_{\mathrm{m}}^2}{\sigma L_{\mathrm{s}} L_{\mathrm{r}}^2} i_{\mathrm{st}} - \omega_1 i_{\mathrm{sm}} + \frac{u_{\mathrm{st}}}{\sigma L_{\mathrm{s}}}
\end{aligned}\right\} \tag{10-14}$$

采用转子磁链闭环控制，在转子磁链 ψ_{r} 达到稳态后，ψ_{r} 等于常数。为简单起见，设电动机极对数 $n_{\mathrm{p}} = 1$，考虑转角与转速的关系，则采用电流闭环控制后，对象的数学模型为

$$\left.\begin{aligned}
\frac{\mathrm{d}\theta_{\mathrm{m}}}{\mathrm{d}t} &= \frac{\omega}{j} \\[2mm]
\frac{\mathrm{d}\omega}{\mathrm{d}t} &= \frac{C_{\mathrm{T}}}{J} i_{\mathrm{st}} - \frac{1}{J} T_{\mathrm{L}} \\[2mm]
\frac{\mathrm{d}i_{\mathrm{st}}}{\mathrm{d}t} &= -\frac{1}{T_{\mathrm{i}}} i_{\mathrm{st}} + \frac{1}{T_{\mathrm{i}}} i_{\mathrm{st}}^*
\end{aligned}\right\} \tag{10-15}$$

式中　C_{T}——包含磁链作用在内的转矩系数，$C_{\mathrm{T}} = \dfrac{L_{\mathrm{m}}}{L_{\mathrm{r}}}\psi_{\mathrm{r}}$；

　　　i_{st}——电流转矩分量，相当于直流电动机的电枢电流 I_{d}。

电流环的等效传递函数为 $\dfrac{1}{T_{\mathrm{i}}s + 1}$，比较式（10-13）和式（10-15），两者完全相同，电流闭环控制的交流伺服电动机结构图与图 10-6 相仿。对于同步伺服电动机也可得到相同结论，不重复论述。

以上分析表明，采用电流闭环控制后，交流伺服系统与直流伺服系统具有相同的控制对象数学模型，式（10-13）和式（10-15）可以称作在电流闭环控制下交、直流伺服系统控制对象的统一模型。因此，可用相同的方法设计交流或直流伺服系统。

10.3　伺服系统的设计

伺服系统的结构因系统的具体要求而异，对于闭环伺服控制系统，常用串联校正或并联校正方式进行动态性能的调整。校正装置串联配置在前向通道的校正方式称为串联校正，一般把串联校正单元称作调节器，所以又称为调节器校正；若校正装置与前向通道并行，则称

为并联校正；信号流向与前向通道相同时，称作前馈校正；信号流向与前向通道相反时，则称作反馈校正。

10.3.1 调节器校正及其传递函数

常用的调节器有比例-微分（PD）调节器、比例-积分（PI）调节器以及比例-积分-微分（PID）调节器，设计中可根据实际伺服系统的特征进行选择。

1. PD 调节器校正

在伺服系统中，一般都包含惯性环节和积分环节，这使得系统的快速性变差，也使系统的稳定性变差，甚至造成不稳定。若在系统的前向通道上串联 PD 调节器校正装置，可以使相位超前，以抵消惯性环节和积分环节使相位滞后而产生的不良后果，因此 PD 调节器校正也叫超前校正。PD 调节器的传递函数为

$$W_{PD}(s) = K_p(1 + \tau_d s) \tag{10-16}$$

超前校正是利用 PD 调节器在相位上的超前作用，适用于稳定裕度偏小和开环截止频率ω_c不满足要求的对象，PD 调节器自身没有积分环节，对系统稳态性能的作用不大，或者说不起作用，在设计时需引起必要的重视。

2. PI 调节器校正

在伺服系统中，要实现无静差，必须在前向通道上（对扰动量，则在扰动作用点前）设置积分环节，采用 PI 调节器可以满足这一要求。由于 PI 串联校正会使系统的相位滞后，减小相角裕度，从而使系统的稳定性变差，因此也被称为滞后校正。

如果系统的稳态性能满足要求，并有一定的稳定裕度，而稳态误差较大，则可以用 PI 调节器进行校正，PI 调节器的传递函数为

$$W_{PI}(s) = K_p\left(\frac{\tau_i s + 1}{\tau_i s}\right) \tag{10-17}$$

3. PID 调节器校正

将 PD 串联校正和 PI 串联校正联合使用，构成 PID 调节器，或称滞后-超前校正装置，微分校正主要用于改善系统的稳定性或动态特性，而积分校正主要用于改善系统的稳态精度或静态特性，如果合理设计则可以综合改善伺服系统的动态和静态特性。PID 串联校正装置的传递函数为

$$W_{PID}(s) = K_p\frac{(\tau_i s + 1)(\tau_d s + 1)}{\tau_i s} \tag{10-18}$$

除了上述三种串联校正外，还有局部反馈校正与前馈校正，将结合系统介绍。

10.3.2 单环位置伺服系统

对于直流伺服电动机可以采用单环位置控制方式，直接设计位置调节器 APR（Automatic Position Regulator），如图 10-7 所示。为了避免在过渡过程中电流冲击过大，应采用电流截止反馈保护，或者选择允许过载倍数比较高的伺服电动机。由于交流伺服电动机具有非线性、强耦合的性质，单环位置控制方式难以

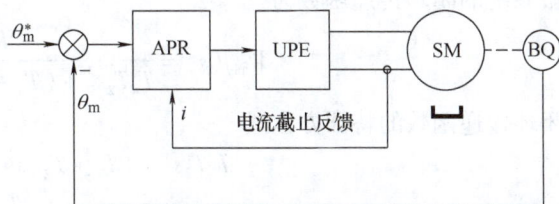

图 10-7 单环位置伺服系统
APR—位置调节器 UPE—驱动装置
SM—直流伺服电动机 BQ—位置传感器

达到伺服系统的动态要求，一般不采用单环位置控制。

忽略负载转矩 T_L，图 10-5 的直流伺服系统控制对象结构可简化为图 10-8，简化的直流伺服系统控制对象传递函数为

$$W_{obj}(s) = \frac{K_s/(jC_e)}{s(T_s s + 1)(T_m T_l s^2 + T_m s + 1)} \qquad (10\text{-}19)$$

式中　T_m——机电时间常数，$T_m = \dfrac{R_\Sigma J}{C_T C_e}$。

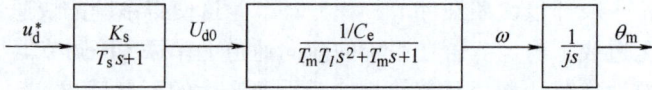

图 10-8　简化的直流伺服系统控制对象结构图

作为动态校正和加快跟随作用的位置调节器常选用 PD 或 PID 调节器。现以 PD 调节器为例，其传递函数为

$$W_{APR}(s) = W_{PD}(s) = K_p(1 + \tau_d s)$$

则伺服系统开环传递函数为

$$W_{\theta op}(s) = \frac{K_\theta(\tau_d s + 1)}{s(T_s s + 1)(T_m T_l s^2 + T_m s + 1)} \qquad (10\text{-}20)$$

其中，系统开环放大系数 $K_\theta = \dfrac{K_p K_s}{jC_e}$，图 10-9 为单环位置控制直流伺服系统结构图，假定 θ_m 的反馈系数 $\gamma = 1$，构成单位反馈系统。

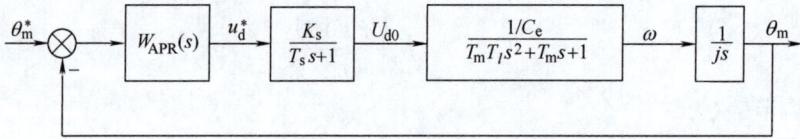

图 10-9　单环位置控制直流伺服系统结构图

一般说来，$T_m > 4T_l$，$T_m T_l s^2 + T_m s + 1$ 可分解为 $(T_1 s + 1)(T_2 s + 1)$，用系统的开环零点消去惯性时间常数最大的开环极点，以加快系统的响应过程。假定 $T_1 \geqslant T_2 > T_s$，用系统的开环零点 $\tau_d s + 1$ 消去开环极点 $T_1 s + 1$，简化后系统的开环传递函数为

$$W_{\theta op}(s) = \frac{K_\theta}{s(T_s s + 1)(T_2 s + 1)} \qquad (10\text{-}21)$$

伺服系统的闭环传递函数为

$$W_{\theta cl}(s) = \frac{K_\theta}{T_s T_2 s^3 + (T_s + T_2)s^2 + s + K_\theta} \qquad (10\text{-}22)$$

由闭环传递函数的特征方程式

$$T_s T_2 s^3 + (T_s + T_2)s^2 + s + K_\theta = 0 \qquad (10\text{-}23)$$

用 Routh 稳定判据，为保证系统稳定，需使 $K_\theta < \dfrac{T_s + T_2}{T_s T_2}$。系统开环传递函数对数幅频特性如图 10-10 所示，对数幅频特性以 -20dB/dec 过零，系统具有足够的稳定裕度，低频段的斜率为 -20dB/dec，具有一定的稳态精度，高频段的斜率为 -60dB/dec，说明系统具有较强的

抗扰能力，但剪切频率 ω_c 较小，快速性略显不足。

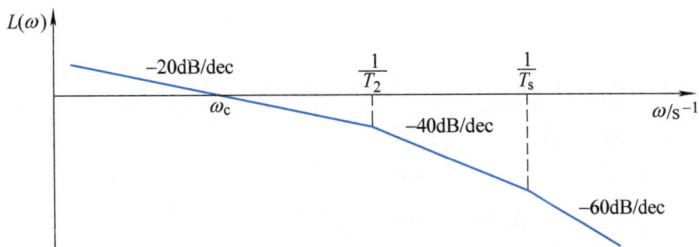

图 10-10　单环位置伺服系统开环传递函数对数幅频特性

采用 PD 调节器的方法将系统校正为 I 型系统，对负载扰动和速度输入信号有静差。若要求对负载扰动无静差，应选用 PID 调节器，将系统校正为 II 型系统。

10.3.3　双环位置伺服系统

电流闭环控制可以抑制起、制动电流，加速电流的响应过程。对于交流伺服电动机，电流闭环还具有改造对象的作用，实现励磁分量和转矩分量的解耦，得到等效的直流电动机模型。因此，可以在电流闭环控制的基础上，设计位置调节器，构成位置伺服系统，位置调节器的输出限幅是电流的最大值。图 10-11 为双环位置伺服系统结构图，图中以直流伺服系统为例，对于交流伺服系统也适用，只需对伺服电动机和驱动装置作相应的改动。

忽略负载转矩 T_L 时，图 10-6 带有电流闭环控制对象的传递函数为

$$W_{obj}(s) = \frac{C_T/(jJ)}{s^2(T_i s + 1)} \tag{10-24}$$

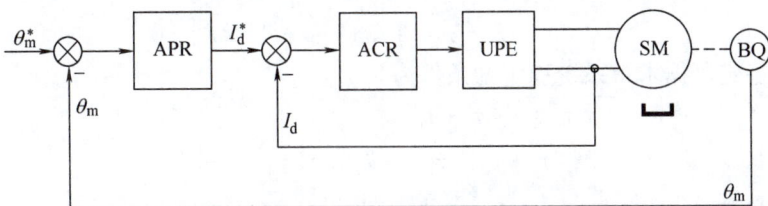

图 10-11　双环位置伺服系统

在图 10-11 中对于直流伺服电动机为电枢电流 I_d 闭环控制，而对于交流伺服电动机则为电流的转矩分量 i_{st} 闭环控制。由于控制对象在前向通道上有两个积分环节，故该系统能精确跟随速度输入信号。为了消除负载扰动引起的静差，APR 选用 PI 调节器，其传递函数为

$$W_{APR}(s) = W_{PI}(s) = K_p \left(\frac{\tau_i s + 1}{\tau_i s} \right)$$

双环位置伺服系统的结构图如图 10-12 所示，系统的开环传递函数为

$$W_{\theta op}(s) = \frac{K_p(\tau_i s + 1)}{\tau_i s} \frac{C_T/(jJ)}{s^2(T_i s + 1)} = \frac{K_\theta(\tau_i s + 1)}{s^3(T_i s + 1)} \tag{10-25}$$

式中 K_θ——系统的开环放大系数，$K_\theta = \dfrac{K_p C_T}{jJ\tau_i}$。

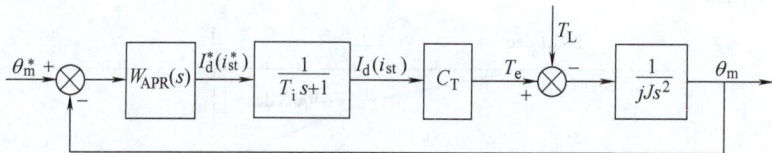

图10-12 双环位置伺服系统结构图

伺服系统的闭环传递函数为

$$W_{\theta cl}(s) = \frac{K_\theta(\tau_i s + 1)}{T_i s^4 + s^3 + K_\theta \tau_i s + K_\theta} \tag{10-26}$$

系统的特征方程式为

$$T_i s^4 + s^3 + K_\theta \tau_i s + K_\theta = 0 \tag{10-27}$$

由于特征方程式未出现 s^2 项，由 Routh 稳定判据可知，系统不稳定。

若将 APR 改用 PID 调节器，其传递函数为

$$W_{APR}(s) = W_{PID}(s) = K_p \frac{(\tau_i s + 1)(\tau_d s + 1)}{\tau_i s}$$

伺服系统的开环传递函数为

$$W_{\theta op}(s) = \frac{K_p(\tau_i s + 1)(\tau_d s + 1)}{\tau_i s} \frac{C_T/(jJ)}{s^2(T_i s + 1)} = \frac{K_\theta(\tau_i s + 1)(\tau_d s + 1)}{s^3(T_i s + 1)} \tag{10-28}$$

闭环传递函数为

$$W_{\theta cl}(s) = \frac{K_\theta(\tau_i s + 1)(\tau_d s + 1)}{T_i s^4 + s^3 + K_\theta \tau_i \tau_d s^2 + K_\theta(\tau_i + \tau_d)s + K_\theta} \tag{10-29}$$

系统特征方程式为

$$T_i s^4 + s^3 + K_\theta \tau_i \tau_d s^2 + K_\theta(\tau_i + \tau_d)s + K_\theta = 0 \tag{10-30}$$

由 Routh 稳定判据求得系统稳定的条件为

$$\left. \begin{aligned} &\tau_i \tau_d > T_i(\tau_i + \tau_d) \\ &K_\theta(\tau_i + \tau_d)[\tau_i \tau_d - T_i(\tau_i + \tau_d)] > 1 \end{aligned} \right\} \tag{10-31}$$

为简化系统设计，不妨设 $\tau_\theta = \tau_d$，则式（10-31）可改写为

$$\left. \begin{aligned} &\tau_i = \tau_d > 2T_i \\ &K_\theta > \frac{1}{2\tau_i^2(\tau_i - 2T_i)} \end{aligned} \right\} \tag{10-32}$$

图10-13 为采用 PID 控制的双环控制伺服系统开环传递函数对数幅频特性。低频段斜率为 $-60\mathrm{dB/dec}$，系统有足够的稳态精度；中频段斜率为 $-20\mathrm{dB/dec}$，保证了系统的稳定性，为了使系统具有一定的稳定裕度，应保证足够的中频段宽度 h，高频段斜率为 $-40\mathrm{dB/dec}$，系统具有一定的抗干扰能力。

若 APR 仍采用 PI 调节器，可在位置反馈的基础上，再加上微分负反馈，即转速负反馈，构成局部反馈，如图10-14 所示，其中，τ_d 是微分反馈系数。采用绝对值式光电编码器时，应根据位置的变化率来计算角转速，$\omega = \dfrac{\theta(k) - \theta(k-1)}{T_{samn}}$，$T_{samn}$ 为采样周期。

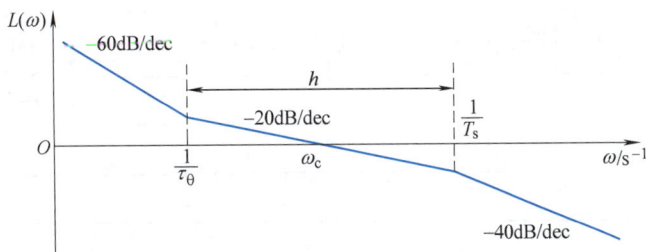

图 10-13   采用 PID 控制的双环控制伺服系统开环传递函数对数幅频特性

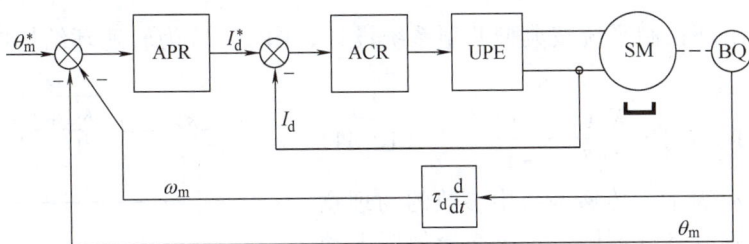

图 10-14   带有微分负反馈的伺服系统

带有微分负反馈的伺服系统的结构如图 10-15 所示，开环传递函数和闭环系统的特征方程式与图 10-12 所示的 PID 控制单位反馈的伺服系统相同，即

开环传递函数为 $W_{\theta op}(s) = \dfrac{K_p(\tau_i s + 1)(\tau_d s + 1)}{\tau_i s} \dfrac{C_T/(jJ)}{s^2(T_i s + 1)} = \dfrac{K_\theta(\tau_i s + 1)(\tau_d s + 1)}{s^3(T_i s + 1)}$

系统特征方程式为

$$T_i s^4 + s^3 + K_\theta \tau_i \tau_d s^2 + K_\theta(\tau_i + \tau_d)s + K_\theta = 0$$

而闭环传递函数为

$$W_{\theta cl}(s) = \frac{K_\theta(\tau_i s + 1)}{T_i s^4 + s^3 + K_\theta \tau_i \tau_d s^2 + K_\theta(\tau_i + \tau_d)s + K_\theta} \tag{10-33}$$

与式（10-29）相比，少了一个系统闭环零点，在动态性能上略有差异，但不影响系统的稳定性。

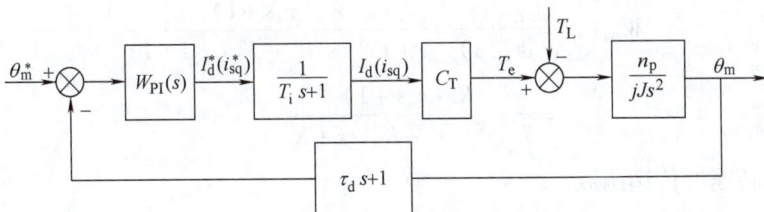

图 10-15   带有微分负反馈的伺服系统结构图

10.3.4   三环位置伺服系统

在调速系统的基础上，再设一个位置控制环，便形成三环控制的位置伺服系统，如图 10-16所示。其中位置调节器 APR 就是位置环的校正装置，其输出限幅值决定着电动机的最高转速。

261

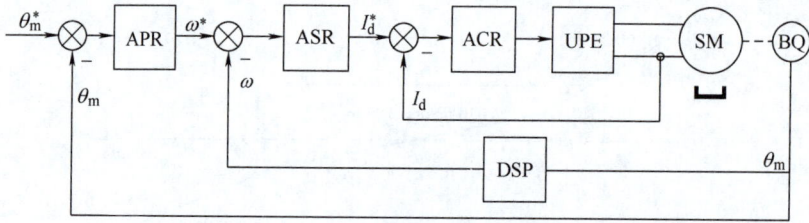

图 10-16　三环位置伺服系统

APR—位置调节器　ASR—转速调节器　ACR—电流调节器　BQ—光电位置传感器
DSP—数字转速信号形成环节

直流转速闭环控制系统按典型 II 型系统设计，图 10-17 为转速环结构图，开环传递函数为

$$W_{nop}(s) = \frac{K_N(\tau_n s + 1)}{s^2(T_{\Sigma n} s + 1)} \qquad (10\text{-}34)$$

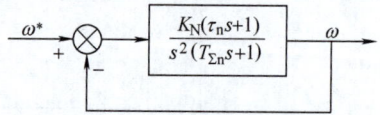

图 10-17　转速环结构图

转速用角速度 ω 表示，传递函数中参数的物理意义相同，但参数值略有不同。对于交流伺服电动机，假定磁链恒定，则矢量控制系统简化结构如图 10-18 所示，其中转速调节器 ASR 采用 PI 调节器，开环传递函数为

$$W_{nop}(s) = \frac{k_n C_T (\tau_n s + 1)/J}{\tau_n s^2 (T_i s + 1)} = \frac{K_N(\tau_n s + 1)}{s^2(T_i s + 1)}$$

与式（10-34）的结构完全相同。因此，以下的设计方法对直流和交流伺服系统都适用。

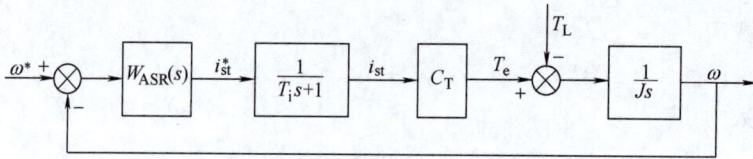

图 10-18　矢量控制系统结构示意图

由式（10-34）导出转速闭环传递函数为

$$\begin{aligned} W_{ncl}(s) &= \frac{\omega(s)}{\omega^*(s)} = \frac{K_N(\tau_n s + 1)}{s^2(T_{\Sigma n} s + 1) + K_N(\tau_n s + 1)} \\ &= \frac{K_N(\tau_n s + 1)}{T_{\Sigma n} s^3 + s^2 + K_N \tau_n s + K_N} \end{aligned} \qquad (10\text{-}35)$$

再加上转角与转速的传递函数

$$W_\theta(s) = \frac{1}{js} \qquad (10\text{-}36)$$

构成位置环的控制对象，如图 10-19 所示。

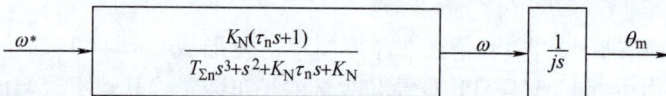

图 10-19　位置环的控制对象结构图

位置环控制对象的传递函数为

$$W_{\theta obj}(s) = \frac{\theta_m(s)}{\omega^*(s)} = \frac{K_N(\tau_n s + 1)/j}{s(T_{\Sigma n}s^3 + s^2 + K_N\tau_n s + K_N)} \tag{10-37}$$

位置闭环控制结构图如图 10-20 所示，其中，APR 是位置调节器。开环传递函数为

$$W_{\theta op}(s) = W_{APR}(s)\frac{K_N(\tau_n s + 1)/j}{s(T_{\Sigma n}s^3 + s^2 + K_N\tau_n s + K_N)} \tag{10-38}$$

其中，位置调节器的传递函数为 $W_{APR}(s)$。

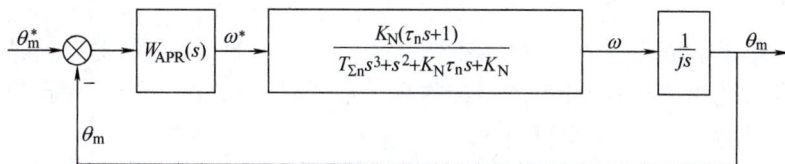

图 10-20   位置闭环控制结构图

由于控制对象在前向通道上有一个积分环节，当输入 θ_m^* 为阶跃信号时，APR 选用 P 调节器就可实现稳态无静差，则系统的开环传递函数可改写为

$$\begin{aligned} W_{\theta op}(s) &= \frac{K_p K_N(\tau_n s + 1)/j}{s(T_{\Sigma n}s^3 + s^2 + K_N\tau_n s + K_N)} \\ &= \frac{K_\theta(\tau_n s + 1)}{s(T_{\Sigma n}s^3 + s^2 + K_N\tau_n s + K_N)} \end{aligned} \tag{10-39}$$

式中 K_p—— 调节器的比例系数；

K_θ—— 系统的开环放大系数，$K_\theta = \dfrac{K_p K_N}{j}$。

伺服系统的闭环传递函数为

$$W_{\theta L}(s) = \frac{K_\theta(\tau_n s + 1)}{T_{\Sigma n}s^4 + s^3 + K_N\tau_n s^2 + (K_N + K_\theta\tau_n)s + K_\theta} \tag{10-40}$$

系统的特征方程式为

$$T_{\Sigma n}s^4 + s^3 + K_N\tau_n s^2 + (K_N + K_\theta\tau_n)s + K_\theta = 0 \tag{10-41}$$

用 Routh 稳定判据，可求得系统的稳定条件为

$$\left.\begin{aligned} &K_\theta < \frac{K_N(\tau_n - T_{\Sigma n})}{T_{\Sigma n}\tau_n} \\ &-T_{\Sigma n}\tau_n^2 K_\theta^2 + (\tau_n^2 K_N - 2T_{\Sigma n}K_N\tau_n - 1)K_\theta + K_N^2(\tau_n - T_{\Sigma n}) > 0 \end{aligned}\right\} \tag{10-42}$$

考虑到 $\tau_n = hT_{\Sigma n}$，$K_N = \dfrac{h+1}{2h^2 T_{\Sigma n}^2}$，$h$ 为中频段宽度，则式（10-42）可改写为

$$\left.\begin{aligned} &K_\theta < \frac{h^2 - 1}{2h^3 T_{\Sigma n}^3} \\ &-h^2 T_{\Sigma n}^3 K_\theta^2 + \frac{h^2 - 3h - 2}{2h}K_\theta + \frac{(h+1)^2(h-1)}{4h^4 T_{\Sigma n}^3} > 0 \end{aligned}\right\} \tag{10-43}$$

当输入 θ_m^* 为速度信号时，APR 选用 PI 调节器才能实现稳态无静差，控制系统结构更加复杂。

263

多环控制系统调节器的设计方法也是从内环到外环，逐个设计各环的调节器。逐环设计可以使每个控制环都是稳定的，从而保证了整个控制系统的稳定性。当电流环和转速环内的对象参数变化或受到扰动时，电流反馈和转速反馈能够起到及时的抑制作用，使之对位置环的工作影响很小。同时，每个环节都有自己的控制对象，分工明确，易于调整。但这样逐环设计的多环控制系统也有明显的不足，即对最外环控制作用的响应不会很快。

10.3.5　复合控制的伺服系统

无论是多环还是单环伺服系统，都是通过位置调节器 APR 来实现反馈控制的。这时，给定信号的变化要经过 APR 才能起作用。在设计 APR 时，为了保证整个系统的稳定性，不可能过分照顾快速跟随作用。如果要进一步加强跟随性能，可以从给定信号直接引出开环的前馈控制，和闭环的反馈控制一起，构成复合控制系统，其结构原理如图 10-21 所示。图中，$W_1(s)$ 是反馈控制器的传递函数，$W_2(s)$ 是控制对象的传递函数，$G(s)$ 是前馈控制器的传递函数。

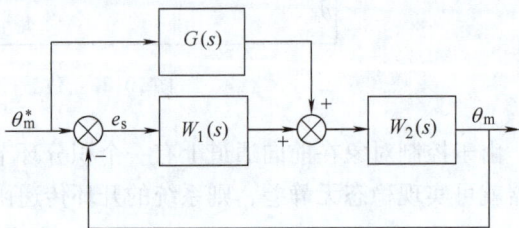

图 10-21　复合控制位置伺服系统的结构原理图
$W_1(s)$—反馈控制器　$W_2(s)$—控制对象
$G(s)$—前馈控制器

利用结构图变换可以求出复合控制伺服系统的闭环传递函数为

$$\frac{\theta_m(s)}{\theta_m^*(s)} = \frac{W_1(s)W_2(s) + G(s)W_2(s)}{1 + W_1(s)W_2(s)} \tag{10-44}$$

如果前馈控制器的传递函数选为

$$G(s) = \frac{1}{W_2(s)} \tag{10-45}$$

代入式（10-44），得

$$\frac{\theta_m(s)}{\theta_m^*(s)} = 1 \tag{10-46}$$

这就是说，理想的复合控制随动系统的输出量能够完全复现给定输入量，其稳态和动态的给定误差都为零。这叫作系统对给定输入实现了"完全不变性"，式（10-45）就是对给定输入完全不变的条件。

对于图 10-21 所示系统，如果不加前馈控制器，其闭环传递函数是

$$\frac{\theta_m(s)}{\theta_m^*(s)} = \frac{W_1(s)W_2(s)}{1 + W_1(s)W_2(s)} \tag{10-47}$$

比较式（10-44）和式（10-47）可以发现，有没有前馈控制闭环传递函数的特征方程式完全相同，也就是说，系统具有相同的闭环极点。因此，增加前馈控制不会影响原系统的稳定性。

实际上，要准确实现完全不变性是很困难的。在一般情况下，位置伺服系统控制对象 $W_2(s) = \dfrac{K_2 N_2(s)}{s^q D_2(s)}$，其中至少含有一个积分环节，即 $q \geqslant 1$，$D_2(s)$ 的阶次高于 $N_2(s)$，那么，

按照式（10-45），前馈控制器的传递函数应为

$$G(s) = \frac{s^q D_2(s)}{K_2 N_2(s)} \tag{10-48}$$

由此可知，要实现完全不变性，需要引入输入信号的各阶导数作为前馈控制信号，但同时会引入高频干扰信号，严重时将破坏系统的稳定性，这时不得不再加上滤波环节。所以，只能近似地实现完全不变性。即使如此，引入前馈控制对提高系统的跟随精度和快速性总有好处。

思考题

10-1　比较伺服系统与调速系统在性能指标与系统结构上的差异。

10-2　伺服系统有哪些主要特征，由哪些主要部分组成？

10-3　伺服系统的给定误差和扰动误差与哪些因素有关？

10-4　按伺服电动机的类型，伺服系统可分为交流伺服和直流伺服，它们有哪些共同点与不同之处？

10-5　分析带有电流闭环控制的交流伺服与直流伺服广义对象模型，导出电流闭环控制下，交、直流伺服系统控制对象的统一模型。

10-6　论述单环、多环和复合控制的伺服系统的优缺点。

习题

10-1　伺服系统的结构如图 10-22 所示，计算三种输入下的系统给定误差：

(1)　$\theta_m^* = \frac{1}{2} \cdot 1(t)$；

(2)　$\theta_m^* = \frac{t}{2} \cdot 1(t)$；

(3)　$\theta_m^* = (1 + t + t^2) \cdot 1(t)$。

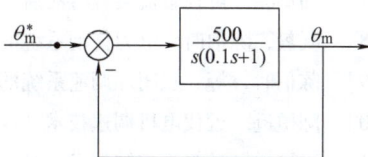

10-2　直流伺服系统控制对象如图 10-8 所示，机械传动机构的传动比 $j = 10$，驱动装置的放大系数 $K_s = 40$ 及滞后时间常数

图 10-22　习题 10-1 图

$T_s = 0.001\mathrm{s}$，直流伺服电机等效参数 $T_m = 0.086\mathrm{s}$，$T_l = 0.012s$，$C_e = 0.204$，位置调节器 APR 选用 PD 调节器，构成单环位置伺服系统，求出调节器参数的稳定范围。

10-3　采用电流闭环控制的直流伺服系统，电流闭环等效传递函数 $\dfrac{1}{T_i s + 1} = \dfrac{1}{0.07s + 1}$，直流伺服电机 $C_T = 9.55 \times 0.204$，系统的转动惯量 $J = 0.011\mathrm{kg \cdot m^2}$，机械传动机构的传动比 $j = 10$，设计位置调节器，要求系统对负载扰动无静差，求出调节器参数的稳定范围。

10-4　采用转速、电流双闭环控制的直流伺服系统，转速闭环等效传递函数 $W_{ncl}(s) = \dfrac{K_N(\tau_n s + 1)}{T_{\Sigma n} s^3 + s^2 + K_N \tau_n s + K_N}$，其中，$h = 5$，$T_{\Sigma n} = 0.02\mathrm{s}$，$\tau_n = h T_{\Sigma n} = 0.1\mathrm{s}$，$K_N = \dfrac{h+1}{2h^2 T_{\Sigma n}^2} = 300$，机械传动机构的传动比 $j = 10$，设计位置调节器，当输入 θ_m^* 为阶跃信号时，伺服系统稳态无静差，求出调节器参数的稳定范围。求出调节器参数的稳定范围。

参 考 文 献

[1] 陈伯时. 自动控制系统［M］. 北京：机械工业出版社，1981.

[2] 陈伯时. 电力拖动自动控制系统［M］. 2 版. 北京：机械工业出版社，1992.

[3] 陈伯时. 电力拖动自动控制系统——运动控制系统［M］. 3 版. 北京：机械工业出版社，2003.

[4] 阮毅，陈维钧. 运动控制系统［M］. 北京：清华大学出版社，2006.

[5] Leonhard W. 电气传动控制［M］. 吕嗣杰，译. 北京：科学出版社，1988.

[6] Leonhard W. Control of Electrical Drives［M］. 3rd ed. Berlin：Springer-Verlag，2001.

[7] 彭鸿才. 电机原理及拖动［M］. 北京：机械工业出版社，1996.

[8] 汤蕴璆，史乃. 电机学［M］. 北京：机械工业出版社，1999.

[9] 王兆安，刘进军. 电力电子技术［M］5 版. 北京：机械工业出版社，2009.

[10] 夏德钤. 自动控制理论［M］. 北京：机械工业出版社，1990.

[11] 吴麒. 自动控制原理［M］. 北京：清华大学出版社，1992.

[12] Бесекерский В А. 自动调节系统的动态综合［M］. 冯明义，译. 北京：科学出版社，1977.

[13] 周德泽. 电气传动控制系统的设计［M］. 北京：机械工业出版社，1985.

[14] 田作华，陈学中，翁正新. 工程控制基础［M］. 北京：清华大学出版社，2007.

[15] 周渊深. 交直流调速系统与 MATLAB 仿真［M］. 北京：中国电力出版社，2004.

[16] 张崇巍，李汉强. 运动控制系统［M］. 武汉：武汉理工大学出版社，2002.

[17] 马小亮. 可控整流装置有滞后吗？［J］. 电气传动，1989（5）.

[18] 阮毅，陈伯时. 电力传动系统的转矩控制规律［J］. 电气传动，1999（5）.

[19] 陈伯时，等. 双闭环调速系统的工程设计（讲座）［J］. 冶金自动化，1983（1）、（2）.

[20] 陈敏逊. 近代电机调速技术［G］. 上海宝钢集团教育培训中心，2004.

[21] 冯培悌. 计算机控制技术［M］. 杭州：浙江大学出版社，1990.

[22] 马小亮. 数字控制调速系统设计中需要考虑的几个问题［J］. 变频器世界，2005（8）.

[23] 赖寿宏. 微型计算机控制技术［M］. 北京：机械工业出版社，1999.

[24] 李仁定. 电机的微机控制［M］. 北京：机械工业出版社，1999.

[25] Blaschke F. The Principle of Field Orientation as Applied to the New Transvector Closed-Loop Control System for Rotating Field Machines［J］. Siemens Review，1971，34（5）：217-219.

[26] Nabae A，Otsuka K，Uchino H，et al. An Approach to Flux Control of Induction Motor Operated with Variable Frequency Power Supply［J］. IEEE Transactions on Industry Applications，1980，IA-16（3）：342-350.

[27] Leonhard W. 30 Years Space Vectors，20 Years Field Orientation，10 Years Digital Signal Processing with Controlled AC-Drives，a Review（Part 1）［J］. Epe Journal，1991，1（1）：13-19.

[28] Leonhard W. 30 Years Space Vectors，20 Years Field Orientation，10 Years Digital Signal Processing with Controlled AC-Drives，a Review（Part 2）［J］. Epe Journal，1991，1（2）：89-101.

[29] R Gabriel，W Leonhard，C J Nordy. Field-Oriented Control of a Standard AC Motor Using Micropro cessors ［J］. IEEE Transactions on Industry Applications，1980，IA-16（2）：186-192.

[30] M Depenbrock. Direct self-control（DSC）of inverter-fed induction machine［J］. IEEE Transactions on Power Electronics，1988，3（4）：420-429.

[31] M Depenbrock. Drehmomenteneinstellung im Feldschwächbereich bei Stromricht-ErgespeistenDrehfeldant-

rieben mit Direkter Selbstregelung（DSR）[J]. ETZ-Archiv, 1987, 9 (1)：3-8.

[32] 李永东. 交流电机数字控制系统 [M]. 2版. 北京：机械工业出版社，2012.

[33] 冯垛生，曾岳南. 无速度传感器矢量控制原理与实践 [M]. 2版. 北京：机械工业出版社，2006.

[34] 阮毅，徐静，陈伯时. 智能PI控制在交流调速系统中的应用 [J]. 电工技术学报，2005 (3).

[35] 阮毅，张晓华. 异步电机磁场定向模型及其控制策略 [J]. 电气传动，2002 (3).

[36] 张兴，张崇巍. PWM整流器及其控制 [M]. 北京：机械工业出版社，2012.

[37] 夏雷，周国兴，吴启迪. 直接转矩控制的ISR方法 [J]. 电力电子技术，1998 (4).

[38] 阮毅，等. 感应电动机按定子磁场定向控制 [J]. 电工技术学报，2003 (2).

[39] 陈坚，康勇. 电力电子学——电力电子变换和控制技术 [M]. 3版. 北京：高等教育出版社，2011.

[40] 林忠岳. 现代电力电子应用技术 [M]. 北京：科学出版社，2007.

[41] 陈伯时，陈敏逊. 交流调速系统 [M]. 3版. 北京：机械工业出版社，2013.

[42] 陈国呈. PWM变频调速及软开关电力变换技术 [M]. 北京：机械工业出版社，2001.

[43] 刘和平，等. TMS320LF240x DSP结构、原理及应用 [M]. 北京：北京航空航天大学出版社，2002.

[44] 吴志红，等. 英飞凌16位单片机XC164CS的原理与基础应用 [M]. 上海：同济大学出版社，2006.

[45] 吴守箴，臧英杰. 电气传动的脉宽调制控制技术 [M]. 北京：机械工业出版社，1995.

[46] 顾绳谷. 电机与拖动基础 [M]. 3版. 北京：机械工业出版社，2006.

[47] 马小亮. 大功率交-交变频调速及矢量控制技术 [M]. 2版. 北京：机械工业出版社，1996.

[48] 李志民，张遇杰. 同步电动机调速系统 [M]. 北京：机械工业出版社，1996.

[49] 刘锦波，张承惠，等. 电机与拖动 [M]. 北京：清华大学出版社，2006.

[50] 曲家骐，王季秩. 伺服控制系统中的传感器 [M]. 北京：机械工业出版社，1998.

[51] 陈伯时，许宏纲，沙立民，倪国宗. 异步电机轻载降压节能和软起动控制器 [J]. 冶金自动化，1993 (6).

[52] 金墨，齐永杰. 电机软起动器的探讨 [J]. 变频器世界，2001 (3).

[53] 王保罗. 软启动装置 [G]. 变频器应用及引进技术交流研讨会资料汇编，1995.

[54] 刘竟成. 交流调速系统 [M]. 上海：上海交通大学出版社，1984.

[55] 秦晓平，王克成. 感应电动机的双馈调速和串级调速 [M]. 北京：机械工业出版社，1990.

[56] E Muljadi, C P Butterfield. Pitch-Controlled Variable-Speed Wind Turbine Generation [C]. Industry Applications Conference 1999, Thirty-Fourth IAS Annual Meeting.

[57] 陈忠斌，胡文华. 电力电子技术在风力发电中的应用 [J]. 电源技术应用，2006 (12).

[58] 王成元，夏加宽，孙宜标. 现代电机控制技术 [M]. 2版. 北京：机械工业出版社，2014.

[59] 赵伟峰，朱承高. 直接转矩控制的发展现状及前景 [J]. 电气传动，1999 (3).

[60] Xu X, Doncker R D, Novotny D W. A stator flux oriented induction machine drive [C] //Power Electronics Specialists Conference, 1988. Pesc 88 Record. IEEE. IEEE, 1988：76-80, IN1-IN16.

[61] 徐静，阮毅，陈伯时. 异步电机按定子磁场定向的转差频率控制 [J]. 电机与控制学报，2003 (1).

[62] 马小亮. 高性能变频调速及其典型控制系统 [M]. 北京：机械工业出版社，2010.

[63] Graham C Goodwin, Stefan F Graebe, Mario E Salgado. Control System Design [M]. Casilla：Valpara'ıso, 2000.

[64] 解仑，杜沧，董冀媛，祝长生，等. 大容量异步电动机双馈调速系统 [M]. 北京：机械工业出版社，2009.

267

[65] Zhe Chen. A Review of Power Electronics for Wind Power [J]. Power Electronics, 2011 (8).

[66] 张兴, 杨耕. 风力发电中的电力电子与系统技术专辑特邀评述 [J]. 电力电子技术, 2011 (8).

[67] Simone Buso, Paolo Mattavelli. Digital Control in Power Electronics [M]. Colorado: Morgan & Claypool publishers, 2006.

[68] 杨耕, 罗应力. 电机与运动控制系统 [M]. 北京: 清华大学出版社, 2006.